高职高专机械设计与制造专业规划教材

金属切削机床与数控机床

(第2版)

王凤平　张洪国　主　编

陈　军　罗力渊　副主编
房玉胜　王林森

清华大学出版社

北　京

内 容 简 介

本书结构严谨，内容丰富，注意阐述基本理论，加强实用性，便于读者理解和学习。全书共分为12章和1个附录，主要介绍了金属切削机床的基本知识，机床的运动分析，CA6140型卧式车床，X6132万能卧式升降台铣床，磨床，齿轮加工机床，机床典型部件调整及精度检测，普通机床的安装、验收、维护和改装，数控机床，数控机床的典型结构，数控机床的安装调试及保养维修等内容。其中，第2～12章均安排了实训内容，通过该部分内容可以训练和检验学生的基本技能和水平。同时，每章均配有思考与练习题，以帮助读者及时而全面地掌握学习内容。

本书可作为高等职业技术院校和高等专科院校机电类专业及其他非机电类专业的金属切削机床与数控机床课程的教材，也可作为成人高等教育相关专业的教学用书，同时还可供从事相关专业的工程技术人员学习与参考。

图书在版编目(CIP)数据

金属切削机床与数控机床/王凤平，张洪国主编. —2版. —北京：清华大学出版社，2018（2021.7重印）
(高职高专机械设计与制造专业规划教材)
ISBN 978-7-302-48373-1

Ⅰ. ①金… Ⅱ. ①王… ②张… Ⅲ. ①金属切削—机床—高等职业教育—教材 ②数控机床—高等职业教育—教材 Ⅳ. ①TG502 ②TG659

中国版本图书馆CIP数据核字(2017)第218296号

责任编辑：陈冬梅　桑任松
封面设计：王红强
责任校对：周剑云
责任印制：丛怀宇
出版发行：清华大学出版社
　　网　　址：http://www.tup.com.cn, http://www.wqbook.com
　　地　　址：北京清华大学学研大厦A座　　**邮　　编：**100084
　　社 总 机：010-62770175　　**邮　　购：**010-62786544
　　投稿与读者服务：010-62776969, c-service@tup.tsinghua.edu.cn
　　质量反馈：010-62772015, zhiliang@tup.tsinghua.edu.cn
　　课件下载：http://www.tup.com.cn, 010-62791865
印 装 者：北京国马印刷厂
经　　销：全国新华书店
开　　本：185mm×260mm　　**印　张：**21　　**字　数：**508千字
版　　次：2009年8月第1版　2018年9月第2版　　**印　次：**2021年7月第3次印刷
印　　数：1701～2300
定　　价：59.00元

产品编号：060987-02

第 2 版前言

本书以满足高等职业教育人才培养为基本宗旨，以金属切削机床的基本知识为起点，突破传统的、繁杂的教学内容体系，根据科学事业的迅速发展对人才素质的需要，思考该课程的整体改革，始终把握高等职业教育的特点，以“适度、够用”为原则设计教学内容，力求贴近生产，使本书内容适应生产现状和发展的需要，力争使教材具有鲜明的思想性、先进性、启发性、应用性和科学性，突出职业教育特色，紧密联系生产实际，使其具有广泛的实用性。

本书第 1 版于 2009 年 8 月出版，该教材自出版发行以来，以其知识的实用性、内容的丰富性、编排的合理性，得到了教材使用者的广泛认同。在多年的教材使用过程中，我们一直不断地对教材内容进行审视，积累教材使用的经验，听取读者的意见；随着社会的发展，本书对应课程的教学要求也有了一定的变化。在本书第 2 版中，我们根据新的教育理念和实践，更新了部分内容，修正了个别文字错误。

本书在课时、教学内容和要求等方面安排适当，并编写了紧密联系实际、形式多样的实训、思考和练习题，以便教师教学和学生学习。力求做到以下几点。

(1) 贯彻“少而精”的原则，突出重点，以点带面。

(2) 注重基本知识、基本理论的阐述，注重理论联系实际，重点放在对应用型人才的能力培养上。

(3) 体现创新意识，适当反映机床领域的新成就。

本书共分为 12 章，分别介绍了金属切削机床的基本知识，机床的运动分析，CA6140 型卧式车床，X6132 万能卧式升降台铣床，磨床，齿轮加工机床，机床典型部件调整及精度检测，普通机床的合理使用、维护和修理，数控机床，数控机床的典型结构，数控机床的安装调试及保养维修等内容。

本书由王凤平、张洪国任主编，陈军、罗力渊、房玉胜、王林森任副主编。具体的编写分工如下：山东莱芜职业技术学院张爱迎编写第 1 章、张洪国编写第 2 章、王凤平编写第 3～6 章、李传红编写 7 章、王拥军编写第 8 章、房玉胜编写第 9 章、陈军编写第 10 章；广东交通职业技术学院罗力渊编写第 11 章，山东政法学院王林森编写第 12 章；全书由王凤平统稿并定稿。

本书在编写过程中参考了许多文献资料，在此谨向这些文献资料的编著者和编写单位表示衷心的感谢。

由于编者的水平有限，书中难免有不足之处，恳请各位专家同仁及广大读者批评指正。

编　者

第 1 版前言

本书以满足高等职业教育人才培养为基本宗旨，以金属切削机床的基本知识为起点，突破传统的、繁杂的教学内容体系，根据科学事业的迅速发展对人才素质的需要，思考该课程的整体改革，始终把握高等职业教育的特点，以“适度够用”为原则设计教学内容，力求贴近生产，使本书内容适应生产现状和发展的需要，力争使教材具有鲜明的思想性、先进性、启发性、应用性和科学性，突出职业教育特色，紧密联系生产实际，使其具有广泛的实用性。在课时、教学内容和要求等方面安排适当，并编写了紧密联系实际、形式多样的实训、思考和练习题，以便教师教学和学生学习。力求做到：

(1) 贯彻“少而精”的原则，突出重点，以点带面。

(2) 注重基本知识、基本理论的阐述，注重理论联系实际，重点放在对应用型人才的能力培养上。

(3) 体现创新意识，适当反映机床领域的新成就。

本书共分 12 章，分别介绍了金属切削机床的基本知识，机床的运动分析，CA6140 型卧式车床，X6132 万能卧式升降台铣床，磨床，齿轮加工机床，机床典型部件调整及精度检测，普通机床的合理使用、维护和修理，数控机床，数控机床的典型结构，数控机床的安装调试及保养维修等内容。

本书由王凤平、许毅任主编，陈军、罗力渊、房玉胜、王林森任副主编。具体编写如下：山东莱芜职业技术学院张爱迎编写第 1 章、许毅编写第 2 章、王凤平编写第 3、4、5、6 章、李传红编写 7 章、王拥军编写第 8 章、房玉胜编写第 9 章、陈军编写第 10 章；广东交通职业技术学院罗力渊编写第 11 章、山东政法学院王林森编写第 12 章；全书由王凤平统稿和定稿。

本书在编写过程中参考了许多文献资料，在此谨向这些文献资料的编著者和编写单位表示衷心的感谢。由于编者的水平有限，书中难免有不足之处，恳请各位专家同仁及广大读者批评指正。

编　者

目　　录

第 1 章　绪论..1

1.1　金属切削机床在国民经济中的地位......1

1.2　机床的起源和发展................................2

1.2.1　机床的起源..................................2

1.2.2　我国机床工业的发展概况..........6

1.2.3　机床技术的发展趋势..................6

思考与练习..8

第 2 章　机床基础知识......................................9

2.1　金属切削机床的分类和型号..................9

2.1.1　金属切削机床的分类..................9

2.1.2　金属切削机床型号的编制方法..10

2.1.3　通用机床的型号编制举例........12

2.2　零件表面的成形方法............................13

2.2.1　零件表面的形状........................13

2.2.2　零件表面的形成........................14

2.2.3　生成线的形成方法及所需的成形运动..................................15

2.2.4　零件表面成形所需的成形运动..18

2.3　机床的运动..18

2.3.1　表面成形运动............................19

2.3.2　辅助运动....................................20

2.4　机床的传动..21

2.4.1　传动的基本组成部分................21

2.4.2　机床的传动联系........................21

2.4.3　传动原理图................................22

2.4.4　机床的机械和非机械的传动联系..23

2.5　机床的传动系统与运动计算................24

2.5.1　机床传动系统图........................24

2.5.2　转速图..26

2.5.3　机床的运动计算........................28

2.6　机床精度..29

2.7　实训——机床加工观摩........................32

思考与练习..33

第 3 章　车床..36

3.1　概述..36

3.1.1　车床的功用及特点....................36

3.1.2　车床的运动................................38

3.1.3　车床的组成................................38

3.2　车床的传动系统....................................39

3.2.1　主运动传动链............................41

3.2.2　车削螺纹运动传动链................42

3.2.3　纵向和横向进给运动传动链....50

3.2.4　刀架的快速移动传动链............52

3.3　车床的主要部件结构............................52

3.3.1　主轴箱..52

3.3.2　进给箱..59

3.3.3　溜板箱..62

3.4　机床的电气控制原理............................65

3.4.1　机床电气控制原理图................65

3.4.2　车床的电气控制原理分析........67

3.5　实训——车削螺纹................................68

思考与练习..69

第 4 章　铣床..70

4.1　X6132 万能卧式升降台铣床................71

4.1.1　铣床的工艺范围........................71

4.1.2　铣床的传动系统........................72

4.1.3　铣床的主要部件结构................74

4.1.4　万能分度头................................81

4.2　其他铣床..89

4.2.1 立式升降台铣床......89
4.2.2 龙门铣床......90
4.3 实训——铣床及附件......91
思考与练习......92

第 5 章 磨床......94

5.1 M1432B 型万能外圆磨床......95
5.1.1 磨床的用途、布局及运动......95
5.1.2 磨床的机械传动系统......97
5.1.3 磨床的液压传动系统......100
5.1.4 磨床的主要结构......105
5.2 其他类型磨床......112
5.2.1 普通外圆磨床......112
5.2.2 端面外圆磨床......113
5.2.3 无心外圆磨床......113
5.2.4 内圆磨床......115
5.2.5 平面磨床......117
5.3 实训——M1432B 型万能磨床的操纵......118
思考与练习......120

第 6 章 齿轮加工机床......121

6.1 概述......121
6.1.1 齿轮加工机床的工作原理......121
6.1.2 齿轮加工机床的类型......122
6.2 滚齿机......123
6.2.1 滚齿原理......123
6.2.2 滚切直齿圆柱齿轮时的运动和传动原理......124
6.2.3 滚切斜齿圆柱齿轮时的运动和传动原理......125
6.3 Y3150E 型滚齿机......126
6.3.1 Y3150E 型滚齿机的主要组成部件......126
6.3.2 Y3150E 型滚齿机的主要技术性能......127
6.3.3 Y3150E 型滚齿机的传动系统及其调整计算......127
6.4 机床的主要部件结构......135
6.4.1 滚刀刀架的结构......135
6.4.2 滚刀的安装调整......137
6.4.3 工作台的结构......137
6.5 机床液压及润滑系统......138
6.5.1 液压系统......139
6.5.2 润滑系统......140
6.6 实训——滚切直齿圆柱齿轮时机床的调整......140
思考与练习......141

第 7 章 其他机床......143

7.1 钻床......143
7.1.1 立式钻床......143
7.1.2 摇臂钻床......144
7.2 镗床......145
7.2.1 卧式镗床......145
7.2.2 坐标镗床......147
7.3 刨床和拉床......148
7.3.1 刨床......148
7.3.2 拉床......151
7.4 实训——B6065 型牛头刨床操作......153
思考与练习......154

第 8 章 机床典型部件调整及精度检测......155

8.1 主轴部件......155
8.1.1 对主轴部件的要求......155
8.1.2 主轴部件的类型......157
8.1.3 主轴轴承的选择和主轴的滚动轴承......157
8.1.4 典型主轴部件举例......160
8.2 支承件与导轨......161
8.2.1 支承件......161
8.2.2 导轨......162
8.2.3 导轨导向精度的调整......164
8.2.4 典型机床导轨介绍......166
8.3 机床调整与精度检测......168
8.3.1 车床精度的检验与调整......168
8.3.2 铣床精度的检验与调整......175

8.4 实训——床身导轨的直线度..............178
思考与练习..............179

第 9 章 普通机床的安装、验收、维护和改装..............180

9.1 机床的安装及验收..............180
9.1.1 机床的地基..............180
9.1.2 机床的安装..............181
9.1.3 机床的排列方式..............182
9.1.4 机床排列的一般要求..............182
9.1.5 机床的验收试验..............187
9.2 机床的合理使用、维护和修理..............187
9.2.1 机床的合理使用..............187
9.2.2 机床的维护和修理..............189
9.2.3 机床修理的特殊工艺..............192
9.3 机床改装的途径..............194
9.3.1 机床改装的主要途径..............194
9.3.2 机床改装时应注意的问题..............194
9.3.3 机床改装的种类..............195
9.4 实训——车床的一级保养..............200
思考与练习..............202

第 10 章 数控机床..............203

10.1 概述..............203
10.1.1 数控技术的基本概念..............204
10.1.2 数控机床的组成及工作原理..............205
10.1.3 数控机床的分类..............207
10.1.4 数控机床坐标和运动方向..............210
10.1.5 数控机床的主要性能指标..............212
10.2 数控车床..............214
10.2.1 数控车床的用途与布局..............214
10.2.2 数控车床的传动与结构..............218
10.2.3 数控车床的液压原理图及换刀控制..............226
10.3 数控铣床..............228
10.3.1 数控铣床的用途和分类..............228
10.3.2 数控铣床传动系统..............233
10.3.3 升降台自动平衡装置的工作原理及调整..............233
10.4 加工中心..............234
10.4.1 加工中心的用途..............235
10.4.2 加工中心的分类..............235
10.4.3 加工中心的结构..............237
10.4.4 车削加工中心和镗铣加工中心介绍..............238
10.5 数控机床的辅助装置..............239
10.5.1 数控回转工作台..............239
10.5.2 分度工作台..............241
10.5.3 排屑装置..............244
10.6 实训——小型教学数控车床(或铣床)拆装..............245
思考与练习..............246

第 11 章 数控机床的典型结构..............248

11.1 数控机床的主传动系统..............248
11.1.1 数控机床主传动系统的特点..............248
11.1.2 数控机床的调速方法..............248
11.1.3 数控机床的主轴部件..............249
11.2 数控机床的进给传动系统..............256
11.2.1 数控机床进给传动的特点..............256
11.2.2 滚珠丝杠螺母副..............257
11.2.3 直线电动机进给系统..............262
11.2.4 数控机床的导轨..............266
11.3 换刀装置..............270
11.3.1 数控车床的自动转位刀架..............270
11.3.2 加工中心自动换刀装置..............273
11.4 位置检测装置..............280
11.4.1 旋转变压器..............280
11.4.2 感应同步器..............282
11.4.3 脉冲编码器..............284
11.4.4 绝对式编码器..............287
11.4.5 光栅..............288
11.4.6 磁栅..............292
11.5 实训一——数控机床进给传动系统的拆装..............295
11.6 实训二——数控机床换刀装置的拆装..............296

思考与练习 296

第 12 章 数控机床的安装调试及保养维修 298

12.1 数控机床的基本使用条件 298

12.1.1 环境温度 298

12.1.2 环境湿度 299

12.1.3 地基要求 299

12.1.4 对海拔高度的要求 299

12.1.5 对电源的要求 299

12.1.6 保护接地的要求 300

12.2 数控机床的安装调试 301

12.2.1 安装调试的各项工作 301

12.2.2 新机床数控系统的连接 301

12.2.3 精度调试与功能调试 304

12.2.4 数控机床的开机调试 304

12.3 数控机床的保养维修 307

12.3.1 数控机床保养的概念 307

12.3.2 数控机床的故障诊断 311

12.3.3 数控机床的故障处理 314

12.3.4 故障排除的一般方法 317

12.4 实训——数控车床的日常维护 320

思考与练习 321

附录 常用机床组、系代号及主参数 322

参考文献 326

第1章　绪　　论

技能目标

- 了解金属切削机床在国民经济中的地位。
- 了解机床的起源和发展。

知识目标

- 熟悉我国机床发展的概况。

1.1　金属切削机床在国民经济中的地位

金属切削机床是一种用切削方法加工金属零件的工作机械。它是制造机器的机器，因此又被称为工作母机或工具机，在我国习惯上将其简称为机床。

在我国的各个工农业生产部门、科研单位和国防生产中，制造和使用着各式各样的机器、仪表和工具。机器的种类虽然很多，但从根本上来说任何一部庞大复杂的机器都是由各种轴类、盘类、齿轮类、箱体类、机架类等零件组成的，而这些零件的绝大部分都是由机床加工而成的。在一般机械制造厂的主要技术装备中，机床占设备总量的 60%～80%，其中包括金属切削机床、锻压机床和木工机床等。

在现代机械制造工业中加工机械零件的方法有多种，如铸造、锻造、焊接、切削加工和各种特种加工等，但切削加工是将金属毛坯加工成具有一定形状、尺寸和表面质量的零件的主要加工方法，尤其是在加工精密零件时，目前主要依靠切削加工来达到所需的加工精度和表面质量的要求。所以，金属切削机床是加工机器零件的主要设备，它所担负的工作量在一般的机械制造厂中占机器制造总量的 40%～60%。因此，机床的技术水平直接影响到机器制造工业的产品质量和劳动生产率。

机械制造工业肩负着为国民经济各部门提供现代化技术装备的任务，而机床工业则是机械制造工业的重要组成部分，是为机械制造工业提供先进加工技术和现代化技术装备的“工作母机”工业。一个国家机床工业的技术水平，是衡量这个国家的工业生产能力和科学技术水平的重要标志之一。因此，机床工业在国民经济中占有极为重要的地位，机床的工作母机属性决定了它与国民经济各部门之间的关系。机床工业为各种类型的机械制造厂提供先进的制造技术与优质高效的工艺装备，即为工业、农业、交通运输业、石油化工、矿山冶金、电子、科研、兵器和航空等产业提供各种机器、仪器和工具，反过来又促进机械制造工业的生产能力和工艺水平的提高。显然，机床工业对国民经济各部门的发展和社会进步均起着重要的支撑作用。

我国正在重点发展的能源、交通、原材料、通信、环保和航空航天等工业的现代化技术水平都直接或间接依赖着机床工业的发展。机床工业对这些工业的作用表现在以下几个方面。

(1) 机床产品水平的提高可以提高其他机电产品的性能和质量。例如，飞机叶片加工机床改进以后，使叶片轮廓误差由 30 μm 减小到 12 μm，表面粗糙度值由 *Ra*0.5 μm 减小到 *Ra*0.2 μm，因此使喷气发动机压缩机的效率从 89%提高到 94%。齿轮加工机床及其检验设备水平提高以后，使航空发动机齿轮传动的齿面接触区位置误差由 8 μm 减少到 2.5 μm，相应地使齿轮单位质量能传递的转矩增加一倍；齿形误差由 10 μm 降低到 2 μm，其噪声可减少 5～7 dB。这些零件质量的提高使得航空发动机能够满足重量轻、功率大的要求。

相反，低水平的机床产品则会延缓新技术的推广应用。例如，20 世纪 60 年代初国外已经提出了激光陀螺理论，但由于其平面反射镜的材料是超硬玻璃，且要求加工的平面度误差要小于 0.03 μm，表面粗糙度为 *Ra*0.006 μm，才能使其反射率达到 99.8%的要求，而当时的加工设备无法满足这个要求，因此这一新技术未能得到推广应用。直到 20 世纪 80 年代初，超精密加工技术及其设备的开发成功，激光陀螺技术才开始用于航空航天事业。

(2) 机床产品的技术进步可以提高机械制造工业的生产率、经济效率和社会效益。例如，某机床厂为铁道部门开发的 165 型数控式车轮车床，其生产效率比原有机床提高 2 倍。不仅效率提高，而且由于该型号机床配有轮对磨耗测量装置，能自动测量出轮对直径及磨耗深度，并能自动计算出加工数据，因此可实现轮对的经济切削，从而大幅度延长加工轮对的使用寿命。另外，用数控仿形切削可使轮对的加工圆度误差由原来的 0.3 mm 减小到 0.06 mm，因而降低了车轮的振动，适于火车重载高速运行。同时由于该型号机床的研发成功，使我国不再需要用外汇从国外进口同类型机床，使得每台机床可节约外汇 100 万美元。

(3) 采用高技术的机床产品可以提高企业适应市场的能力，解决生产中的关键问题。例如，某缝纫机厂 20 世纪 80 年代中期添置了 4 台加工中心设备，使该厂新开发产品的品种数翻了一番，使其适应市场的能力显著提高。

1.2 机床的起源和发展

1.2.1 机床的起源

人类的生活是最基本的实践活动，劳动创造了世界，一切工具都是人手的延伸，机床的诞生也是如此(最初的加工对象是木料)。古代人类从劳动实践中逐步认识到：如果要钻一个孔，可使刀具转动，同时使刀具向孔深处推进。也就是说，最原始的钻床是依靠双手的往复运动，在工件上钻孔。如图 1-1 所示的钻具，就是我国古代发明的舞钻，它利用了飞轮的惯性原理；如果要制造一个圆柱体，就需一边使工件旋转，一边使刀具沿工件做纵向移动进行车削。也就是为加工圆柱体，出现了依靠人力使工件往复回转的原始车床。如图 1-2 所示的车床图案，就是在古埃及国王墓碑上发现的最古老的车床形式。

在原始加工阶段，人既是车床的原动力，又是车床的操作者。图 1-3 所示为我国古代钻床的形式。早在 6000 年前，我国古代半坡人就已经用弓钻在石斧、陶器上钻孔，如

图 1-4 所示。

在漫长的奴隶社会和封建社会里，生产力的发展是非常缓慢的。当加工对象由木材逐渐过渡到金属时，车圆、钻孔等工作都要求增大动力，于是就逐渐出现了用水力、风力和畜力等驱动的机床。图 1-5 所示为我国 17 世纪中叶所使用过的马拉机床。随着生产发展的需要，15 世纪至 16 世纪相继出现了铣床和磨床。我国明朝宋应星在其所著《天工开物》一书中，就已有对天文仪器进行铣削和磨削加工的记载。图 1-6 所示为我国古代所使用的脚踏刃磨床。

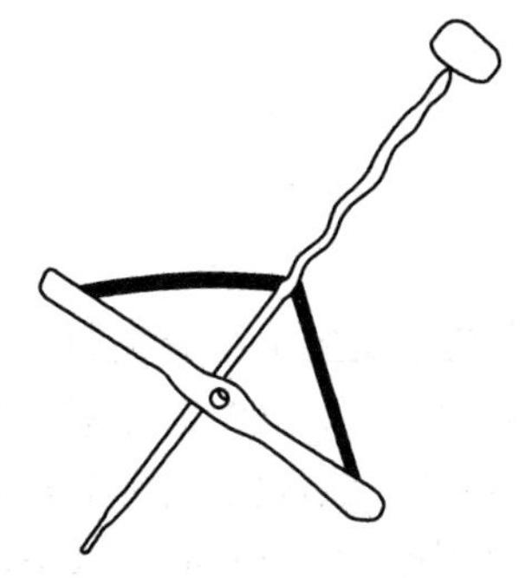

图 1-1　舞钻

图 1-2　古埃及国王墓碑上的车床图案

图 1-3　我国古代钻床

图 1-4　半坡人用弓钻钻孔

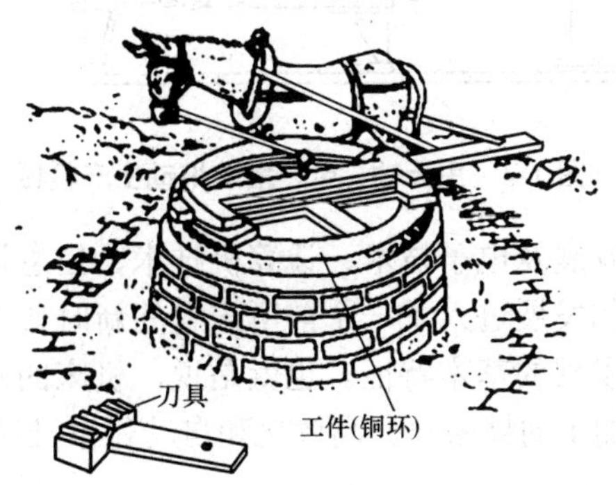

图 1-5　马拉机床

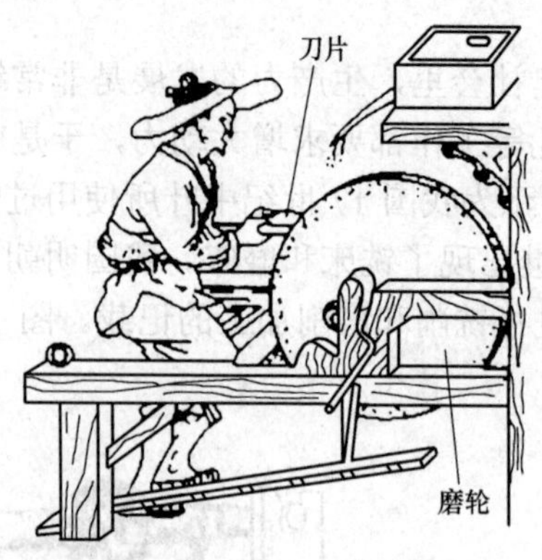

图 1-6　脚踏刃磨床

18 世纪末，蒸汽机的出现提供了新型的巨大能源，使生产技术发生了革命性的变化。由于在加工过程中逐渐产生了专业性分工，因而出现了各种类型的机床。19 世纪末，机床已扩大到许多种类型，这些机床采用的是天轴、带和塔轮传动，其性能很低。图 1-7 所示就是以一台电动机通过天轴拖动多台生产机械的“成组拖动”情况。自 20 世纪以来，齿轮变速箱的出现，使机床的结构和性能发生了根本性的变化。采用单独电动机代替过去的天轴传动，用齿轮变速箱代替过去的带、塔轮传动。因此，机床就包含了电动机、传动机构和工作机 3 个基本组成部分，逐步发展成为比较完备的现代机床，如图 1-8 所示。

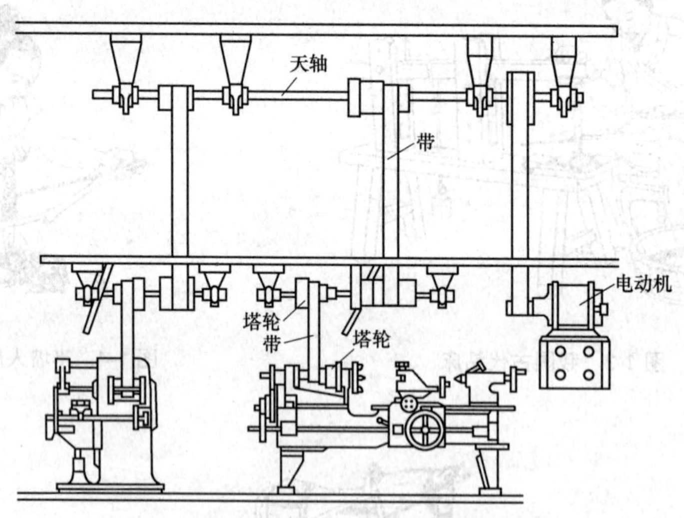

图 1-7　用天轴、带、塔轮拖动生产机械

随着科学技术的迅速发展及电子技术、计算机技术、信息技术和激光技术等在机床领域的广泛应用，机床技术的发展进入了一个前所未有的新时代。多样化、精密化、高效化和自动化是这一时代机床发展的基本特征。也就是说，机床的发展紧密迎合社会生产的多样性和高要求，通过机床加工的精密化、高效化和自动化来推动和提高社会生产力发展。

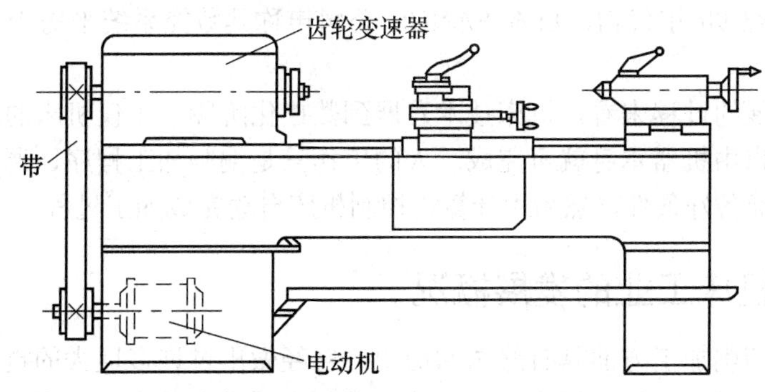

图 1-8　单独电动机拖动的卧式车床

新技术的迅速发展和客观要求的多样化，决定了机床必须具备更多品种。技术的加速发展更新和产品更新换代的加速使机床主要面向多品种、中小批量的生产。因此，现代机床不仅要保证加工精度、效率和高度的自动化，还必须有一定的柔性(即灵活性)，使之能够很方便地适应加工对象的改变。

目前，数控机床以其加工精度高，生产率高，柔性高，适应中、小批量生产而日益受到重视。由于数控机床无需人工操作，而是靠数控程序完成加工循环，调整起来十分方便，适应灵活多变的产品，使得中、小批量生产自动化成为可能。20 世纪 80 年代是数控机床、数控系统大发展的时代，到 20 世纪 80 年代末，全世界的数控机床的年产量超过 10 万台。数控机床和各种加工中心已成为当今机床发展的趋势，世界著名企业中数控机床在加工设备中所占的比例明显提高，如美国通用电气公司的数控机床占总设备数的 70%。从 20 世纪 80 年代起，日本机床工业的产值连年独占鳌头，其数控机床以年均 2.88% 的增长率增长。到 20 世纪 90 年代初，日本机床工业的产值数控化率超过 80% (且主要生产高档数控机床)，日本机床工业的发展反映着世界机床工业发展的趋势。

在机床数控化进程中，机械部件的成本在机床系统中的比例不断下降，而电子硬件与软件的比例不断上升。例如，美国在 20 世纪 70 年代生产的机床，机械部件的成本占 80%，电子硬件的成本占 20%；到 20 世纪 90 年代，机械部件的成本下降到 30%，而电子硬件和软件的成本却上升为 70%。随着计算机技术的迅速发展，数控技术已由硬件数控进入了软件数控的时代，实现了模块化、通用化和标准化。用户根据不同的需要，选用不同的模块，编制出自己所需要的加工程序，就可以很方便地达到加工零件的目的。

数控技术的发展和普及，也使机床结构发生了重大的变革。主传动系统采用直流或交流调速电动机，主轴实现了无级调速，简化了传动链。采用交流变频技术，调速范围可达 1∶100 000 以上，主轴转速可达 75 000 r/min。机床进给系统用直流或交流伺服电动机带动滚珠丝杠实现进给驱动，简化了进给传动机构。为提高工作效率，快速进给速度目前最高达 60 m/min，切削进给速度也达到了 6～10 m/min。

目前，数控机床也达到了前所未有的加工精度。例如，日本研制的超精密数控机床，其分辨率达 0.01 μm，圆度误差达 0.03 μm。加工中心工作台定位精度可达 1.5 μm/全行程，数控回转工作台的控制精度达万分之一度。

近年来，数控机床的可靠水平不断提高，数控装置的平均无故障工作时间(MTBF)已达

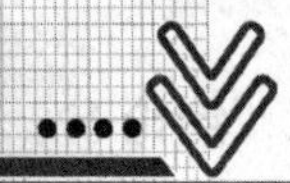

10 000 h。20 世纪 90 年代初，日本 FANUC 公司声称其数控系统平均 100 个月发生一次故障。

从生产力发展的过程来看，机床技术发展到数控化阶段，不仅机床的动力勿需人力，而且机床的操纵也由机器本身就可完成。人的工作只是编制加工程序、调整刀具等，即为机床的自动加工准备好条件，然后由计算机控制机床自动完成加工过程。

1.2.2 我国机床工业的发展概况

中国在金属切削加工方面具有悠久的历史，曾经做出过许多巨大的贡献。但在半封建半殖民地的旧中国基本上没有机床制造工业，至新中国成立前夕，全国只有少数几家机械修配厂，且只能制造一些简单的皮带车床、牛头刨床和钻床等。据统计，1949 年全国机床产量仅 1000 多台，品种不到 10 种。

新中国成立后，党和政府十分重视机床工业的发展。在解放初期的三年经济恢复时期，就把一些原来的机械修配厂改扩建为专业机床厂。至 1952 年年末，全国的国营机床厂已有 17 家，共生产机床 13 740 台。

第一个五年计划时期(1953—1957)，我国一面对老厂进行改建、扩建，一面又新建了一批专业机床厂，组建了北京机床研究所，“一五”计划末期，机床年产量达 2.8 万台，品种为 204 种。

第二个五年计划时期(1958—1962)，我国机床的设计、制造和科研水平获得了长足的发展和提高，特别是发展了一批地方企业，建立了组合机床研究所和一批专业产品研究所。研制成功了一批大型、高精度、自动和半自动机床以及自动化生产线。

第三个五年计划时期(1963—1967)，我国开展了“三线”建设，在内地建立起一批机床企业。另外，在高精度精密机床的设计和制造技术领域也取得了很大发展。至此，我国已基本建成了品种齐全、布局合理的机床工业体系。到 1965 年，国家机床工业骨干企业有 38 个，地方企业有 100 多个，生产的机床品种为 537 种，产量达 3.96 万台。即便如此，我国在数控机床领域与国外的差距仍然很大。

自 1987 年以后，随着改革开放政策的实施，我国机床工业进入了一个新的发展时期。通过技术引进、配套以及合作生产，陆续发展了一批具有世界 20 世纪 80 年代初期或中期水平的数控机床，大大缩小了和发达国家的差距。到 20 世纪 90 年代初，我国数控机床的可供品种已超过 300 种。截至目前我国已有几十个厂家在从事不同层次的数控机床的生产与开发。产品有数控车床、铣床、加工中心和柔性制造系统等，CIMS(计算机集成系统)工程的研究与开发也取得了重大发展。

我国机床工业的发展是迅速的，成就是巨大的。但由于起步晚、底子薄，与世界先进水平相比，还存在着较大差距。为了适应我国实现工业、农业、国防和科学技术现代化的需要，为了提高机床产品在国际市场上的竞争能力，必须深入开展机床基础理论研究，加强工艺试验研究，大力开发精密、重型和数控机床，使我国的机床工业尽早跻身于世界先进行列。

1.2.3 机床技术的发展趋势

随着科学技术的发展，机床工业已经发展到类别品种繁多、结构灵活可靠、性能日臻完善、技术日益精湛的程度。分析世界各主要工业国家机床工业发展的动向，其技术发展趋势主要表现在以下几个方面。

1. 向高速、高效率、自动化的方向发展，特别是向数控化、柔性化和集成化的方向发展

由于硬质合金和陶瓷刀具的发展和推广使用，促使各种机床的切削速度和主电机功率增大，机床的刚度、抗振性和操作集中化、自动化程度有了很大提高，出现了许多高速、超速的“强力”机床品种。例如，车削速度为 400～800 m/min，主电机功率达 45 kW，最大加工直径为 500 mm 的车床；一次磨削深度可达 20 mm，进给量为 1 mm/r，主电机功率为 75 kW，砂轮直径为 810 mm，电磁工作台直径为 1550 mm 的立轴圆台平面磨床等。强力切削大大缩短了机床加工时的机动时间，因此缩短辅助时间的问题越来越突出，促使具有自动工作循环的半自动机床，带有自动上、下料装置的自动化单机和自动化产品线迅速发展。

为适应多品种、小批量生产的需要，发展数控机床和加工中心已成为 20 世纪 60 年代以来机床工业的重要标志。如 20 世纪 80 年代末，全世界工业机器人的年产量就已达到 13 万～14 万台。在数控技术基础上，随着信息技术和计算机技术的迅速发展，机床设备已从单功能自动的单能机向多功能自动的多能机发展，从刚性连接的自动生产线向计算机控制的柔性加工单元(FMC)和柔性制造系统(FMS)方向发展，而且正朝着更高水平的计算机集成系统(CIMS)迈进。

2. 扩大机床的工艺范围以及提高机床的标准化、通用化、系列化水平

为了更加适应用户的生产特点和需要，在各种机床，尤其是在大型机床上增加多种附件以扩大机床的工艺用途或以加工一定的工件为目的，把几种工艺“复合”到一台机床上，因此出现了如车镗床、铣刨磨联合机床、铣镗钻联合机床等新品种。由于各种新型联合机床和联合加工中心站的出现，使得工序较多的大型工件只需一次装夹就能完成对它的加工，从而大大缩短了辅助工作时间。

机床产品的系列化、零部件的标准化和通用化是检验机床设计水平高低的重要标志，“三化”程度高，在设计和制造中可应用“积木”原理，以标准的零部件组装成各种形式和用途的机床，从而缩短机床的设计和制造周期，便于组织多品种生产并降低成本。

3. 向更高精度的方向发展

随着世界科学技术的迅速发展，对机床加工精度的要求也越来越高。有资料显示，20 世纪 50 年代初至 80 年代初的 30 年间，普通机械的加工精度已达 5 μm；精密加工精度提高了近两个数量级，而超精密加工则已进入纳米(0.001 μm)的时代。多种机床主轴的回转精度为 0.01～0.05 μm，加工工件的圆度误差为 0.01 μm，加工工件的表面粗糙度 Ra 值为 0.003 μm。目前，普通加工和精加工的精度已在 20 世纪 80 年代初的基础上又提高了 4～5 倍。

精密机床的定位、测量装置也有了相应的发展，光电显微镜、光栅数字显示定位、激光干涉测量等新技术在机床上实现了应用，测量工作已越来越多地由计量室转移到机床上进行。

4. 发展特种加工机床，重视各种新技术在机床上的应用

现代机械产品中，异型零件的数量越来越多，非传统材料的应用也越来越广泛。例如，航空航天工业大量采用高强度耐热钢、钛合金钢，汽车、家电工业更多地采用铝件和塑料件。精细陶瓷、玻璃纤维、碳素纤维等复合材料也在机械产品中被广泛应用。这些异型零件和新型材料大多不能用传统的方法进行加工，故电解加工、电火花加工以及激光、超声波、电子束、等离子、水喷射、磨料喷射、爆炸成形和电磁成形等非传统的加工方法相继出现，从而也促使各类特种加工机床迅速发展。

机床技术的发展是永无止境的，各种新技术、新工艺、新材料、新结构的不断涌现，为机床技术的进一步发展提供了可能。同时，整个科学技术的不断进步，又对机床的发展提出了更高的要求。

思考与练习

1-1 试述金属切削机床的定义、性质和功用。

1-2 分析机床工业在国民经济中的地位和作用，并举例说明。

1-3 为什么说“劳动创造了世界，一切工具都是人手的延伸”？

1-4 简述我国机床工业发展的现状和前景。

1-5 机床技术发展趋势主要表现在哪几个方面？

第2章　机床基础知识

技能目标

- 掌握金属切削机床型号。
- 熟练掌握机床的传动系统及运动计算。

知识目标

- 了解金属切削机床的分类和型号。
- 掌握机床的运动。

金属切削机床的基础知识主要包括金属切削机床的分类和型号、基本组成和加工范围，为学习数控机床提供理论基础，同时为车、铣、刨、磨等操作提供理论指导。本章主要介绍金属切削机床的分类和型号、零件表面的形成方法、机床的运动、机床的传动系统与运动计算及机床精度等内容。

2.1　金属切削机床的分类和型号

我国机床工业已经形成了门类齐全、品种规格众多的工业体系。为了便于区别、使用和管理，也制定出了一套科学且合理的分类和型号的编制方法。

2.1.1　金属切削机床的分类

金属切削机床的种类繁多，为了便于区别、使用和管理，有必要对机床进行分类，根据需要可以从不同的角度对机床作以下分类。

(1) 按机床的加工性能和结构特点可分为 12 类，即车床、钻床、镗床、铣床、拉床、磨床、刨插床、齿轮加工机床、螺纹加工机床、特种加工机床、锯床和其他机床。其中，磨床的品种较多，又分为 3 类。每类机床的代号用其名称的汉语拼音的第一个大写字母表示，如表 2-1 所示。

表 2-1　通用机床类代号

类型	车床	钻床	镗床	磨床			齿轮加工机床	螺纹加工机床	铣床	刨插床	拉床	特种加工机床	锯床	其他机床
类代号	C	Z	T	M	2M	3M	Y	S	X	B	L	D	G	Q
读音	车	钻	镗	磨	二磨	三磨	牙	丝	铣	刨	拉	电	割	其

(2) 按机床的通用程度分类，可分为通用机床(万能机床)、专门化机床(又称专能机床)和专用机床。通用机床可完成多种工序，可加工该工序范围内的多种类型零件，其工艺范围较宽，通用性较好，但结构较复杂，如卧式车床、万能升降台铣床、万能外圆磨床、摇臂钻床等，这类机床主要适用于单件小批生产；专门化机床则用于加工一定尺寸范围内的某一类(或少数几类)零件，完成某一种(或少数几种)特定工序，其工艺范围较窄，如凸轮轴车床、轧辊车床、丝杠铣床等；专用机床是为某一特定零件的特定工序所设计的，其工艺范围最窄，汽车、拖拉机制造企业中大量使用的各种组合机床即属此类。

(3) 按机床的精度分类。在同一种机床中，根据加工精度不同，可分为普通(精度)机床、精密机床和高精度机床(超精密级机床)。

(4) 按机床质量和尺寸不同分类，可分为仪表机床、中型机床、大型机床(质量达到10 t)、重型机床(质量在 30 t 以上)和超重型机床(质量在 100 t 以上)。

此外，机床还可以按其主要部件的数量分为单轴、多轴或单刀、多刀机床等。

2.1.2 金属切削机床型号的编制方法

机床型号是机床产品的代号，用以简明地表示机床的类型、通用和结构特性、主要技术参数等。目前我国的机床型号是按照 1994 年颁布的标准《金属切削机床型号编制方法》(GB/T 15375—94)编制的。此标准规定，机床型号由汉语拼音字母和阿拉伯数字按一定的规律组合而成，它适用于新设计的各类通用机床、专用机床和回转体加工自动线(不包括组合机床、特种加工机床)。

1. 型号的构成

通用机床的型号由基本部分和辅助部分组成，中间用“/”隔开，读作“之”。基本部分需统一管理，辅助部分纳入型号与否由生产厂家自定。型号中各组成部分的意义如下。

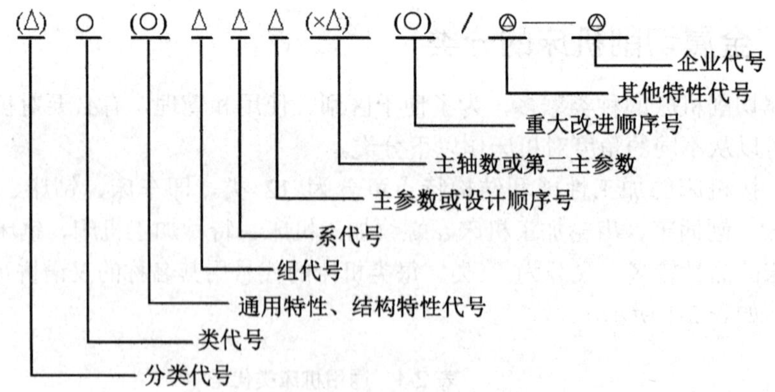

其中：(1) 有“( )”的代号或数字，当无内容时则不表示，若有内容则不带括号。
(2) 有“○”符号者，为大写的汉语拼音字母。
(3) 有“△”符号者，为阿拉伯数字。
(4) 有“◎”符号者，为大写的汉语拼音字母或阿拉伯数字，或两者兼有之。

2. 机床类别

机床的特性代号也用汉语拼音表示，代表机床具有的特别性能，包括通用特性和结构特性两种，书写于类代号之后。

1)　通用特性代号

当某型号机床除普通形式外，还具有其他各种通用特性时，则在类代号后加相应的特性代号。常用的特性代号如表 2-2 所示。

表 2-2　通用特性代号

通用特性	高精度	精密	自动	半自动	数控	加工中心(自动换刀)	仿形	轻型	加重型	简式或经济型	柔性加工型	数显	高速
代号	G	M	Z	B	K	H	F	Q	C	J	R	X	S
读音	高	密	自	半	控	换	仿	轻	重	简	柔	显	速

如某机床仅有某种通用特性，而无普通形式，则通用特性不予表达。例如，C1312 型单轴自动车床型号中，没有普通型也就不表示“Z”(自动)的通用特性。一般在一个型号中只表示最主要的一个通用特性，通用特性在各机床中代表的意义相同。

2)　结构特性代号

对于主参数相同而结构不同的机床，在型号中用汉语拼音字母区分，根据各类机床的情况分别规定，在不同型号中意义不同。当有通用特性代号时，结构特性代号应排在通用特性代号之后，凡通用特性代号已用的字母和“I”“O”均不能作为结构特性代号。

3. 组、系别代号

机床的组别和系别代号分别用一个数字表示。每类机床分为 10 个组，用数字 0~9 表示。每组又分为若干个系。在同类机床中主要布局或使用范围基本相同的机床，即为同一组；在同一组机床中，其主要结构及布局形式相同的机床，即为同一系。

各类机床组的代号及划分请参见附录。

4. 主参数、主轴数和第二主参数

机床主参数代表机床规格的大小，用折算值(一般为主参数实际数值的 1/10 或 1/100)表示，位于系别代号之后。

第二主参数一般指主轴数、最大跨距、最大工件长度或工作台工作面长度等。第二主参数一般折算成两位数为宜。

5. 通用机床的设计顺序号

某些通用机床，当无法用一个主参数表示时，则在型号中用设计顺序号表示。设计顺序号由 1 起始，当设计顺序号小于 10 时，则在设计顺序号之前加“0”。

6. 机床的重大改进顺序号

当对机床的结构、性能有更高的要求，需按新产品重新设计、试制和鉴定时，在机床型号之后，按 A、B、C(I、O 除外)等汉语拼音字母的顺序选用，加入型号的尾部，以区别原机床型号。

7. 其他特性代号

其他特性代号置于辅助部分之首。其中同一型号机床的变型代号，一般应放在其他特性代号的首位。

其他特性代号主要用以反映各类机床的特性。例如，对数控机床，可用它来反映不同控制系统；对于一般机床，可以反映同一型号机床的变型等。

其他特性代号可用汉语拼音字母表示，也可用阿拉伯数字表示，还可用两者的组合表示。

8. 企业代号及其表示方法

企业代号包括机床生产厂及机床研究所的单位代号，置于辅助部分尾部，用“－”分开，若辅助部分仅有企业代号，则可不加“－”。

应该指出，对于我国以前定型并已授予型号的机床，按原第一机械工业部第二机器工业管理局 1959 年 11 月的规定，其型号可以暂不改变。现在已定型并授予型号的普通机床“C620－1”等，准备在以后机床进行改进时逐步改为新型号。旧的机床型号编制方法可参考《机床设计手册》(3)。

2.1.3 通用机床的型号编制举例

通用机床的型号编制示例如下。

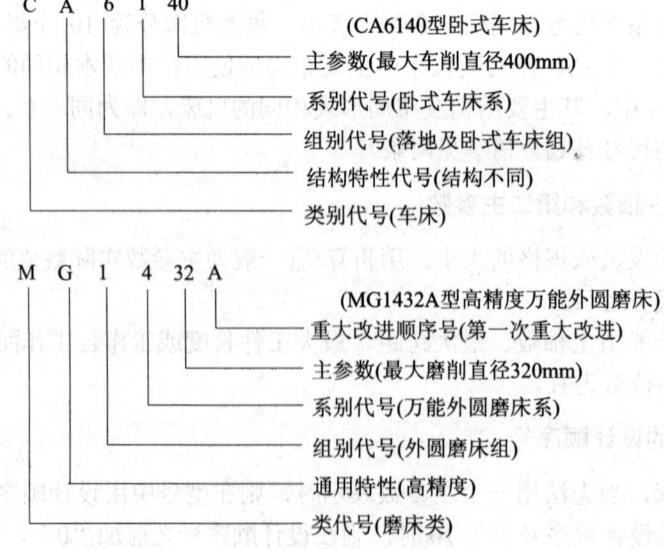

2.2　零件表面的成形方法

2.2.1　零件表面的形状

任何一个机器零件的形状都是由它的功能来确定的。实现同样的功能，可以有多种多样的零件表面形状。在实际生产中，常选用那些加工起来最方便、最经济、最准确和最迅速的零件表面形状。这往往是形状比较简单的表面，如平面、圆柱面、圆锥面、球面和螺旋面等，如图 2-1 所示。

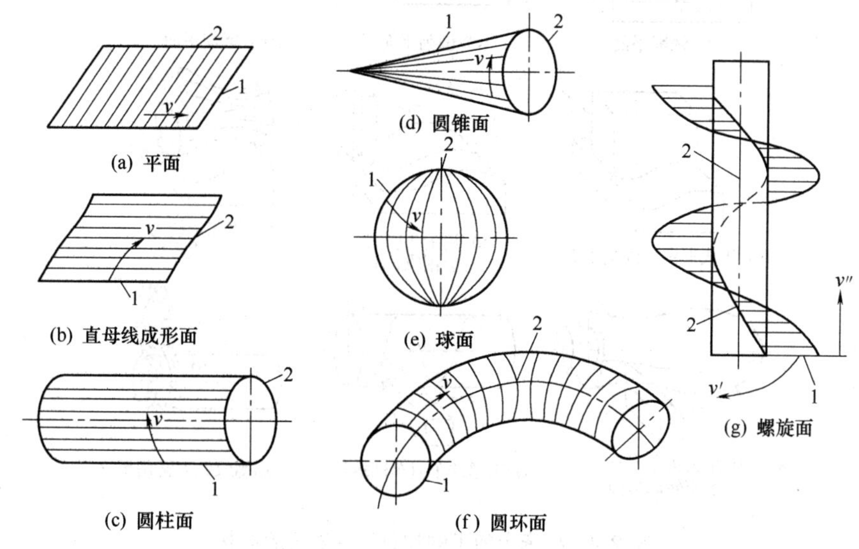

图 2-1　组成零件轮廓的几种几何表面

1—母线；2—导线

金属切削机床的工作原理是使金属切削刀具和工件产生一定的相对运动，以形成具有一定形状、一定精度和表面质量的零件表面。刀具的切削刃对工件毛坯进行切削，去掉毛坯上多余的金属层而形成零件表面。常见的机械零件通常由一个或几个基本表面组合而成，这些表面可以经济地在机床上获得所需要的精度。图 2-2 所示是机床上加工的常见工件表面的形状。其中，图 2-2(a)表示工件做旋转运动，刀具沿平行于工件轴线方向移动，车削出圆柱面。图 2-2(e)所示为刨削平面，刀具做纵向直线运动，工件在垂直于刀具运动方向上做间歇移动，则在工件上形成一个平面。

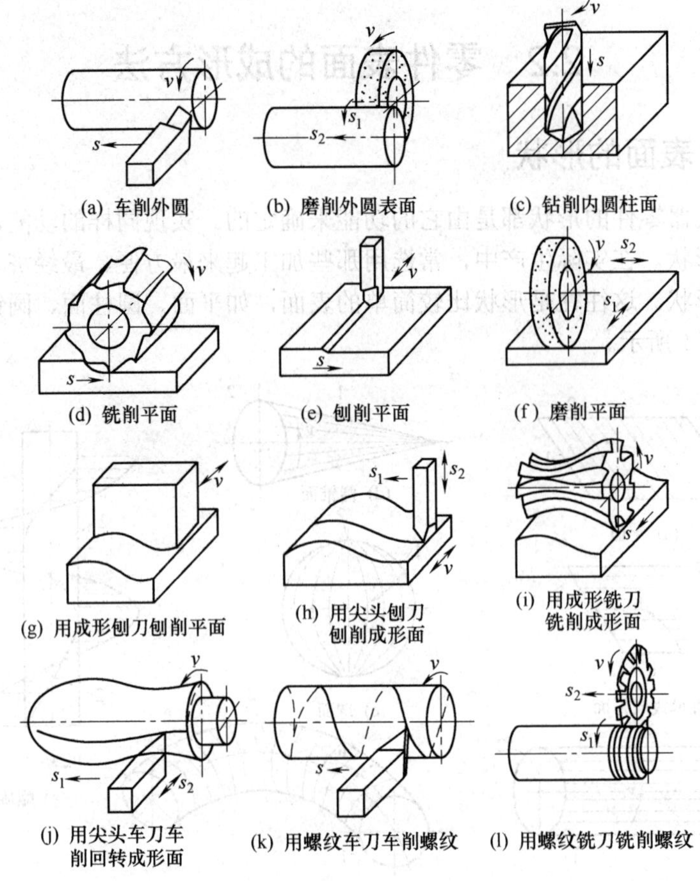

图 2-2　机床上加工的常见工件表面的形状

2.2.2　零件表面的形成

从几何学的观点来看，面是线的轨迹。零件上任何一个表面，都可以视为一条曲线(母线)沿着另一条曲线(导线)运动的轨迹。例如，平面是一条直线沿着另一条直线运动的轨迹；圆柱面是一个圆沿直线运动的轨迹，或者是一条直线绕与其平行的轴线做圆周运动的轨迹。若形成某一表面的母线和导线可以互换，则称为可逆表面，如平面；母线和导线不能互换的表面称为不可逆表面，如螺纹面。

形成表面的母线和导线统称为生成线。在切削加工过程中，这两根生成线是通过实现刀具切削刃与工件的相对运动而使零件的表面成形的。图 2-3 所示是外圆柱面的成形。在车床上车削外圆柱面是由直线 1(母线)沿圆 2(导线)运动而成形的。直线 1 和圆 2 为两根生成线，外圆柱面为成形表面。

图 2-4 所示是普通螺纹的螺旋表面成形。普通螺纹的螺旋面是由“Λ”形线 1 沿螺旋线 2 运动而成形的，它的两根生成线是“Λ”形线 1(母线)和螺旋线 2(导线)。

直齿圆柱齿轮齿面的成形如图 2-5 所示。直齿圆柱齿轮的齿面是由渐开线 1 沿直线 2 运动而成形的，渐开线 1(母线)和直线 2(导线)就是轮齿表面成形的两根生成线。

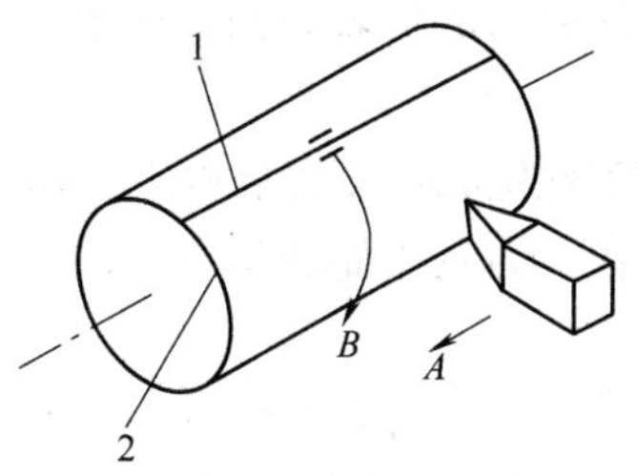

图 2-3　外圆柱面成形的两根生成线

1—母线；2—导线

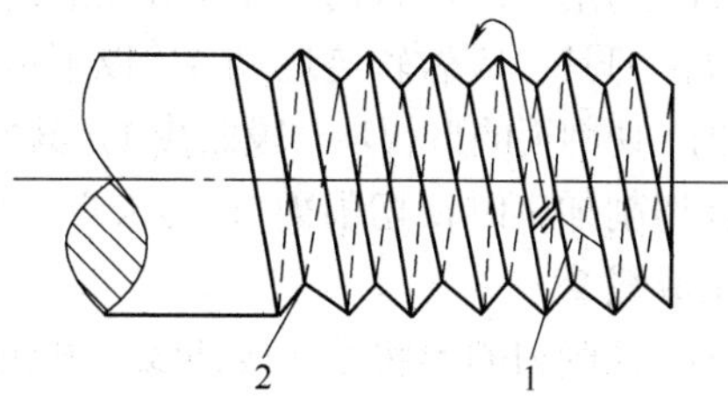

图 2-4　普通螺纹螺旋表面成形的两根生成线

1—母线；2—导线

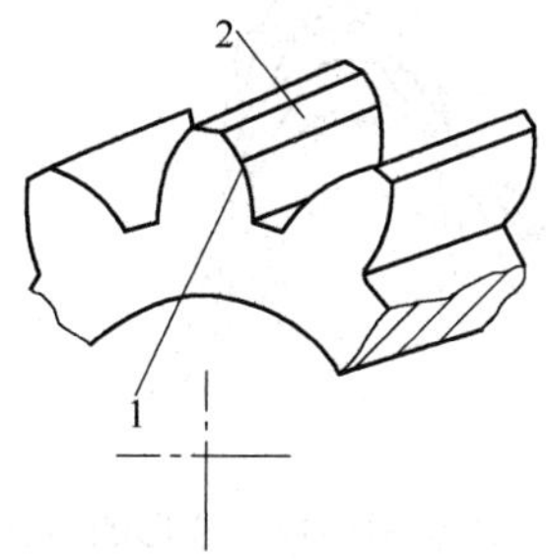

图 2-5　直齿圆柱齿轮齿面成形的两根生成线

1—渐开线；2—直线

2.2.3　生成线的形成方法及所需的成形运动

零件表面生成线的形成过程，与所用的切削刀具的切削刃的形状有关。也就是说，切削刃的形状与表面的成形方法有着极其密切的关系，表面成形的两根生成线是由刀具切削刃和工件间的相对运动决定的。

1. 切削刃的形状

切削刃的形状是指刀具切削刃与工件加工表面相接触的那一部分的形状，它可以是一个切削点，也可以是一条切削线。根据切削刃的形状和成形表面生成线之间的关系，可以划分为如图 2-6 所示的 3 种情况。

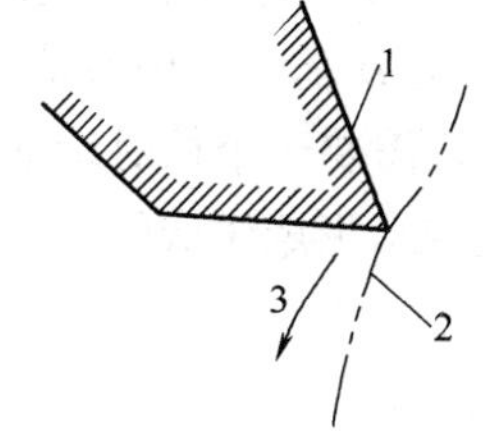

(a) 点接触

1—刀具；2—生成线；3—轨迹运动

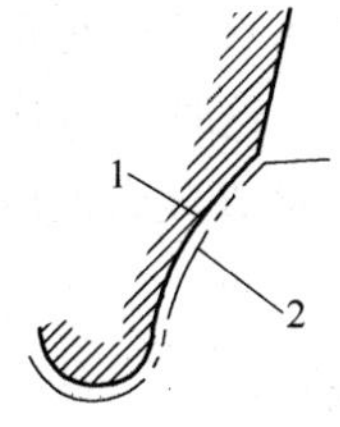

(b) 线接触

1—曲线；2—生成线

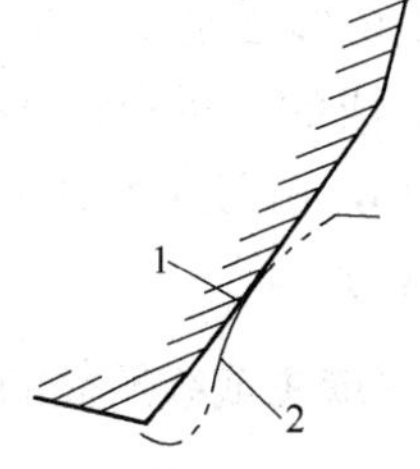

(c) 相切

1—切削刃；2—生成线

图 2-6　切削刃形状与生成线的 3 种关系

(1) 切削刃的形状为一个切削点(见图 2-6(a))，切削刃与成形表面为点接触。进行切削加工时，刀具 1 应做轨迹运动 3，以形成生成线 2。

(2) 切削刃的形状是一段曲线 1，其轮廓(切削线)与工件生成线 2 完全吻合(见图 2-6(b))。在进行切削加工时，切削刃 1 与被形成的表面做线接触，刀具不做任何运动即可得到所需要的生成线 2。

(3) 切削刃的形状是一段曲线，其轮廓(切削线)与工件生成线 2 不相吻合(见图 2-6(c))，为共轭关系。在切削加工时，刀具切削刃 1 与被形成表面相切，为点接触。工件生成线 2 是刀具切削刃 1 运动轨迹的包络线，如图 2-7 所示。因此，刀具与工件需要有共轭的展成运动。

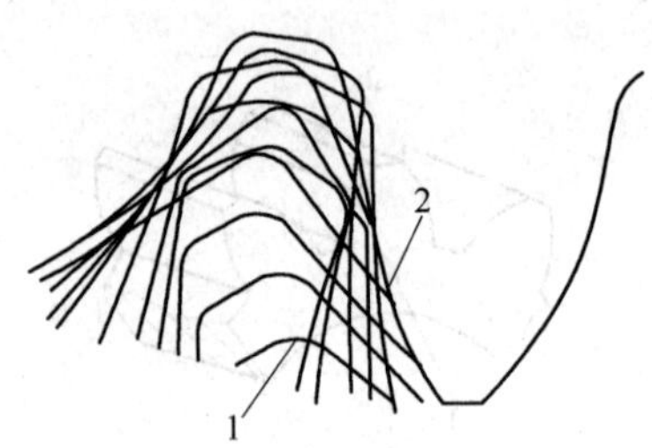

图 2-7 由切削刃包络成形的渐开线齿形

2. 生成线的形成方法

在切削加工中，由于所使用刀具的切削刃的形状和采用的加工方法不同，形成生成线的方法也不同。一般可归纳为如图 2-8 所示的 4 种方法，分别表述如下。

(1) 轨迹法。如图 2-8(a)所示，生成线 2 是切削点 1 做轨迹运动 3 而形成的。这时，只需一个独立的成形运动。

(2) 成形法。如图 2-8(b)所示，切削刃切削线 1 的长短与所需成形的生成线 2 一致，也就是切削刃的轮廓与工件生成线 2 相吻合。因此，工件生成线 2 由切削刃切削线 1 实现。这时，形成生成线不需专门的成形运动。

(3) 相切法。如图 2-8(c)所示，切削点为旋转刀具切削刃上的点 1。切削时，刀具的旋转中心按一定规律做轨迹运动 3，切削点 1 运动轨迹的包络线形成了生成线 2。所以，相切法形成生成线需要两个独立的成形运动，即刀具的旋转运动和刀具中心按一定规律的运动。

(4) 展成法。如图 2-8(d)所示，刀具切削刃形状为切削线 1，它与工件生成线 2 不相吻合。生成线 2 是由切削刃切削线 1 在刀具运动 A 与工件运动 B 基础上做展成运动 3(A+B)时，所形成的一系列轨迹的包络线。这时，刀具与工件之间只需要一个相对运动，称为展成运动(A+B)，由刀具运动 A 和工件转动 B 复合而成。所以，展成法形成生成线，需要一个独立的成形运动。

3. 形成生成线所需的成形运动

在机床上，刀具和工件分别安装在主轴、刀架或工作台等执行部件(简称执行件)上。为简化结构，执行件的运动形式一般为旋转运动或直线运动(称为单元运动)。因此，形成生成线所需的独立的成形运动可以只是这两种单元运动中的一种，也可以是两种运动形式的不同组合。若成形运动仅为执行件的旋转运动或直线运动，则称为简单成形运动；若一个成形运动是由旋转运动和直线运动按一定的运动关系组合而成的，则称为复合的成形运动。组成复合运动的两个或两个以上的单元运动，在形成表面的过程中是相互依存的，它们之间应保持准确的运动关系。如图 2-8(d)所示，展成运动 3 是一个复合的成形运动，由刀具的直线运动 *A* 和工件的旋转运动 *B* 组合而成。刀具和工件之间必须保持准确的运动关系，即齿条刀具移动一个齿时，工件应准确地转过一个齿。因此，复合成形运动是一个独立的成形运动。

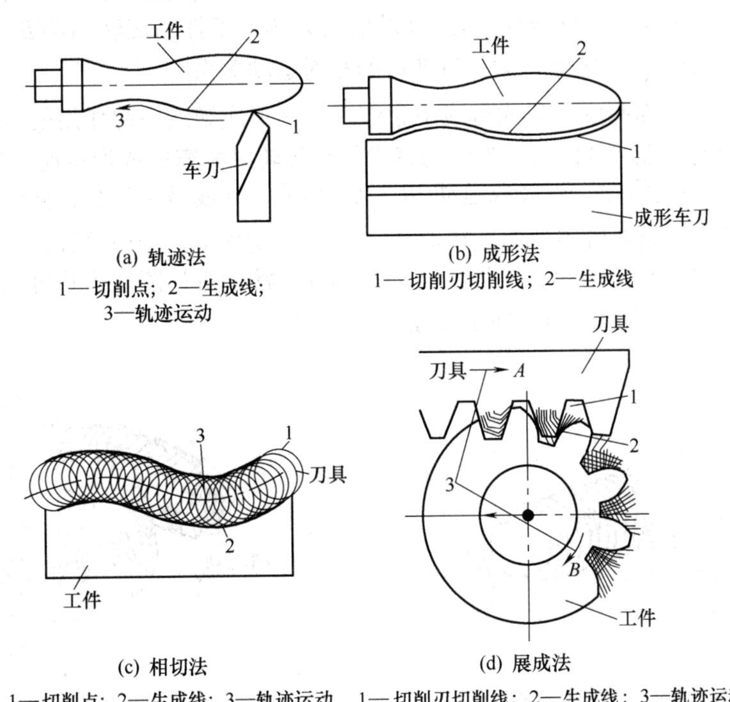

(a) 轨迹法
1—切削点；2—生成线；3—轨迹运动

(b) 成形法
1—切削刃切削线；2—生成线

(c) 相切法
1—切削点；2—生成线；3—轨迹运动

(d) 展成法
1—切削刃切削线；2—生成线；3—轨迹运动

图 2-8　形成生成线的 4 种方法

必须注意的是，成形表面的形状不仅取决于切削刃的形状和表面成形的方法，还取决于生成线的原始位置。如图 2-9 所示，3 种表面的生成线均相同，母线是直线 1，导线是绕轴线 *O*—*O* 旋转的圆 2，但由于母线 1 相对于轴线 *O*—*O* 的原始位置不同，所形成的表面也不同。

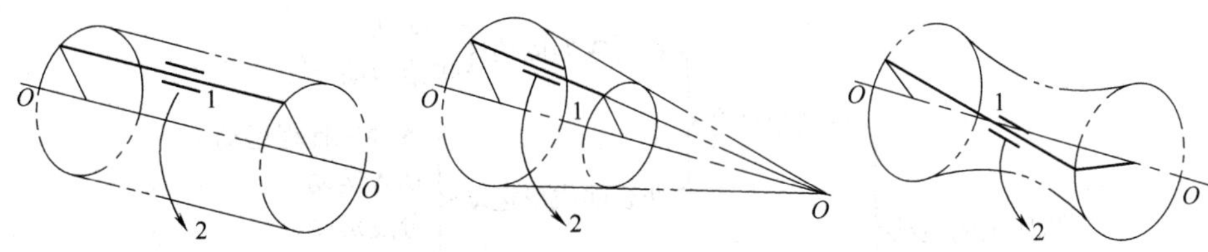

图 2-9　生成线原始位置与成形表面的关系

1—母线；2—圆

2.2.4 零件表面成形所需的成形运动

零件表面是两根生成线(母线和导线)运动的轨迹，形成零件表面的成形运动就是形成母线和导线所需运动的总和。为了在机床上加工出所需的各种零件表面，机床必须具有全部所需的表面成形运动。

用螺纹车刀车削螺纹，如图 2-10 所示。母线与车刀的切削刃形状和螺纹轴向剖面轮廓的形状一致，故母线由成形法形成，不需要成形运动。导线为螺旋线，由轨迹法形成，需要一个成形运动。这是一个复合运动，可以把它分解为工件的旋转运动 B_{11} 和刀具的直线移动 A_{12}。但是，B_{11} 和 A_{12} 之间必须保持严格的相对运动关系。

必须指出的是，那些既在形成母线中起作用又在形成导线中起作用的运动，实际上只是机床的一个运动。图 2-11 所示为滚切直齿圆柱齿轮时所需的成形运动。母线(齿轮渐开线)是滚刀切削刃的包络线，由展成运动(B_1+B_2)形成。导线是沿齿长方向的直线，由相切法形成，即需滚刀旋转并做向下的直线运动($B+A$)。实质上，形成导线的滚刀旋转运动 B 与形成母线中的滚刀旋转运动 B_1 是同一运动。因此，滚切直齿圆柱齿轮时共需两个运动，即展成运动(B_1+B_2)和滚刀沿工件轴向的直线运动 A。

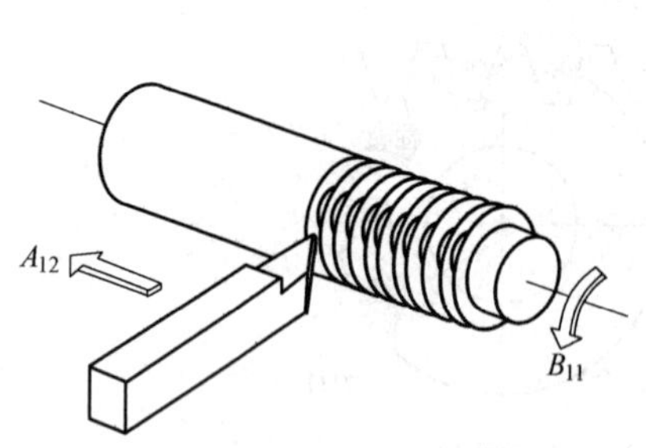

图 2-10 车削螺纹所需的表面成形运动

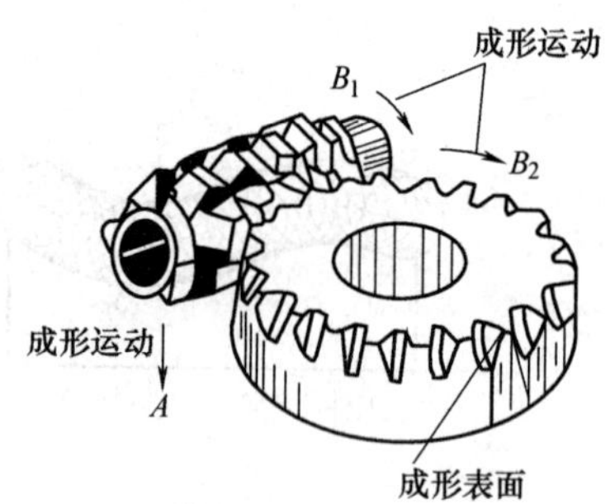

图 2-11 滚齿加工的成形运动

2.3 机床的运动

不同的工艺方法所要求的机床运动轨迹的类型和数量是不同的。机床上的运动可按下面的方法进行分类。

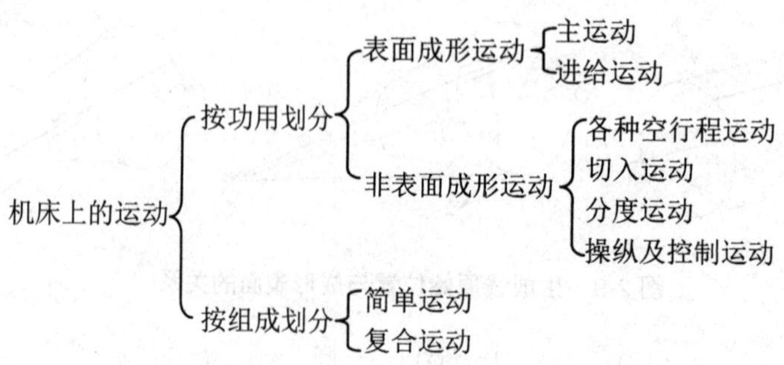

2.3.1　表面成形运动

表面成形运动(简称成形运动)是保证得到零件要求的表面形状。在机床上，以主轴的旋转和刀架或工作台的直线运动得以实现。通常用符号 A 表示直线运动，用符号 B 表示旋转运动。如图 2-12 所示，用车刀车削外圆柱面，属于轨迹法成形。工件的旋转运动 B_1 产生母线(圆)，刀具的纵向直线运动 A_2 产生导线(直线)。运动 B_1 和 A_2 就是两个表面成形运动，下角标中的序号“1”和“2”表示成形运动的序号。B_1 和 A_2 是相互独立的，刀具的直线运动速度(即进给量)发生变化时，不影响加工表面的形状，只影响生产率的高低和表面粗糙度的大小。

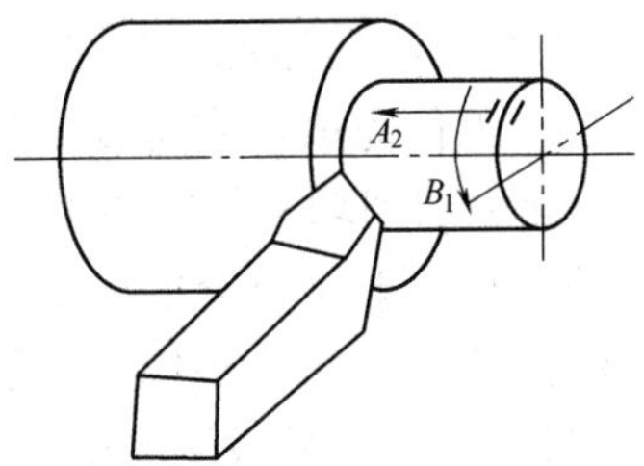

图 2-12　车削外圆柱表面时的成形运动

旋转运动和直线运动最简单，也最容易得到，因而简称为简单成形运动。但是，成形运动也不全是简单运动。如图 2-13(a)所示，这是用螺纹车刀车削螺纹的成形运动。螺纹车刀是成形刀具，因此形成螺旋面只需一个成形运动，即车刀在不动的工件上做空间螺旋运动。在机床上，最容易得到并最容易保证精度的是旋转运动(如主轴的旋转)和直线运动(如刀架的移动)。因此，往往把这个螺旋运动分解为等速的旋转运动和等速的直线运动。如图 2-13(b)所示，图中的 B_{11} 代表等速的旋转运动，A_{12} 代表等速的直线运动。下角标中的第一位数字表示第一个运动(此例中也只有一个运动)，第二位数字表示这个运动中的两个组成部分。这样的运动就称为复合的表面成形运动，或简称为复合成形运动。为了得到一定导程的螺旋线，运动的两个组成部分 B_{11} 和 A_{12} 必须保持严格的相对运动关系，即工件每转一转，刀具应准确地移动一个螺旋线导程的距离。

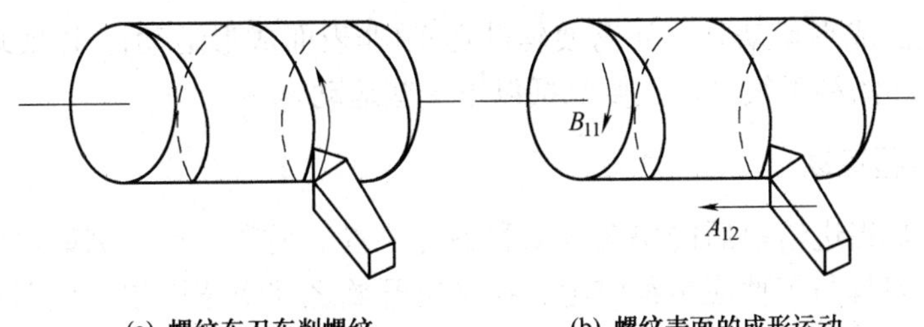

(a) 螺纹车刀车削螺纹　　(b) 螺纹表面的成形运动

图 2-13　加工螺纹时的运动

成形运动按其在切削加工中所起的作用，又可分为主运动和进给运动两类。

1. 主运动

主运动是由机床或人力提供的主要运动，它促使刀具和工件之间产生相对运动，从而使刀具前面接近工件，直接切除工件上的切削层，使之转变为切屑，从而形成工件的新表面。通常主运动消耗的功率占总切削功率的大部分。例如，卧式车床主轴带动工件的旋转，钻、镗、铣、磨床主轴带动刀具或砂轮的旋转，牛头刨床和插床的滑枕带动刨刀，龙门刨床工作台带动工件的往复直线运动等都是主运动。

主运动可以是简单的成形运动，也可以是复合的成形运动。例如，图 2-12 所示运动中用车刀车削外圆柱面，车床主轴带动工件的旋转运动 B_1 就是简单的成形运动。而图 2-13(b)所示的车削螺纹，主运动就是复合的成形运动，它在切除切屑的同时形成了所需的螺旋表面。

2. 进给运动

进给运动是由机床或人力提供的运动，它使刀具与工件之间产生附加的相对运动，是使主运动能够依次地连续不断地切除切屑的运动，以便形成所要求的几何形状的加工表面。在机床上，进给运动可由刀具或工件完成，它可以是间歇的也可以是连续进行的。但无论是哪一种情况，进给运动只消耗总切削功率的一小部分。

进给运动可能是简单成形运动，也可能是复合的成形运动。例如，在车床上车削外圆柱表面时，床鞍带动车刀的连续纵向移动；在牛头刨床上加工平面时，刨刀每往复一次，刨床工作台带动工件横向移动一个进给量等都是进给运动，且都是简单的成形运动。图 2-14 所示是用成形铣刀铣削螺纹时，进给运动是铣刀相对于工件的旋转运动，它是一个复合的成形运动($B_{21}+A_{22}$)，主运动是铣刀的旋转运动(B_1)，是一个简单的成形运动。

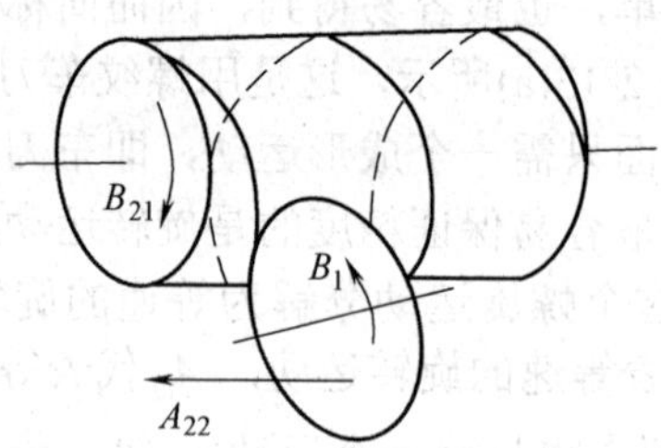

图 2-14　铣削螺纹时的运动

2.3.2　辅助运动

机床上除表面成形运动外，还需要辅助运动(非表面成形运动)，以实现机床的各种辅助动作。辅助运动的种类很多，主要包括以下一些运动。

1. 各种空行程运动

空行程运动是指进给前后的快速运动和各种位置的调整运动。例如，装卸工件时为避免碰伤操作者，刀具与工件应离得较远。在进给开始之前快速引进，使刀具与工件接近的运动；进给结束后，又快速退回的运动。又如，车床的刀架或铣床的工作台在进给前后的快速进给或快速退回的运动。位置调整运动是在调整机床的过程中，把机床的有关部件移动到要求的位置。例如，摇臂钻床上为使钻头对准被加工孔的中心，主轴箱与工作台间进行相对位置调整时的运动，龙门铣床、龙门刨床的横梁为适应工件不同的厚度而做的升降运动等。

2. 切入运动

切入运动是用于保证被加工表面获得所需尺寸的运动。

3. 分度运动

当加工若干个形状完全相同，但位置分布不同的表面时，为使表面成形运动得以周期地连续进行的运动，称为分度运动。例如，车削多头螺纹，在车削完一条螺纹后，工件相对于刀具要回转$1/k$转(k为螺纹的头数)才能车削另一条螺纹表面，这个工件相对于刀具的回转运动就是分度运动。多工位机床的多工位工作台或多工位刀架也需分度运动，这时的分度运动是由工作台或刀架完成的。

4. 操纵及控制运动

操纵及控制运动包括启动、停止、变速、换向、部件与工件的夹紧和松开、转位以及自动换刀、自动测量、自动补偿等操纵、控制运动。

2.4　机床的传动

2.4.1　传动的基本组成部分

为了实现加工过程中所需的各种运动，机床必须有运动源、传动装置和执行机构 3 个基本部分。

1. 运动源

运动源是为执行件提供运动和动力的装置，如交流异步电动机、直流或交流调速电动机和伺服电动机等。可以几个运动共用一个运动源，也可以每个运动均有单独的运动源。

2. 传动装置(传动件)

传动装置是传递运动和动力的装置，通过它把执行件和运动源或有关的执行件之间联系起来。机床的传动装置有机械、液压、电气和气压等多种形式。其中，常见的机械传动有齿轮、链轮、带轮、丝杠和螺母等。

3. 执行机构

执行机构是执行机床运动的部件，如主轴、刀架和工作台等，其任务是装夹刀具或工件，并直接带动它们完成一定形式的运动(旋转运动或直线运动)，并保证其运动轨迹的准确性。

2.4.2　机床的传动联系

机床上为了得到所需要的运动，需要通过一系列的传动比把执行件与运动源(如把主轴和电动机)，或者把执行件和执行件(如把主轴和刀架)联系起来，称为传动联系。构成一个传动联系的一系列顺序排列的传动件，称为传动链。传动链中通常包含两类传动机构：一类是传动比和传动方向固定不变的传动机构，如定比齿轮副、螺旋副、蜗杆蜗轮副和丝杠螺母副等，称为定比传动机构；另一类是根据加工要求可以变换传动比和传动方向的传动机构，如挂轮变速机构、滑移齿轮变速机构和离合器换向机构等，称为换置机构。根据传动性质，传动链又可以分为以下两类。

1. 外联系传动链

外联系传动链是联系运动源(如电动机)和机床执行件(如主轴、刀架、工作台)之间的传动链。外联系传动链两端件间的运动关系不紧密，传动比要求不严格，其误差不直接影响工件表面的几何形状精度，因此调整计算时不要求十分准确。例如，在卧式车床上车削圆柱螺纹时(见图 2-15)，其“电动机—1—2— u_y —3—4—车床主轴”的传动链就是外联系传动链，它只决定车削螺纹速度的快慢，而不影响螺纹表面的成形。

2. 内联系传动链

内联系传动链是联系两个有关的执行件，并使其保持确定的运动关系的传动链。由定义可知，内联系传动链两端件间的运动应遵守严格的运动规律，各传动副的传动比必须准确，不应有摩擦传动或瞬时传动比的传动件；否则，传动误差会直接影响加工表面的几何形状精度。如图 2-15 所示，车削圆柱螺纹时需要工件旋转 B_{11} 和车刀直线移动 A_{12} 组成的复合运动，这两个单元运动应保持严格的运动关系：工件每转一转，车刀必须准确地移动工件螺纹一个导程的距离。“主轴— 4 —5— u_x — 6 —7—刀架”的传动链就是内联系传动链。

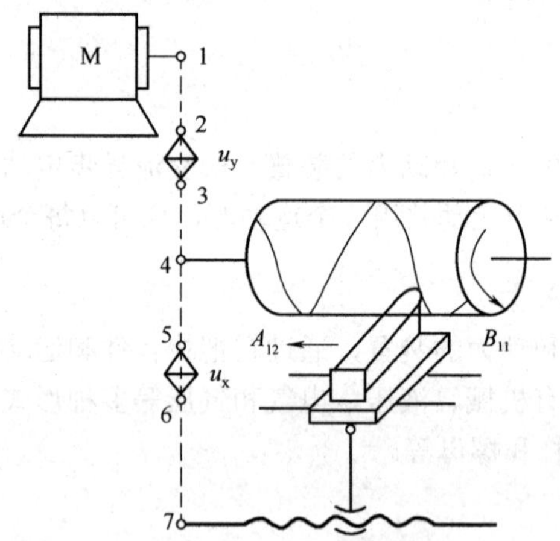

图 2-15　车削圆柱螺纹

每条传动链都有一定的传动比，它用来保证机床运动部件按一定规律完成加工过程所需的运动。在切削过程中，一台机床的每个运动都对应着一条传动链，正是这些传动链和它们之间的相互联系，构成了整台机床的传动系统。

2.4.3　传动原理图

在运动分析中，为了便于研究机床的运动和传动联系，常用一些简明的符号把传动原理和传动路线表示出来，这就是传动原理图。图 2-16 所列的是传动原理图常用的一些符号。其中，表示执行件的符号还没有统一规定，一般采用较直观的图形表示。

下面以在卧式车床上用螺纹车刀车削圆柱螺纹为例来说明机床传动原理图的画法。

(1) 先画出机床在切削加工过程中执行件(如主轴和刀具)的示意图，并将它们的运动 B_{11} 和 A_{12} 等标出。

(2) 画出机床上变换运动性质的传动件(如丝杠螺母副等)的示意图。

(3) 画出运动源示意图，如电动机等。

(4) 画出该机床上的特殊机构符号，如换置机构(见图 2-16)，并标上该机构的传动比，如 u_y/u_x。

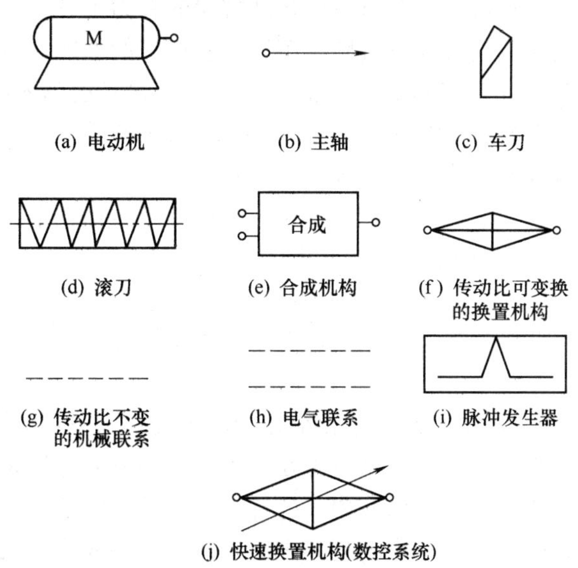

图 2-16　传动原理图常用符号

(5) 再用虚线代表传动比不变的定比机构，把它们之间关联的部分联系起来，如电动机至主轴、主轴至丝杠之间的传动链。

其他的中间传动件则一概不画，这样就可以得到一幅简洁明了的示意图，这幅示意图表示了机床传动的最基本特征。

2.4.4　机床的机械和非机械的传动联系

机床上的传动联系，无论是内联系传动还是外联系传动，不仅可以用刚体传动件的机械方式来实现，还可以根据运动的性质，通过非机械的传动方式来实现，如液压、电气、气动、光和热等方式。随着微电子技术的迅速发展，目前由计算机或电子硬件控制运动和实现传动联系的方式，正得到越来越多的应用。

应用非机械方式实现的传动联系，可以简化机构、缩短传动链，而且便于实现自动控制。但对于传动精度要求高的复合表面成形运动传动链，如齿轮加工机床的展成运动和分度运动传动链，目前尚较少采用液压、电气和气动等方式实现运动的内联系传动。而对于不需要有较高传动精度的简单表面成形运动的传动链，如车床、铣床等的切削速度和进给运动的驱动，则较普遍地应用液压、电气和气动等方式来实现其传动联系。

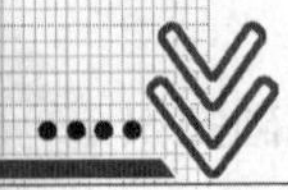

2.5 机床的传动系统与运动计算

2.5.1 机床传动系统图

由规定的图形符号代表真实机床的机械传动系统中的各个传动件，绘制成的机床各条传动链的综合简图，称为机床机械传动系统图，简称机床传动系统图。这种图简明地表现了机床内部结构及各条传动链，是分析机床传动规律的有力工具。熟悉传动系统图，对使用和研究机床十分重要。利用传动系统图，可以分析机床的性能、工作原理和适用范围，并可进行各种调整计算。机床各种传动件的代表图形和符号已列入国家标准(见国家标准《机械制图　机构运动简图用图形符号》(GB/T 4460—2013))。

机床传动系统图与机床传动原理图的主要区别如下。

(1) 传动系统图上表现了该机床所有的执行运动及其传动联系；而传动原理图则主要表现与表面成形有直接关系的运动及其传动联系。

(2) 传动系统图具体表示了传动链中各传动件的结构形式，如轴、齿轮和带轮等；而传动原理图则仅用一些简单的符号来表示运动源与执行件、执行件与执行件之间的传动联系。

图 2-17 所示是简单的卧式车床传动系统图。由图可知，机床的传动系统图一般绘制成平面展开图。绘图时，将机床的传动系统画在一个能反映机床外形和主要部件相互位置的投影面上，并限制在机床外形的轮廓线内。各传动元件是按照运动传递的先后顺序，以展开图的形式画出来的，因此有时不得不把其中的某些轴绘制成折线或弯曲成一定夹角的折线。对于展开后失去运动联系的传动副，往往用大括号、双点划线或虚线连接起来，以表示其传动联系。传动系统图只表示传动关系，并不代表各传动间的实际尺寸和空间位置。在传动系统图上通常还需要注明齿轮及蜗轮的齿数、带轮直径、丝杠的导程和头数，电动机的转速和功率、传动轴的编号等。传动轴的编号一般是从运动源开始，按运动传递顺序，依次用罗马数字Ⅰ、Ⅱ、Ⅲ、…表示。

根据传动系统图分析机床的运动和传动的方法如下。

(1) 了解机床工作时有几条传动链？各执行件的运动及运动源是什么？

(2) 哪些运动之间应保持传动联系？

(3) 实现机床的运动共有几条传动链？

(4) 分别阅读各条传动链，对每一条传动链采用“抓两端、连中间”的方法进行分析。首先，找出传动链的两端件(首端件与末端件)，然后研究各传动轴之间的传动结构、传动副与传动轴之间的连接关系、传动副的传动以及运动的传递过程，最后确定两端件之间的运动关系。

(5) 列出各传动链的传动路线表达式和运动平衡式。

(6) 根据运动平衡方程导出传动链调整计算的换置公式，求出执行件的运动速度、位移量或交换齿轮齿数。

下面以图 2-17 所示的简单卧式车床传动系统为例进行分析。

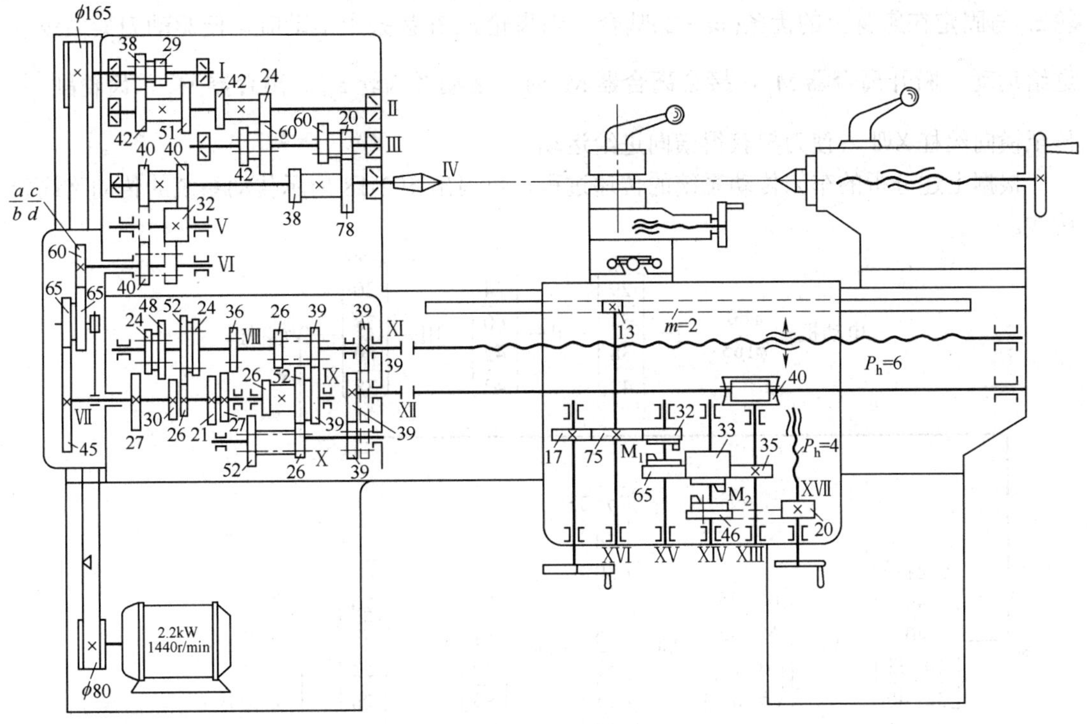

图 2-17　简单的卧式车床传动系统图

该机床有主轴和刀架两个执行件。工作时主轴做旋转运动，刀架做纵向或横向进给运动。两个执行件由一台电动机驱动，刀架与主轴之间应保持运动联系。实现主轴旋转的传动链是主运动传动链，实现刀架运动的传动链是进给运动传动链，实现主轴旋转与刀架纵向移动这一复合运动的传动链为车削螺纹的传动链。

主运动传动链的首端件是电动机，末端件是主轴。电动机轴以 1440 r/min 的转速旋转，经 V 带传动副 $\frac{\phi 80}{\phi 165}$ 传至主轴箱中的轴 I，然后再经 I—II、II—III 和 III—IV间的 3 个滑移齿轮变速机构带动主轴IV旋转，并使其获得 $(2\times2\times2=)8$ 级转速。

车削螺纹传动链的首端件是主轴，末端件是刀架。主轴的运动由安装在后端的固定双联齿轮 z_{40} 传出，通过主轴IV—VI之间的换向机构、轴VI—VII之间的配换交换齿轮、轴VII—VIII之间的滑移齿轮变速机构传至轴VIII。当轴VIII上的滑移齿轮 z_{26}、z_{39} 分别与轴IX上的齿轮 z_{52} 或 z_{39} 啮合时，运动将传至轴IX，然后经轴X上的滑移齿轮 z_{52} 或 z_{26} 将运动传至轴X，当轴X上的滑移齿轮 z_{39} 向右移动与轴XI上的齿轮 z_{39} 啮合时，通过联轴器传动使丝杠旋转，闭合开合螺母使刀架纵向移动。由于螺旋运动是一种复合运动，因此，两个执行件之间应保持严格的传动比关系，该传动链为内联系传动链。

进给运动传动链的两端件也是主轴与刀架，从主轴IV至轴X的传动路线与车削螺纹传动链共用。当轴X上的滑移齿轮 z_{39} 向左移动与轴XII上的齿轮 z_{39} 啮合时，运动经联轴器传至光杠，然后经蜗杆蜗轮副 $\frac{1}{40}$、轴VIII和齿轮 z_{35} 传动轴 XIV 上的空套齿轮 z_{33} 旋转。当离合器 M_1 接合时，运动经齿轮副 $\frac{33}{65}$、离合器 M_1、齿轮副 $\frac{32}{75}$ 传至轴 XVI 上的小齿轮 z_{13}。齿

轮 z_{13} 与固定在床身上的齿条($m=2$)啮合，当齿轮 z_{13} 在齿条上滚动时，便驱动刀架做纵向进给运动。断开离合器 M_1，接合离合器 M_2 时，运动经齿轮 z_{33}、离合器 M_2、齿轮副 $\frac{46}{20}$ 传至横向丝杠 XVII，使刀架获得横向进给运动。

根据上述分析的车床传动系统的传递过程，可写出图 2-18 所示传动系统的传动路线表达式。

$$
\text{电动机}-\frac{\phi80}{\phi165}-\text{I}-\begin{bmatrix}\frac{29}{51}\\ \frac{38}{42}\end{bmatrix}-\text{II}-\begin{bmatrix}\frac{24}{60}\\ \frac{42}{42}\end{bmatrix}-\text{III}-\begin{bmatrix}\frac{20}{78}\\ \frac{60}{38}\end{bmatrix}-\text{IV(主杠)}
$$

$$
\underset{\text{变向机构}}{\begin{bmatrix}\frac{40}{40}\\ \frac{40}{32}\times\frac{32}{40}\end{bmatrix}}-\text{VI}-\begin{bmatrix}\frac{60}{65}\times\frac{65}{45}\\ \left(\frac{a}{b}\times\frac{c}{d}\right)\end{bmatrix}-\text{VII}-\begin{bmatrix}\frac{27}{24}\\ \frac{30}{48}\\ \frac{26}{52}\\ \frac{21}{24}\\ \frac{37}{36}\end{bmatrix}-\text{VIII}-\begin{bmatrix}\frac{26}{52}\\ \frac{39}{39}\end{bmatrix}-\text{IX}-\begin{bmatrix}\frac{26}{52}\\ \frac{52}{26}\end{bmatrix}-\text{X}-\frac{39}{39}-\text{XI(丝杠)}
$$

(车螺纹刀架纵向移动)

$$
\frac{39}{39}-\text{XII}-\text{光杠}-\frac{1}{40}-\text{XIII}-\left[\begin{array}{l}\frac{35}{33}\times\frac{33}{65}-\text{XV}-M_1\uparrow-\frac{32}{75}-\text{XVI}-13/\text{齿条}-\text{刀架纵向进给}\\ \frac{35}{33}-M_2\uparrow-\text{XIV}-\frac{46}{20}-\text{XVII (丝杠)}-\text{刀架横向进给}\end{array}\right.
$$

图 2-18 传动系统的传动路线表达式

2.5.2 转速图

转速图是一种在对数坐标上表示变速传动系统运动规律的格线图，又称为转速分布图，简称转速图。转速图能直观地反映出变速传动过程中传动轴和传动副的转速及运动输出轴获得各级转速时的传动路线等，是认识和分析机床变速传动系统的有效工具。

图 2-19 所示是简单的卧式车床主运动传动系统图(见图 2-19(a))及转速图(见图 2-19(b))。其转速图包含的内容如下。

(1) 竖线代表传动轴。间距相等的竖线代表各传动轴，传动轴按运动传递的先后顺序，从左向右依次排列。如图 2-19 所示的传动链由 5 根传动轴组成，传动顺序为电动机—Ⅰ—Ⅱ—Ⅲ—Ⅳ。

(2) 横线代表转速值。间距相等的横线自下而上依次表示由低到高的各级主轴转速。由于机床主轴的各级转速通常按等比数列排列，所以当采用对数坐标时，代表主轴各级转速的横线之间的间距应该相等。设转速数列 n_1、n_2、n_3、…、n_{z-1}、n_z 为等比数列，且公比为 φ，则有

$$
\begin{aligned}
n_2 &= n_1\varphi \\
n_3 &= n_2\varphi = n_1\varphi^2 \\
&\vdots \\
n_z &= n_{z-1}\varphi = n_1\varphi^{z-1}
\end{aligned}
$$

将等式两边取对数，可得

$$
\begin{aligned}
\lg n_2 &= \lg n_1\varphi = \lg n_1 + \lg\varphi \\
\lg n_3 &= \lg n_2\varphi = \lg n_2 + \lg\varphi = \lg n_1 + 2\lg\varphi \\
&\vdots \\
\lg n_z &= \lg n_{z-1}\varphi = \lg n_{z-1} + \lg\varphi = \lg n_1 + (z-1)\lg\varphi
\end{aligned}
$$

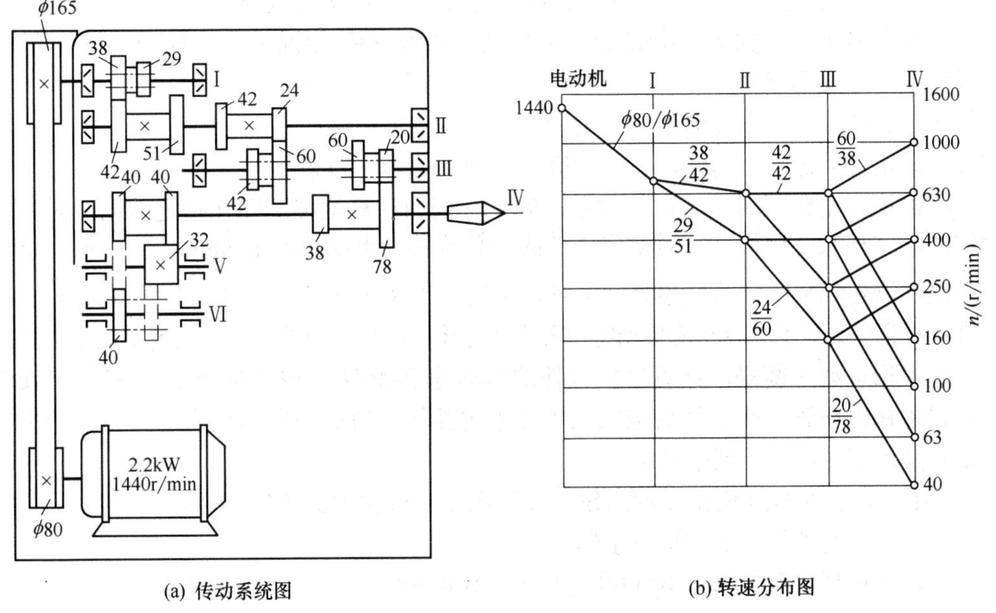

(a) 传动系统图　　(b) 转速分布图

图 2-19　简单的卧式车床主运动传动系统图及转速分布图

由以上分析可知，由各级转速的对数值所组成的数列为一等差数列，其公差为 $\lg\varphi$。因此，代表各级转速的横线画成等间距的格线，相邻两格线的距离为 $\lg\varphi$。为了书写方便及阅读直观，在转速图上习惯于略去符号“lg”，直接写出转速值。但阅读时，必须理解为每升高一格，转速值升高 φ 倍。该简单的卧式车床的主轴转速值为 40、63、100、…、1000，标于横线的右端。

(3) 竖线上的圆点表示各传动轴实际具有的转速。转速图中每条竖线上有若干个小圆点，表示该轴可以实现的实际转速。例如，电动机轴上只有一个圆点，表示电动机轴只有一个固定转速，即 $n_{电}=1440$ r/min。主轴上虽标有 1600，但此处无圆点，表示主轴不能实现此种转速。

(4) 两个圆点之间的连线表示传动副的传动比。其倾斜程度表示传动副传动比的大小，从左向右，若连线向上倾斜，表示升速传动；若连线向下倾斜，表示降速传动；若连

线为水平线，表示等速传动。因此，在同一变速组内倾斜程度相同的连线(平行线)表示其传动比相同，即代表同一传动副。

由图 2-19(b)所示的转速图，可以看出该传动链的组成及运动的基本情况如下。

(1) 传动轴数及各轴运动传递的顺序。

(2) 变速组数及各变速组的传动副数。

(3) 各传动副的传动比值。

(4) 各传动轴的转速范围及转速级数。

(5) 实现主轴各级转速的传动路线。

2.5.3 机床的运动计算

机床的运动计算通常有两种情况：一种是根据传动系统图提供的有关数据，确定某些执行件的运动速度或位移量；另一种是根据执行件所需的运动速度、位移量，或有关执行件之间所需保持的运动关系，确定相应的传动链中换置机构(通常为挂轮变速机构)的传动比，以便进行必要调整。

机床运动计算按每一传动链分别进行，其一般步骤如下。

(1) 确定传动链的两端件，如电动机—主轴、主轴—刀架等。

(2) 根据传动链两端件的运动关系，确定它们的计算位移，即在指定的同一时间间隔内两端件的位移量。例如，主运动传动链的计算位移为电动机 $n_{电}$ (r/min)、主轴 $n_{主}$ (r/min)；车床螺纹进给传动链的计算位移为：主轴转 1 转，刀架移动工件螺纹一个导程 L (mm)。

(3) 根据计算位移以及相应传动链中各个顺序排列的传动副的传动比，列出运动平衡式。

(4) 根据运动平衡式，计算出执行件的运动速度(转速、进给量等)或位移量，或者整理出换置机构的换置公式，然后按加工条件确定挂轮变速机构所需采用的配换齿轮齿数，或确定对其他变速机构的调整要求。

例 2-1 根据图 2-19 所示传动系统，计算图示啮合位置的主轴转速。

(1) 传动链两端件：电动机—主轴。

(2) 计算位移：电动机 $n_{电}$ (r/min)—主轴 $n_{主}$ (r/min)。

(3) 运动平衡式：$n_{主}=1440\times\dfrac{80}{165}\times\dfrac{38}{42}\times\dfrac{24}{60}\times\dfrac{20}{78}$。

(4) 计算主轴转速：$n_{主}=1440\times\dfrac{80}{165}\times\dfrac{38}{42}\times\dfrac{24}{60}\times\dfrac{20}{78}\ \text{r/min}=65\ \text{r/min}$。

例 2-2 根据图 2-20 所示螺纹进给传动链，确定挂轮变速机构的换置公式。

(1) 传动链两端件。主轴—刀架。

(2) 计算位移。主轴 1 转—刀架移动 L (L 是工件螺纹的导程，单位为 mm)。

(3) 运动平衡式，即

$$1\times\frac{60}{60}\times\frac{30}{45}\times\frac{a}{b}\frac{c}{d}\times12=L$$

(4) 换置公式：将上式化简整理，得挂轮变速机构的换置公式为

$$u_x=\frac{a}{b}\frac{c}{d}=\frac{L}{8}$$

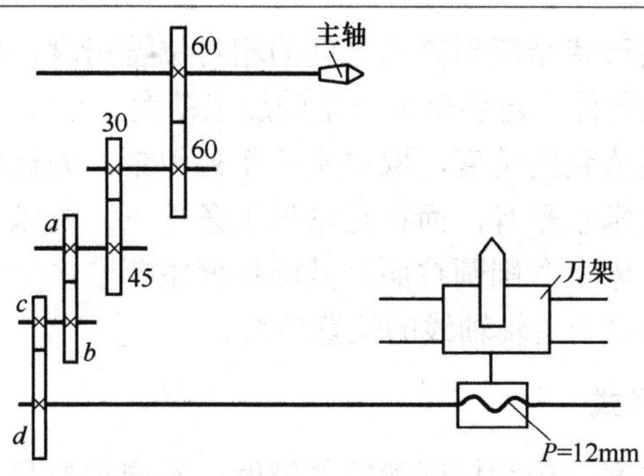

图 2-20 螺纹进给传动链

如将所需车削的工件螺纹导程的数值代入此换置公式，便可计算出挂轮变速机构的传动比及各配换齿轮的齿数。例如，$L=9\ \text{mm}$，则有

$$u_x=\frac{a}{b}\frac{c}{d}=\frac{L}{8}=\frac{9}{8}=\frac{3\times3}{2\times4}=\frac{3\times15}{2\times15}\times\frac{3\times20}{4\times20}=\frac{45}{30}\times\frac{60}{80}$$

即配换齿轮的齿数为：$a=45$，$b=30$，$c=60$，$d=80$。

根据换置机构的传动比确定配换挂轮数的方法有多种，常用的有因子分解法和查表法。前一种方法见上例，后一种方法可参阅有关资料(见霍永明等编，对数挂轮选用表. 北京：机械工业出版社，1997)。显然，如果传动比的数值是有理数，且换算成分数后其分子、分母可分解成数值不大的几个因子时，通常可用因子分解法选取合适的配换挂齿轮齿数。此时配换挂轮的实际传动比与换置公式所要求的传动比相等，即没有传动比误差。如果传动比的数值是无理数，一般采用查表法按传动比的近似值选取配换挂轮齿数，因而会产生传动比误差。传动比误差对于外联系传动链并不十分重要，但对于内联系传动链，由于会影响被加工表面的形状精度，因此，换置机构传动比的计算和调整都必须保持一定的精确度，将误差限制在允许的范围内。

传动比误差可按绝对值或相对值计算，即

$$\varDelta=u_{理}-u_{实}$$

$$\varDelta'=\frac{u_{理}-u_{实}}{u_{理}}=1-\frac{u_{实}}{u_{理}}$$

式中：$\varDelta$、$\varDelta'$ 分别为传动比的绝对误差和相对误差；$u_{理}$ 为传动链换置公式所确定的传动比；$u_{实}$ 为所选用配换挂轮的实际传动比。

计算加工误差时，可根据具体情况采用两种误差形式中的任意一种。例如，计算由于各种螺纹进给传动链的传动比误差而引起的螺纹导程误差时，采用相对误差比较方便，因为长度为 L (单位为 mm)上的螺纹导程累计误差 ΔL (单位为 mm)为

$$\Delta L=L\varDelta'$$

2.6 机 床 精 度

前面曾讲述了机床成形工件表面的原理和方法。但各种机械零件，为了完成其在一台机器上的特定作用，不仅需要具有一定的几何形状，而且还必须满足一定的精度要求，包

括零件的尺寸精度、表面形状精度和表面之间的相对位置精度，所以机床的基本任务，除形成零件上所需形状的表面外，还要保证一定的加工精度。

机床上加工工件所能达到的精度，取决于一系列因素，如机床、刀具、夹具、工艺方案、工艺参数以及工人技术水平等，而在正常加工条件下，机床本身的精度通常是最重要的一个因素。例如，在车床上车削圆柱面，其圆柱度主要取决于车床主轴与刀架的运动精度，以及刀架运动轨迹相对于主轴轴线的位置精度。

1. 机床精度的 3 种形式

机床精度包括几何精度、传动精度和定位精度。不同类型和不同加工要求的机床，对这些方面的要求是不同的。

(1) 几何精度是指机床的某些基础零件工作面的几何形状精度，决定机床加工精度的运动部件的运动精度，决定机床加工精度的零、部件之间及其运动轨迹之间的相对位置精度等。例如，床身导轨的直线度、工作台台面的平面度、主轴的旋转精度、刀架和工作台等移动的直线度、车床刀架移动方向与主轴轴线的平行度等，这些都决定着刀具和工件之间的相对运动轨迹的准确性，从而也就决定了被加工表面的形状精度以及表面之间的相对位置精度，图 2-21 列举了这方面的几个例子。图 2-21(a)表示由于车床主轴的轴向窜动，使车出的端面产生平面度误差；图 2-21(b)表示由于垂直平面内车床刀架移动方向与主轴轴线的平行度误差，使车出的圆柱面成为中凹的回转双曲面；图 2-21(c)表示由于卧式升降台铣床的主轴旋转轴线对工作台面的平行度误差，使车出的平面与底部的定位基准平面产生平行度误差。

机床的几何精度是保证工件加工精度最基本的条件，因此，所有机床都有一定的几何精度要求。

(2) 传动精度是指机床内联系传动链之间运动关系的准确性，它决定着复合运动轨迹的精度，从而直接影响被加工表面的形状精度。例如，卧式车床的螺纹进给传动链，应保证主轴每转一转时，刀架均匀地准确移动被加工螺纹的一个导程；否则工件螺纹将会产生螺距误差(相邻螺距误差和一定长度上的螺距累积误差)。所以，凡是具有内联系传动链的机床，如螺纹加工机床、齿轮加工机床等，除几何精度外，还要求有较高的传动精度。

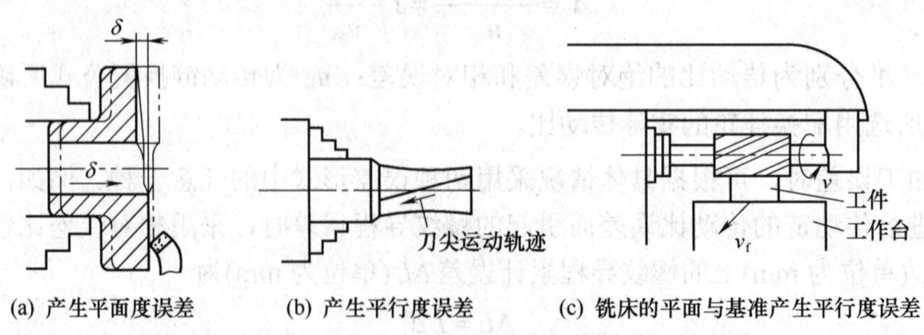

(a) 产生平面度误差 (b) 产生平行度误差 (c) 铣床的平面与基准产生平行度误差

图 2-21 机床加工误差举例

(3) 定位精度是指机床运动部件，如工作台、刀架和主轴箱等，从某一起始位置运动到预定的另一位置时所到达的实际位置的准确程度。例如，车床上车削外圆时为了获得一定的直径尺寸 d，要求刀架横向移动 L (单位为 mm)，使车刀刀尖从位置Ⅰ移动到位置Ⅱ

(见图 2-22(a))；如果刀架到达的实际位置与预期的位置Ⅱ不一致，则车出的工件直径 d 将产生误差。又如图 2-22(b)所示车床液压刀架，由定位螺钉顶住死挡铁实现横向定位，已获得一定的工件直径尺寸 d；在加工一批工件时，如果每次刀架定位时的实际位置不相同，即刀尖与主轴轴线之间的距离在一定范围内变动，则车出的各个工件的直径尺寸 d 也不一致。上述这种车床运动部件在某一给定位置上，做多次重复定位时实际位置的一致程度，称为重复定位精度。

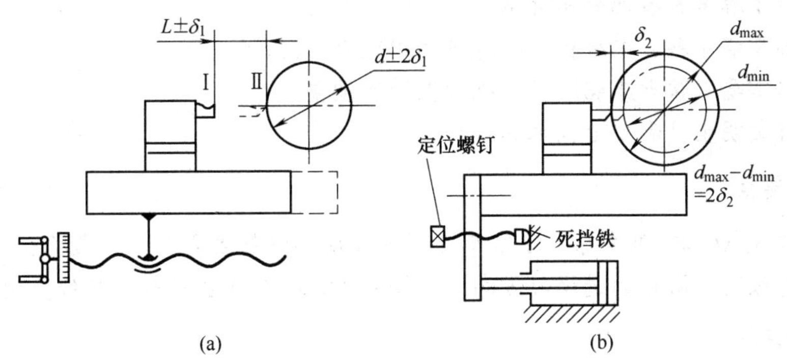

图 2-22　车床刀架的定位误差

机床的定位精度决定着工件的尺寸精度。对于主要通过试切和测量工件尺寸来实现机床运动部件准确定位的机床，如卧式车床、升降台式铣床、牛头刨床等普通机床对定位精度的要求不高，但对于依靠机床本身的定位装置或自动控制系统来实现运动部件准确定位的机床，如各种自动机床、坐标镗床等，对定位精度则有很高要求。

2. 静态精度与动态精度

机床的几何精度、传动精度和定位精度，通常都是在没有切削载荷以及机床不运动或运动速度很低的情况下检测的，一般称为静态精度。静态精度主要取决于机床的主要零、部件，如主轴及其轴承、丝杠螺母、齿轮、床身、箱体等的制造与装配精度。为了控制机床的制造质量，保证加工出的零件能达到所需的精度，国家对各类机床都制订了精度标准。精度标准的内容包括精度检验项目、检验方法和允许的误差范围。

静态精度只能在一定程度上反映机床的加工精度，因为机床在工作状态下，还会有一系列因素影响加工精度。例如，由于切削力、夹紧力等的作用，机床的零、部件会产生弹性变形；在机床内部热源(如电动机、液压传动装置的发热，齿轮、轴承、导轨等的摩擦发热)以及环境温度变化的影响下，机床的零、部件将产生热变形；由于切削力和运动速度的影响，机床会产生振动；机床运动部件以工作状态的速度运动时，由于相对滑动面之间的油膜以及其他因素的影响，其运动精度也与低速运动时不同。所有这些都将引起机床静态精度的变化，影响工件的加工精度。机床在载荷、温升、振动等作用下的精度，称为机床的动态精度。动态精度除了与静态精度密切相关外，还在很大程度上取决于机床的刚度、抗振性和热稳定性等。

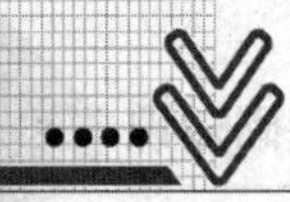

2.7 实训——机床加工观摩

1. 实训目的

(1) 了解车床型号、规格以及主要部件的名称和作用。

(2) 初步了解车床各部分传动系统。

(3) 熟练掌握床鞍、中滑板、小滑板的进退刀方向。

(4) 根据需要，按车床铭牌对手柄位置进行调整。

(5) 了解文明生产和安全技术的知识。

2. 实训要点

手动操作 CA6140 型车床，了解车床型号、规格以及主要部件的名称和作用；熟练掌握床鞍、中滑板、小滑板的进退刀方向；根据需要，按车床铭牌对手柄位置进行调整。

3. 预习要点

车床主要部件的名称和作用；车床各部分传动系统。

4. 实训过程

1) 床鞍、中滑板、小滑板的进退刀方向

(1) 操作说明。

① 床鞍的纵向移动由溜板箱正面左侧的手轮控制，当顺时针转动手轮时，床鞍向右运动；当逆时针转动手轮时，床鞍向左运动。

② 中滑板手柄控制中滑板的横向移动和横向进刀量。当顺时针转动手柄时，中滑板向远离操作者的方向移动(即横向进刀)；当逆时针转动手柄时，中滑板向靠近操作者的方向移动(即横向退刀)。

③ 小滑板可做短距离的纵向移动。当顺时针转动小滑板手柄时，小滑板向左移动；当逆时针转动小滑板手柄时，小滑板向右移动。

(2) 操作训练。

① 熟练操作使床鞍左、右纵向移动。

② 熟练操作使中滑板沿横向进、退刀。

③ 熟练操作控制小滑板沿纵向做短距离左、右移动。

(3) 刻度盘的操作训练。

① 溜板正面的手柄轴上的刻度盘分为 300 格，每转过 1 格，表示床鞍纵向移动 1 mm。

② 中滑板丝杠上的刻度盘分为 100 格，每转过 1 格，表示刀架横向移动 0.05 mm。

③ 小滑板丝杠上的刻度盘分为 100 格，每转过 1 格，表示刀架纵向移动 0.05 mm。

④ 小滑板上的分度盘在刀架需斜向进刀加工短圆锥体时，可顺时针或逆时针在 90° 范围内转过某一角度。使用时，先松开锁紧螺母，转动小滑板至所需要的角度后，再锁紧螺母以固定小滑板。

2)　根据车床铭牌对手柄位置进行调整训练

(1)　车床的启动操作训练。

①　操作说明如下。

在启动车床之前，必须检查车床变速手柄是否处于空挡位置、离合器是否处于正确位置、操纵杆是否处于停止状态等，在确认无误后，方可合上车床电源总开关，开始操作车床。

先按下床鞍上的启动按钮(绿色)，使电动机启动。接着将溜板箱右侧的操纵杆手柄向上提起，主轴便逆时针方向旋转(即正转)。操纵杆手柄有向上、中间和向下 3 个挡位，可分别实现主轴的正转、停止和反转。若需较长时间停止主轴转动，必须按下床鞍上的红色停止按钮，使电动机停止转动。若下班，则需关闭车床电源总开关，切断本机床电源开关。

②　操作训练内容如下。

a.　做启动车床的操作，掌握启动车床的先后步骤。

b.　用操纵杆控制主轴正、反转和停止训练。

(2)　主轴箱的变速操作训练。

(3)　进给箱操作训练。

5. 实训小结

通过实训，使学生掌握车床型号、规格以及主要部件的名称和作用，掌握床鞍、中滑板、小滑板的进退刀方向和根据需要按车床铭牌对手柄位置进行调整。实训结束后，对学生进行测试，检查和评估实训情况。

思考与练习

2-1　举例说明通用(万能)机床、专门化机床和专用机床的主要区别是什么？它们的使用范围怎样？

2-2　说出下列机床的名称和主要参数(第二主参数)，并说明它们各具有何种通用或结构特性。

CM6132、C1336、Z3040、MM7132A、THK6180、B2021A

2-3　举例说明什么是表面成形运动、辅助运动、主运动、进给运动。

2-4　画出简图表示用下列方法加工所需表面时，需要哪些成形运动？其中哪些是简单运动？哪些是复合运动？

(1)　用成形车刀车削外圆锥面。

(2)　用尖刃车刀纵、横向同时进给车削外圆锥面。

(3)　用钻头钻孔。

(4)　用拉刀拉削圆柱孔。

(5)　用成形铣刀铣削直线成形面。

(6)　用单片薄砂轮磨螺纹。

(7)　用插齿刀插削直齿圆柱齿轮。

(8)　用三角形螺纹车刀车削螺纹。

2-5　按图 2-23 所示传动系统作下列各题。

(1)　写出传动路线表达式。

(2)　分析主轴的转速级数。

(3)　计算主轴的最高转速和最低转速。

(注：图 2-23(a)中 M_1 为齿式离合器)

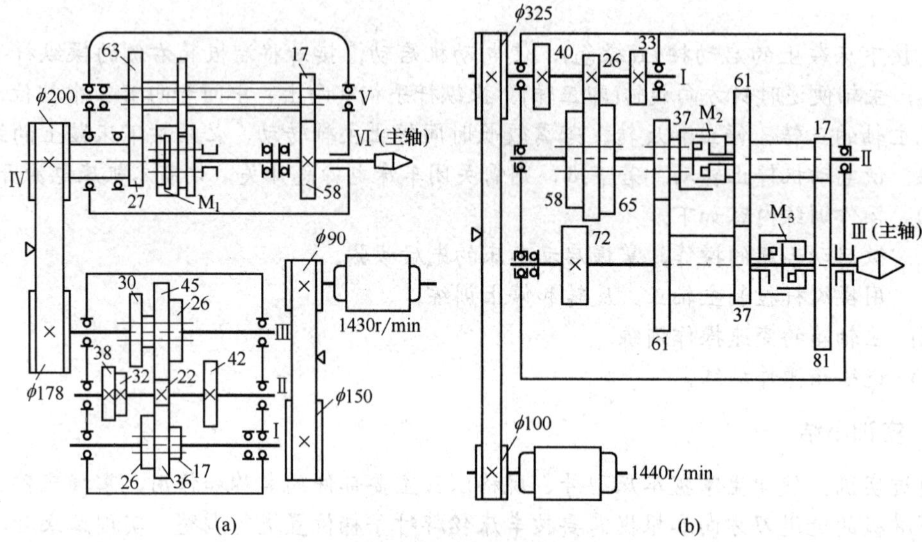

图 2-23　传动系统图

2-6　按图 2-24(a)所示的传动系统，试计算：

(1)　轴 A 的转速(r/min)。

(2)　轴 A 转 1 转时，轴 B 转过的转数。

(3)　轴 B 转 1 转时，螺母 C 移动的距离。

2-7　传动系统图如图 2-24(b)所示，如要求工作台移动 L_1(单位为 mm)时，主轴转 1 转，试导出换置机构 $\left(\frac{a}{b}\times\frac{c}{d}\right)$ 的换置公式。

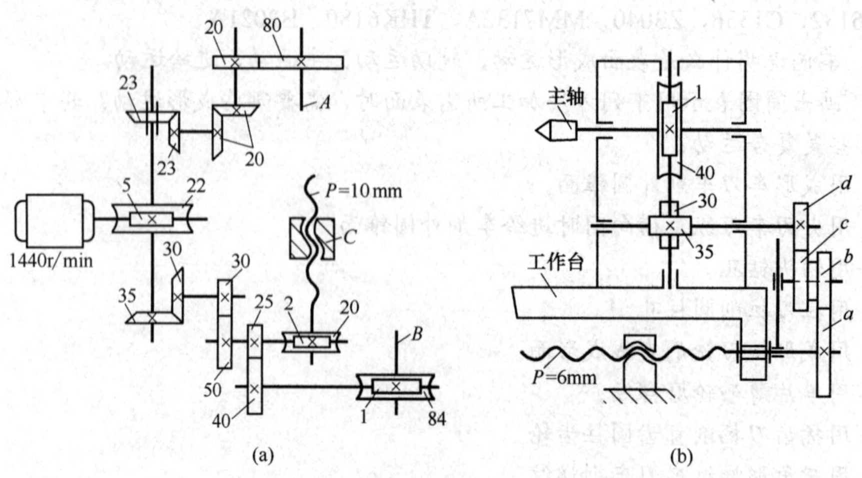

图 2-24　传动系统图

2-8　举例说明什么是外联系传动链？什么是内联系传动链？其本质区别是什么？对这两种传动链有何不同要求？

2-9　试将图 2-25 画成一个完整的铣螺纹传动原理图，并说明为实现所需成形运动需有几条传动链？哪几条是外联系传动链？哪几条是内联系传动链？

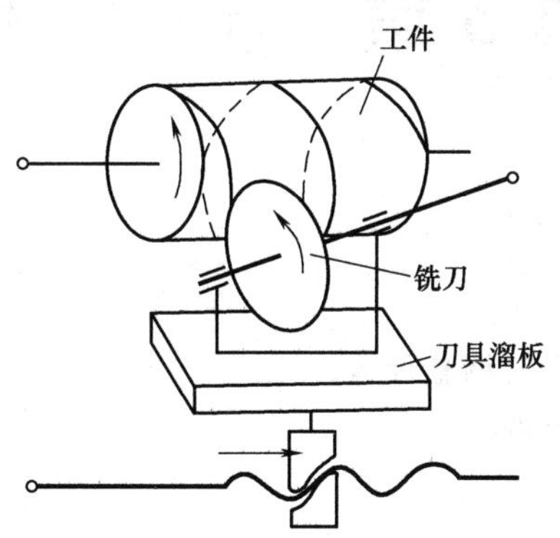

图 2-25　铣螺纹传动原理图

2-10　简述转速图所包含的内容。

2-11　根据自己在教学实训等实践性教学环节中的体会，举 2～3 例说明机床误差对加工精度的影响。

第3章　车　　床

技能目标

- 掌握机床主要部件结构。
- 掌握车削螺纹时车床的调整计算。
- 掌握主轴上各轴承的调整。

知识目标

- 了解卧式车床的工艺范围及其组成。
- 掌握 CA6140 型卧式车床的传动系统。
- 掌握机床的电气控制原理。

车床是切削加工的主要技术装备，它能完成的切削加工最多，因此，在机械制造工业中车床是一种应用最广的金属切削机床。

车床加工所使用的刀具主要是车刀，很多车床还使用钻头、扩孔钻、铰刀、丝锥、板牙等孔加工刀具和螺纹刀具进行加工。加工时的最主要运动一般为工件的旋转运动，进给运动则由刀具直线移动来完成。

车床的种类很多，按其用途和结构不同，主要分为卧式车床、转塔车床、立式车床、单轴车床、多轴车床和半自动车床等。此外，还有各种专门车床，如曲轴车床，轮、轴、辊、锭及铲齿车床等，有时在大批量生产中还使用各种专门车床。本章将以 CA6140 型卧式车床为例进行介绍。

3.1　概　　述

3.1.1　车床的功用及特点

车床类机床主要用于车削加工。在车床上可以加工各种回转表面和回转体端面，有的车床还可以进行螺纹面以及孔的加工。

卧式车床的万能性较大，它适用于加工各种轴类、套类和盘类零件上的回转面。可车削外圆柱面、车端面、切槽和切断、钻中心孔、钻孔、镗孔、铰孔、车削各种螺纹、车削内外圆锥面、车削特性面、滚花和盘绕弹簧等，如图 3-1 所示。

CA6140 型卧式车床实质上是一种万能车床，它的加工范围较广，但结构复杂而且自动化程度低，所以一般用于单件、小批量生产及修配车间使用。

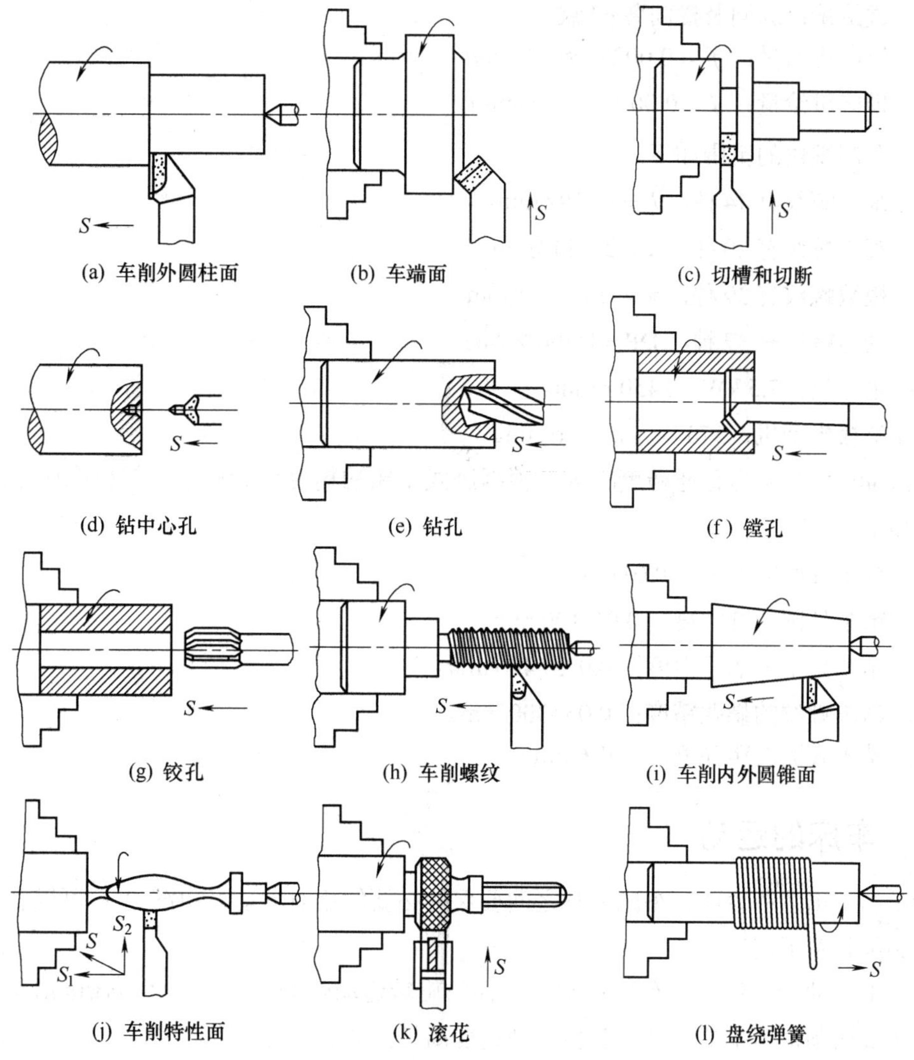

(a) 车削外圆柱面　(b) 车端面　(c) 切槽和切断

(d) 钻中心孔　(e) 钻孔　(f) 镗孔

(g) 铰孔　(h) 车削螺纹　(i) 车削内外圆锥面

(j) 车削特性面　(k) 滚花　(l) 盘绕弹簧

图 3-1　卧式车床所能加工的典型表面

机床的技术规格是合理选择机床的主要依据。CA6140 型卧式车床的主要技术规格如下。

(1) 床身上最大工件的回转直径(主参数)：$D = 400$ mm。

(2) 工件最大长度(第二主参数)为 750 mm、1000 mm、1500 mm、2000 mm。

(3) 刀架滑板上最大工件回转直径：$D_1 = 210$ mm。

(4) 主轴中心至床身平面导轨的距离(中心高)：$H = 205$ mm。

(5) 主轴内孔直径：48 mm。

(6) 主轴转速如下：

① 正转 24 级　$n = 10$～1450 r/min。

② 反转 12 级　$n' = 14$～1580 r/min。

(7) 进给量：纵向及横向各 64 级。

① 纵向进给量：$f = 0.0028 \sim 6.33$ mm/r。

② 横向进给量：$f = 0.0014 \sim 3.16$ mm/r。

(8) 车削螺纹的范围如下。

① 米制螺纹有 44 种，$L = 1 \sim 192$ mm。

② 英制螺纹有 20 种，$a = 2 \sim 24$ 牙/in。

③ 模数螺纹有 39 种，$m = 0.25 \sim 48$ mm。

④ 径节螺纹有 37 种，DP = 1～96 牙/in。

(9) 主电机：7.5 kW，1450 r/min。

(10) 滑板电动机：370 W，2600 r/min。

CA6140 型车床为普通精度机床，根据卧式车床的精度检验标准，新机床应达到的工作精度如下。

(1) 精车外圆的圆度：0.01 mm。

(2) 精车外圆的圆柱度：0.01/100 mm。

(3) 精车外平面的平面度：0.025/400 mm。

(4) 精车螺纹的螺距精度：0.06/300 mm。

(5) 精车表面的粗糙度：$Ra1.6$ μm 。

3.1.2 车床的运动

为了加工出各种表面，车床刀具之间要保持必要的相对运动。由图 3-1 可以看出，卧式车床必须具备下列运动。

(1) 工件的旋转运动。车床通常以工件的旋转运动作为主运动，用 n(r/min)表示。主运动是实现切削最基本的运动，其特点是速度高且消耗的动力较大。

(2) 刀具的移动。这是车床的进给运动，常用 f(mm/r)表示。进给运动方向可以是平行于工件的轴线或垂直于工件轴线，也可以是与中心线成一定角度或做曲线运动。进给运动速度较低，所消耗的动力也较少。

主运动和进给运动是形成被加工表面形状所必需的运动，称为机床的表面成形运动。此外，机床上还有一些其他运动，如切入运动和分度运动。卧式车床上的切入运动通常与进给运动的方向相垂直，且由工人手动操纵刀架来实现。

为了减轻工人的劳动强度和节省空行程时间，CA6140 型车床还具有刀架纵向及横向的快速移动。机床中除了成形运动、切入运动和分度运动等直接影响加工表面和质量的运动外，还有辅助运动(为成形运动创造条件的运动称为辅助运动)。

3.1.3 车床的组成

卧式车床主要是由床身、主轴箱、溜板箱和尾座等部件组成。图 3-2 所示为 CA6140

型卧式车床的外形。它的床身固定在左右床腿上，用以支撑车床的各个部件，使它们保持准确的相对位置。主轴箱固定在床身的左端，内部装有主轴和变速传动机构。工件通过卡盘等夹具装夹在主轴的前端，由主轴带动工件按照规定的转速旋转，以实现主运动。在床身的右端装有尾座，其上可装后顶尖，以支承长工件的另一端，也可以安装孔加工刀具，以进行孔加工。尾座可沿床身顶面的一组导轨(尾座导轨)做纵向调整移动，以适应加工不同长度工件的需要。刀架部件由纵向、横向溜板和小刀架组成，它可带着夹持在其上的车刀移动，实现纵向和横向进给运动。进给箱固定在床身的左前侧，是进给运动传动链中主要的传动比变换装置，其功能是改变被加工螺纹的螺距或机动进给的进给量。溜板箱固定在纵向溜板的底部，可带动刀架一起做纵向运动，其功能是把进给箱传来的运动传递给刀架，使刀架实现纵向进给、横向进给、快速移动或车螺纹。在溜板箱上装有各种操纵手柄和按钮，工作时工人可以方便地操作。

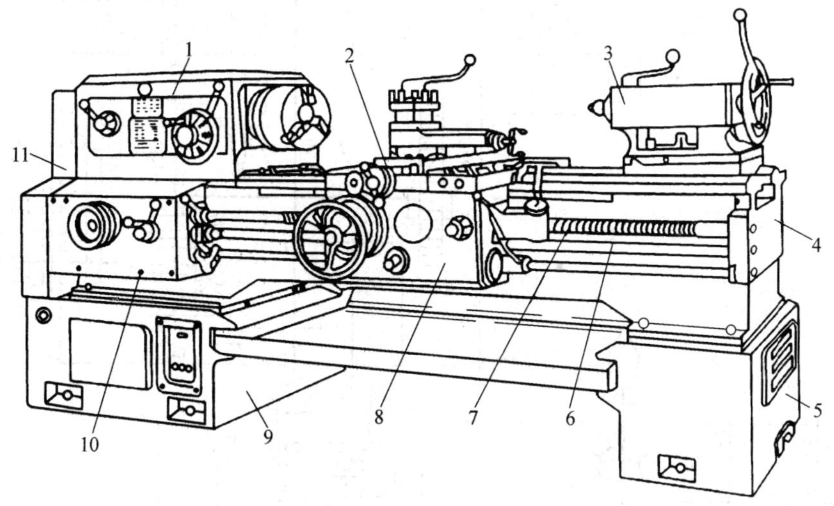

图 3-2　CA6140 型卧式车床外形

1—主轴箱；2—刀架；3—尾座；4—床身；5—右床腿；6—光杠；7—丝杠；
8—溜板箱；9—左床腿；10—进给箱；11—交换齿轮变速机构

3.2　车床的传动系统

在车床上，为了得到所需的运动，需要通过一系列的传动件把电动机与运动件联系起来，这种联系所构成的系统称为传动系统。车床的传动系统由主运动传动链、车削螺纹运动传动链、纵向和横向进给运动传动链、快速空行程运动传动链组成。图 3-3 所示为 CA6140 型卧式车床的传动系统图。

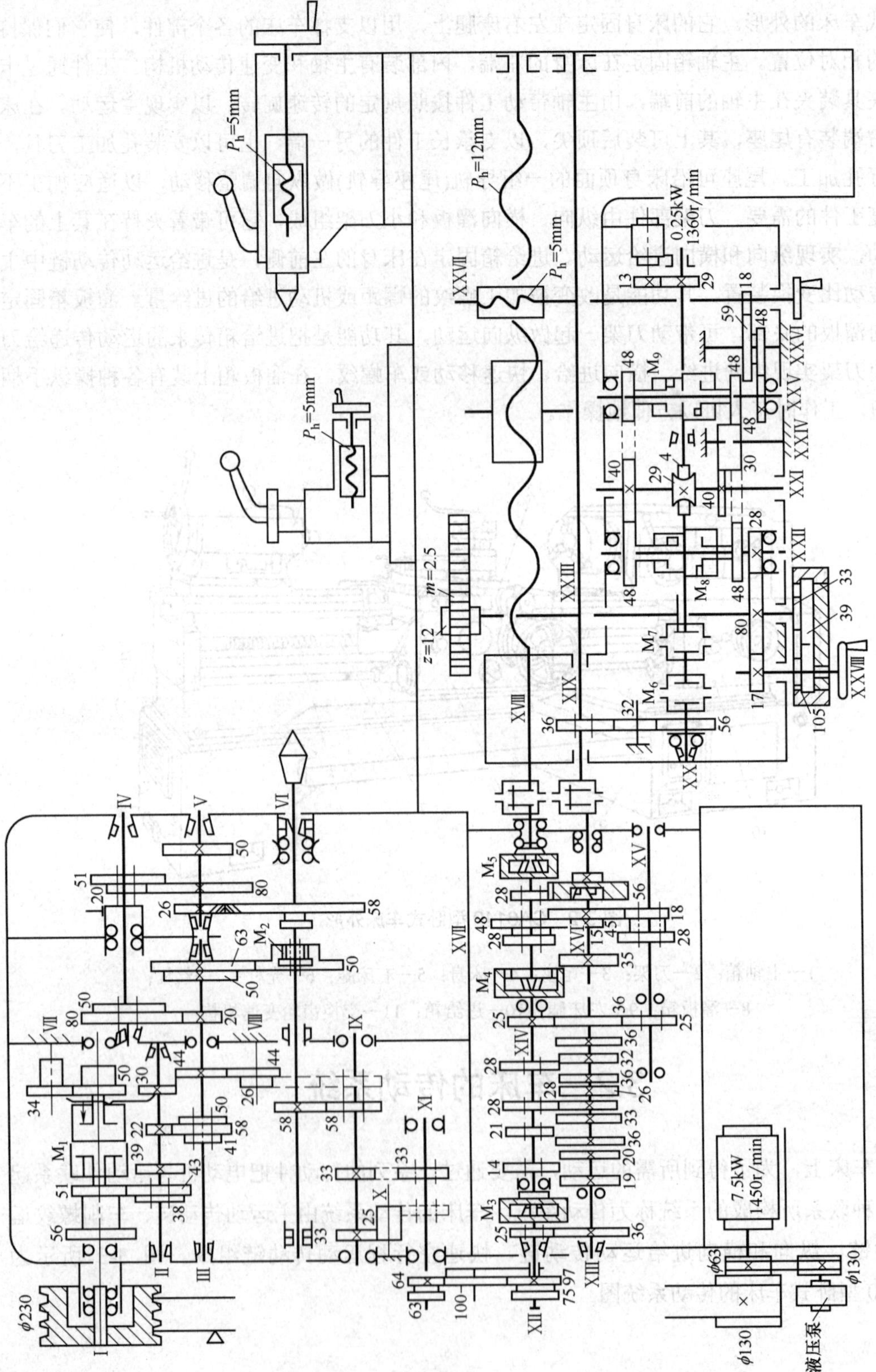

图 3-3　CA6140 型卧式车床的传动系统图

3.2.1　主运动传动链

车床的主运动是主轴带动工件的旋转运动。传动链的首端件是主电动机，末端件是主轴。

1. 传动路线

电动机的运动经 V 带传至主轴箱中的轴 Ⅰ。轴 Ⅰ 上装有一个双向多片式摩擦离合器 M_1，用于控制主轴的启动、停止和换向。M_1 的左、右两部分分别与空套在轴 Ⅰ 上的两个齿轮连在一起。当压紧离合器 M_1 左半部的摩擦片时，主轴正转；当压紧 M_1 右半部的摩擦片时，主轴反转；左、右两半都不压紧时，轴 Ⅰ 空转，主轴停止转动。轴 Ⅰ 的运动经离合器 M_1 和变速齿轮传至轴Ⅲ，然后分两路传给主轴；当主轴Ⅵ上的滑移齿轮 z_{50} 处于左边位置时，运动经齿轮副 $\dfrac{63}{50}$ 直接传给主轴，使主轴获得一组高转速；当滑移齿轮 z_{50} 处于右位，使齿式离合器 M_2 合上时，运动经轴Ⅲ—Ⅳ—Ⅴ间的背轮机构和齿轮副 $\dfrac{26}{58}$ 传给主轴，使主轴获得中、低转速。主运动传动链的传动路线表达式如图 3-4 所示。

$$
\text{电动机}-\frac{\phi 130}{\phi 230}-\text{I}-\begin{bmatrix}\overleftarrow{M}_1-\begin{bmatrix}\frac{51}{43}\\ \frac{56}{38}\end{bmatrix}- \\ \overrightarrow{M}_1-\frac{50}{34}\times\frac{34}{40}-\end{bmatrix}-\text{II}-\begin{bmatrix}\frac{30}{50}\\ \frac{39}{41}\\ \frac{22}{58}\end{bmatrix}-
$$

$$
-\text{III}-\begin{bmatrix}\frac{63}{50}-\overleftarrow{M}_2- \\ \begin{bmatrix}\frac{50}{50}\\ \frac{20}{80}\end{bmatrix}-\text{IV}-\begin{bmatrix}\frac{51}{50}\\ \frac{20}{80}\end{bmatrix}-\text{V}-\frac{26}{58}-\overrightarrow{M}_2\end{bmatrix}-\text{IV(主轴)}
$$

图 3-4　主运动传动链的传动路线表达式

2. 主轴的转速级数及转速计算

由传动系统图和传动路线表达式可以看出，主轴正转时，共有 $2\times3\times(1+2\times2)=30$ 种传动主轴的路线，但由于轴Ⅲ到轴Ⅴ之间的 4 条传动路线的传动比分别为

$$
u_1=\frac{20}{80}\times\frac{20}{80}=\frac{1}{16},\quad u_2=\frac{20}{80}\times\frac{51}{50}\approx\frac{1}{4}
$$

$$
u_3=\frac{50}{50}\times\frac{20}{80}=\frac{1}{4},\quad u_4=\frac{50}{50}\times\frac{51}{50}\approx 1
$$

其中：u_2 和 u_3 基本相同，所以实际上 4 条传动路线只有 3 种不同的传动比，主轴的实际转速级数为 $2\times3\times[1+(2\times2-1)]=24$ 级。

同理，主轴反转的传动路线可以有 $3\times(1+2\times2)=15$ 条，但主轴反转的转速级数实际有 $3\times[1+(2\times2-1)]=12$ 级。

主轴的各级转速可用下列运动平衡式进行计算，即

$$n_{主}=1450\times(1-\varepsilon)\times\frac{130}{230}\times u_{\text{I}-\text{II}}\times u_{\text{II}-\text{III}}\times u_{\text{III}-\text{VI}}$$

式中：$n_{主}$ 为主轴转速(r/min)；ε 为三角带传动的滑动系数，可取 $\varepsilon=0.02$；$u_{\text{I}-\text{II}}$、$u_{\text{II}-\text{III}}$、$u_{\text{III}-\text{VI}}$ 分别为轴Ⅰ—Ⅱ、Ⅱ—Ⅲ、Ⅲ—Ⅵ间的可变传动比。

主轴反转时，轴Ⅰ—Ⅱ间的传动比大于正转时的传动比，所以反转转速高于正转。主轴反转主要用于车螺纹，在不断开主轴和刀架间传动联系的情况下，使刀架退回至起始位置，采用较高转速，可节省辅助时间。

根据运动平衡式计算各级转速时，中间各级转速不易判断出所经过的各传动副。若利用转速图这种分析机床传动系统的有效工具，则可清楚地看出各级转速的传动路线。CA6140 型卧式车床主运动传动链(正转)转速图如图 3-5 所示，图 3-5 中虚线表示经 $\frac{20}{80}\times\frac{51}{50}$ 的传动副传至主轴的传动路线。

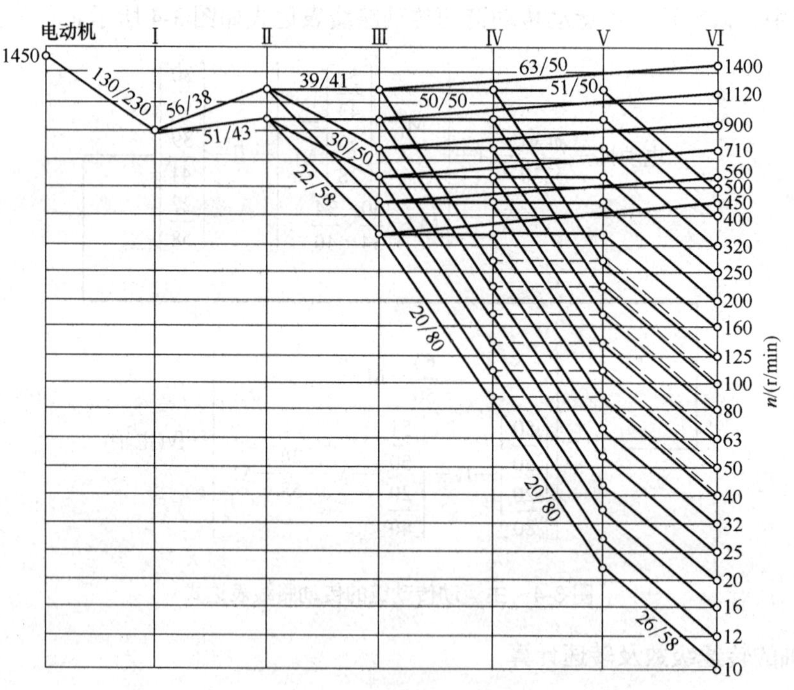

图 3-5　CA6140 型卧式车床主运动传动链(正转)转速图

3.2.2　车削螺纹运动传动链

CA6140 型卧式车床可车削米制、英制、模数制和径节制 4 种标准螺纹，还可以车削大导程螺纹、非标准螺纹和较精密螺纹。CA6140 型卧式车床既可以车削各种右螺纹，又可以车削各种左螺纹。

车削螺纹运动传动链的两端件是主轴和刀架。首、末件之间必须保证主轴转 1 转，刀

架准确移动被加工工件的一个导程这一严格的运动关系。因此，该传动链为内联系传动链。其运动平衡方程可写为

$$l_{主轴}u_0u_xL_{丝}=L_{工}$$

式中：u_0 为主轴至丝杠之间全部定比传动机构的固定传动比，是一个常数；u_x 为主轴至丝杠之间换置机构的可变传动比；$L_{丝}$ 为机床丝杠的导程，CA6140 型车床为 $L_{丝}=P=12\ \mathrm{mm}$；$L_{工}$ 为被加工螺纹的导程(mm)。

由上式可知，被加工螺纹的导程正比于传动链中换置机构的可变传动比 u_x。因此，车削不同标准和不同导程的各种螺纹时，必须对螺纹进给传动链进行适当调整，使传动比根据各种螺纹的标准数列做相应改变。

不同标准的螺纹用不同的参数来表示其螺距，表 3-1 列出了米制、英制、模数制和径节制 4 种标准螺纹的螺距参数及其与螺距 P、导程 L 之间的换算关系。

表 3-1　螺距参数及其与螺距、导程的换算关系

螺纹种类	螺距参数	螺距/mm	导程/mm
米制	螺距/mm	P	$L=kP$
英制	每英寸牙数 a/(牙/in)	$P_a=\frac{25.4}{a}$	$L_a=kP_a=\frac{25.4k}{a}$
模数制	模数 m/mm	$P_m=m\pi$	$L_m=kP_m=k\pi m$
径节制	径节 (牙/in)	$P_{DP}=\frac{25.4}{DP}\pi$	$L_{DP}=kP_{DP}=\frac{25.4k}{DP}\pi$

注：表中 k 为螺纹头数。

当车削不同种类和导程的螺纹时，必须对传动链进行适当的调整，使 u_x 做相应变化，以满足传动链两端的运动关系。

1. 车削螺纹的运动分析

主轴的旋转运动经齿轮副 $\frac{58}{58}$ 传至轴Ⅸ，再经 $\frac{33}{33}$ 或 $\frac{33}{33}\times\frac{25}{33}$ 变向机构传至轴Ⅺ和交换齿轮传动机构。交换齿轮机构共有 3 组：一组为 $\frac{63}{100}\times\frac{100}{75}$，用于车削米制和英制螺纹；一组为 $\frac{64}{100}\times\frac{100}{97}$，用于车削模数制和径节制螺纹；一组为 $\frac{a}{b}\times\frac{c}{d}$ 交换齿轮，根据被加工工件螺距进行配换，用于车削非标准和较精密的螺纹。

运动经交换齿轮机构传至轴Ⅻ进入进给箱。轴Ⅻ与轴ⅩⅤ上的两个滑移齿轮 z_{25} 为联动，组成移换机构，有两种组合位置，对应实现两条传动路线。一为两个 z_{25} 相背移动($\overleftarrow{z_{25}}$、$\overrightarrow{z_{25}}$)时，运动经轴Ⅻ传至轴ⅩⅢ，再经轴ⅩⅣ传至轴ⅩⅤ—ⅩⅥ—ⅩⅦ—($\overrightarrow{28}$) M_5—ⅩⅧ(丝杠)，这条传动路线用于车削米制和模数制螺纹，称为米制传动路线；当两个 z_{25} 相向移动($\overrightarrow{z_{25}}$、$\overleftarrow{z_{25}}$)时，运动由轴Ⅻ经离合器 M_3 传至轴ⅩⅣ，再经轴ⅩⅣ传至轴ⅩⅢ—ⅩⅤ—ⅩⅥ—ⅩⅦ—($\overleftarrow{28}$) M_5—ⅩⅧ(丝杠)，这条传动路线用于车削英制和径节制螺纹，称为英制传动路线。

进给箱中有两个变速机构：轴XIII—XIV间的双联滑移齿轮变速机构(又称为基本螺距机构)和轴XV—XVII间的两组滑移齿轮变速机构(倍增机构)，用以改变传动比，加工不同螺距的螺纹。基本螺距机构可变换8个不同的传动比，是获得不同螺距值的基本机构(又称为基本组)。当两个z_{25}齿轮相背移动时，传动比为

$$u_{基1}=\frac{26}{28}=\frac{6.5}{7}，u_{基2}=\frac{28}{28}=\frac{7}{7}，u_{基3}=\frac{32}{28}=\frac{8}{7}，u_{基4}=\frac{36}{28}=\frac{9}{7}$$

$$u_{基5}=\frac{19}{28}=\frac{9.5}{7}，u_{基6}=\frac{20}{14}=\frac{10}{7}，u_{基7}=\frac{33}{21}=\frac{11}{7}，u_{基8}=\frac{36}{21}=\frac{12}{7}$$

上述8个传动比呈近似的等差数列。当两个z_{25}齿轮相向移动时，运动经轴XII、XIV、XIII传出，基本螺距机构的传动比为$\frac{1}{u_{基}}$。

轴XV—XVII间的倍增机构可获得4个传动比，即

$$u_{倍1}=\frac{28}{35}\times\frac{35}{28}=1，u_{倍2}=\frac{18}{45}\times\frac{35}{28}=\frac{1}{2}，u_{倍3}=\frac{28}{35}\times\frac{15}{48}=\frac{1}{4}，u_{倍4}=\frac{18}{45}\times\frac{15}{48}=\frac{1}{8}$$

以上4个传动比按倍数关系排列，用于扩大机床车削螺纹的螺距范围，又称为扩大组。

加工不大于机床纵向丝杠螺距的螺纹时，主轴转1转，带动轴IX转1转，经交换齿轮机构传至进给箱，再传给丝杠，此时丝杠的转数$n_{丝}\leqslant 1$转。$L_{工}\leqslant L_{丝}$的螺纹称为常用螺距螺纹。当加工大于丝杠螺距的螺纹时，则要求主轴转1转，丝杠的转数$n_{丝}>1$转，使刀架在主轴转1转的时间内移动大于$L_{丝}$的距离。因此，机床上必须设置提高丝杠转速的机构，即扩大螺距机构。CA6140型卧式车床的扩大螺距机构是位于主轴箱中轴VI(主轴)—V—IV—III—$\frac{44}{44}\times\frac{26}{58}$—XI的变速机构。

由以上分析可知，为在CA6140型卧式车床上实现各种螺纹的加工，其车削螺纹运动传动链由下列机构组成。

(1) 变向机构。用于改变刀架进给方向，实现左、右螺纹的加工。

(2) 变换螺距大小的机构。获得各种螺纹导程的基本螺距机构和用于扩大机床车削螺纹导程种类的倍增机构。

(3) 变换螺距种类的机构。交换齿轮机构和移换机构配合，通过不同的交换齿轮齿数和不同的传动路线，以抵消螺纹参数换算出特殊因子π、25.4、25.4π，车削不同种类的螺纹。

(4) 扩大螺距机构。在主轴转1转时间内提高丝杠的转速，实现大螺距螺纹的加工。

2. 车削螺纹运动传动链的传动路线表达式

车削螺纹运动传动链的传动路线表达式如图3-6所示。

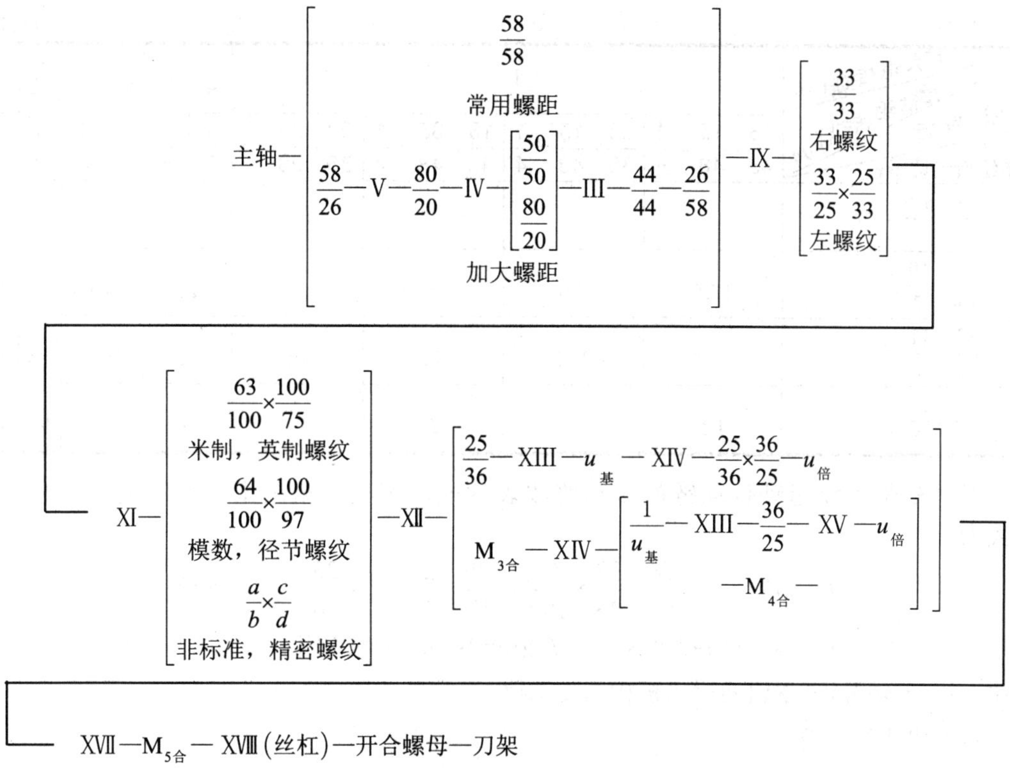

$$
\text{主轴}-\left[\begin{array}{c}\dfrac{58}{58}\\ \text{常用螺距}\\ \dfrac{58}{26}-\text{V}-\dfrac{80}{20}-\text{IV}-\left[\begin{array}{c}\dfrac{50}{50}\\ \dfrac{80}{20}\end{array}\right]-\text{III}-\dfrac{44}{44}-\dfrac{26}{58}\\ \text{加大螺距}\end{array}\right]-\text{IX}-\left[\begin{array}{c}\dfrac{33}{33}\\ \text{右螺纹}\\ \dfrac{33}{25}\times\dfrac{25}{33}\\ \text{左螺纹}\end{array}\right]-
$$

$$
-\text{XI}-\left[\begin{array}{c}\dfrac{63}{100}\times\dfrac{100}{75}\\ \text{米制，英制螺纹}\\ \dfrac{64}{100}\times\dfrac{100}{97}\\ \text{模数，径节螺纹}\\ \dfrac{a}{b}\times\dfrac{c}{d}\\ \text{非标准，精密螺纹}\end{array}\right]-\text{XII}-\left[\begin{array}{c}\dfrac{25}{36}-\text{XIII}-u_{基}-\text{XIV}-\dfrac{25}{36}\times\dfrac{36}{25}-u_{倍}\\ \text{M}_{3合}-\text{XIV}-\left[\begin{array}{c}\dfrac{1}{u_{基}}-\text{XIII}-\dfrac{36}{25}-\text{XV}-u_{倍}\\ -\text{M}_{4合}-\end{array}\right]\end{array}\right]-
$$

$$
-\text{XVII}-\text{M}_{5合}-\text{XVIII}\,(\text{丝杠})-\text{开合螺母}-\text{刀架}
$$

图 3-6　车削螺纹运动传动链的传动路线表达式

3. 车削螺纹运动传动链的调整计算

进行车削螺纹运动传动链的调整计算时车削不同螺纹各有不同，现分述如下。

1)　米制螺纹

米制螺纹是我国常用的螺纹，其螺距值已标准化，标准螺距值按分段的等差数列排列。米制螺纹标准螺距值的特点是按分段等差数列规律排列(见表 3-2)，因此，要求螺纹进给传动链的变速机构能按照分段等差数列的规律变换传动比。这一要求是通过适当调整进给箱中的变速机构来实现的。

表 3-2　CA6140 型卧式车床车削米制螺纹螺距表

扩大组传动比 $u_{扩}$ / 增倍组传动比 $u_{倍}$ / 螺纹导程 / 基本组传动比 $u_{基}$	1				4	16	4	16	16	16
	$\frac{18}{45}\times\frac{15}{48}=\frac{1}{8}$	$\frac{28}{35}\times\frac{15}{48}=\frac{1}{4}$	$\frac{18}{45}\times\frac{35}{48}=\frac{1}{2}$	$\frac{28}{35}\times\frac{35}{28}=1$	$\frac{1}{2}$	$\frac{1}{8}$	1	$\frac{1}{4}$	$\frac{1}{2}$	1
$u_{基1}=\frac{26}{28}=\frac{6.5}{7}$				6.5						
$u_{基2}=\frac{28}{28}=\frac{7}{7}$		1.75	3.5	7	14		28		56	112
$u_{基3}=\frac{32}{28}=\frac{8}{7}$	1	2	4	8	16		32		64	128
$u_{基4}=\frac{36}{28}=\frac{9}{7}$			4.5	9	18		36		72	144

续表

扩大组传动比 $u_{扩}$ / 增倍组传动比 $u_{倍}$ / 螺纹导程 / 基本组传动比 $u_{基}$	1				4	16	4	16	16	16
	$\frac{18}{45}\times\frac{15}{48}=\frac{1}{8}$	$\frac{28}{35}\times\frac{15}{48}=\frac{1}{4}$	$\frac{18}{45}\times\frac{35}{48}=\frac{1}{2}$	$\frac{28}{35}\times\frac{35}{28}=1$	$\frac{1}{2}$	$\frac{1}{8}$	1	$\frac{1}{4}$	$\frac{1}{2}$	1
$u_{基5}=\frac{19}{14}=\frac{9.5}{7}$				9.5						
$u_{基6}=\frac{20}{14}=\frac{10}{7}$	1.25	2.5	5	10	20		40		80	160
$u_{基7}=\frac{33}{21}=\frac{11}{7}$		2.75	5.5	11	22		44		88	176
$u_{基8}=\frac{36}{21}=\frac{12}{7}$	1.5	3	6	12	24		48		96	192

根据车削螺纹运动传动链的传动路线表达式，可列出车削米制螺纹的运动平衡方程式为

$$L=kP=1_{主轴}\times\frac{58}{58}\times\frac{33}{33}\times\frac{63}{100}\times\frac{100}{75}\times\frac{25}{36}u_{基}\times\frac{25}{36}\times\frac{36}{25}u_{倍}\times 12$$

式中：L 为螺纹导程(对单头螺纹为螺距 P)(mm)；$u_{基}$ 为轴XIII—XIV间基本螺距机构的传动比；$u_{倍}$ 为轴XV—XVII间增倍机构的传动比。

将上式化简后得

$$L=7u_{基}u_{倍}$$

式中的常数“7”与 $u_{基}$ 中的分母“7”约简后，可得基本螺距值 7、8、9、10、11、12。利用增倍机构的 4 个传动比$\left(1、\frac{1}{2}、\frac{1}{4}、\frac{1}{8}\right)$可使基本螺距值成倍缩小，得到符合标准的小于(或等于) $L_{丝}$ 的 20 种米制螺纹螺距值。利用扩大螺距机构的两个传动比 4、6 与倍增机构的 4 个传动比适当配合，可得符合标准的大于 $L_{丝}$ 米制螺纹螺距值 24 种，因此 CA6140 车床可车削 44 种 1～192 mm 的米制螺纹。

2) 模数制螺纹

模数制螺纹实质上是米制蜗杆，模数值已标准化，也按等差级数排列。因此，标准模数螺纹的导程(螺距)排列规律和米制螺纹相同，但导程(或螺距)的数值不一样，且数值中含有特殊因子π。所以车削模数制螺纹时的传动路线与米制螺纹基本相同，而为了得到模数制螺纹的导程(或螺距)数值，必须将挂轮换成$\frac{64}{100}\times\frac{100}{97}$，使螺纹进给传动链的传动比做相应变化。此时传动链运动平衡式为

$$1_{主轴}\times\frac{58}{58}\times\frac{33}{33}\times\frac{64}{100}\times\frac{100}{97}\times\frac{25}{36}u_{基}\times\frac{25}{36}\times\frac{36}{25}u_{倍}\times 12=L_{m}=k\pi m$$

上式中，$\frac{64}{100}\times\frac{100}{97}\times\frac{25}{36}\approx\frac{7}{48}\pi$，将其代入化简后得

$$L_{m}=k\pi m=\frac{7\pi}{4}u_{基}u_{倍}$$

$$m=\frac{7\pi}{4k}u_{基}u_{倍}$$

改变$u_{基}$和$u_{倍}$可车削出各种不同模数值的螺纹。CA6140 型车床可车削的模数制螺纹范围($k=1$)如表 3-3 所示。

表 3-3 CA6140 型车床可车削的模数英制螺纹模数 m 表 mm

<table>
<tr><td rowspan="2">扩大组传动比$u_{扩}$
增倍组传动比$u_{倍}$
螺纹的模数m
基本组传动比$u_{基}$</td><td colspan="4">1</td><td>4</td><td>16</td><td>4</td><td>16</td><td>16</td><td>16</td></tr>
<tr><td>$\frac{1}{8}$</td><td>$\frac{1}{4}$</td><td>$\frac{1}{2}$</td><td>1</td><td>$\frac{1}{2}$</td><td>$\frac{1}{8}$</td><td>1</td><td>$\frac{1}{4}$</td><td>$\frac{1}{2}$</td><td>1</td></tr>
<tr><td>$u_{基1}=\frac{6.5}{7}$</td><td></td><td></td><td></td><td></td><td colspan="2">3.25</td><td colspan="2">6.5</td><td>13</td><td>26</td></tr>
<tr><td>$u_{基2}=\frac{7}{7}$</td><td></td><td></td><td></td><td>1.75</td><td colspan="2">3.5</td><td colspan="2">7</td><td>14</td><td>28</td></tr>
<tr><td>$u_{基3}=\frac{8}{7}$</td><td>0.25</td><td>0.5</td><td>1</td><td>2</td><td colspan="2">4</td><td colspan="2">8</td><td>16</td><td>32</td></tr>
<tr><td>$u_{基4}=\frac{9}{7}$</td><td></td><td></td><td></td><td>2.25</td><td colspan="2">4.5</td><td colspan="2">9</td><td>18</td><td>36</td></tr>
<tr><td>$u_{基5}=\frac{9.5}{7}$</td><td></td><td></td><td></td><td></td><td colspan="2"></td><td colspan="2"></td><td></td><td></td></tr>
<tr><td>$u_{基6}=\frac{10}{7}$</td><td></td><td></td><td>1.25</td><td>2.5</td><td colspan="2">5</td><td colspan="2">10</td><td>20</td><td>40</td></tr>
<tr><td>$u_{基7}=\frac{11}{7}$</td><td></td><td></td><td></td><td>2.75</td><td colspan="2">5.5</td><td colspan="2">11</td><td>22</td><td>44</td></tr>
<tr><td>$u_{基8}=\frac{12}{7}$</td><td></td><td></td><td>1.5</td><td>3</td><td colspan="2">6</td><td colspan="2">12</td><td>24</td><td>48</td></tr>
</table>

3) 英制螺纹

英制螺纹又称英寸制螺纹，在采用英寸制的国家中应用较为广泛。我国部分管螺纹目前也采用英制螺纹。

英制螺纹的螺距参数为每英寸长度上螺纹牙(扣)数a。标准的a值也是按分段等差数列的规律排列的，所以英制螺纹的螺距和导程值是分段调和数列(分母是分段等差数列)。另外，将以英寸为单位的螺距和导程值换算成以毫米为单位的螺距和导程值时，数值中含有特殊因子 25.4。由此可知，为了车削出各种螺距(或导程)的英制螺纹，螺纹进给传动链必须做以下变动。

(1) 将基本组的主动、从动传动关系调整成与车米制螺纹时相反，即轴 XIV 为主动，轴 XIII 为从动，这样基本组的传动比数列变成了调和数列，与英制螺纹螺距(或导程)数列的排列规律相一致。

(2) 改变传动链中部分传动副的传动比，使螺纹进给传动链总传动比满足英制螺纹螺距(或导程)数值上的要求。

车削英制螺纹时的传动链具体调整情况为：挂轮用$\frac{63}{100}\times\frac{100}{75}$，进给箱中的离合器 M_3 和 M_5 接合，M_4 脱开，同时轴 XV 左端的滑移齿轮z_{25}左移，与固定在轴 XIII 上的齿轮z_{36}啮合。于是，运动便由轴XII经离合器 M_3 传至轴 XIV，然后由轴 XIV 传至轴 XIII，再经齿轮副$\frac{36}{25}$传到轴XV，从而使基本组的运动传动方向恰好与车米制螺纹时相反，其传动比为$\frac{1}{u_{基}}$，同时轴Ⅻ与轴XV之间定比传动机构的传动比也由$\frac{25}{36}\times\frac{25}{36}\times\frac{36}{25}$改变为$\frac{36}{25}$，其余部分传动路线与车米制螺纹时相同，即可车削出英制螺纹。

传动链运动平衡式为

$$L_a=\frac{25.4k}{a}=1_{主轴}\times\frac{58}{58}\times\frac{33}{33}\times\frac{63}{100}\times\frac{100}{75}\times\frac{1}{u_{基}}\times\frac{36}{25}\times u_{倍}\times 12$$

上式中，$\frac{63}{100}\times\frac{100}{75}\times\frac{36}{25}\approx\frac{25.4}{21}$，将其代入化简后得

$$L_a=\frac{25.4k}{a}=\frac{4}{7}\times 25.4\times\frac{u_{倍}}{u_{基}}$$

$$a=\frac{7k}{4}\times\frac{u_{基}}{u_{倍}}$$

当$k=1$时，CA6140型车床可车削的英制螺纹每英寸牙数如表3-4所示。

表3-4　CA6140型车床可车削英制螺纹每英寸牙数表

增倍组传动比 $u_{倍}$ / 基本组传动比 $u_{基}$	$\frac{18}{45}\times\frac{15}{48}=\frac{1}{8}$	$\frac{28}{35}\times\frac{15}{48}=\frac{1}{4}$	$\frac{18}{45}\times\frac{35}{48}=\frac{1}{2}$	$\frac{28}{35}\times\frac{35}{28}=1$
$u_{基1}=\frac{26}{28}=\frac{6.5}{7}$				
$u_{基2}=\frac{28}{28}=\frac{7}{7}$	14	7	$3\frac{1}{2}$	
$u_{基3}=\frac{32}{28}=\frac{8}{7}$	16	8	4	2
$u_{基4}=\frac{36}{28}=\frac{9}{7}$	18	9	$4\frac{1}{2}$	
$u_{基5}=\frac{19}{14}=\frac{9.5}{7}$	19			
$u_{基6}=\frac{20}{14}=\frac{10}{7}$	20	10	5	
$u_{基7}=\frac{33}{21}=\frac{11}{7}$		11		
$u_{基8}=\frac{36}{21}=\frac{12}{7}$	24	12	6	3

4)　径节制螺纹

径节制螺纹是一种英制蜗杆，其螺距参数以径节DP表示。标准径节的数列也是分段等差数列，而螺距和导程的数列则是分段调和数列，螺距和导程值中有特殊因子25.4，这些都和英制螺纹类似，故可采用英制螺纹的传动路线；但因螺距和导程值中还有一个特殊因子π，这又和模数制螺纹相同，所以需将挂轮换成$\frac{64}{100}\times\frac{100}{97}$，此时运动平衡方程为

$$L_{DP}=\frac{25.4k\pi}{DP}=1_{主轴}\times\frac{58}{58}\times\frac{33}{33}\times\frac{64}{100}\times\frac{100}{97}\times\frac{1}{u_{基}}\times\frac{36}{25}\times u_{倍}\times 12$$

上式中 $\frac{64}{100}\times\frac{100}{97}\times\frac{36}{84}\approx\frac{25.4\pi}{84}$，将其代入化简后得

$$L_{DP}=\frac{25.4k\pi}{DP}=\frac{25.4\pi}{7}\times\frac{u_{基}}{u_{倍}}$$

$$DP=7k\frac{u_{基}}{u_{倍}}$$

表 3-5 所列是 CA6140 型车床可车削英制螺纹径节表，当 $k=1$ 时，可以车削 24 种径节制螺纹。

表 3-5　CA6140 型车床可车削英制螺纹径节表

基本组传动比 $u_{基}$ \ 增倍组传动比 $u_{倍}$	$\frac{18}{45}\times\frac{15}{48}=\frac{1}{8}$	$\frac{28}{35}\times\frac{15}{48}=\frac{1}{4}$	$\frac{18}{45}\times\frac{35}{28}=\frac{1}{2}$	$\frac{28}{35}\times\frac{35}{28}=1$
$u_{基1}=\frac{26}{28}=\frac{6.5}{7}$				
$u_{基2}=\frac{28}{28}=\frac{7}{7}$	56	28	14	7
$u_{基3}=\frac{32}{28}=\frac{8}{7}$	64	32	16	8
$u_{基4}=\frac{36}{28}=\frac{9}{7}$	72	36	18	9
$u_{基5}=\frac{19}{14}=\frac{9.5}{7}$				
$u_{基6}=\frac{20}{14}=\frac{10}{7}$	80	40	20	10
$u_{基7}=\frac{33}{21}=\frac{11}{7}$	88	44	22	11
$u_{基8}=\frac{36}{21}=\frac{12}{7}$	96	48	24	12

5)　大导程螺纹

车削大导程螺纹时，将轴Ⅸ右端的滑移齿轮 z_{58} 向右移动，使之与轴Ⅷ上的齿轮 z_{26} 啮合，主轴Ⅵ的运动经下列传动路线传至丝杠，使丝杠在主轴转 1 转的时间内转速提高，从而车削出大导程螺纹。车削大导程螺纹传动链传动路线表达式如图 3-7 所示。

$$主轴(Ⅵ)—\frac{58}{26}—Ⅴ—\frac{80}{20}—Ⅳ—\begin{bmatrix}\frac{50}{50}\\\frac{80}{20}\end{bmatrix}—Ⅲ—\frac{44}{44}\times\frac{26}{58}—Ⅸ—与常用螺距螺纹传动路线相同—Ⅷ(丝杠)$$

图 3-7　车削大导程螺纹传动链传动路线表达式

主轴与轴Ⅸ间的传动比为

$$u_{扩1}=\frac{58}{26}\times\frac{80}{20}\times\frac{50}{50}\times\frac{44}{44}\times\frac{26}{58}=4$$

$$u_{扩2}=\frac{58}{26}\times\frac{80}{20}\times\frac{80}{20}\times\frac{44}{44}\times\frac{26}{58}=16$$

车削常用螺纹时，主轴与轴Ⅸ间的传动比$u_{常}=\frac{58}{58}=1$。这表明，当螺纹进给传动链其他调整不变时，作上述调整可使主轴与丝杠间的传动比增大 4 倍或 16 倍，从而车出的螺纹导程也相应地扩大 4 倍或 16 倍。因此，一般把上述传动机构称为扩大螺距机构。通过扩大螺距机构，再配合进给箱中的基本螺距机构和增倍机构，机床可以车削 24 种导程为 14～19 mm 的公制螺纹，28 种模数为 3.25～48 mm 的模数制螺纹，13 种径节为 1～6 牙/in 的径节制螺纹。

必须指出，由于扩大螺距机构的传动比$u_{扩}$是由主运动传动链中背轮机构的齿轮啮合位置确定的，而背轮机构一定的齿轮啮合位置又对应着一定的主轴转速，因此，主轴转速一定时，螺纹导程可能扩大的倍数是确定的。具体地说，主轴转速为 10～32 r/min 时，导程可扩大 16 倍；主轴转速为 40～125 r/min 时，导程可扩大 4 倍；主轴转速更高时，导程不再扩大。这也正好符合实际需要，因为大导程螺纹只能在主轴低转速时车削。

6) 车非标准和较精密螺纹

当需要车削非标准螺纹，用进给箱中的变速机构无法得到所要求的螺纹导程，或者虽然是标准螺纹，但精度要求特别高时，这时须将进给箱中齿式离合器 M_3、M_4 和 M_5 全部接合，使轴Ⅻ、轴ⅩⅣ、轴ⅩⅦ和丝杠ⅩⅧ连成一体。这时，运动直接从轴Ⅻ传至丝杠，所要求的工件螺纹导程 L (mm)可通过选择挂轮的传动比$u_{挂}$来实现。这时，螺纹进给传动链的运动平衡方程为

$$L=1_{主轴}\times\frac{58}{58}\times\frac{33}{33}\times u_{挂}\times 12$$

化简后得挂轮换置公式为

$$u_{挂}=\frac{a}{b}\times\frac{c}{d}=\frac{L}{12}$$

应用此换置公式，适当选择挂轮 a、b、c 及 d 的齿数，就可车削出所需的导程 L。这时，由于主轴至丝杠间的传动路线大为缩短，减少了传动件的制造和装配误差对工件螺纹精度的影响，如再选用较精确的挂轮，则可车削出精度较高的螺纹。

3.2.3 纵向和横向进给运动传动链

进行普通车削时，刀架可做机动的纵向或横向进给运动。为避免丝杠磨损太快，便于工人操作，机动进给运动由光杠经溜板传动。传动链的两端件是主轴和刀架，但两端件无严格的传动比要求，是外联系传动链。

1. 传动路线

从主轴至进给箱中轴ⅩⅦ的一段传动路线与车米制螺纹和英制螺纹时的传动路线相

同，其后运动由轴 XVII 经齿轮副 $\frac{28}{56}$ 传至光杠 XIX(此时离合器 M_5 脱开，齿轮 z_{28} 与轴 XIX上的齿轮 z_{56} 啮合)，再由光杠经溜板箱中的传动机构，分别传至齿轮齿条机构和横向进给丝杠 XXVII，使刀架做纵向或横向机动进给运动，其传动路线表达式如图 3-8 所示。

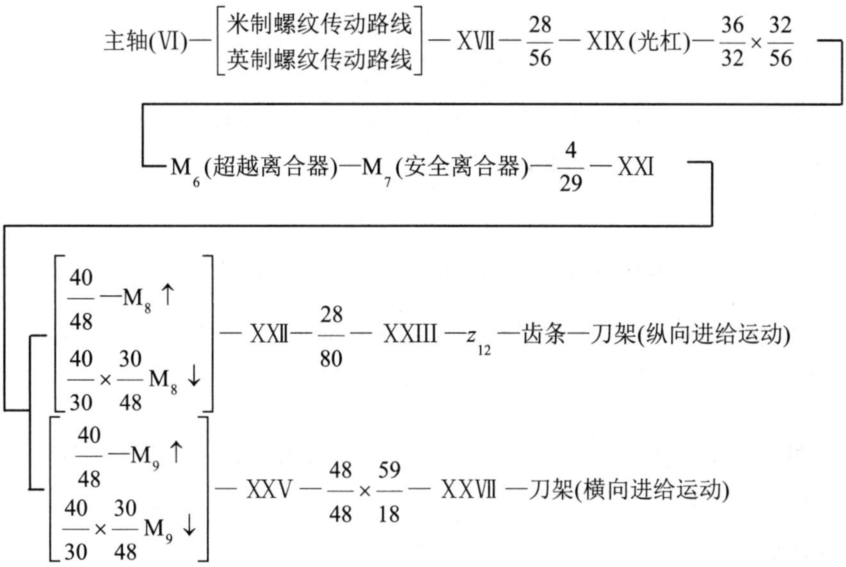

$$\text{主轴(VI)}-\begin{bmatrix}\text{米制螺纹传动路线}\\ \text{英制螺纹传动路线}\end{bmatrix}-\text{XVII}-\frac{28}{56}-\text{XIX(光杠)}-\frac{36}{32}\times\frac{32}{56}-$$

$$-M_6\text{(超越离合器)}-M_7\text{(安全离合器)}-\frac{4}{29}-\text{XXI}-$$

$$-\begin{cases}\begin{bmatrix}\frac{40}{48}-M_8\uparrow\\ \frac{40}{30}\times\frac{30}{48}M_8\downarrow\end{bmatrix}-\text{XXII}-\frac{28}{80}-\text{XXIII}-z_{12}-\text{齿条}-\text{刀架(纵向进给运动)}\\ \begin{bmatrix}\frac{40}{48}-M_9\uparrow\\ \frac{40}{30}\times\frac{30}{48}M_9\downarrow\end{bmatrix}-\text{XXV}-\frac{48}{48}\times\frac{59}{18}-\text{XXVII}-\text{刀架(横向进给运动)}\end{cases}$$

图 3-8　刀架进给运动的传动路线表达式

溜板箱中的换向机构由双向牙嵌式离合器 M_8、M_9 和齿轮副 $\frac{40}{48}$、$\frac{40}{30}\times\frac{30}{48}$ 组成，分别用于变换纵向和横向进给运动的方向。利用进给箱中的基本螺距机构和增倍机构，以及进给传动链的不同传动路线，分别可获得 64 种纵向和横向进给量。

2. 纵向进给量的计算

纵向进给传动链两端件的计算位移为：主轴转 1 转→刀架纵向移动 $f_{纵}$ (单位为 mm)。

1)　正常进给量

当进给运动经米制正常螺纹路线传动时，可得到 32 种 0.08～1.22 mm/r 的纵向常用进给量，其传动链的运动平衡式为

$$f_{纵}=1_{主轴}\times\frac{58}{58}\times\frac{33}{33}\times\frac{63}{100}\times\frac{100}{75}\times\frac{25}{36}\times u_{基}\times\frac{25}{36}\times\frac{36}{25}u_{倍}\times\frac{28}{56}\times\frac{36}{32}\times\frac{32}{56}\times\frac{4}{29}$$
$$\times\frac{40}{30}\times\frac{30}{48}\times\frac{28}{80}\times\pi\times2.5\times12$$

化简后得

$$f_{纵}=0.71u_{基}u_{倍}$$

变换 $u_{基}$ 和 $u_{倍}$，可得到 32 种 0.08～1.22 mm/r 的纵向常用进给量。

2)　较大进给量

当进给运动经英制螺纹传动路线传动时，运动平衡式为

$$f_{纵}=1_{主轴}\times\frac{58}{58}\times\frac{33}{33}\times\frac{63}{100}\times\frac{100}{75}\times\frac{1}{u_{基}}\times\frac{36}{25}u_{倍}\times\frac{28}{56}\times\frac{36}{32}\times\frac{32}{56}\times\frac{4}{29}\times\frac{40}{30}\times\frac{30}{48}\times\frac{28}{80}\times\pi\times2.5\times12$$

化简后得

$$f_{纵}=1.474\times\frac{u_{倍}}{u_{基}}$$

变换$u_{基}$并使$u_{倍}=1$，可得到 8 种 0.86～1.59 mm/r 的纵向较大进给量。当$u_{倍}$为其他值时，所得到的$f_{纵}$值与正常进给量重复。

3) 细进给量

当主轴转速为 450～1400 r/min(其中 500 r/min 除外)时(此时主轴由轴III经齿轮副$\frac{63}{50}$直接传动)，运动经扩大螺距机构及米制螺纹传动路线传动，可获得 8 种供高速精车用的细进给量，其范围为 0.028～0.054 mm/r。

4) 加大进给量

当主轴转速为10～125 r/min 时，运动经扩大螺距机构及英制螺纹传动路线，可获得 16 种供强力切削或宽刀精车用的加大进给量，其范围为1.71～6.33 mm/r。

3. 横向进给量

由传动路线表达式可知，纵向及横向机动进给在主轴Ⅳ到XXI之间的齿轮副完全相同，所得的横向进给量是纵向进给量的一半。横向进给量的种数有 64 种。

3.2.4 刀架的快速移动传动链

刀架的快速移动是为了减轻工人的劳动强度及缩短辅助时间而设置的。它由装在溜板箱内的快速电机(功率为 0.25 kW，转速为 2800 r/min)传动。当刀架需要快速移动时，按下快速移动按钮，使快速电机接通，这时运动经齿轮副$\frac{13}{29}$传至轴XX，然后沿着工作进给时的相同传动路线传至纵向、横向进给机构，使刀架做相应方向的快速移动。当快速电机传动轴XX快速旋转时，依靠齿轮z_{56}与轴XX间的超越离合器 M_6，使工作进给传动链自动断开，保证快速运动与工作进给传动不产生矛盾。当快速电机停转时，工作进给运动传动链又自动重新接通。

利用轴XXⅧ上的手轮，可手动操纵刀架纵、横向移动。

3.3 车床的主要部件结构

3.3.1 主轴箱

主轴箱的功用是支撑主轴和传动传递旋转运动，并使其实现启动、停止、变速和换向等运动。主轴箱是一个复杂的重要部件，它包括箱体、主运动的全部变速机构及操纵机构、主轴部件、实现正/反转及开/停车的片式摩擦离合器和制动器、主轴至交换齿轮机构间的传动机构和变速机构以及有关的润滑装置等。

主轴箱的装配图由一个展开图、各种向视图和剖视图组成。图 3-9 和图 3-10 所示为主轴箱内所有零件及其装配关系。

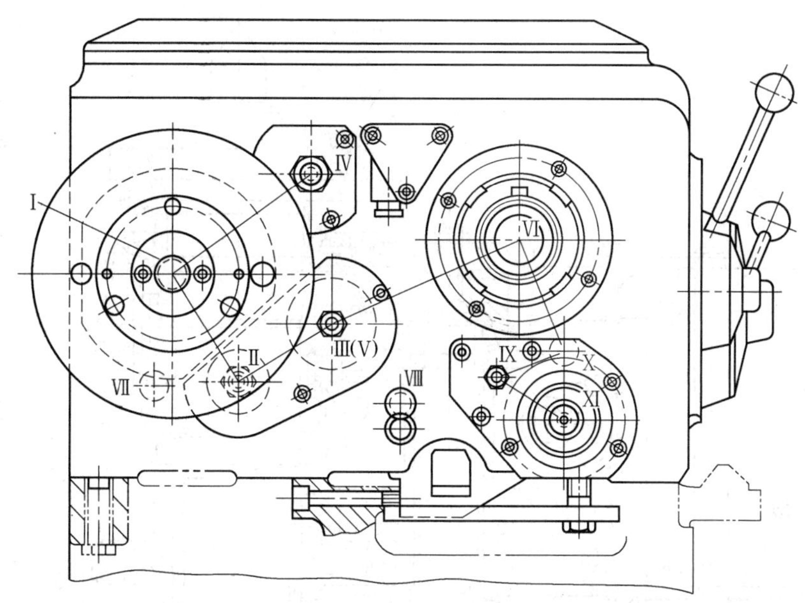

图 3-9　CA6140 型卧式车床主轴箱展开图的剖切面

按传动顺序，沿轴线Ⅳ—Ⅰ—Ⅱ—Ⅲ(Ⅴ)—Ⅵ—Ⅹ—Ⅸ—Ⅺ取剖面并展开，轴Ⅶ和轴Ⅷ是另外单独取剖切面展开的。CA6140 型卧式车床主轴箱的Ⅰ—Ⅵ轴结构的展开图如图 3-10 所示。由于展开图是把立体的传动结构展开在一个平面上绘制而成的，其中有些轴之间的距离被拉开了，如轴Ⅶ和轴Ⅰ、轴Ⅳ和轴Ⅲ、轴Ⅸ和轴Ⅵ等，从而使某些原来相互啮合的齿轮副分开了，在利用展开图分析传动件的传动关系时应予以注意。

研究展开图可按下列步骤进行。

(1) 分析各传动轴、传动件之间的传动关系。

(2) 分析各传动轴、主轴及其有关零件的结构形状，装配时的轴向位置、固定方式，所采用的轴承结构、特点、受力情况。

(3) 分析各典型机构的作用、工作原理、调整方法和装配关系。

1. 卸荷式带装置

主轴箱的运动由电动机经皮带传入，为改善主轴箱运动输入轴的工作条件，使传动平稳，主轴箱运动输入轴上的带轮采用卸荷式结构，如图 3-10 所示。法兰 3 用螺钉固定在箱体 4 上，带轮 1 用螺钉和定位销与花键套筒 2 连接并支承在法兰 3 内的两个向心球轴承上，花键套筒 2 与轴Ⅰ的花键部分配合，因而使带的运动可通过花键套筒 2 带动轴Ⅰ旋转，而带所产生的拉力则经法兰 3 直接传给箱体 4，使轴Ⅰ不受带的拉力作用，减少了弯曲变形，从而提高了传动平稳性。卸荷带装置特别适用于要求传动平稳性高的精密机床的主轴。

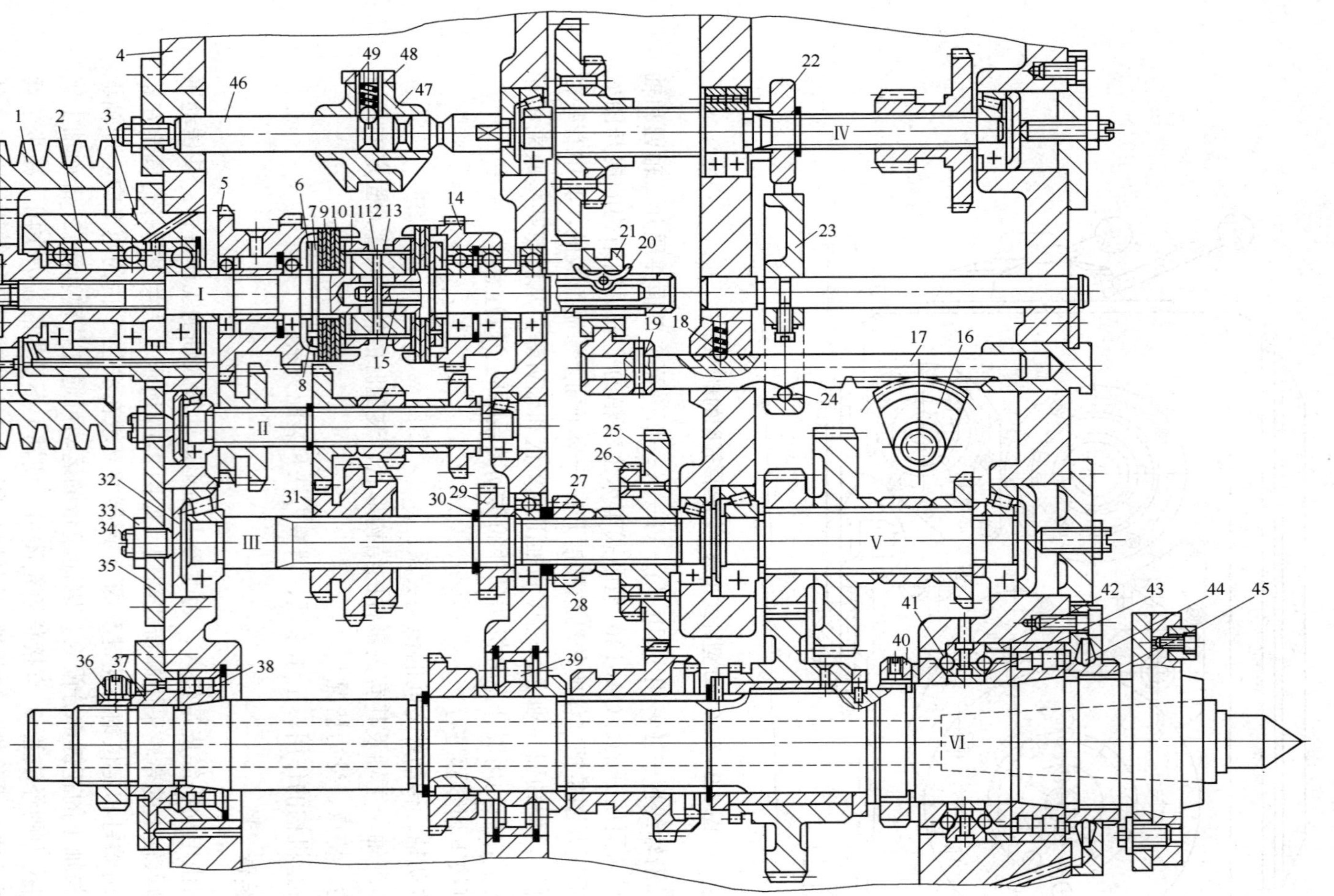

图 3-10　CA6140 型卧式车床主轴箱的 Ⅰ—Ⅵ 轴结构

1—带轮；2—花键套筒；3—法兰；4—箱体；5—双联齿轮；6，7—止推环；8，12—销子；9—内摩擦片；10—外摩擦片；11—调整螺母；13，21—滑套；14—单联齿轮；15—拉杆；16—扇形齿轮；17—齿条轴；18—弹簧钢球；19，47—拨叉；20—元宝形摆块；22—制动轮；23—制动杠杆；24—钢球；25，26，27，29—齿轮；28—垫圈；30—弹簧卡圈；31—三联滑移齿轮；32—压盖；33，36—锁紧螺母；34—螺钉；35—轴承盖；37，42—隔套；38—后轴承；39—中间轴承；40，45，48—螺母；41—双列推力球轴承；43—调整垫片；44—前轴承；46—导向轴；49—调节螺钉

2. 制动器

轴Ⅰ上装有双向片式摩擦离合器 M_1，用于实现主轴的启动、停止及换向。机床在工作过程中，装卸工件，测量工件，开车、停车比较频繁。当断开离合器 M_1 使机床停止工作时，为克服主轴箱中各运动部件的惯性，使主轴迅速停止转动，在主轴箱中轴Ⅳ上装有一闸带式制动器，如图 3-11 所示。制动带由制动轮 7、制动带 6、制动杠杆 4 组成。制动轮 7 为钢圆盘，与轴Ⅳ花键连接。制动带内侧铆有一层铜丝石棉钢带，上端固定在主轴箱后壁上，下端固定在制动杠杆 4 上，制动杠杆 4 可绕轴 3 摆动，当下端钢球与齿条轴 2 上的圆弧低凹处 a 或 c 接触时，制动带处于放松状态，此时制动器不起作用；移动齿条轴 2，使制动杠杆 4 下端与凸起部分 b 相接触，杠杆绕杠杆支承轴逆时针摆动，使制动器抱紧制动轮，产生摩擦力矩，使轴Ⅳ和主轴迅速停止转动。制动带拉紧的程度可用调节螺钉 5 调节。一般当 $n = 300$ r/min 时，能在 2～3 转的时间内制动，制动带的松紧程度合适。

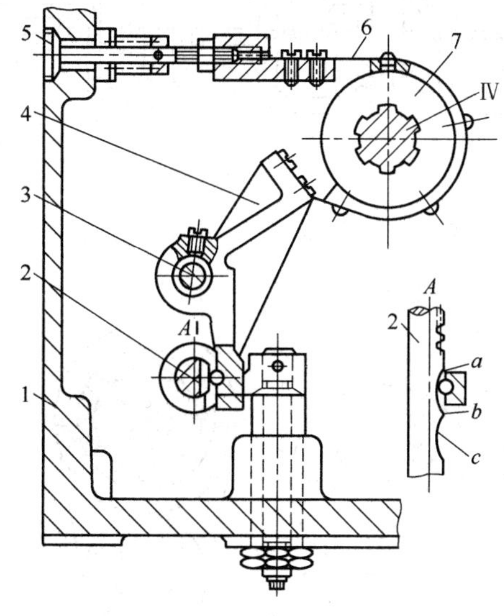

图 3-11　制动器

1—箱体；2—齿条轴；3—轴；4—制动杠杆；5—调节螺钉；6—制动带；7—制动轮

3. 主轴开、停及制动操纵机构

制动器和离合器 M_1 的工作是相互配合的，用一套操纵机构实现其联动。图 3-12 所示为 CA6140 型卧式车床主轴开、停及制动操纵机构。操纵杆 8 上装有两个相同作用的操纵手柄 7(图 3-12 中只画出一个)，分别位于进给箱和溜板箱的右侧。当向上扳动手柄操纵 7 时，通过杠杆机构使立轴 12 及拨叉 15 右移，拨叉带动滑环 4 向右压元宝形摆块 3 绕轴销 20 顺时针摆动，元宝形摆块下部凸起使推杆 16 向左移动，从而使左边一组摩擦片压紧工件，主轴正传，此时制动杠杆 5 下端正好处于齿条轴 14 右边的低凹处，制动带为放松状态，而当操作手柄 7 位于中间位置且齿条轴 14 和元宝形摆块 3 也都处于中间位置时，左、右两组摩擦片都放松，主运动传动链与动力源断开，此时齿条轴 14 上的凸起部分正对制动杠杆 5 的下端，制动带被拉紧，主轴被制动而迅速停止转动。

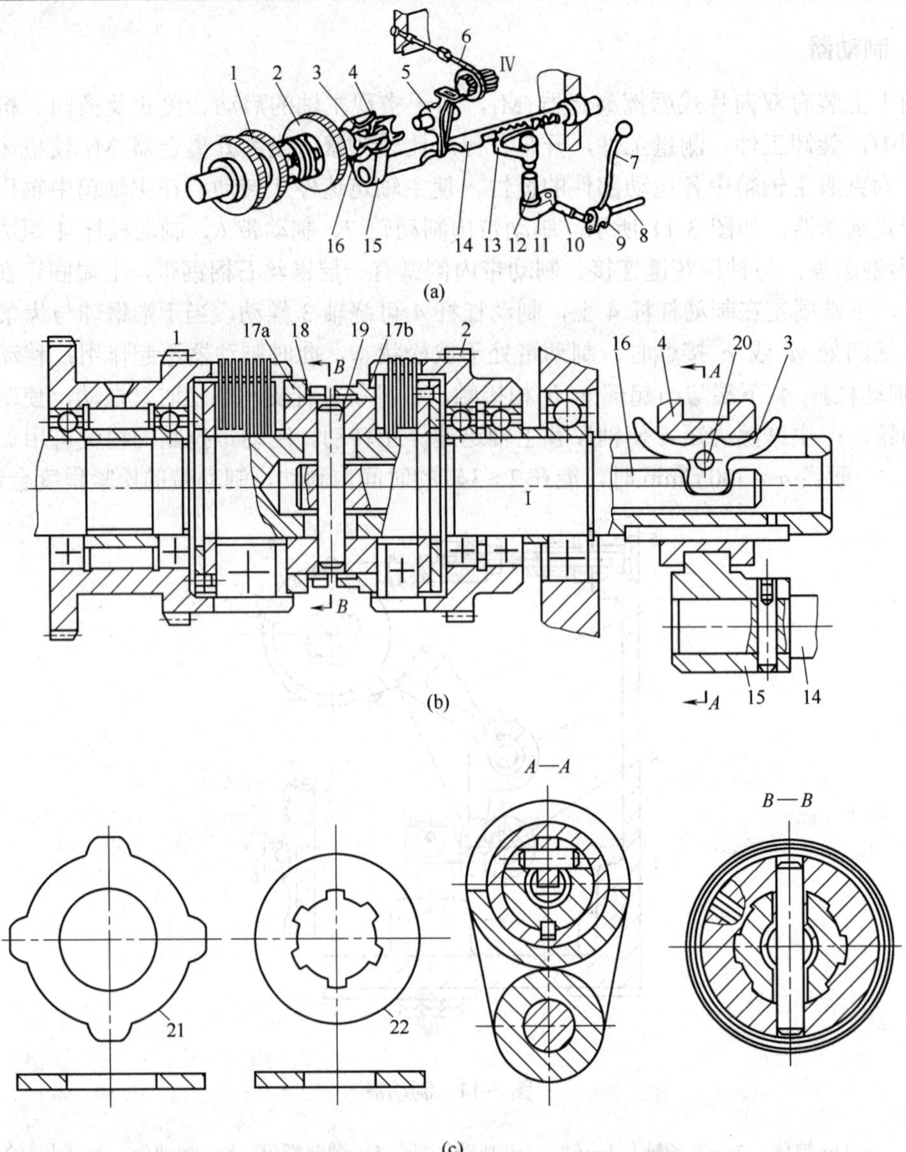

图 3-12　CA6140 型卧式车床主轴开、停及制动操纵机构

1—双联齿轮；2—齿轮；3—元宝形摆块；4—滑环；5—制动杠杆；6—制动器；7—操纵手柄；8—操纵杆；9—偏心凸轮；10—接杆；11—偏心块；12—立轴；13—扇形齿轮；14—齿条轴；15—拨叉；16—推杆；17a、17b—调整螺母；18—压套；19—推销；20—轴销；21—外摩擦片；22—内摩擦片

4. 变速操纵机构

主轴箱中，通过变换轴Ⅱ上的双联滑移齿轮、轴Ⅲ上的三联滑移齿轮的工作位置，可使轴Ⅲ获得 6 级转速。图 3-13 所示为六速变速操纵机构示意图。将手柄 9 转动 1 转时，通过链条 8 使轴 7 上的曲柄 5 和凸轮 6 转 1 转。曲柄 5 上装有偏心销 4，其伸出端上的滚子

嵌入拨叉 3 的长槽中。当曲柄带着偏心销转动时，可带动拨叉 3 拨动三联滑移齿轮 2 沿轴Ⅲ左右移动，获得左、中、右 3 个不同的工作位置。凸轮 6 的端面有一条封闭的曲线槽，它由不同半径的两段圆弧和过渡直线组成，每段圆弧的中心角略大于120°。凸轮曲线槽通过杠杆 11 和拨叉 12 可拨动轴Ⅱ上的双联滑移齿轮 1 沿轴Ⅱ移动，获得左、右两个工作位置。曲柄 5 和凸轮槽有 6 个变速位置，可顺次转动变速手柄 9 得到。每次变速时，将手柄 9 转60°，使曲柄 5 依次处于变速位置 *a*、*b*、*c* 时，三联滑移齿轮 2 相应被拨到左、中、右位置，此时杠杆 11 的圆销处于凸轮曲线槽大圆弧段中的 *a′*、*b′*、*c′* 处，双联滑移齿轮 1 位于左边位置，实现Ⅰ、Ⅱ、Ⅲ间 3 种不同的齿轮啮合情况，使轴Ⅲ得到 3 种转速。继续转动手柄 9，使曲柄 5 依次处于位置 *d*、*e*、*f* 处，则齿轮 2 被拨至右、中、左位置，同时杠杆 11 上的圆销进入凸轮曲线槽小半径圆弧段中的 *d′*、*e′*、*f′* 处，齿轮 1 沿轴Ⅱ移至右端位置，又得 3 种不同的齿轮组合情况，使轴Ⅲ共获得 6 种转速。曲柄 5 和盘形凸轮 6 处于不同变速位置时，滑移齿轮 1 和 2 的轴向位置组合情况如表 3-6 所示。

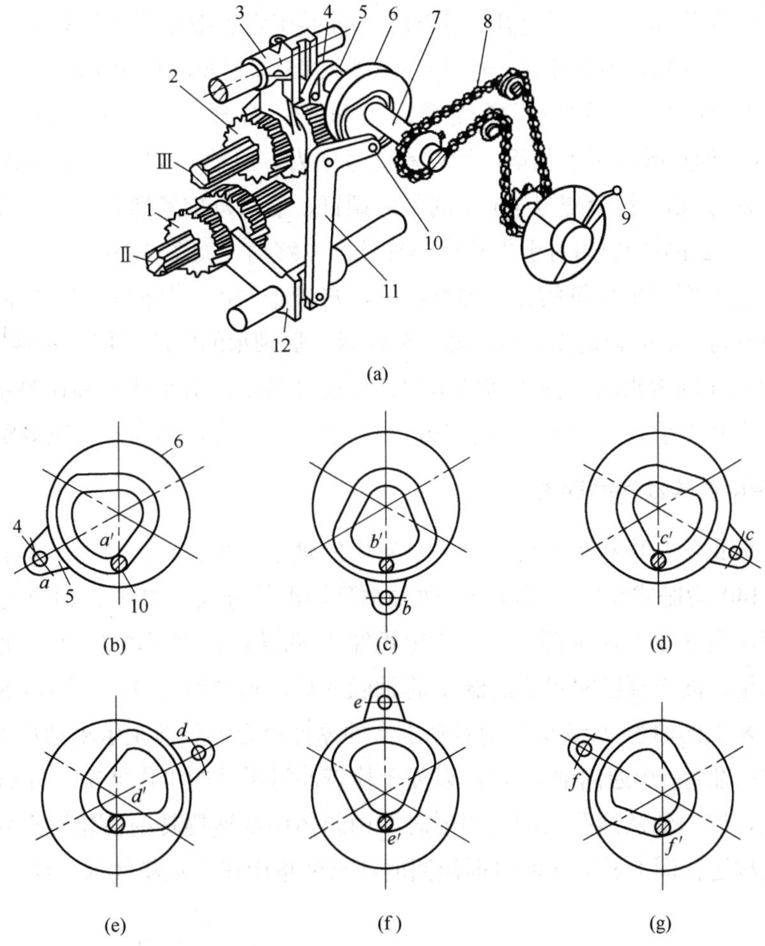

图 3-13　六速变速操纵机构

1，2—齿轮；3，12—拨叉；4—偏心销；5—曲柄；6—凸轮；7—轴；8—链条；9—手柄；10—圆柱销；11—杠杆

表 3-6 Ⅲ轴上六级变速的组合情况

曲柄 5 上的销子位置	*a*	*b*	*c*	*d*	*e*	*f*
三联滑移齿轮 2 位置	左	中	右	右	中	左
杠杆 11 下端的销子位置	*a*′	*b*′	*c*′	*d*′	*e*′	*f*′
双联滑移齿轮 1 位置	左	左	左	右	右	右
齿轮工作情况(见图 3-3)	$\frac{39}{41}\times\frac{56}{38}$	$\frac{22}{58}\times\frac{56}{38}$	$\frac{30}{50}\times\frac{56}{38}$	$\frac{30}{50}\times\frac{56}{38}$	$\frac{30}{50}\times\frac{51}{43}$	$\frac{39}{41}\times\frac{51}{43}$

5. 主轴部件结构和轴承的调整

CA6140 型卧式车床主轴是一空心阶梯轴。其内孔用于通过长棒料以及气动、液动等夹紧装置(装在主轴后端)的传动杆，也用于穿过钢棒以便卸下顶尖。主轴前端有精密的莫氏 6 号锥孔，供安装顶尖或心轴之用。主轴前端安装卡盘、拨盘或其他夹具的部分。

主轴为三支承结构，前支承由一个 LNN3021K/P5 双列短圆柱滚子轴承 44 和两个双列推力球轴承 41 组成，分别用于承受径向力和左、右两个方向的轴向力。后支承为 LNN3015K/P6 双列短圆柱滚子轴承，用以承受径向力。前轴承 44 的间隙由螺母 40 调整。调整时，松开螺母 45，拧紧螺母 40 上的紧定螺钉，然后再拧紧螺母 40，使轴承 44 上的内圈(锥度为 1∶12 的锥孔)相对于主轴锥形轴颈向右移动，如图 3-10 所示。由于锥面的作用，薄壁的轴承内圈产生少量的径向弹性膨胀，将滚子与内、外圈之间的间隙消除。调整完毕后，应将螺母 40 的紧定螺钉和螺母 45 锁紧。后轴承的间隙可用锁紧螺母 36 进行调整，调整原理与前轴承相同。推力球轴承 41 可通过磨削以减小两内圈调整垫片厚度的方法消除间隙。中间支承为圆柱滚子轴承 39，只能承受径向力，其间隙不能调整。

6. 主轴箱中各传动件的润滑

为保证机床正常工作和减少磨损，主轴箱中的轴承、齿轮、离合器等都必须进行良好的润滑。CA6140 型卧式车床采用液压泵供油循环润滑的方式。如图 3-14 所示为主轴箱的润滑系统。液压泵 3 装在左床腿上，由主电机经 V 带传动。润滑油为 30 号机油，装在左床腿中的油池里。液压泵经网式滤油器 1 将油吸入后，再经油管 4、过滤器 5 输送至分油器 8。分油器 8 上的油管 7 和 9 分别对轴 I 上的摩擦离合器和前轴承单独供油，以保证充分润滑和冷却；油管 10 通向油标 11，以便于检查润滑系统的工作情况。分油器 8 上还钻有许多径向孔，压力油从油孔内向外喷射时，由箱体中高速旋转的齿轮溅至各处，对其传动件及操纵机构进行润滑。从各润滑面流回的润滑油集中在主轴箱底部，经回油管 2 流回油池。

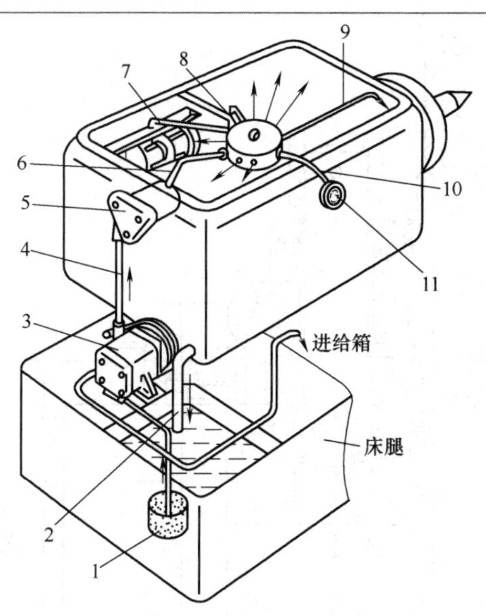

图 3-14　主轴箱的润滑系统(CA6140)

1—网式滤油器；2—回油管；3—液压泵；4，6，7，9，10—油管；
5—过滤器；8—分油器；11—油标

3.3.2　进给箱

进给箱的功用是变换加工螺纹的种类和导程，并获得所需要的各种进给量。CA6140 型卧式车床进给箱的操纵手柄全部装在进给箱的前盖板上。进给箱通常由基本螺距机构、倍增机构、改变加工螺纹种类的移换机构、丝杠和光杠的转换机构以及操纵机构等几部分组成，如图 3-15 所示。

加工不同种类的螺纹通常由调整进给箱中的移换机构和挂轮来实现，如 CA6140 型车床。有些车床是单独调整挂轮(如 C616 车床)，或单独调整进给箱中的移换机构(如 CM6136 车床)来实现的。

1. 基本变速组及其操纵机构

图 3-15 所示为双轴滑移齿轮进给箱机构，由轴 XIV 及轴上的 4 个滑移齿轮、轴 XIII 及其上的 8 个固定齿轮组成，可获得 8 个按严格规律排列的传动比。为使所有相互啮合的齿轮中心距相等，各组齿轮采用了不同的模数和适当的变位系数。轴 XIV 上的 4 个滑移齿轮用一个手轮集中操作，操纵机构应保证任意一对齿轮啮合时，其余 3 个滑移齿轮处于中间(空挡)位置，因此每一滑移齿轮必须具有左、中、右 3 种位置。图 3-16 所示为基本变速组的操纵机构。4 个滑移齿轮分别用 4 个拨块 6 拨动，每个拨块有各自的销子 2 通过杠杆 5 来控制。4 个销子 2 均匀地分布在手轮 1 背面的环形槽中，环形槽上有两个间隔 45°、直径为 ϕ30 mm 的孔 a 及 b，孔中分别装有带斜面的压块 3 和压块 4，压块 3 的斜面向内，压块 4 的斜面向外，因而使环形槽与压块斜面组成为一个曲线凸轮槽，形成 3 个不等的位置。当销子 2 处于压块 3 或 4 斜面上时，其对应的齿轮处于左或右的啮合位置。同时，其余 3 个销子均位于环形槽中，对应的滑移齿轮处于各自的中间(空挡)位置。

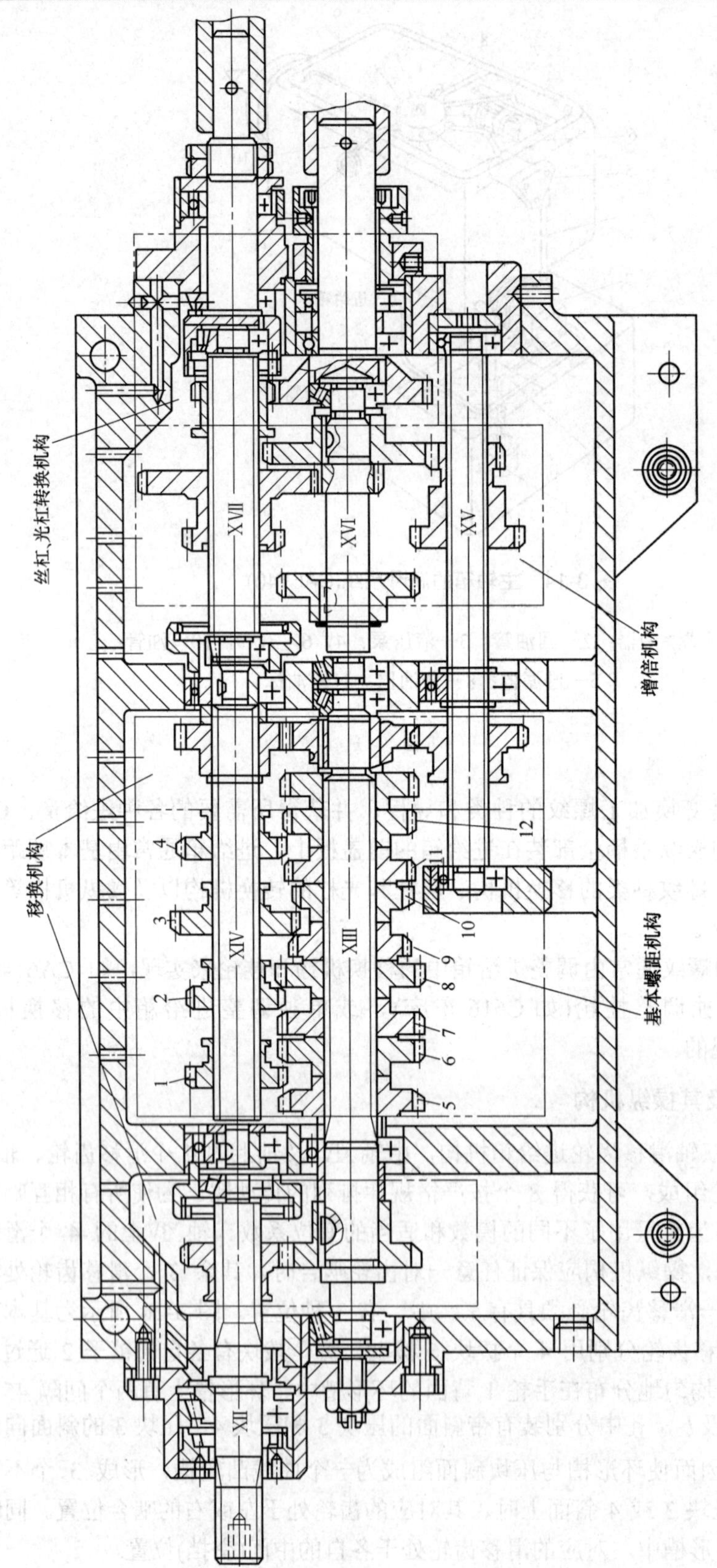

图 3-15　双轴滑移齿轮进给箱

1～4—滑移齿轮；5～12—固定齿轮

手轮 1 套在固定于前盖上的轴 9 上，利用轴 9 上沿圆周均布的 8 条轴向 V 形槽及定位销 8、手轮 1 可获得 8 个等分的定位位置，对应于 8 种不同的啮合状态，从而获得 8 个传动比。操作时，先拉出手轮，使定位销 8 随之移动至轴 9 端部的环形槽 E 中，然后才能转动手轮至所需位置，再将其推入，使定位螺钉 8 嵌在轴 9 的轴向 V 形槽中，弹簧钢球 10 嵌在环形槽 F 中，从而实现手轮 1 的周向和轴向定位。

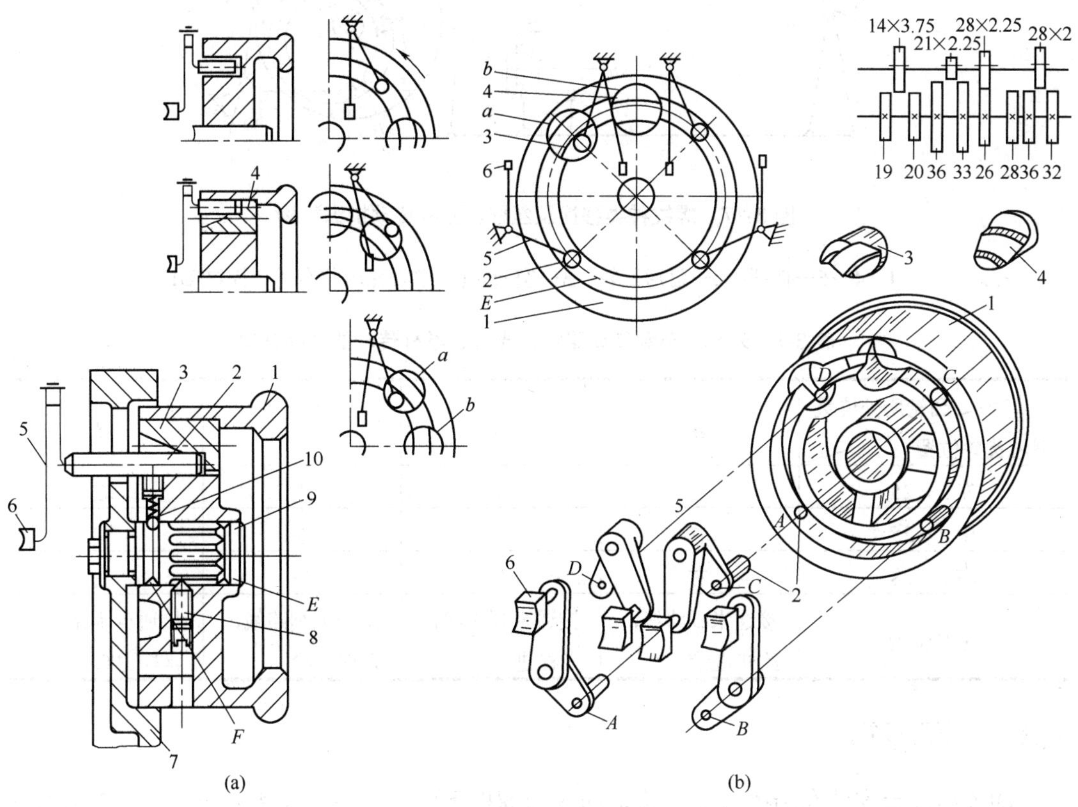

图 3-16　基本变速组操纵机构

1—手轮；2—销子；3—压块(斜面向内)；4—压块(斜面向外)；5—杠杆；6—拨块；7—箱体盖；8—定位销；9—轴；10—弹簧钢球

2. 米制、英制传动路线转换及光杠、丝杠传动的操纵机构

图 3-17 所示螺纹种类移换及丝杠、光杠传动操纵机构，杠杆 4～6 用于操纵两个 z_{25} 齿轮实现米制、英制传动路线的转换。图 3-17 中两个 z_{25} 齿轮处于接通米制螺纹传动路线的位置($\overleftarrow{z_{25}}$、$\overrightarrow{z_{25}}$)。杠杆 1 用于操纵轴 XVII 上的齿轮 z_{28}，实现光杠、丝杠传动的转换，图 3-17 所示的位置为接通光杠。杠杆 1、4 的滚子都装在盘形凸轮 2 的偏心槽中，偏心槽的 a 点和 b 点离回转中心(空心轴 3)的距离为 l，c 点和 d 点离回转中心的距离为 L。当杠杆 4 上的滚子处于 b 点位置时，两个 z_{25} 齿轮相距最远，接通米制传动路线；而当杠杆 4 上的滚子处于 c 点位置时，两个 z_{25} 齿轮相距最近，接通英制传动路线。扳动装在空心轴 3 上的手柄(图 3-17 中未画出)，使空心轴 3 带动凸轮盘处于 4 种不同位置，就可以分别按米制、英制传动路线传动丝杠或光杠，转换情况如表 3-7 所示。当“直联丝杠”时，手柄应扳至英制

螺纹传动路线接通位置。

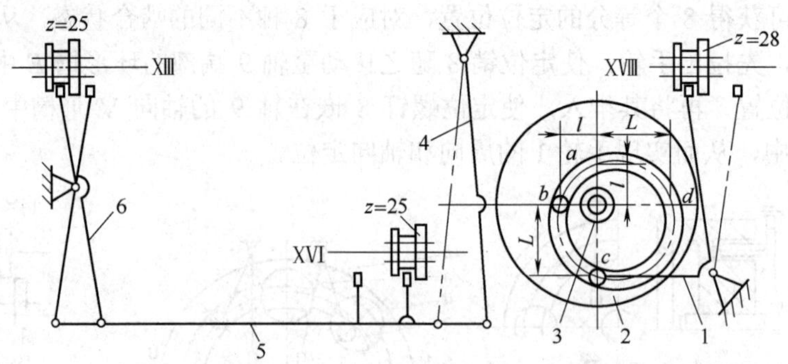

图 3-17 螺纹种类移换及丝杠、光杠传动操纵机构

1，4～6—杠杆；2—盘形凸轮；3—空心轴(在空心孔内装有另一操纵轴)

表 3-7 米制、英制传动路线，光杠、丝杠传动的转换情况

滑移齿轮位置 \ 凸轮所处位置	*a*	*b*	*c*	*d*
左 $z=25$	左	左	右	右
中 $z=25$	右	右	左	左
右 $z=28$	右	左	左	右
进给情况	接通米制路线，丝杠进给	接通米制路线，光杠进给	接通英制路线，光杠进给	接通英制路线，丝杠进给

3.3.3 溜板箱

溜板箱固定安装在沿床身导轨移动的纵向溜板下面，其主要作用是将丝杠或光杠传来的旋转运动转变为直线运动并带动刀架进给，控制刀架运动的接通、断开和换向，机床过载时控制刀架自动停止进给，手动操纵刀架移动和实现快速移动等。

图 3-18 所示为 CA6140 型卧式车床溜板箱操纵图。1 为溜板纵向手轮，2 为手拉油泵手柄，控制润滑床身、溜板导轨和溜板内各润滑点(新出厂的 CA6140 型卧式车床取消了手拉泵，改为用床鞍中部的油盒加润滑油)。3 为开合螺母手柄，4 为纵、横向机动进给手柄，其上装有快速移动按钮，以控制纵、横向正/反两个方向的机动进给和快速移动。5 为主轴启动、正/反转及制动手柄。溜板箱中的主要机构有超越离合器、安全离合器、开合螺母、互锁机构以及纵、横向机动进给操纵机构等。

1. 纵、横向进给操纵机构

图 3-19 所示为 CA6140 型卧式车床的纵、横向机动进给操纵机构。它利用一个手柄集中操纵横、纵向机动进给运动的接通、断开和换向，且手柄扳动方向与刀架运动方向一致，使用非常方便。向左或向右扳动手柄 2 时，手柄 2 绕销轴 4 摆动，其下端的球头销 5 拨动轴 7 向右或向左轴向移动，经杠杆 11、连杆 13 及鼓轮 15 逆时针或顺时针转动一定角度。鼓轮 15 上的曲线槽迫使销子 16 带动轴 17、拨叉 18 向前或向后轴向移动，从而拨动

双向牙嵌离合器 M_8，使其与轴 XXⅡ上相应的空套齿轮 z_{48} 端面齿啮合，接通向右或向左的纵向进给运动。将手柄 2 向前或向后扳动时，通过手柄座 3 使转轴 6 及其固定在它左端的鼓轮 27 转动，鼓轮 27 上的曲线槽迫使销子 26 带动杠杆 25 摆动，杠杆 25 另一端的销子 23 拨动轴 22 以及固定在其上的拨叉 21 向前或向后轴向移动，拨动双向牙嵌离合器 M_9 与轴 XXV上相应的空套齿轮 z_{48} 相啮合，从而接通了向前或向后的横向进给移动。将手柄 2 扳至中间直立位置时，离合器 M_8、M_9 均处于中间位置，机动进给传动链断开。

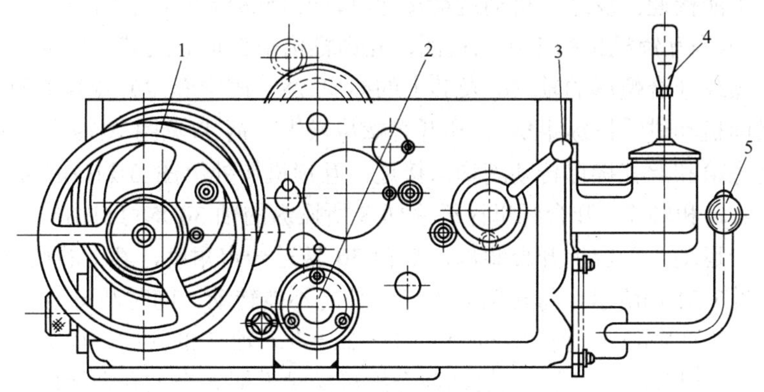

图 3-18　CA6140 型卧式车床溜板箱操纵图

1—溜板纵向手轮；2—手拉油泵手柄；3—开合螺母手柄；4—纵、横向机动进给手柄；5—主轴启动、正/反转及制动手柄

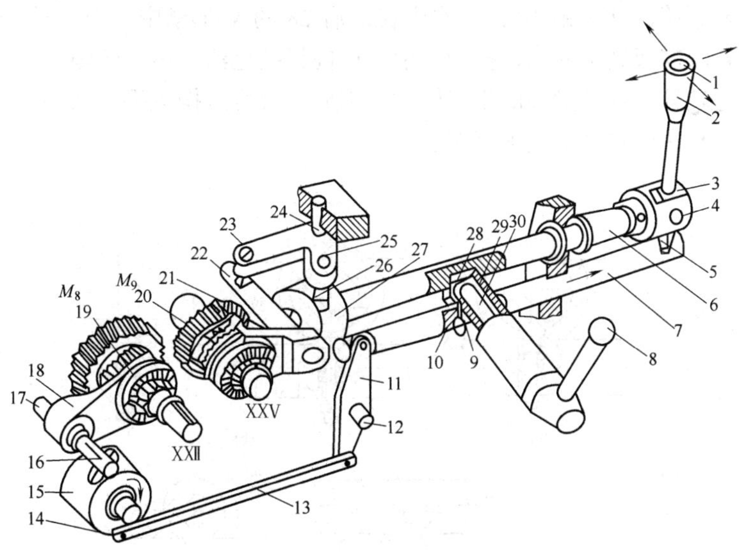

图 3-19　CA6140 型卧式车床的纵、横向机动进给操纵机构立体示意图

1—点动按钮；2—手柄；3—手柄座；4—销轴；5，10—球头销；6—转轴；7，22，24，30—轴；8—开合螺母操纵手柄；9—弹簧销；11，25—杠杆；12—杠杆支点；13—连杆；14—偏心销；15、27—鼓轮；16，23，26—销子；17，30—轴；18，21—拨叉；19—M_8；20—M_9；28—凸肩；29—固定套

当手柄 2 处于前、后、左、右任意位置时，如按下手柄 2 顶端的按钮 1，则快速电动机启动，刀架便在相应方向上快速移动；松开按钮 1，可恢复相同方向的机动进给运动。

纵向和横向机动进给运动用手柄 2 面板上的十字槽实现互锁，即在同一时间内，刀架只能得到一个方向的进给运动。

2. 互锁机构

机床工作时，如因操作错误同时将丝杠传动和纵、横向机动进给(或快速运动)接通，则将损坏机床。为了防止发生上述故障，溜板箱中设有互锁机构，以保证开合螺母合上时，机动进给不能接通；反之，机动进给接通时，开合螺母不能合上。

图 3-20 所示为互锁机构的工作原理图，互锁机构由转轴 6 及其上的键槽、轴 7 及其上的弹簧销 9，操纵开合螺母的轴 30 及其上的凸肩 28、固定套 29 及其上的球头销 10 组成。当纵、横向机动进给操纵手柄 2 和开合螺母操纵手柄 8(见图 3-19)处于中间位置时，纵、横向机动进给和丝杠螺母传动副均未接通，互锁机构处于图 3-21(a)所示的位置，手柄 2 所操纵的转轴 6 和轴 7，开合螺母操纵手柄 8 所操纵的轴 30 均可自由转动或移动，此时可任意接通某一运动。若合上开合螺母，则轴 30 转过一定角度，其上的凸肩 28 旋入转轴 6 的槽中，如图 3-21(b)所示，将转轴 6 卡住，使之不能转动。同时凸肩上 V 形槽转开使球头销 10 下移压缩弹簧销 9，使球头销 10 的一部分进入轴 7 的孔中，而另一半仍在固定套 29 内，使轴 7 不能移动。因此，当扳动开合螺母操纵手柄 8 合上开合螺母后，手柄 2 被锁住而扳不动，纵、横向机动进给不能接通。当需要接通纵向或横向进给时，必须先将开合螺母打开，使互锁机构恢复到如图 3-21(a)所示的位置，才能扳动手柄 2。若向左扳动手柄 2，接通向左的纵向进给运动，则轴 7 连同其上的弹簧销 9 左移，使球头销 10 被轴 7 的外圆表面顶住不能下移，球头销 10 的上端卡在凸肩 28 的 V 形槽中，因此开合螺母操纵手柄 8 不能扳动。若向前扳动手柄 2，接通向前的横向机动进给，由于转轴 6 转过一定角度，其半圆槽已随之转开，使凸肩 28 不能转动，因此开合螺母操纵手柄 8 也不能扳动，从而实现了机动进给与车削螺纹运动的互锁。

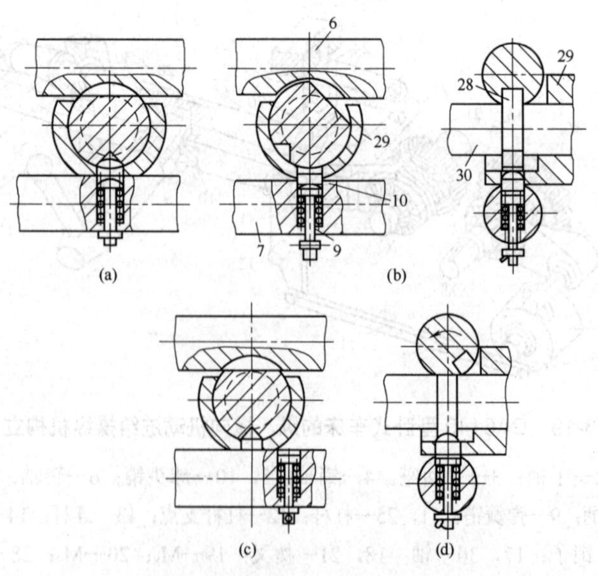

图 3-20 互锁机构的工作原理

6—转轴；7，30—轴；9—弹簧销；10—球头销；28—凸肩；29—固定套

3. 开合螺母机构

图 3-21 所示的开合螺母机构中的开合螺母由上半螺母 5、下半螺母 4 组成，装在溜板箱箱体壁的燕尾槽导轨中。上、下两个半螺母背面有圆柱销 6、分别嵌入圆盘 7 的两条曲线槽中。扳动手柄 1 迫使圆盘 7 逆时针转动，曲线槽迫使两个圆柱销 6 向操盘中心移动，从而带动两个半螺母合拢，与丝杠啮合，刀架便经丝杠螺母、溜板箱传动做直线移动。操盘顺时针转动时，曲线槽通过圆柱销使两个半螺母分离，与丝杠脱离啮合，刀架便停止移动。

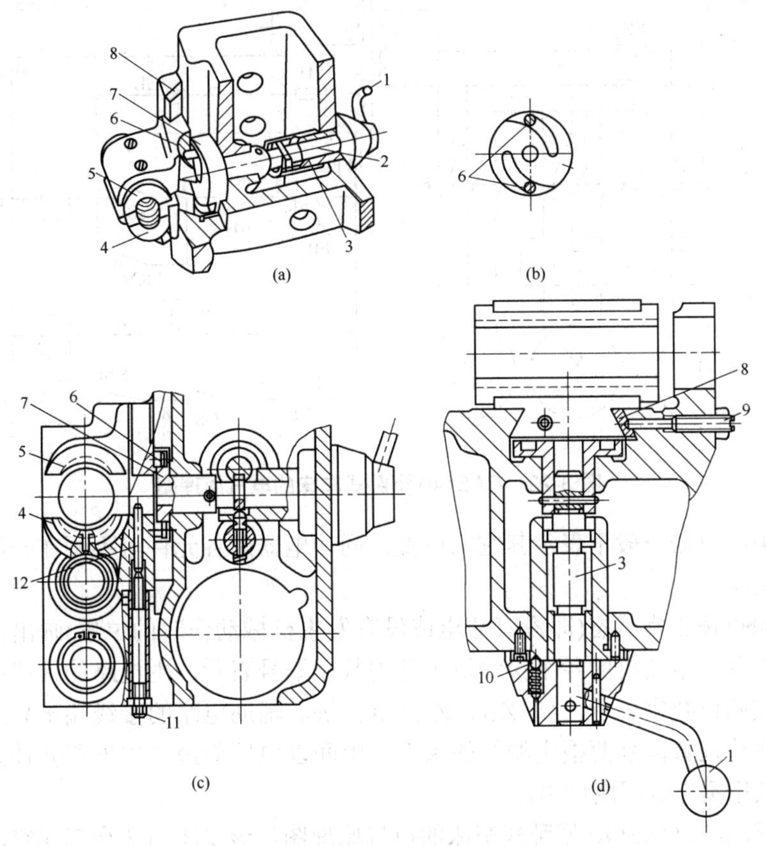

图 3-21 开合螺母机构

1—手柄；2—轴；3—轴承套；4—下半螺母；5—上半螺母；6—圆柱销；7—圆盘；8—平镶条；9—螺钉；10—定位钢球；11—螺钉；12—销钉

3.4 机床的电气控制原理

3.4.1 机床电气控制原理图

机床的电路工作原理用电力拖动系统原理表示，目前常用的原理图为电气元件展开图。

原理图一般分主电路和辅助电路两部分。电动机的通电回路称为主电路，是电路中强

电流通过的电路部分，即图 3-22 中从电源开关、接触器主触点、熔断器、热继电器发热元件到电动机的这一部分电路。辅助电路包括控制电路、照明信号电路以及保护电路。由继电器、接触器线圈、继电器触点、按钮、照明灯、信号灯、照明变压器以及其他的电气元件组成。辅助电路为弱电流通过的电路部分。

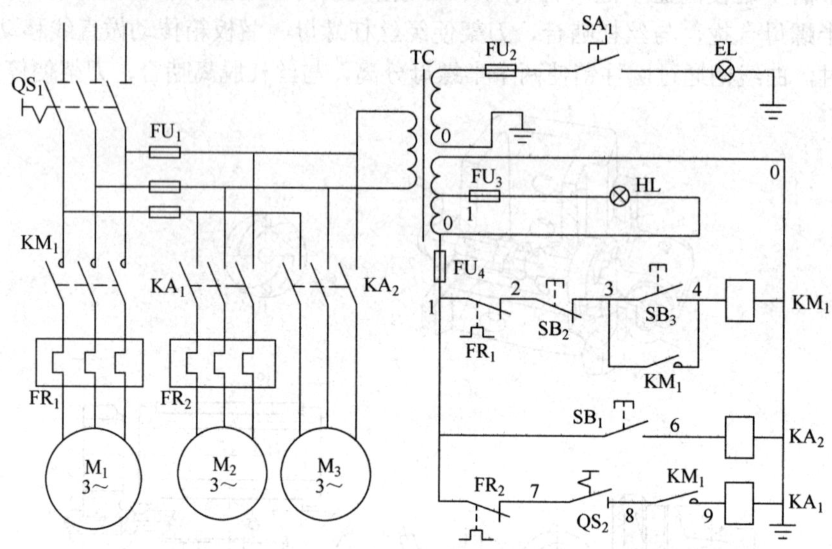

图 3-22　CA6140 型卧式车床的电气原理图

原理图中的电器一般不表示其空间位置，同一电器的各元件可不画在一起，但用相同的文字符号说明。

电器的触点按正常状态(即没有通电或没有发生机械动作时的位置)画出。为了安装和维护方便，电器和电动机的各个接线端子都用数字编号表示。主电路的接线端子用一个字母后加一位或两位数字表示，如 X_{11}、X_{21}、X_{31} 等。辅助电路的接线端子只用数字编号表示，常用单数或双数区别两根电源线的极性。中间以电压降最大的电器元件为分界。导线的接线连接点用黑点或圆圈标出。

图 3-22 所示为 CA6140 型卧式车床的电气原理图。该车床用 3 台三相交流异步电动机组成整机电气系统。M_1 是主电动机，功率为 7.5 kW，转速为 1450 r/min。M_2 为冷却泵电动机，功率为 90 W。M_3 是主电动机，功率为 250 W，转速为 1360 r/min，由于功率较小，所以 3 台电动机均为直接启动。电路比较简单，未设置电动机正/反转、调速和制动的环节。机床主轴正/反转、调速和制动均通过机械装置实现。

三相 380 V 交流电源通过组合开关 QS_1 引入。机床电路中未设总熔断器，但使用时要求在电源上安装。熔断器额定电流为 40 A。

交流接触器 KM_1 为主电动机 M_1 启动与停止用接触器。热继电器 FR_1 是 M_1 的过载保护电器。电动机 M_2 和 M_3 的短路保护电器为 FU_1。热继电器 FR_1 是 M_2 的过载保护电器。由于快速电动机 M_3 是短期工作，故未设置过载保护。因为 M_2 和 M_3 的额定电流很小，所以它们的启动与停止用中间继电器 KA_1 和 KA_2 来控制。

电路中，未单独设置润滑液压泵电动机，液压泵由主电动机 M_1 带动。

控制电路电压为 110 V，安全照明灯 EL 的电压为 24 V，溜板刻度环照明兼电源指示信号灯 HL 的电压为 6 V。这 3 个交流电压均由控制变压器 TC 降压提供。

3.4.2 车床的电气控制原理分析

1. 主电动机 M_1 的启动与停止控制

合上隔离开关 QS_1，引入三相交流电源，此时溜板刻度环照明兼电源指示信号灯 HL 亮，表示机床电路已处于供电状态。

按下绿色启动按钮 SB_3，交流接触器 KM_1 的线圈(经 0—1—2—3—4—0)电路通电吸合并自锁，其主触点闭合，主电动机得电旋转。同时 KM_1 的动合触点 KM_1(8—9)闭合，为 KA_1 通电做好准备。

停车时，按下红色停止按钮 SB_2，接触器 KM_1 的线圈断电释放，其主触点断开，主电动机断电停转。

2. 冷却泵电动机的启动与停止控制

主电动机启动后，KM_1(8—9)闭合，合上隔离开关 QS_2，中间继电器线圈 KA_1 得电动作，其主触点闭合，接通电动机 M_2 的电源，冷却泵电动机得电旋转。主电动机停车时，KM_1(8—9)断电，中间继电器 KA_1 的线圈断电释放，冷却泵电动机断电停转。

3. 快速移动电动机的启动与停止控制

将纵、横向机动进给手柄 2(见图 3-19)扳至手柄顶端按钮 SB_1(见图 3-19 中的 1)，中间继电器线圈 KA_2 得电吸合，快速移动电动机 M_3 得电直接启动旋转，拖动刀架向所需方向快速移动。松开快速移动按钮 SB_1，中间继电器 KA_2 的线圈断电释放，M_3 停止转动。从上述操纵过程可知，快速移动控制为点动控制电路。

控制电路的保护电器为 FU_4。安全照明灯由开关 SA_1 控制。CA6140 型卧式车床的电气元件目录如表 3-8 所示。

表 3-8 CA6140 型卧式车床电气元件表

符 号	名称及用途	型号与规格
M_1	主轴电动机	JO2-51-4 7.5 kW
M_2	冷却泵电动机	DBC-25 90 W
M_3	溜板快速移动电动机	2AOS5634 250 W
FR_1	主电动机过载保护热继电器	JR10-40 1.5 A
FR_2	冷却泵电动机过载保护热继电器	JR10-10 0.26 A
KM_1	主轴电动机启停交流接触器	CJ0-20B 110 V
KA_1	冷却泵电动机启停中间继电器	JZ7-44 110 V
KA_2	快速移动电动机启停中间继电器	JZ7-44 110 V
FU_1	冷却泵、快速移动电动机短路保护熔断器	RL1-15 熔体 4 A
FU_2	照明电路短路保护熔断器	RL1-15 2 A
FU_3	指示灯电路短路保护熔断器	RL1-15 2 A

续表

符　号	名称及用途	型号与规格
FU_4	控制电路短路保护熔断器	RL1-15　2 A
SB_1	快速移动电动机启停按钮	RL1-15　4 A
SB_2	主轴电动机停止按钮	LA9
SB_3	主轴电动机启动按钮	LA9-11　红色
QS_1	电源引入开关	LA9-11　绿色
QS_2	冷却泵电动机启停开关	HZ2-25/3　25 A
HL	溜板刻度环照明兼电源指示信号灯	HZ2-10/1　25 A
EL	安全照明灯	ZSD-0　6 V
SA_1	照明灯开关	24 V

3.5　实训——车削螺纹

1. 实训目的

通过车削螺纹的实训，使学生熟悉普通螺纹的基本知识，掌握车削螺纹的方法和步骤，熟悉车螺纹时车床的调整步骤。

2. 实训要点

(1)　螺纹车刀及其安装。

(2)　车床的调整。

(3)　车右、左旋螺纹。

(4)　各种安全操作规程。

3. 预习要点

(1)　普通螺纹的各部分名称及基本尺寸。

(2)　车床车削螺纹时的调整计算。

(3)　螺纹车刀及其安装。

4. 实训过程

(1)　开车，使车刀与工件轻微接触，记下刻度盘读数，向右退出车刀。

(2)　合上开合螺母，在工件表面上车出一条螺旋线，横向退出车刀。

(3)　开反车，把车刀退到工件右端，停车，用钢直尺检查螺距是否正确。

(4)　利用刻度盘调整背吃刀量，进行切削。

(5)　车刀将至行程终了时，应做好退刀停车准备，先快速退出车刀，然后开反车退回刀架。

(6)　再次横向吃刀，继续切削，直至完成。

5. 实训小结

通过实训，使学生掌握螺纹车刀及其安装，掌握车床车削螺纹时的调整计算，以及熟悉普通螺纹的各部分名称及基本尺寸。实训结束后，对学生进行测试，检查和评估实训情况。

思考与练习

3-1 填空题

(1) 卧式车床的主参数是____________，第二主参数是_______________。

(2) 某螺纹的参数为 $m = 4$ mm，$k = 2$，则此螺纹是____螺纹，其螺距值 P_m=_____mm，导程 L_m=_________mm。

(3) 某螺纹的参数为 a=3，k=2，则此螺纹是_______螺纹，其螺距值 P_a =______mm。

(4) 卧式车床通常能加工4种螺纹，其螺纹运动链的两端件是_________、_________。

(5) 主轴箱中滑移齿轮与轴一般采用_____连接，固定齿轮则用_____或______连接。

(6) 卸荷带轮可减少轴的____________变形。

(7) CA6140 型车床能车削常用的____、____、____及_____4 种标准螺纹。此外，还可以车削_____、_____及_____的螺纹。

3-2 根据 CA6140 型卧式车床的传动系统图，回答以下问题:

(1) 当加工 $P = 12$ mm，k =1 的右旋米制螺纹时，试写出运动平衡方程式。

(2) 如改为加工 $P = 48$ mm 的米制螺纹时，传动路线有何变化?

3-3 根据 CA6140 型卧式车床的传动系统图，回答以下问题:

(1) 当加工 $k = 2$，$m = 3$ mm 的左旋模数螺纹时，试写出运动平衡方程式。

(2) 当加工 $k = 1$，$a = 4\ 1/2$ 牙/in 的英制螺纹时，试写出运动平衡方程式。

3-4 欲在 CA6140 卧式车床上车削 $L = 12$ mm 的米制螺纹，试写出3条能够加工这一螺纹的传动路线的运动平衡式，并说明相应的主轴转速范围。

3-5 为什么卧式车床溜板箱中要设置互锁机构？纵向和横向机动进给之间是否需要互锁？为什么？

3-6 CA6140 车床进给传动系统中，为什么既用丝杠又用光杠来实现刀架的直线运动？可否单独设置丝杠或光杠？为什么？

3-7 CA6140 车床主轴前后轴承的间隙怎样调整？作用在主轴上的轴向力是怎样传递到箱体上的?

3-8 在 CA6140 型卧式车床工作中发生下列现象，试分析其原因并说明解决问题的方法。

(1) 车削过程中产生“闷车”现象。

(2) 当主轴开、停及制动操作手柄扳至中间位置时，主轴不能迅速停止转动，甚至继续转动。

(3) 机床正常工作时，安全离合器 M_7 打滑；超载或刀架运动受阻时刀架不能停止运动。

第4章　铣　　床

技能目标

- 掌握铣床的功用和种类。
- 了解X6132型万能卧式升降台铣床机床的工艺范围。
- 掌握X6132型万能卧式升降台铣床的传动系统。
- 了解其他铣床。

知识目标

- 了解铣床的结构。
- 掌握万能分度头的组成以及分度方法。
- 了解顺铣和逆铣的区别。

铣床是一种用途广泛的机床。它可加工平面(水平面、垂直面等)、沟槽(键槽、T形槽、燕尾槽等)、多齿零件上的齿槽(齿轮、链轮、棘轮、花键轴等)、螺旋形表面(螺纹和螺旋槽)及各种曲面等。此外，还可用于加工回转体表面及内孔，以及进行切断工件等。图4-1所示为铣床加工的典型表面。

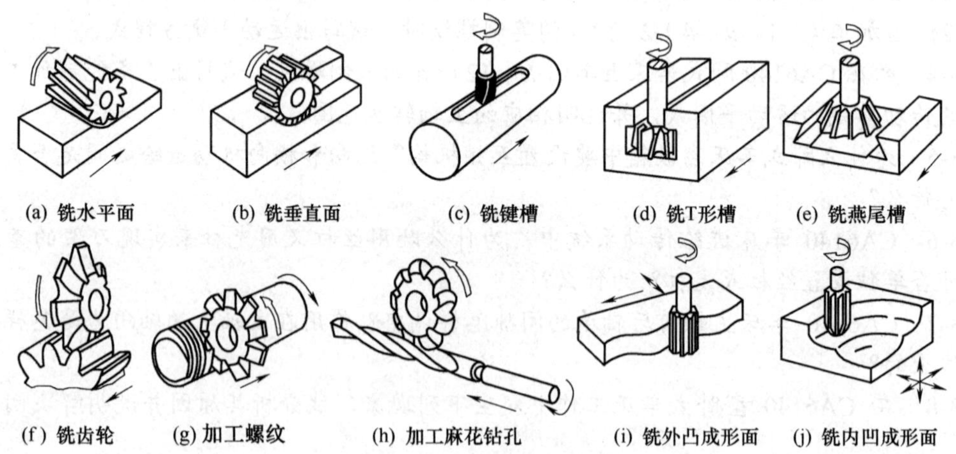

图4-1　铣床加工的典型表面

由于铣床使用旋转的多刃刀具加工工件，同时有数个刀齿参加切削，所以生产效率较高，有利于改善加工表面的表面粗糙度。但是，由于铣刀每个刀齿的切削过程是断续的，同时每个刀齿的切削厚度又是变化的，这就使切削力相应地发生变化，容易引起机床振动，因此，铣床在结构上要求要有较高的刚度和抗振性。

铣床的类型很多，根据机床布局和用途的不同，可以分为卧式升降台铣床、立式升降台铣床、龙门铣床、工具铣床和各种专门化铣床等。

4.1　X6132 万能卧式升降台铣床

4.1.1　铣床的工艺范围

图 4-2 所示为 X6132 型万能卧式升降台铣床外形。机床由底座 1、床身 2、悬梁 3、刀杆支架 4、主轴 5、纵向工作台 6、回转台 7、床鞍 8、升降台 9 等组成。床身 2 固定在底座上，内部装有主传动系统，顶部的燕尾槽导轨供悬梁 3 前后移动，正面的垂直导轨供升降台上下移动。主轴用于安装铣刀刀杆并带动铣刀旋转。刀杆前端用刀杆支架 4 支承，以提高刀杆的刚度。升降台 9 的内部装有进给传动系统，顶面上的水平导轨上装有床鞍 8，沿水平导轨实现横向移动。床鞍 8 上装有回转台 7，在回转台 7 上面的燕尾槽导轨上装有纵向工作台 6，可实现纵向移动，通过回转台 7 可使纵向工作台在水平面 ±45° 范围内调整角度，以铣削螺旋槽。

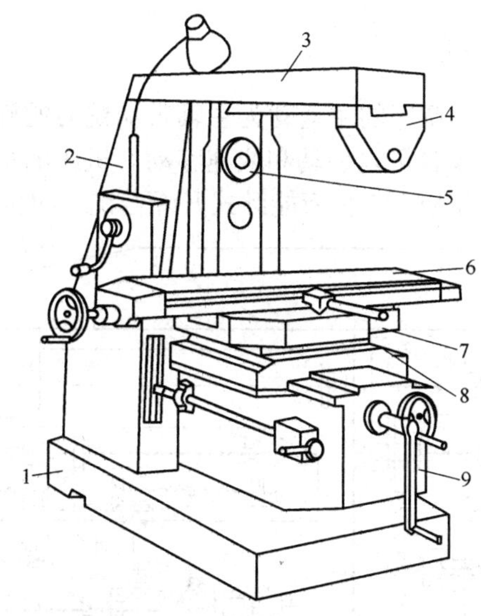

图 4-2　X6132 型万能卧式升降台铣床外形

1—底座；2—床身；3—悬梁；4—刀杆支架；5—主轴；
6—纵向工作台；7—回转台；8—床鞍；9—升降台

X6132 型万能卧式升降台铣床的主要技术规格如下。

(1) 工作台面面积(宽×长)：320 mm×1250 mm。

(2) 工作台最大行程(机动)。

① 纵向：680 mm。

② 横向：240 mm。

③ 垂直：300 mm。

(3) 工作台最大回转角度：±45°。

(4) 主轴锥孔锥度：7∶24。

(5) 主轴孔径：29 mm。

(6) 刀杆直径：22 mm、27 mm、33 mm。

(7) 主轴中心线至工作台面的距离。

① 最大：350 mm。

② 最小：30 mm。

(8) 主轴转速(18 级)：30～1500 r/min。

(9) 进给量(21 级)。

① 纵向和横向：10～1000 mm/min。

② 垂向：3.3～333 mm/min。

(10) 工作台快速移动量。

① 纵向和横向：2300 mm/min。

② 垂向：766.6 mm/min。

(11) 主电动机功率、转速：7.5 kW，1450 r/min。

(12) 进给电动机功率、转速：1.5 kW，1410 r/min。

4.1.2 铣床的传动系统

X6132 型万能卧式升降台铣床的主运动为主轴带动铣刀的旋转运动，进给运动为工作台带动工件的直线运动，工作台可以手动和快速移动。机床的主运动和进给运动由两台电动机分别驱动，图 4-3 所示为 X6132 型万能卧式升降台铣床的传动系统图。

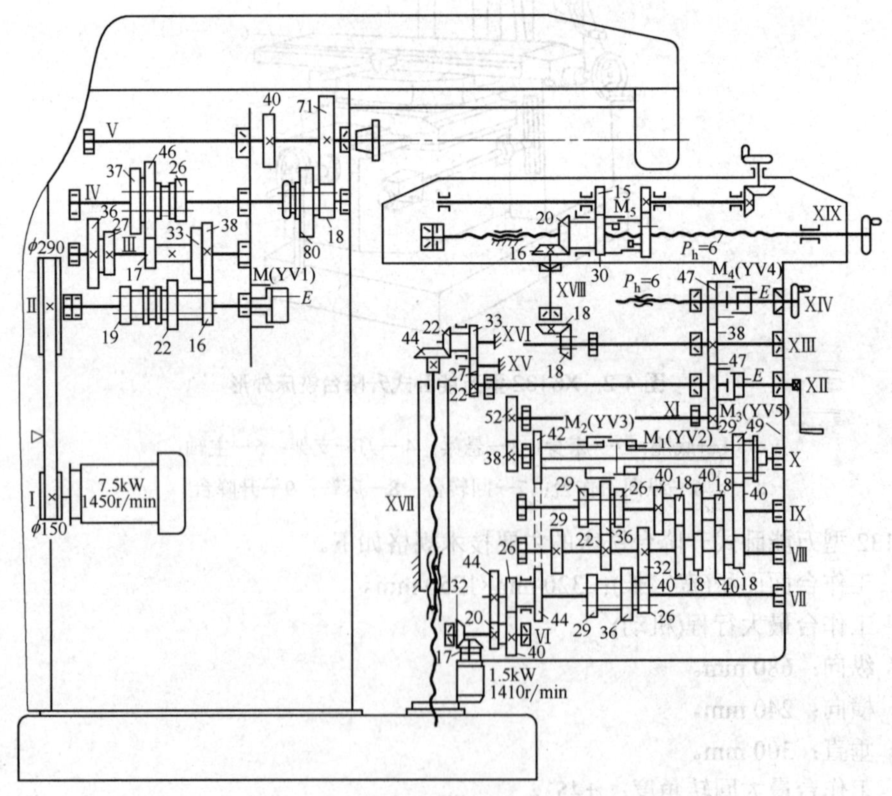

图 4-3　X6132 型万能卧式升降台铣床传动系统图

1. 主运动传动链

主运动的两端件是主电动机和主轴。运动由电动机经 $\frac{\phi 150\ \text{mm}}{\phi 290\ \text{mm}}$ V 带传动，再经轴Ⅱ—Ⅲ、Ⅲ—Ⅳ间的两个三联滑移齿轮变速组、轴Ⅳ—Ⅴ间的双联滑移齿轮变速组传至主轴Ⅴ，使主轴获得 18 级转速。在铣削过程中，由于不需要反复开、停和频繁换向，所以主轴旋转方向的改变由主电动机正/反转实现。主轴的制动由装在轴Ⅱ上的电磁制动器 M(YV1)来控制。

主运动传动链传动路线表达式如图 4-4 所示。

$$\text{主电动机}(7.5\ \text{kW},\ 1450\ \text{r/min})—\text{Ⅰ}—\frac{\phi 150}{\phi 290}—\text{Ⅱ}—\begin{bmatrix}\frac{22}{33}\\ \frac{19}{36}\\ \frac{16}{38}\end{bmatrix}—\text{Ⅲ}—\begin{bmatrix}\frac{38}{26}\\ \frac{27}{37}\\ \frac{17}{46}\end{bmatrix}—\text{Ⅳ}—\begin{bmatrix}\frac{80}{40}\\ \frac{18}{71}\end{bmatrix}—\text{Ⅴ(主轴)}$$

图 4-4 主运动传动链传动路线表达式

2. 进给运动传动链

进给运动由进给电动机单独拖动，工作台有纵向、横向和垂向 3 个方向的进给运动和快速移动。电动机的运动经圆锥齿轮副 $\frac{17}{32}$ 传至轴Ⅵ，然后分两条传动路线传出。第一条传动路线为机动进给传动路线，轴Ⅵ的运动经齿轮副 $\frac{20}{44}$ 传至轴Ⅶ，再经轴Ⅶ—Ⅷ、Ⅷ—Ⅸ间的两个三联滑移齿轮变速组和轴Ⅸ—Ⅷ—Ⅹ间的曲回机构(见图 4-5)、离合器 M_1 传至轴Ⅹ。第二条传动路线为快速移动传动路线，轴Ⅵ的运动经齿轮副 $\frac{40}{26}$、$\frac{44}{42}$、离合器 M_2 传至轴Ⅹ。在机动进给传动链中，轴Ⅹ上的滑移齿轮 z_{49} 有 a、b、c 这 3 个不同位置。当 z_{49} 处于位置 c 时，轴Ⅸ的运动经 $\frac{40}{49}$ 直接传至轴Ⅹ；处于位置 b 时，运动经 $\frac{18}{40}\times\frac{18}{40}\times\frac{40}{49}$ 传至轴Ⅹ；处于位置 a 时，运动经 $\frac{18}{40}\times\frac{18}{40}\times\frac{18}{40}\times\frac{18}{40}\times\frac{40}{49}$ 传至轴Ⅹ。

由以上分析可知，通过曲回机构可得 3 个不同的传动比，所以当离合器 M_1 接通时，通过两个三联滑移齿轮变速组和曲回机构，可使轴Ⅹ获得 $3\times3\times3=27$ 级理论转速。但因轴Ⅶ—Ⅷ、Ⅷ—Ⅸ间的两个三联滑移齿轮变速组得到的 9 个传动比中有 3 个是相等的 $\left(\frac{26}{32}\times\frac{32}{26}=1、\frac{29}{29}\times\frac{29}{29}=1、\frac{36}{22}\times\frac{22}{36}=1\right)$，所以轴Ⅹ实际所得的转速级数为 $(3\times3-2)\times3=21$ 级。当电磁离合器 M_1 接通时，21 级转速经齿轮副 $\frac{38}{52}$，再分别经离合器 M_3、M_4、M_5 实现工作台的垂向、横向和纵向进给运动。断开 M_1，接通 M_2，轴Ⅹ得到快速运动，经相同的传动路线传至工作台，分别实现垂向、横向、纵向 3 个方向的快速移动。

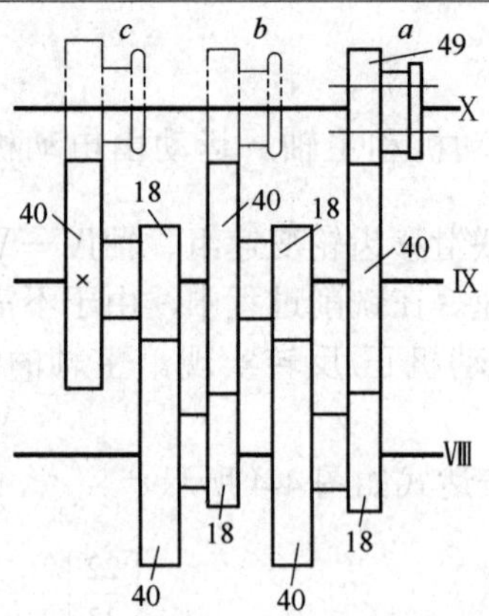

图 4-5 曲回机构

进给运动传动链的传动路线表达式如图 4-6 所示。

$$
\text{进给电动机}-\frac{17}{32}-\text{VI}-\left[\begin{array}{l}\frac{20}{44}-\text{VII}-\begin{bmatrix}\frac{26}{32}\\ \frac{29}{29}\\ \frac{36}{22}\end{bmatrix}-\text{VIII}-\begin{bmatrix}\frac{32}{26}\\ \frac{29}{29}\\ \frac{22}{36}\end{bmatrix}-\text{IX}-\begin{bmatrix}\frac{40}{49}\\ \frac{18}{40}\times\frac{18}{40}\times\frac{40}{49}\\ \frac{18}{40}\times\frac{18}{40}\times\frac{18}{40}\times\frac{18}{40}\times\frac{40}{49}\end{bmatrix}-M_{1\text{合}}\\ \frac{40}{26}\times\frac{44}{42}-M_{2\text{合}}\end{array}\right]-
$$

$$
\text{X}-\frac{38}{52}-\text{XI}-\frac{29}{47}-\left[\begin{array}{l}\frac{47}{38}-\text{XIII}-\left[\begin{array}{l}\frac{18}{18}-\text{XVIII}-\frac{16}{20}-M_{5\text{合}}-\text{XIX(纵向移动)}\\ \frac{38}{47}-M_{4\text{合}}-\text{XIV(横向移动)}\end{array}\right.\\ M_{3\text{合}}-\text{XII}-\frac{22}{27}\times\frac{27}{33}\times\frac{22}{44}-\text{XVII(垂向移动)}\end{array}\right]
$$

图 4-6 进给运动传动链传动路线表达式

根据传动路线表达式可列出运动平衡式，计算出各级进给量。机床可在开车的情况下变换其进给速度。3 个方向的运动是互锁的，工作台进给方向的变换由进给电动机的正/反转实现。

4.1.3 铣床的主要部件结构

1. 主轴部件

图 4-7 所示为 X6132 型万能卧式升降台铣床的主轴部件。该主轴为空心轴，前端有 7∶24 的精密锥孔，用于安装铣刀刀杆或带尾柄的铣刀，并可通过拉杆将铣刀或刀杆拉紧。由于 7∶24 锥孔的锥度较大，不能传递大的转矩，因此在主轴前端的两个径向槽中装有两个端面键，与刀杆或刀盘的径向槽相配合，以传递转矩。

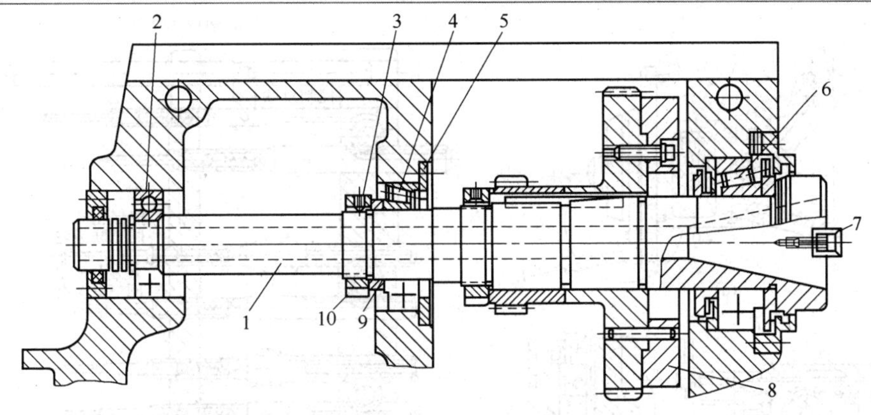

图 4-7　X6132 型万能卧式升降台铣床主轴部件

1—主轴；2—后支承；3—锁紧螺钉；4—中间支承；5—轴承盖
6—前支承；7—端面键；8—飞轮；9—隔套；10—调整螺母

X6132 型万能卧式升降台铣床的主轴采用三支承结构，前支承 6 为 P5 级精度的圆锥滚子轴承，用于承受径向力和向左的轴向力；中间支承 4 为 P6 级精度的圆锥滚子轴承，用于承受径向力和向右的轴向力；后支承 2 是辅助支承，为 P0 级精度的深沟球轴承，只能承受径向力。利用主轴中部的调整螺母 10 可调整轴承间隙。调整时，首先移开悬梁并拆下床身顶部盖板，然后松开锁紧螺钉 3，用专用的勾头扳手勾在调整螺母 10 的径向槽内，再用铁棒通过端面键 7 扳动主轴顺时针转动，使中间支承 4 的内圈向右移动，从而消除了中间轴承的间隙；待中间支承 4 的间隙完全消除后，继续转动主轴，则可使主轴向左移动，通过主轴前端台肩，推动前支承 6 的内圈左移，使前支承 6 间隙消除。调整完毕后，必须拧紧锁紧螺钉 3，再盖上盖板，推回悬梁。轴承间隙的调整应保证在 1500 r/min 的转速下空转 1 h，温度不超过 60℃为宜。

2. 主变速操纵机构

图 4-8 所示为 X6132 型万能卧式升降台铣床的主变速操纵机构。该机构为孔盘变速操纵机构，安装在床身的左侧(见图 4-8(a))，由手柄 1 和选速盘 10 联合操纵。变速时，首先扳动手柄 1，使其绕轴销 2 逆时针转动，脱开定位销 3(见图 4-8(c))；继续扳动手柄 1，约转至 250° 时，经操纵盘 9 及平键使齿轮套筒 4 转动，传动齿轮 5 使齿条轴 11 向左移动(见图 4-8(b))，带动拨叉 12 拨动孔盘 8 同时右移，使孔盘 8 从各组齿条轴 11 上退出，为选速时孔盘 8 转动做好准备；然后转动选速盘 10，使所需的转速位置对准箭头，选速盘 10 的转动经圆锥齿轮副 $\frac{z_1}{z_2}$ 使孔盘 8 转过相应的角度；最后转回手柄 1，带动孔盘 8 左移，从而推动各组齿条轴 11 做相应的位移，当轴销 2 重新卡入手柄 1 后的槽中时，手柄 1 回到原位，齿条轴 11 也全部到位，完成一次变速。

变速时，为使滑移齿轮在改变位置后容易啮合，机床上设有主电动机瞬时冲动装置。利用齿轮 5 上的凸块 6(见图 4-8(d))压合微动开关 7(SQ_6)，瞬时接通主电动机电源，使主电动机实现一次冲动，带动主轴箱内齿轮缓慢转动，使滑移齿轮能顺利地移动到另一啮合位置。

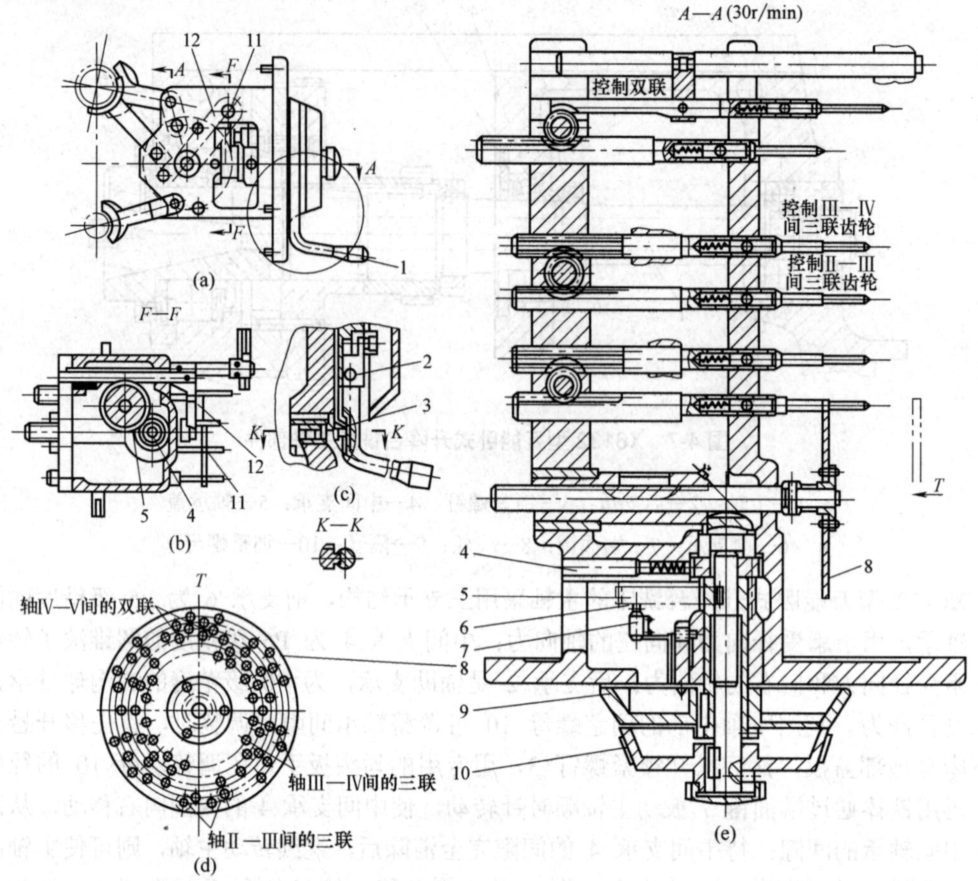

图 4-8　X6132 型万能卧式升降台铣床主变速操纵机构

1—手柄；2—轴销；3—定位销；4—齿轮套筒；5—齿轮；6—凸块；
7—微动开关；8—孔盘；9—操纵盘；10—选速盘；11—齿条轴；12—拨叉

3. 工作台结构及顺铣机构

1)　工作台结构

图 4-9 所示为 X6132 型万能卧式升降台铣床工作台结构，它由床鞍 1、回转台 2 和工作台 6 等组成。床鞍 1 可在升降台上做横向移动，若工作台不需做横向移动时，可用手柄 15 经偏心轴 14 将床鞍 1 锁紧在升降台上。工作台 6 可沿回转台 2 上的燕尾槽导轨做纵向移动。回转台 2 连同工作台 6 一起可绕轴 XⅦ 的轴线回转 ± 45°，调整到所需位置后，可用螺柱 19 和两个弧形压板 18 固紧在床鞍 1 上。工作台 6 的纵向进给和快速移动都由纵向进给丝杠螺母传动副传动。纵向进给丝杠 3 支承在前支架 5、后支架 12 的轴承上。前支承为滑动轴承，后支承由一个推力球轴承和一个圆锥滚子轴承组成，用以承受径向力和向左、向右的轴向力。后支承的间隙可用调整螺母 13 进行调整。圆锥齿轮 7 与左半离合器 8 用花键连接，左半离合器 8 空套在纵向进给丝杠 3 上，右半离合器 9 与花键套筒 11 用花键连接，花键套筒 11 又与纵向进给丝杠 3 用滑键 10 连接，纵向进给丝杠 3 上铣有长键槽。若扳动纵向工作台操纵手柄，接通左、右半离合器 8、9，则轴 XⅦ 传来的运动经圆锥

齿轮副 7、左半离合器 8、右半离合器 9、花键套筒 11、滑键 10 带动纵向进给丝杠 3 转动。因为与纵向进给丝杠 3 啮合的两个螺母 16 与 17 是固定安装在回转台 2 上的，所以纵向进给丝杠 3 在螺母内转动的同时，又做轴向运动，从而带动工作台 6 实现纵向进给运动。转动纵向工作台手轮 4，可实现工作台 6 手动纵向运动。

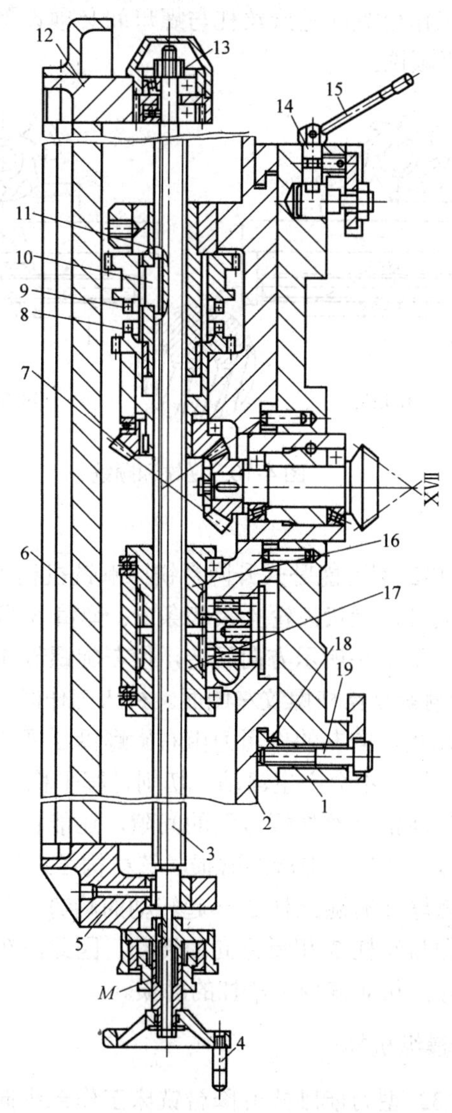

图 4-9 X6132 型万能卧式升降台铣床工作台结构

1—床鞍；2—回转台；3—纵向进给丝杠；4—纵向工作台手轮；5—前支架；6—工作台；7—圆锥齿轮；8—左半离合器；9—右半离合器；10—滑键；11—花键套筒；12—后支架；13—调整螺母；14—偏心轴；15—锁紧床鞍手柄；16，17—右螺母；18—弧形压板；19—螺柱

铣床工作时，常采用逆铣和顺铣两种铣削方式，如图 4-10 所示。逆铣时(见图 4-10(a))，切削速度 v 、水平分力 F_x 的方向与工作台进给运动方向相反；顺铣时(见图 4-10(b))，切削速度 v 、水平分力 F_x 的方向与工作台进给运动方向相同。当丝杠(右旋)按图 4-10 所示方向

转动时，丝杠连同工作台一起向右进给，此时丝杠螺纹左侧与螺母螺纹右侧接触，而在另一侧则存在着间隙。逆铣时，水平分力 F_x 使丝杠螺纹的左侧始终与螺母螺纹右侧接触，因此在切削过程中工作稳定。顺铣时，水平分力 F_x 通过工作台带动丝杠向右窜动，且由于 F_x 是变化的，又将会使工作台产生振动，影响切削过程稳定性，甚至会造成铣刀刀齿折断等现象。因此，在铣床工作台纵向进给丝杠与螺母间必须设置顺铣机构，来消除丝杠螺母之间的间隙，以便能采用顺铣。

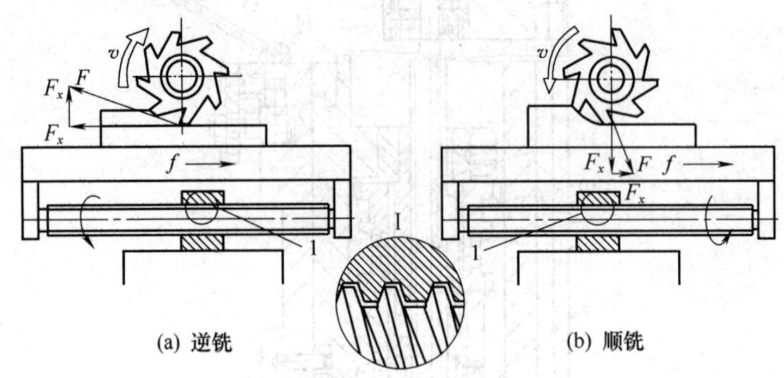

图 4-10　逆铣和顺铣

2)　顺铣结构

图 4-11 所示为 X6132 型万能卧式升降台铣床顺铣机构工作原理，该机构由右旋丝杠 3、左旋螺母 1、右旋螺母 2、冠状齿轮 4 及齿条 5、弹簧 6 组成。齿条 5 在弹簧 6 的作用下右移，推动冠状齿轮 4 沿箭头所示方向回转，使左旋螺母 1 螺纹左侧紧靠丝杠螺纹右侧面，右旋螺母 2 螺纹右侧紧靠丝杠螺纹左侧面。机床工作时，工作台所受的向右作用力，通过丝杠由左旋螺母 1 承受，向左的作用力由右旋螺母 2 承受。因此，在顺铣时，自动消除了丝杠螺母的间隙，工作台不会产生窜动，切削过程平稳，保证了顺铣的加工质量。

合理的顺铣机构不仅能消除丝杠螺母间的间隙，还能在逆铣或快速移动时，自动地使丝杠与螺母松开，从而减少丝杠与螺母的磨损。该机构在逆铣时，因右旋螺母 2 与丝杠 3 间的摩擦力较大，右旋螺母 2 有随丝杠 3 一起转动的趋势，从而通过冠状齿轮 4 传动左旋螺母 1，使左旋螺母 1 做与丝杠 3 相反方向的转动，因此，在左旋螺母 1 的螺母左侧与丝杠螺纹右侧之间产生间隙，从而减少了丝杠的磨损。

4. 工作台纵向进给操纵机构

图 4-12 所示为 X6132 型万能卧式升降台铣床工作台纵向进给操纵机构。工作台纵向进给运动由位于工作台正面中部的手柄 23 操纵。扳动手柄 23，可压合微动开关 SQ_1 或 SQ_2，使进给电动机正转或反转，同时可使右半离合器 4 啮合，实现工作台向右或向左的纵向移动。

向右扳动手柄 23，使立轴下端压块 19 随之向右摆动，压合微动开关 16(SQ_1)，进给电动机正转，同时使手柄 23 中部摆叉 14 逆时针摆动，通过销 12、转摆 13 使摆块 11 绕销子 10 逆时针转动，因凸块 1 与摆块 11 是螺钉连接，所以凸块 1 也做逆时针转动，使其上的凸出部分离开轴 6 左端面，在弹簧 7 的作用下，迫使轴 6 连同拨叉 5 一起向左移动，拨动右半离合器 4 向左移动啮合。同理，当手柄 23 向左扳动时，压合微动开关 22(SQ_2)，进给电动机反转，同时凸块 1 顺时针转动，使凸出部分离开轴 6 左端面，在弹簧 7 的作用下，使拨叉 5 拨动右半离合器 4 向左移动啮合。而当手柄 23 扳至中间位置时，两微动开关均未被压合，进给电动机停止转动，同时凸块 1 转动使其上凸出部分压在轴 6 左端面上，使轴 6 连同拨叉 5 一起右移，拨动右半离合器 4 向右移动，脱开啮合，工作台停止移动。

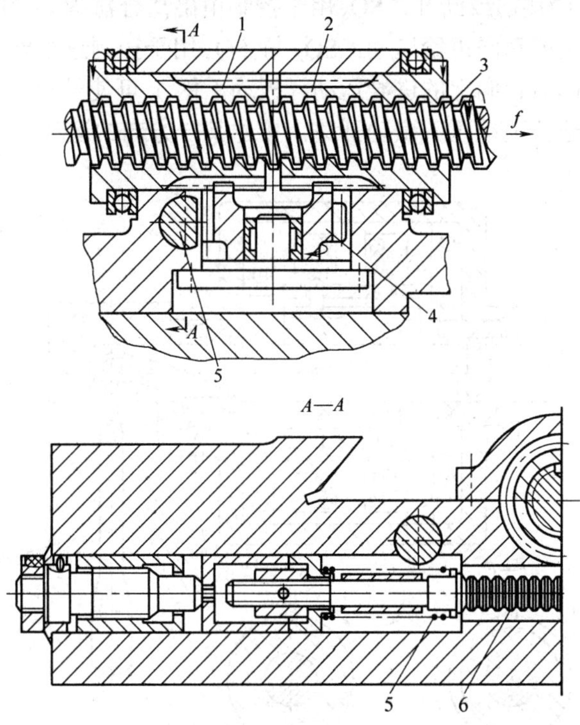

图 4-11　X6132 型万能卧式升降台铣床顺铣机构工作原理图

1—左旋螺母；2—右旋螺母；3—右旋丝杠；4—冠状齿轮；5—齿条；6—弹簧

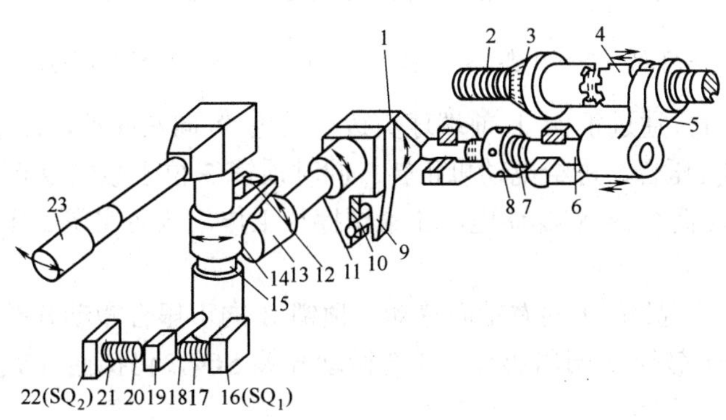

图 4-12　X6132 型万能卧式升降台铣床工作台纵向进给操纵机构

1—凸块；2—纵向丝杠；3—空套锥齿轮；4—右半离合器；5—拨叉；6—轴；7，17，21—弹簧；8—调整螺母；9—摆块下部叉子；10—销子；11—摆块；12—销；13—转摆；14—摆叉；15—立轴；16—微动开关 SQ_1；18，20—调节螺钉；19—压块；22—微动开关 SQ_2；23—手柄

5. 工作台横向和垂向进给操纵机构

图 4-13 所示为工作台的横向和垂向进给操纵机构示意图。工作台横向和垂向进给运动由手柄 1 集中操纵，因此手柄 1 应具有上、下、前、后、中 5 个位置。微动开关 SQ_7 用于控制电磁离合器 YV_4 的接通或断开，SQ_8 用于控制电磁离合器 YV_5 的接通或断开，即分别接通或断开工作台横向或垂向进给运动。SQ_3 与 SQ_4 用于控制进给电动机的正/反转，实现工作台向前、向下或向后、向上的进给运动。扳动手柄 1 可使鼓轮 9 轴向移动或摆动，鼓轮圆周上带斜面的槽迫使顶销压下微动开关，接通某一方向的运动。

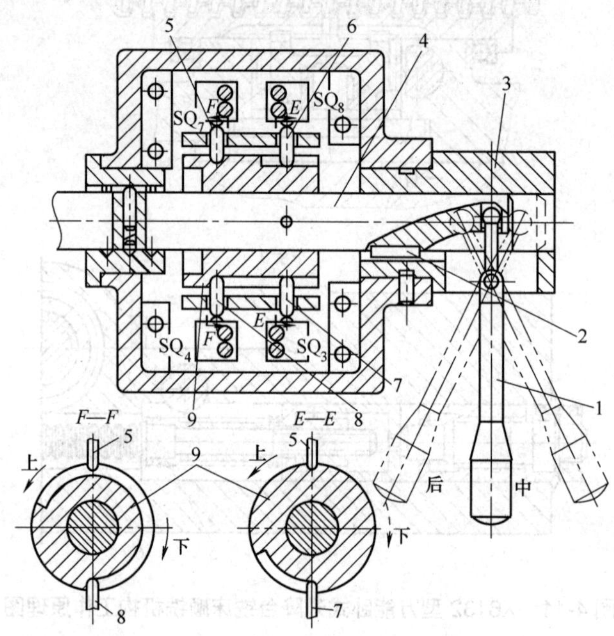

图 4-13　工作台的横向和垂向进给操纵机构示意图

1—手柄；2—平键；3—毂体；4—轴；5～8—顶销；9—鼓轮

向前扳动手柄 1，通过手柄 1 前端球头拨动鼓轮 9 向左移动，顶销 7 被鼓轮斜面压下，使微动开关 SQ_3 压合，进给电动机正转；同时顶销 5 位于鼓轮 9 圆周边缘位置而压下微动开关 SQ_7，电磁离合器 YV_4 通电，压紧摩擦片工作，从而实现工作台向前的横向进给运动。

向后扳动手柄 1，鼓轮 9 向右轴向移动，顶销 8 向下压合微动开关 SQ_4，进给电动机反转，顶销 5 仍处于鼓轮 9 圆周边缘，压合微动开关 SQ_7，仍接通 YV_4，工作台则向后做横向进给运动。

当向上扳动手柄 1 时，通过毂体 3 上的扁槽、平键 2、轴 4 使鼓轮 9 逆时针转动(见图 4-13 的 *F—F* 截面)，鼓轮 9 上的斜面压下顶销 8，作用于微动开关 SQ_4，进给电动机反转；同时顶销 6 处于鼓轮 9 圆周边缘(见图 4-13 的 *E—E* 截面)，压合微动开关 SQ_8 使电磁离合器 YV_5 接通，从而实现工作台向上的进给运动。

当向下扳动手柄 1 时，鼓轮 9 做顺时针转动，其上斜面压下顶销 7，作用于微动开关 SQ_3，进给电动机正转；顶销 6 仍处于鼓轮圆周边缘，SQ_8 也被压合，电磁离合器 YV_5 通电工作，从而实现工作台向下的进给运动。

将手柄 1 扳至中间位置，顶销 7、8 同时处于鼓轮槽中，微动开关 SQ_3 和 SQ_4 都处于放松状态，进给电动机停止转动；同时顶销 5、6 也处于鼓轮槽中，使微动开关 SQ_7 和 SQ_8 也处于放松状态，电磁离合器 YV_4、YV_5 断电，于是工作台处于停止进给状态。

4.1.4　万能分度头

1. 分度头的用途与结构

1)　分度头的用途

升降台铣床配有多种附件，用来扩大工艺范围。其中万能分度头是常用的一种附件。分度头安装在铣床的工作台上，被加工工件支承在分度头主轴顶尖与尾座顶尖之间或夹持在卡盘上，可以进行以下工作。

(1)　使工件周期地绕自身轴线回转一定角度，完成等分或不等分的圆周分度工作，以加工方头、六角头、齿轮、花键以及刀具的等分或不等分刀齿等。

(2)　通过配换挂轮，由分度头使工件连续转动，并与工作台的纵向进给运动相配合，以加工螺旋齿轮、螺旋槽和阿基米德螺旋线凸轮等。

(3)　用卡盘夹持工件，使工件轴线相对于铣床工作台倾斜一所需角度，以加工与工件轴线相交成一定角度的平面、沟槽等。

2)　分度头的结构

图 4-14 所示为 FW125 型万能分度头外形及其传动系统。分度头由底座 9、壳体 4、分度头主轴 2、分度头侧轴 6、分度盘 7、分度手柄 K、分度插销 J 及分度叉 5 等组成。分度头主轴 2 安装在壳体 4 内、壳体 4 以两侧轴颈支承在底座 9 上，并可绕其轴线回转，使主轴在水平线下 6° 至水平线上 95° 的范围内调整一定角度。分度头主轴 2 前端有莫氏锥孔，用于安装顶尖 1，外部有一定位圆锥体，用于安装三爪自定心卡盘。转动分度手柄 K，经传动比 $u=1$ 的圆锥齿轮副、传动比 $u=\dfrac{1}{40}$ 的蜗杆蜗轮副，可带动分度头主轴 2 回转至所需分度位置。分度手柄 K 转过的转数，由分度插销 J 所对分度盘 7 上的小孔数目来确定。分度盘 7 在不同圆周上均匀分布有不同孔数的孔圈。FW125 型万能分度头备有 3 块分度盘，可供分度时选用，每块分度盘共有 8 个孔圈，每一圈的孔数分别如下。

- 第一块　16、24、30、36、41、47、57、59。
- 第二块　23、25、28、33、39、43、51、61。
- 第三块　22、27、29、31、37、49、53、63。

分度插销 J 可在分度手柄 K 的长槽中沿分度盘半径方向调整位置，以使插销能插入不同孔数的孔圈内。

2. 分度方法

分度方法有 3 种，分别为直接分度法、简单分度法和差动分度法。下面将分别进行介绍。

1)　直接分度法

用直接分度法分度时，需松开主轴锁紧机构(图 4-14 中未表示出)，脱开蜗杆与蜗轮的

啮合，然后用手直接转动主轴，主轴所需转角由刻度盘 3 直接读出。分度完毕后，需通过锁紧机构将主轴锁紧，以免加工时转动。

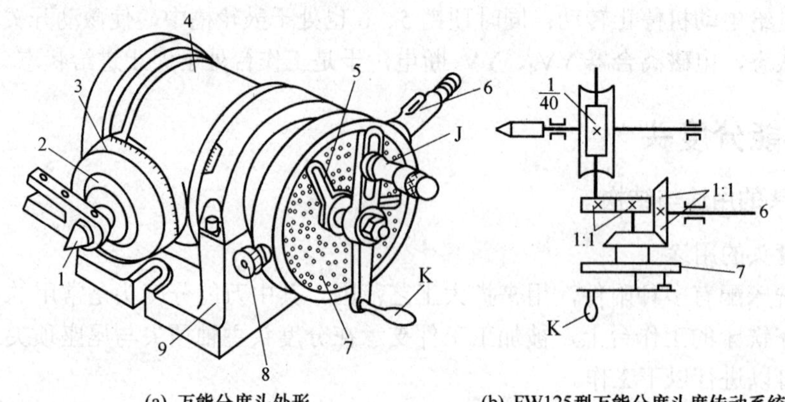

(a) 万能分度头外形　　(b) FW125型万能分度头度传动系统

图 4-14　FW125 型万能分度头外形及其传动系统

1—顶尖；2—分度头主轴；3—刻度盘；4—壳体；5—分度叉；6—分度头侧轴；7—分度盘；8—锁紧螺钉；9—底座；J—分度插销；K—分度手柄

直接分度法一般用于加工精度要求不高且分度数较少(如 2、3、4 和 6 等分)的工件。

2)　简单分度法

简单分度法利用分度盘 7 计数进行分度，是应用最广泛的一种方法。分度前，应使蜗杆蜗轮啮合并用锁紧螺钉 8 将分度盘 7 锁紧。选好分度盘的孔圈后，应调整分度插销 J 对准所选分度盘的孔圈。分度时先拔出分度插销 J，转动分度手柄 K，带动主轴回转至所需分度位置，然后将分度插销重新插入分度盘孔中。分度时，分度手柄每次应转过的转数计算如下。

设工件所需的等分数为 z，则每次分度时主轴应转 $\frac{1}{z}$ 转。由传动系统图(见图 4-14(b))可知，分度手柄 K 每次分度时应转的转数为

$$n_K = \frac{1}{z} \times \frac{40}{1} \times \frac{1}{1} = \frac{40}{z}$$

上式可写成

$$n_K = \frac{40}{z} = a + \frac{p}{q}$$

式中，a 为每次分度时分度手柄 K 应转的整数转(当 $z > 40$，$a = 0$)；q 为所选用孔圈的孔数；p 为分度插销 J 在 q 个孔圈中应转过的孔间距数。

例 4-1　在铣床上利用 FW125 型万能分度头分度加工 $z = 35$ 的直齿圆柱齿轮，用简单分度法分度，试选用分度孔圈并确定分度手柄 K 每次应转的转数。

解　由 $n_K = \frac{40}{z} = a + \frac{p}{q}$ 得

$$n_K = \frac{40}{z} = \frac{40}{35} = 1 + \frac{5}{35}$$

因为没有 35 孔的孔圈，所以先将上式中的分数部分化简为最简分数，然后将其分子、分母各乘以同一个整数，使分子为分度盘上所具有的孔圈数，即

$$n_K = 1 + \frac{5}{35} = 1 + \frac{1}{7} = 1 + \frac{4}{28} = 1 + \frac{7}{49} = 1 + \frac{9}{63}$$

第二块分度盘有 28 孔的孔圈，第三块有 49 孔和 63 孔的孔圈，故上列 3 种方案都可用。现选用 28 孔的孔圈，分度手柄 K 每次应转一整转，再转 4 个孔距。

为保证分度不出错误，应调整分度盘上的分度叉 5 上的夹角，使其内缘在 28 孔的孔圈上包含 4+1=5 个孔(即 4 个孔距)。分度时，拔出分度插销 J，转动分度手柄 K 一整转，再转动分度叉内的孔距数，然后重新将插销插入孔中定位；最后，顺时针转动分度叉，使其左叉紧靠插销，为下一次分度做好准备。

3)　差动分度法

由于分度盘的孔圈有限，一些分度数如 73、83 和 113 等不能与 40 约简，选不到合适的孔圈，就不能用简单分度法进行分度。这时，可采用差动分度法。

差动分度时，应松开锁紧螺钉 8，使分度盘能被锥齿轮带动回转，并在主轴后端锥孔内装上传动轴Ⅰ，经配换齿轮 a、b、c 和 d 与轴Ⅱ连接，如图 4-15(a)所示。

差动分度法的工作原理如图 4-15 所示。设工件要求的分度数为 z，且 $z > 40$，则分度手柄 K 每次应转过 $\frac{40}{z}$ 转，即分度插销 J 应由 A 点转到 C 点，用 C 点定位，如图 4-15(b)所示。但因 C 点处没有相应的孔供定位，故不能用简单分度法分度。为了借用分度盘上的孔圈，可以选取 z_0 值来计算分度手柄 K 的转数。z_0 值应与 z 接近，能从分度盘上直接选到相应的孔圈，或能与 40 约简后选到相应的孔圈。z_0 值选定后，则分度手柄 K 的转数为 $\frac{40}{z_0}$，即插销从 A 点转到 B 点，用 B 点定位。这时，如果分度盘固定不动，则手柄转数产生 $\left(\frac{40}{z} - \frac{40}{z_0}\right)$ 转的误差。为了补偿这一误差，需在分度头主轴尾端插一根心轴Ⅰ，并在轴Ⅰ与轴Ⅱ之间配上 $\frac{a}{b} \times \frac{c}{d}$ 齿轮，使手轮在转 $\frac{40}{z_0}$ 转的同时，通过 $\frac{a}{b} \times \frac{c}{d}$ 齿轮和 1∶1 的圆锥齿轮，使分度盘也相应地转动，以使 B 点的小孔在分度的同时转到 C 点供插销定位并补偿上述误差值。当插销自 A 点转 $\frac{40}{z}$ 至 C 点时，分度盘补充转动 $\left(\frac{40}{z} - \frac{40}{z_0}\right)$ 转，以使孔恰好与插销对准。因此，分度手柄与分度盘之间的运动关系为

$$\text{分度手柄K转}\frac{40}{z}\text{转——分度盘转}\left(\frac{40}{z} - \frac{40}{z_0}\right)\text{转}$$

则运动平衡式为

$$\frac{40}{z} \times \frac{1}{1} \times \frac{1}{40} \times \frac{a}{b} \times \frac{c}{d} \times \frac{1}{1} = \frac{40}{z} - \frac{40}{z_0}$$

将上式化简后，导出以下换置公式，即

$$\frac{a}{b} \times \frac{c}{d} = \frac{40}{z_0}(z_0 - z)$$

其中，z 为所要求的分度值；z_0 为选定的分度值；a、b、c、d 为交换齿轮齿数。选取 $z_0 > z$ 时，分度手柄与分度盘的旋转方向应相同，配换齿轮传动比为正值。选取 $z_0 < z$ 时，分度手柄与分度盘的旋转方向应相反，配换齿轮传动比为负值。

FW125 型万能分度头带有 15 个模数 $m = 1.75$ 的齿轮，其齿数分别为 24(两个)、28、32、40、44、48、56、64、72、80、84、86、96、100。

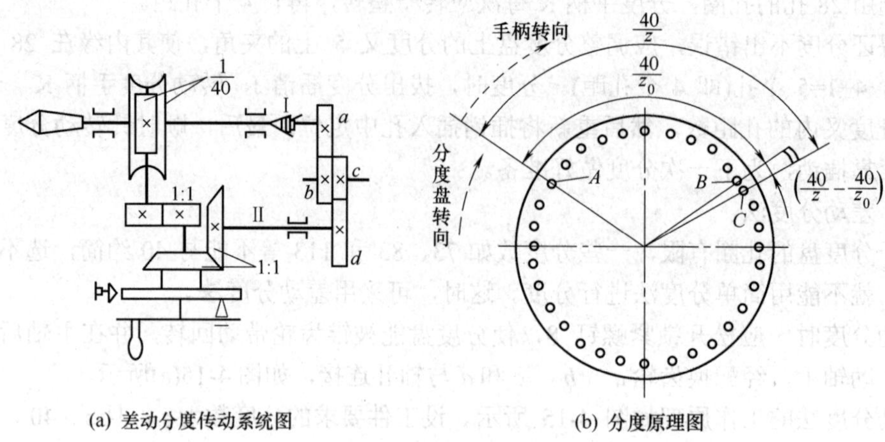

图 4-15　差动分度工作原理

例 4-2　在卧式铣床上，用 FW125 型万能分度头加工齿数 $z = 83$ 的链轮，试计算分度手柄转数和交换齿轮齿数。

解　因 $z = 83$ 不能与 40 化简，且选不到孔圈数，故确定用差动分度法进行分度。

(1)　计算分度手柄转数：选取 $z_0 = 90$ ($z_0 > z$)，则

$$n_K = \frac{40}{z_0} = \frac{40}{90} = \frac{4}{9} = \frac{28}{63}$$

(2)　计算交换齿轮齿数

$$\frac{a}{b} \times \frac{c}{d} = \frac{40}{z_0}(z_0 - z) = \frac{40}{z_0} \times (90 - 83) = \frac{4}{9} \times 7 = \frac{7}{3} \times \frac{4}{3} = \frac{56}{24} \times \frac{32}{24}$$

按 FW125 型万能分度头说明书规定，当 $z_0 > z$ 时，交换齿轮中间加一个介轮；当 $z_0 < z$ 时，不加介轮。因而，每次分度时，分度手柄在 63 的孔圈中转 28 个孔间距；轴Ⅰ—Ⅱ间的配换交换齿轮 $a = 56$、$b = 24$、$c = 32$、$d = 24$。

3. 铣削螺旋槽的调整计算

在万能升降台铣床上，用万能分度头铣削螺旋槽时，应进行以下调整工作。

(1)　工件夹持在分度头主轴顶尖上，并用尾座顶尖支承，如图 4-16(a)所示，将工作台绕垂直轴线偏转一角度 β (β 为工件的螺旋角)，使铣刀旋转平面与工件螺旋槽的方向一致。工作台偏转方向根据螺旋槽的旋转方向决定。

(2)　在工作台纵向进给丝杠与分度头轴Ⅱ之间，用配挂齿轮联系起来，如图 4-16(b)所示，当工作台和工件沿工件轴线方向移动时，将经丝杠、配挂齿轮 $\frac{a_1}{b_1} \times \frac{c_1}{d_1}$ 及分度头传动，带动工件做相应的回转运动。

设工件螺旋槽的导程为 T，铣床纵向丝杠的导程为 $T_{丝}$。当工作台和工件移动导程 T 距离时，即纵向丝杠转 $\frac{T}{T_{丝}}$ 转时，工件应转 1 转，这时工件即可被铣刀切出导程为 T 的螺旋槽。根据图 4-16(b)所示的传动系统图，可列出以下运动平衡式，即

$$\frac{T}{T_{丝}}\times\frac{38}{24}\times\frac{24}{38}\times\frac{a_1}{b_1}\times\frac{c_1}{d_1}\times1\times1\times\frac{1}{40}=1$$

化简后得换置公式，即

$$\frac{a_1}{b_1}\times\frac{c_1}{d_1}=\frac{40T_{丝}}{T}$$

式中，$T_{丝}$ 为工作台纵向丝杠导程(mm)；T 为工件螺旋槽的导程(mm)。

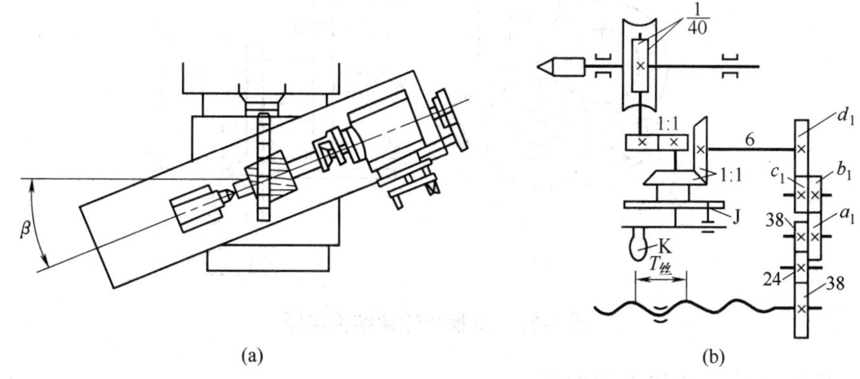

图 4-16　铣削螺旋槽的调整

(3) 对于分齿工件(如斜齿轮、螺旋铣刀及麻花钻头等)，每加工完一个齿槽，应将工件从加工位置退出，拔出分度插销 J，使分度主轴和纵向进给丝杠断开运动关系，然后用简单分度法对工件进行分度。

例 4-3　在 X6132 型万能铣床上采用 FW125 型万能分度头，加工右旋螺旋齿圆柱铣刀的容屑槽，其外径 $D=63\,\text{mm}$，螺旋角 $\beta=30^\circ$，齿数 $z=14$，试进行调整计算。

解　X6132 型万能铣床纵向进给丝杠导程 $T_{丝}=6\,\text{mm}$。

(1) 计算工件导程 T，即

$$T=\frac{\pi}{\tan\beta}=\frac{63\pi}{\tan30^\circ}\,\text{mm}=\frac{63\pi}{0.57735}\,\text{mm}=342.8\,\text{mm}$$

(2) 计算配换齿轮齿数，即

$$\frac{a_1}{b_1}\times\frac{c_1}{d_1}=\frac{40T_{丝}}{T}=\frac{40\times6}{342.8}=\frac{240}{342.8}\approx\frac{7}{10}$$

$$\frac{a_1}{b_1}\times\frac{c_1}{d_1}=\frac{7}{10}=\frac{7\times1}{5\times2}=\frac{56\times24}{40\times48}$$

则配挂齿轮齿数分别为：$a_1=56$、$b=40$、$c_1=24$、$d=48$。

(3) 每次分度时手柄转数为：$n_K=\frac{40}{z}=\frac{40}{14}=2+\frac{6}{7}=2+\frac{24}{28}$。

(4) 工作台的调整：因工件为右旋槽，故将铣床工作台沿逆时针方向扳转(站在工作台

正面用右手推工作台)一个 30° 的工件螺旋角。

4. 交换齿轮架结构及配换交换齿轮齿数的计算

1) 交换齿轮架结构

图 4-17 所示为交换齿轮架结构简图。O_1 为主动轴，即运动的输入轴，O_3 为中间轴，O_2 为从动轴，即运动的输出轴。交换齿轮轮架上有一径向槽，可供轴 O_3 在槽内移动，以调整 c 与 d 轮的中心距；交换齿轮架能以 O_2 为中心在一定角度范围内摆动，以调整 a 与 b 的中心距。

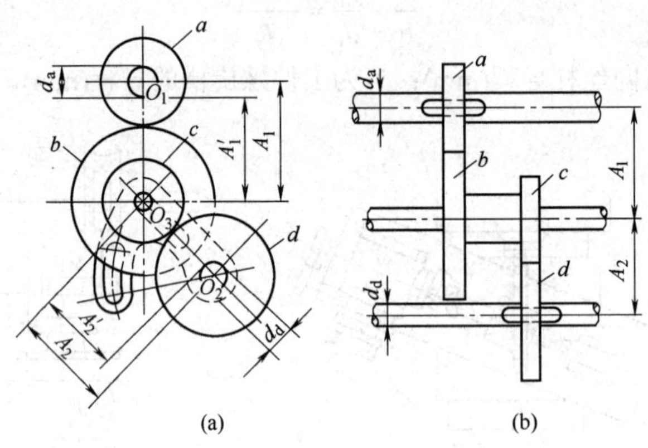

图 4-17 交换齿轮架结构简图

安装交换齿轮的方法和步骤如下。

(1) 在轴 O_1 与轴 O_2 上分别装好交换齿轮 a 与 d。

(2) 在中间轴 O_3 上装交换齿轮 b 与 c，调整中间轴 O_3 在径向槽中的位置，使交换齿轮 c 与 d 正确啮合后，再用螺母将中间轴 O_3 固紧。

(3) 使交换齿轮架绕输出轴 O_2 中心向上摆动，保证交换齿轮 b 与 a 正确啮合，最后将交换齿轮架固紧。

搭配交换齿轮时，必须注意的几个问题是：齿轮的相互啮合不能太紧，应保证留有 0.1～0.2 mm 的啮合间隙；否则会使噪声增大，齿轮的磨损加剧。在中间轴的轴套间应加入润滑油；搭配交换齿轮时，应先切断电源。

2) 选择交换齿轮时应满足的条件

选择交换齿轮时应满足以下条件。

(1) 选用的齿轮齿数应符合机床备有的配换齿轮齿数。

(2) 应符合交换齿轮架结构上的要求，以保证各齿轮能够顺利进行安装。图 4-17 所示为交换齿轮架结构简图，由于交换齿轮架的尺寸一定、调整范围一定，若选用的交换齿轮齿数(或齿数和)过小，交换齿轮不能啮合；若选用的齿数(或齿数和)过大，则不能安装在交换齿轮架上；而安装在中间轴 O_3 上的交换齿轮 b 或 c 齿数过大时，会产生交换齿轮 c 齿顶与输入轴 O_1 外圆相碰或交换齿轮 b 齿顶与输出轴 O_2 外圆相碰的现象。

设 a 与 b、c 与 d 两对交换齿轮的中心距分别为 A_1 和 A_2。为使交换齿轮 b 与轴 O_2、交换齿轮 c 与轴 O_1 不致相碰，所选用的交换齿轮齿数应满足以下关系式，即

$$A_1 = \frac{m}{2}(a+b) > \frac{m}{2}(c+2) + \frac{d_a}{2}$$

$$A_2 = \frac{m}{2}(c+d) > \frac{m}{2}(b+2) + \frac{d_a}{2}$$

一般交换齿轮架上的传动轴直径取为 13m(mm)，将 $d_a = d_d = 13m$(mm) 代入上两式化简得

$$a+b > c+15$$

$$c+d > b+15$$

因为在为机床配备交换齿轮时，已考虑到交换齿轮架结构尺寸、调整范围的限制，所以，只要在机床给定的交换齿轮范围内选择交换齿轮并满足上述约束条件，就能顺利地进行安装。

(3) 用于内联系传动链的交换齿轮应保证传动比误差在允许的范围内，若所选交换齿轮超过规定的传动误差，应重新计算交换齿轮齿数。传动误差一般按相对误差 δ 计算，即

$$\delta = \frac{u - u_{实}}{u}$$

式中，$u_{实}$ 为选定挂轮后的实际传动比；u 为传动链要求的理论传动比。

3) 交换齿轮齿数的计算方法

交换齿轮齿数的计算方法很多，一般采用因子分解法和对数法。

(1) 因子分解法。将传动比的分子和分母分解成几个因数的乘积，然后在数字上作必要的等量代换，使原来的传动比转换为齿轮的齿数之比，并使这些齿数为机床所配有的交换齿轮齿数，这种交换齿轮齿数的计算方法称为因子分解法。

例 4-4　已知传动比 $u = \frac{33}{63}$，试计算配换齿轮齿数。

解　$u = \frac{a}{b} \times \frac{c}{d} = \frac{33}{63} = \frac{3\times 11}{9\times 7} = \frac{3\times 8}{9\times 8} \times \frac{11\times 4}{7\times 4} = \frac{24}{63} \times \frac{44}{28}$

从例 4-4 计算可知，用因子分解法计算所得的实际传动比 $u_{实}$ 与换置公式所要求的理论传动比相等，没有误差。

(2) 对数法。当配换齿轮的传动比 u 有小数尾数、特殊因子 π 或不能用因子分解法配换齿数时，可采用对数法。用对数法计算配换齿轮齿数时，需先求出传动比 u 的对数值 $\lg u$，然后按照 $\lg u$ 从专门的表格(通常称为“对数挂轮表”)查出配换齿轮的齿数。表 4-1 为对数挂轮选用表(节录)。

表 4-1　对数挂轮选用表(节录)

$\lg u_{挂}$	a	c	b	d	$\lg u_{挂}$	a	c	b	d
⋮	—	—	—	—	0.4093467	40	62	67	95
					3495	23	98	65	89
0.3687382	47	89	98	100	3616	23	62	60	61
7458	23	70	41	92	3694	30	50	55	70
7618	37	45	47	83	3871	55	58	89	92
7714	23	45	25	97	3902	23	83	50	98

续表

$\lg u_{挂}$	a	c	b	d	$\lg u_{挂}$	a	c	b	d
7756	33	97	75	100	3996	33	85	80	90
7766	40	43	62	65	4094	45	47	61	89
7817	44	56	72	80	4251	33	83	79	89
7970	43	53	60	89	4343	45	58	67	100
8054	45	79	85	98	4537	25	67	43	100
8221	33	61	53	89	4662	41	43	62	73
8340	30	50	37	95	⋮	—	—	—	—
⋮	—	—	—	—		—	—	—	—

注：当算出的对数为“-”时，可直接用查出的挂轮齿数；为“+”时，需将分子和分母颠倒使用。

用对数法计算配挂齿轮比较简便。但必须注意以下几点。

① 对数挂轮表一般是按传动比 u 为真分数编制的。即 $u=\dfrac{z_1}{z_2}<1$，所以 $\lg u<0$，表 4-1 中所列传动比的对数都是负值。

② 由于 $\lg\dfrac{z_2}{z_1}=-\lg\dfrac{z_2}{z_1}$，所以对数挂轮表中仅列出传动比 u 为真分数的对数 $\lg\dfrac{z_1}{z_2}$ 及相应的齿数比 $\dfrac{z_1}{z_2}$，从而使对数挂轮表的篇幅省略一半。当传动比 $u>1$ 时，其对数 $\lg u>0$（为正数)，这时，只要将表中查出的齿数比 $\dfrac{z_1}{z_2}$ 对调为 $\dfrac{z_2}{z_1}$，就可求出所需的齿数比。

③ 由于选取的对数往往是近似值，必要时应验算其传动比误差。传动比相对误差可按下列经验公式验算传动误差，即

$$\delta=2\times 3(\lg u-\lg u_{实})$$

式中，$u_{实}$ 为选定挂轮后的实际传动比；u 为传动链要求的理论传动比。

目前使用的有两种“对数挂轮表”。查取挂轮齿数的方法介绍如下。

第一种方法：将传动比取对数后，在“对数挂轮表”中直接查出挂轮齿数。

例 4-5 已知传动比 $u=0.427793$，求挂轮齿数 $\dfrac{a}{b}\times\dfrac{c}{d}$。

解 取对数 $\lg u=\lg 0.427793=-0.368766326$，按近似值 0.3687817 从表 4-2 中直接查出挂轮齿数为

$$u_{实}=\frac{a}{b}\times\frac{c}{d}=\frac{44}{72}\times\frac{56}{80}$$

计算传动比的相对误差为

$$\delta=2\times 3(\lg u-\lg u_{实})=2\times 3\times\left[-0.368766326-(-0.3687817)\right]\approx 0.0000154$$

第二种方法：将传动比 u 分解为 u_1、u_2 两部分，由于 $\lg u=\lg(u_1u_2)=\lg u_1+\lg u_2$，因此，可选定以绝对值小于 $|\lg u|$ 值 $\lg u_1$，从表 4-2 中查出 $\dfrac{a}{b}$ 挂轮齿数，然后用 $\lg u_2=\lg u-\lg u_1$ 再求 $\dfrac{a}{b}$ 挂轮齿数。

表 4-2　对数挂轮表(摘录)

lg$u$	a	b	lg$u$	a	b	lg$u$	a	b
0.10307	56	71	0.22186	30	50	0.37892	28	67
22	41	52	0.27416	25	47	0.37911	33	79
54	26	33	38	42	79	26	28	91
75	63	80	70	34	64	0.38021	20	48
0.10409	48	61	0.27502	43	81		30	72
21	59	75	22	26	49	0.38119	37	89
74	22	28	48	35	66	34	32	77
0.17809	40	60	63	44	83	55	27	65
			0.27602	27	51			

注：当算出的对数值为“-”时，可直接用查出的挂轮齿数；为“+”时，需将分子和分母颠倒使用。

例 4-6　已知传动比$u = 0.39999$，求挂轮齿数$\frac{a}{b} \times \frac{c}{d}$。

解　取对数：$\lg u = \lg 0.39999 = -0.39795$

从对数挂轮表(表 4-2)中，先选取一绝对值小于 0.39795 的对数值，即

$$\lg u_1 = -0.17609$$

查表 4-2 得

$$u_1 = \frac{a}{b} = \frac{40}{60}$$

则　$\lg u_2 = \lg u - \lg u_1 = -0.39795 - (-0.17609) = -0.22186$

从表 4-2 中查得

$$u_2 = \frac{c}{d} = \frac{30}{50}$$

所以

$$u = u_1 \times u_2 = \frac{a}{b} \times \frac{c}{d} = \frac{40}{60} \times \frac{30}{50}$$

下面计算传动比相对误差。

实际传动比：$u_{实} = \frac{40}{60} \times \frac{30}{50} = 0.39999$。

取对数：$\lg u_{实} = \lg 0.39999 = -0.39794$。

相对误差：$\delta = 2 \times 3(\lg u - \lg u_{实}) = 2 \times 3 \times \left[-0.39795 - (-0.39794)\right] = 0.000023$。

以上所述原理，同样适用于由一对齿轮或 3 对齿轮齿数组成的配换齿轮齿数的计算。

4.2　其他铣床

4.2.1　立式升降台铣床

立式升降台铣床与卧式升降台铣床的主要区别在于，它的主轴是垂直安置的。图 4-18 所示为常见的一种立式升降台铣床，其工作台 3、床鞍 4 及升降台 5 的结构与卧式相同。铣头 1 可根据加工要求在垂直平面内调整角度，主轴可沿其轴线方向进给或调整位置。这

种铣床可用端铣刀或立铣刀加工平面、斜面、沟槽、台阶、齿轮、凸轮等表面。

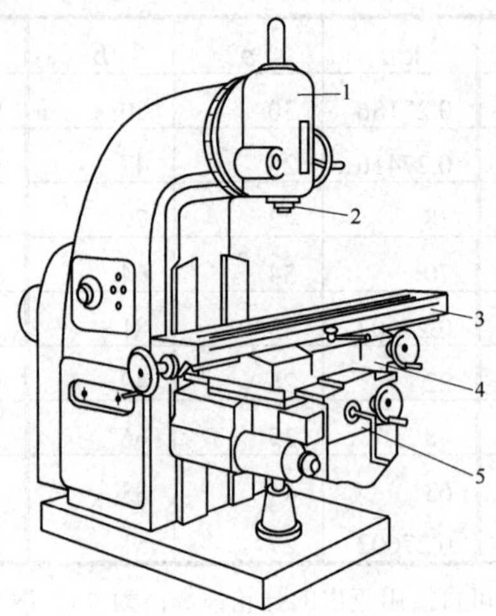

图 4-18　立式升降台铣床

1—铣头；2—主轴；3—工作台；4—床鞍；5—升降台

4.2.2　龙门铣床

龙门铣床是一种大型高效能的铣床，主要用于加工各类大型工件的平面和沟槽，借助于附件还可以完成斜面、内孔等加工。

龙门铣床(图 4-19)因有顶梁 6、立柱 5 及 7 和床身 10 等组成的“龙门”式框架而得名。通用的龙门铣床一般有 3～4 个铣头。每个铣头都有一个独立部件，其中包括单独的驱动电动机、变速传动机构、主轴部件及操纵机构等。横梁 3 上沿水平方向(横向)调整位置。横梁 3 本身以及立柱上的两个水平铣头 2 及 9 可沿立柱上的导轨调整其垂直方向上的位置。各铣头的切削深度均由主轴套筒带动铣刀主轴沿轴向移动来实现。加工时，工作台 1 连同工件做纵向进给运动。龙门铣床可用多把铣刀同时加工几个表面，所以生产效率较高，在成批和大量生产中得到广泛应用。

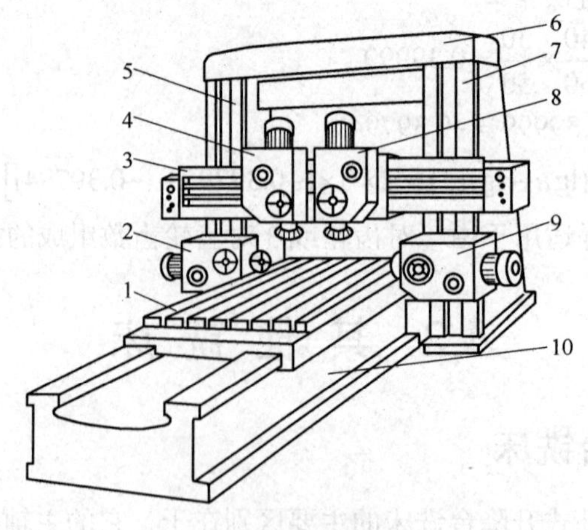

图 4-19　龙门铣床

1—工作台；2，9—水平铣头；3—横梁；4，8—垂直铣头；5，7—立柱；6—顶梁；10—床身

4.3　实训——铣床及附件

1. 实训目的

(1) 了解铣削加工的工艺特点及加工范围。
(2) 了解常用铣床的组成、运动和用途。
(3) 了解铣床附件的基本结构与用途。
(4) 熟悉铣削加工方法。

2. 实训要点

(1) 铣床的结构及附件。
(2) 铣削加工。

3. 预习要点

铣削特点及加工范围，铣床主要组成及作用，铣床主要附件。

4. 实训过程

X6132 型万能升降台铣床操作系统图如图 4-20 所示。

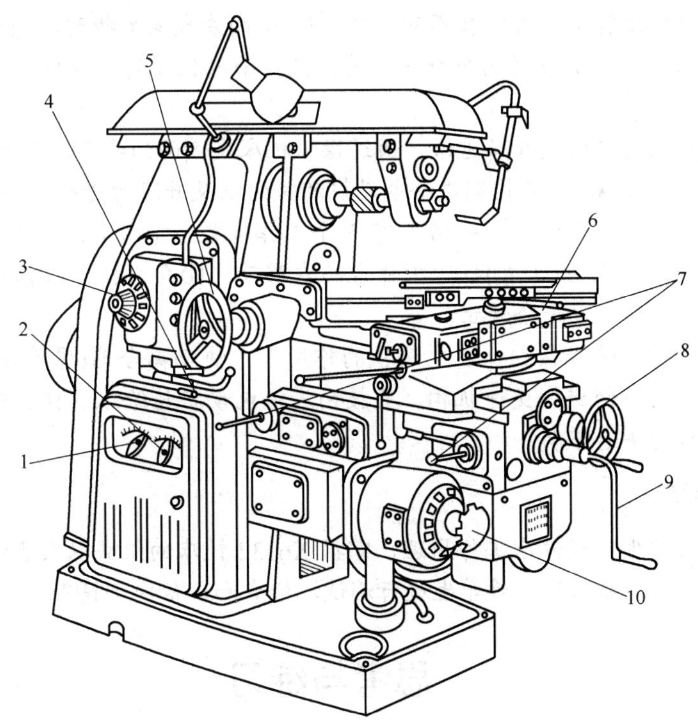

图 4-20　X6132 型万能升降台铣床操作系统图

1—机床总电源开关；2—机床冷却油泵开关；3—主轴变速转盘；4—主轴变速手柄；5—纵向手动进给手轮；6—纵向机动进给手柄；7—横向和升降机动进给手柄；8—横向手动进给手柄；9—升降手动进给手柄；10—进给变速转盘手柄

1) 停车练习

X6132 型万能升降台铣床的实训过程如下。

(1) 主轴转速的变换。通过操纵床身左侧壁上的手柄 4 和转盘 3 来实现主轴转速的变换。变换时，先将手柄 4 压下向左转动，碰撞行程开关，主电机瞬时启动，使其内部孔盘式变速机构重新对准位置。然后转动转盘 3，使所需的转速对准指针。最后，把手柄 4 转到原来的位置，从而改变了主轴的转速。转动转盘 3 的位置，可使主轴获得 18 种不同的转速。

(2) 进给量的调整。通过操纵升降台左下侧的转盘手柄 10 来实现进给量的调整。调整时，向外拉出转盘手柄 10，再转动它，使所需要的进给量对准指针，最后把转盘手柄 10 推回原位，即可得到不同的进给量。

(3) 工作台手动纵向、横向、升降移动。顺时针转动手轮 5，工作台向右纵向移动；反之向左移动。顺时针转动手轮 8，工作台向里横向移动；反之向外移动。顺时针转动手柄 9，工作台上升；反之下降。

2) 低速开车练习

(1) 工作台机动纵向进给。通过操纵手柄 6 实现工作台机动纵向进给。手柄 6 有 3 个位置：手柄 6 向左扳，工作台向左运动；手柄 6 向右扳，工作台向右运动；手柄 6 处于中间位置，工作台不动。当手柄 6 处于中间位置时，纵向进给离合器脱开，没有拨动行程开关，进给电动机停止转动，工作台不动。当手柄 6 向左或向右扳时，通过操纵机构使纵向进给离合器接通，可分别拨动两个行程开关，使进给电机正转或反转，使工作台向左或向右移动。

(2) 工作台机动横向或升降进给。通过操纵机床左侧面的两个球形十字手柄 7 中的任一个(两个手柄 7 联动)，即可控制进给电动机的转向以及升降台进给离合器(接通或断开)，完成工作台的横向或升降进给。手柄 7 有 5 个工作位置：①向上扳，升降台上升；②向下扳，升降台下降；③向左(床身)扳，工作台向左移动；④向右扳，工作台向右移动；⑤中间位置，横向和升降机动进给停止。

(3) 快动。按下快动按钮，在电磁铁的作用下，快动离合器(摩擦片式)合上，进给离合器脱开，使运动不经进给变速机构，直接由进给电动机传给纵、横、升降进给丝杠，以实现机床工作台的快速移动。

5. 实训小结

通过实训使学生掌握铣床工作原理，掌握 X6132 铣床的组成以及各组成部分的作用，熟悉铣床操作。实训结束后，对学生进行测试，检查和评估实训情况。

思考与练习

4-1 填空题

(1) 铣床上用__________和__________刀铣削齿轮。

(2) 铣床使用旋转的多刃刀具加工工件，同时有数个刀齿参加切削，所以__________高。但是，由于铣刀每个刀齿的切削过程是__________，且每个刀齿的切削厚度又是变化的。这就使_________相应的发生变化，容易引起机床_________。

4-2　铣床能进行哪些表面的加工？

4-3　铣削加工需要哪些运动？

4-4　顺铣和逆铣有何区别？如何实现？各有何优、缺点？

4-5　X6132 型万能卧式升降台铣床进给传动链中采用两个三联滑移齿轮变速组和一个曲回机构串联扩展，使工作台获得 21 级进给量。试问：可否再用一个三联滑移齿轮变速组代替曲回机构？哪种方案更佳？

4-6　X6132 型万能卧式升降台铣床上用 FW125 型万能分度头加工直齿圆柱齿轮，其齿数分别为 40、43、83、160，试选择分度方法并进行分度计算。

4-7　一机床配置有一套齿数为 20～120 的五倍齿交换齿轮。传动比分别为 $u_1=\frac{1}{5}$、$u_2=\frac{5}{7}$、$u_3=\frac{81}{90}$、$u_4=\frac{299}{396}$，计算对应的配挂齿轮齿数 $\frac{a}{b}\times\frac{c}{d}$，并验算传动比误差。

4-8　在 X6132 型万能卧式升降台铣床上用 FW125 型万能分度头铣削一螺旋齿轮。已知：$z=36$、$m_n=2$、$\beta=30^\circ$(右)，试进行下列调整和计算。

(1)　选择模数铣刀。

(2)　计算分度手柄转数。

(3)　计算工件螺旋导程 T。

(4)　计算配挂齿轮齿数 $\frac{a_1}{b_1}\times\frac{c_1}{d_1}$。

(5)　绘出铣床工作台扳转角度示意图。

第5章 磨 床

技能目标

- 了解磨削加工的工艺特点及加工范围。
- 熟悉磨削的加工方法和测量方法。
- 了解磨削加工所能达到的精度。

知识目标

- 了解 M1432B 型万能外圆磨床的工作原理和组成。
- 了解 M1432B 型万能外圆磨床的组成及各部件的作用。
- 熟悉 M1432B 型万能外圆磨床的机械传动系统。

以磨料模具(砂轮、砂带、油石和研磨料等)为工具进行切削加工的机床统称为磨床。

磨床可以加工各种表面，如内外圆柱面和圆锥面、平面、渐开线齿廓面、螺旋面以及各种成形面等，还可以刃磨刀具和进行切断等，工艺范围十分广泛，如图 5-1 所示。

磨削是机械制造中最常用的加工方法之一。它的应用范围很广，可以磨削难以切削的各种高硬、超硬材料；可以磨削各种表面；可以用于毛坯加工(磨削钢坯、割浇冒口等)、粗加工、精加工和超精加工。磨削后工件尺寸精度可达 IT6～IT7，表面粗糙度 *Ra* 可达 1.25～0.08 μm。

为了适应磨削各种表面、工件形状和生产批量的要求，磨床的种类很多，主要有以下几种。

(1) 外圆磨床。包括万能外圆磨床、外圆磨床及无心外圆磨床等。

(2) 内圆磨床。包括内圆磨床、无心内圆磨床、行星式内圆磨床等。

(3) 平面磨床。包括卧轴矩台平面磨床、立轴矩台平面磨床、卧轴圆台平面磨床及立轴圆台平面磨床等。

(4) 工具磨床。包括工具曲线磨床、卡板磨床、钻头沟槽磨床、丝锥沟槽磨床等。

(5) 刀具及刃具磨床。包括万能工具磨床、车刀刃磨床、钻头刃磨床、滚刀刃磨床、拉刀刃磨床等。

(6) 专门化磨床。包括花键轴磨床、曲柄磨床、凸轮轴磨床、活塞环磨床、球轴承套圈沟磨床等。

(7) 其他磨床。包括研磨机、珩磨机、抛光机、砂轮机等。

以上均为使用砂轮作为切削工具的磨床。此外，还有以柔性砂带为切削工具的砂带磨床，以油石和研磨剂为切削工具的精密磨床等。在生产中应用最多的是外圆磨床、内圆磨床、平面磨床和无心外圆磨床。

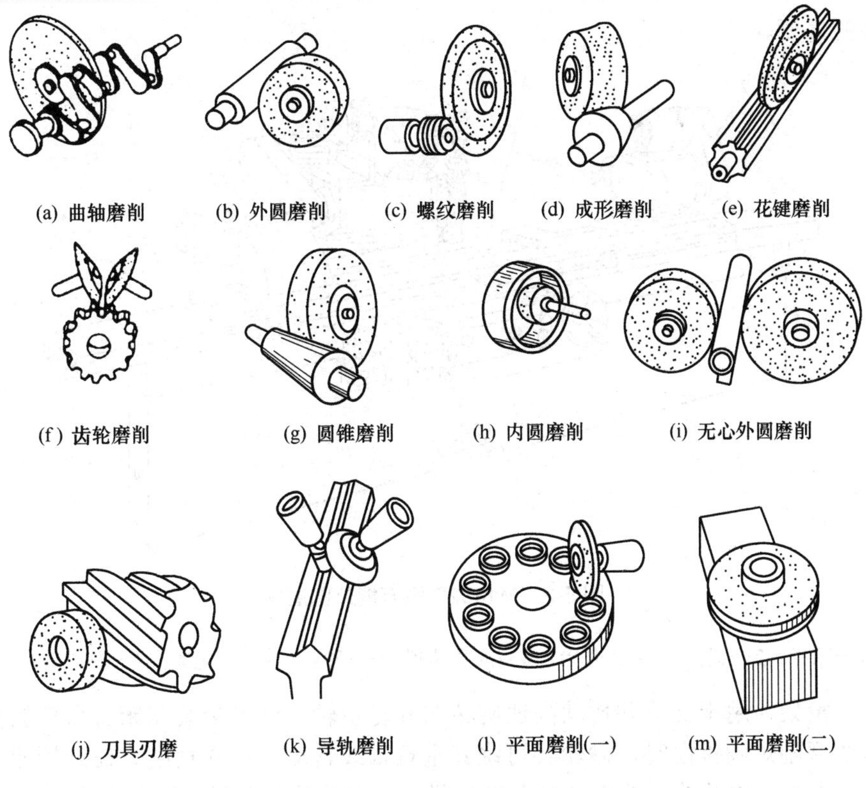

图 5-1　磨床的加工方法

5.1　M1432B 型万能外圆磨床

5.1.1　磨床的用途、布局及运动

1. 磨床的用途

万能外圆磨床的工艺范围较宽，可以磨削内外圆柱面、内外圆锥面；还可磨削端面和台阶端面等，但其生产效率低，适用于单件小批生产。

2. 布局

图 5-2 所示为 M1432B 型万能外圆磨床外形，主要由下列主要部件组成。

(1) 床身 1 是磨床的基础支承件，支承着砂轮架、工作台、头架、尾座垫板及横向导轨等部件，使它们在工作时保持准确的相对位置。

(2) 头架 2 用于安装和支持工件，并带动工件转动。头架可绕其垂直轴线转动一定角度，以便磨削锥度较大的圆锥面。

(3) 工作台 3 由上、下两部分组成。上工作台可绕下工作台的心轴在水平面内调整至某一角度位置，以便磨削锥度较小的长圆锥面，头架和尾架安装在工作台台面上并随工作台一起运动。下工作台的底面上固定着液压缸筒和齿条，故工作台可由液压传动或手轮摇动沿床身导轨做往复纵向运动。

(4) 尾座 6 和头架的前顶尖一起，用于支承工件。尾座可调整位置，以适应装夹不同长度工件的需要。

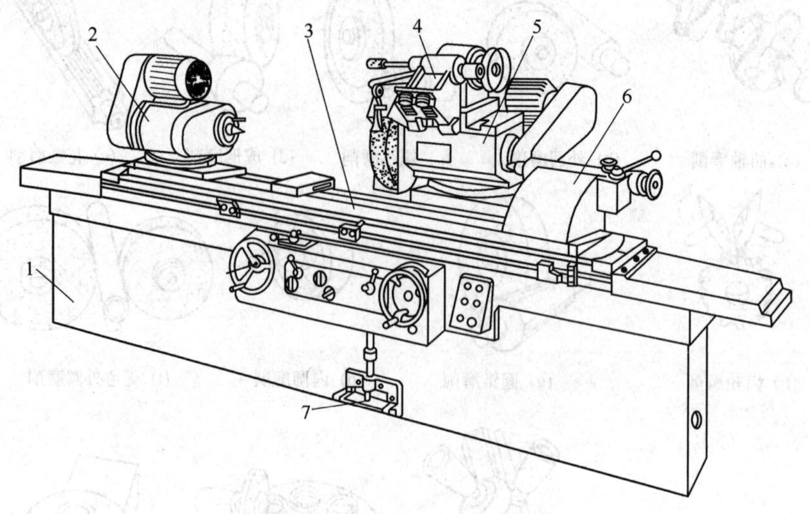

图 5-2　M1432B 型万能外圆磨床

1—床身；2—头架；3—工作台；4—内磨装置；5—砂轮架；6—尾座；7—脚踏操纵板

(5)　砂轮架 5 用于支承并传动高速旋转的砂轮主轴，砂轮架装在床身后部的横向导轨上，当需要磨削短圆锥面时，砂轮架可绕其垂直轴线转动一定的角度。在砂轮架上的内磨装置 4 用于支承磨内孔的砂轮主轴，内磨装置主轴由单独的内圆砂轮电动机驱动。

3. 运动

图 5-3 所示为万能外圆磨床的几种典型加工方法示意图。

(1)　图 5-3(a)所示为磨削外圆柱表面，所需的运动为砂轮旋转运动(主运动)，工件的圆周进给运动和工件纵向往复运动(进给运动)，此外还有砂轮的横向间歇切入运动。

(2)　图 5-3(b)所示为磨削小锥度外圆锥面，所需运动和磨外圆时一样，所不同的只是上工作台相对于下工作台调整一定的角度，磨削出来的表面即是圆锥面。

(3)　图 5-3(c)所示为切入式磨削圆锥面，将砂轮调整一定的角度，工件不做往复运动，由砂轮做连续的横向切入进给运动。此方法仅适用于磨削短的圆锥面。

(4)　图 5-3(d)所示为磨削内圆锥面，此时需将内圆磨具翻下对准工件，砂轮架上的砂轮不做旋转运动，而内磨做高速旋转主体运动，工作台带动由卡盘夹持的工件做纵向直线进给运动，同时工件也做圆周进给运动，砂轮架带动内圆磨具做周期性的横向切入运动。

由对图 5-3 中各种典型加工的分析可知，机床具有下列运动。

(1)　主运动，包括磨削圆砂轮的旋转运动 $n_{砂}$ 和磨削内孔砂轮的旋转运动 $n_{砂}$。主运动由两个电动机分别驱动，并设有互锁装置。

(2)　进给运动，包括工件旋转(周向进给)运动 $f_{周}$、工件纵向往复运动 $f_{纵}$ 和砂轮横向进给运动 $f_{横}$ (往复纵磨时，是周期性切入运动；切入磨削时，是连续进给运动)。

(3)　辅助运动，包括砂轮架快速进退(滚动)、工作台手动移动以及尾座套筒的退回(手动或液动)等。

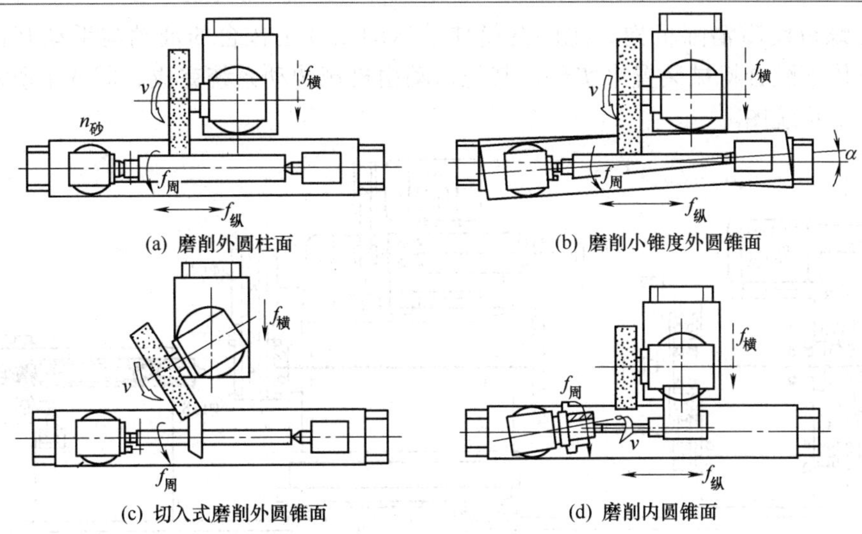

图 5-3　M1432B 型万能外圆磨床加工示意图

4. 主要技术性能

外圆磨床的主参数是工件的最大直径，机床的主参数是 320 mm。其他主要技术性能如下。

(1) 外圆磨削直径：ϕ8～320 mm。

(2) 外圆磨削最大磨削长度(共有 3 种规格)：750 mm、1000 mm、1500 mm。

(3) 内孔磨削直径：ϕ30～100 mm。

(4) 内孔最大磨削深度：125 mm。

(5) 磨削工件最大质量：150 kg。

(6) 砂轮尺寸(外径×宽度×内径)：400 mm×50 mm×ϕ203 mm。

(7) 砂轮转速 1600 r/min。

(8) 砂轮回转角度：±30°。

(9) 头架主轴转速(6 级)：25 r/min、50 r/min、75 r/min、110 r/min、15 r/min、220 r/min。

(10) 内圆砂轮转速：10 000 r/min、15 000 r/min。

(11) 内圆砂轮尺寸分以下两种情况。

① 最大：ϕ50 mm × 25 mm × ϕ13 mm 。

② 最小：ϕ17 mm × 20 mm × ϕ6 mm 。

(12) 工作台纵向移动速度(液压无级调速)：0.05 ～4 m/min。

(13) 机床外形尺寸(mm)：(3200、4200、5200)×(1800～1500)×1420。

(14) 机床质量：3200 kg、4500 kg、5800 kg。

5.1.2　磨床的机械传动系统

M1432B 型万能外圆磨床各部件的运动由液压和机械传动装置实现。其中工作台纵向往复直线进给运动、砂轮架的快速前进和后退运动、砂轮架自动周期进给运动、砂

轮架丝杠螺母间隙消除机构、尾座套筒伸缩运动以及工作台的液动与手动互锁机构等均由液压传动配合机械装置来实现，其他运动由机械传动系统完成。图 5-4 所示为机床的机械传动系统图。

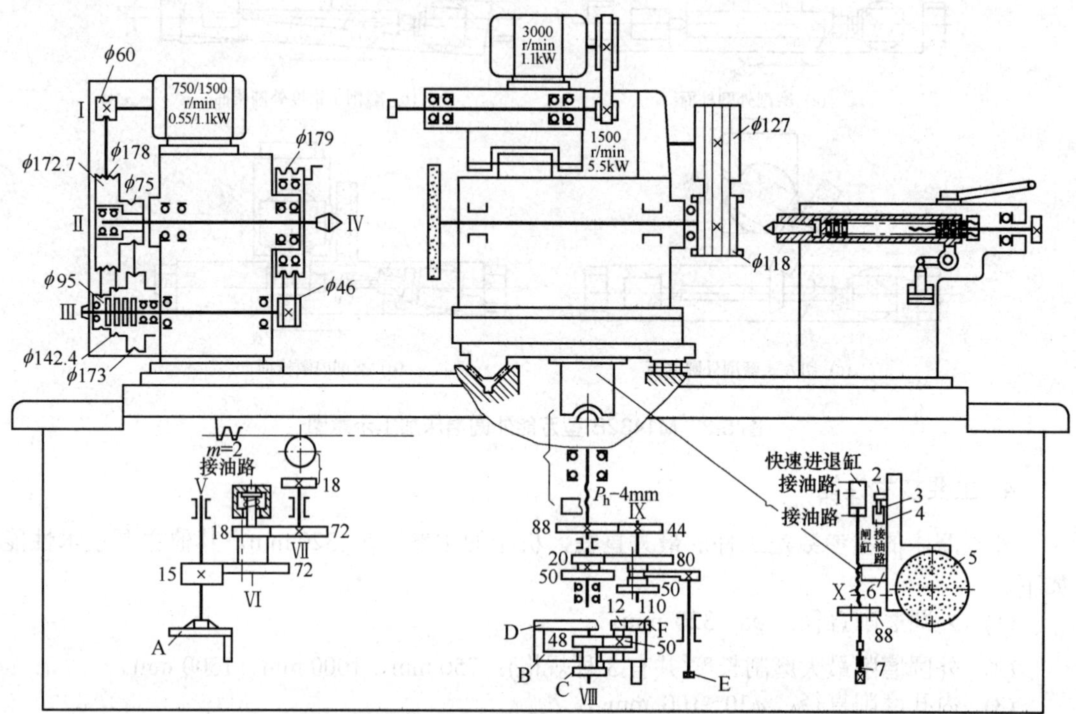

图 5-4 M1432B 型万能外圆磨床传动系统图

1—液压缸；2—挡块；3—柱塞；4—闸轮；5—砂轮；6—半螺母；7—定位螺钉

1. 工件头架主轴的圆周进给运动

工件头架主轴由双速电机驱动，经Ⅰ—Ⅱ轴间的一级带传动变速，Ⅱ—Ⅲ轴间的三级带传动变速和Ⅲ—Ⅳ轴间的带传动，使头架主轴获得 25～220 r/min 的 6 种不同转速。其传动路线表达式如图 5-5 所示。

$$\text{头架电动机 I}—\frac{\phi60}{\phi178}—\text{II}—\begin{bmatrix}\dfrac{\phi172.7}{\phi95}\\[2mm]\dfrac{\phi178}{\phi142.4}\\[2mm]\dfrac{\phi75}{\phi173}\end{bmatrix}—\text{III}—\frac{\phi46}{\phi179}—\text{拨盘(工件)}$$

图 5-5 工件头架主轴传动路线表达式

2. 砂轮架主轴的旋转运动

砂轮架主轴由 5.5 kW、1500 r/min 的主电动机驱动，经带传动使主轴获得 1600 r/min 的高转速。

3. 内圆磨具主轴的旋转运动

内圆磨具主轴由内磨装置上的 1.1 kW、3000 r/min 的电动机驱动，经平带直接传动，更换带轮，可使主轴获得 10 000 r/min 和 15 000 r/min 两种转速。

内圆磨具安装在内圆磨具支架上，为了保证工作安全，内圆磨削砂轮电动机的启动和内圆磨具支架的位置有联锁作用，即只有支架翻到磨削内圆的工作位置时，电动机才能启动，同时砂轮架快速进退手柄在原位置上自动锁住，这时砂轮架不能快速移动。

4. 工作台的手动纵向直线运动

工作台既可液动也可手动。手动是为了磨削轴肩或调整工作台的位置，其传动路线表达式为

$$\text{手轮 A}—\text{V}—\frac{15}{72}—\text{VI}—\frac{18}{72}—\text{VII}—\text{齿轮}(z_{18})\text{齿条副(工作台纵向移动)}$$

手轮 A 转一转时，工作台的纵向移动量为

$$f=1\times\frac{15}{72}\times\frac{18}{72}\times18\times2\times\pi\approx6(\text{mm})$$

手摇机构中设置了互锁液压缸，当工作台由液压传动驱动时，互锁液压缸的上腔通压力油，使齿轮副$\frac{18}{72}$脱开啮合，手动纵向直线移动运动不能实现；当工作台不用液压传动驱动时，互锁液压缸上腔通油箱，在液压缸内弹簧力的作用下，齿轮副$\frac{18}{72}$重新啮合传动，此时转动手轮 A，经齿轮副$\frac{15}{72}$、$\frac{18}{72}$和齿轮(z_{18})齿条副，实现工作台手动纵向直线移动运动。

5. 砂轮架的横向手动进给运动

砂轮架的横向手动进给运动由手轮 B 来操纵，分为粗进给和细进给两种。其传动路线表达式为

$$\text{手轮 B}—\text{VIII}—\begin{bmatrix}\frac{50}{50}\\ \frac{20}{80}\end{bmatrix}—\text{IX}—\frac{44}{88}—\text{丝杠}(T=4\,\text{mm，滑鞍及砂轮架横向进给})$$

细进给时，将手柄 E 拉到图 5-4 所示位置，转动手轮 B，直接传动轴Ⅷ，经$\frac{20}{80}$和$\frac{44}{88}$齿轮副、丝杠，使砂轮架做横向细进给运动；粗进给时，将手柄 E 向前推，使齿轮副$\frac{50}{50}$啮合传动，则砂轮架做横向粗进给运动。

粗进给时，手轮 B 转一圈，砂轮架横向移动量为 2 mm，手轮 B 刻度盘 D 的圆周分为 200 格，故刻度盘 D 每格的进给量为 0.01 mm。细进给时，手轮 B 每转一圈，砂轮架横向移动量为 0.5 mm，这时刻度盘 D 每格的进给量为 0.0025 mm。

5.1.3　磨床的液压传动系统

M1432B 型万能外圆磨床的液压传动系统如图 5-6 所示。

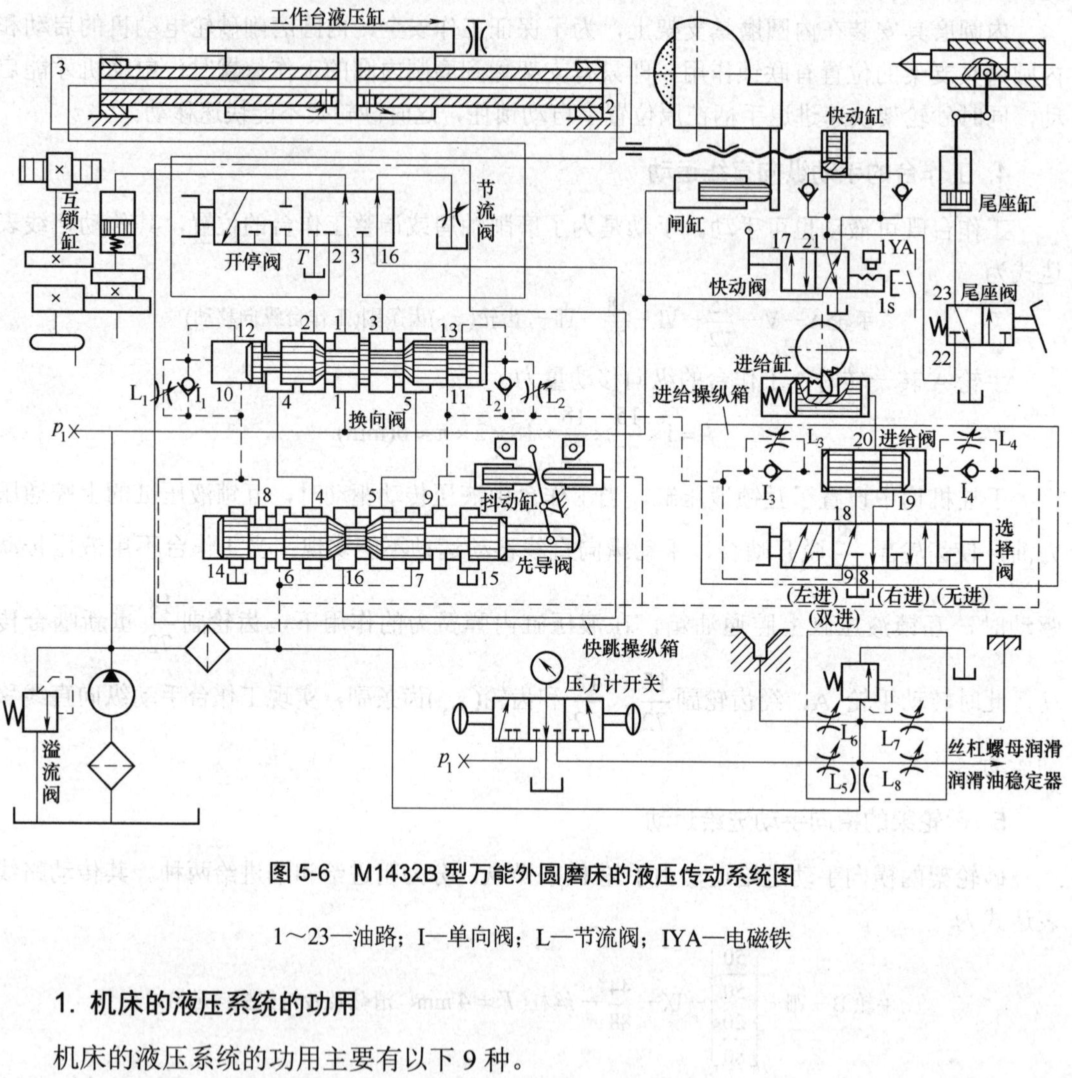

图 5-6　M1432B 型万能外圆磨床的液压传动系统图

1～23—油路；I—单向阀；L—节流阀；IYA—电磁铁

1. 机床的液压系统的功用

机床的液压系统的功用主要有以下 9 种。

(1) 实现磨床工作台的纵向往复直线运动。

(2) 实现工作台手动与液动的互锁。

(3) 砂轮架横向周期进给运动。

(4) 实现磨床砂轮架的横向快进和快退运动。

(5) 实现尾座套筒的液压退回运动。

(6) 砂轮架快进与尾座套筒退回运动的互锁。

(7) 内圆磨头工作与砂轮架快退运动的互锁。

(8) 消除砂轮架的丝杠、螺母间隙。

(9) 实现导轨及丝杠、螺母的润滑。

2. 机床液压传动系统的工作原理

磨床工作台的纵向往复直线运动是磨削工件时的纵向进给运动，它直接影响工件的加工精度和表面粗糙度，所以有以下要求。

(1) 磨床工作台的纵向往复运动在启动、运动及制动时均应平稳，并能无级调节运动速度。

(2) 磨削阶梯轴时，为了不使砂轮碰撞工件的台阶，要求每次换向应在同一个轴向位置，即换向精度要高。

(3) 为了使沿工件全长的磨削量均匀，换向时在行程的两端应能作短时间的停留，停留时间的长短应可调整，并可根据需要选择左停、右停、两端均停或两端均不停的运动循环方式。

(4) 为了提高横向切入磨削工件的表面质量及提高磨削较短工件的磨削效率，要求工作台应能做约 100 次/min 以上的短距离 1～3 mm 往复运动，即“微量抖动”。

此外，为了保证操作者的安全，当工作台液压系统做纵向往复直线运动时，工作台手轮 A 应停止转动，即要求液压系统能自动断开工作台手动运动的传动链。

1) 工作台的纵向往复直线运动

图 5-6 所示的开停阀处于右位(“开”的位置)工作，节流阀被打开，先导阀和换向阀的阀芯均处于右端位置，液压油泵输出的压力油进入空心双杆液压缸的右腔，工作台向右运动，主油路油液的流动情况如下。

- 进油路：液压泵→油路 1→液动换向阀→油路 2→工作台液压缸右腔。
- 回油路：工作台液压缸右腔→油路 3→液动换向阀→油路 5→先导阀→油路 16→开停阀→节流阀→油箱。

工作台向右运动到预定位置时，工作台上的左挡块通过杠杆拨动先导阀的阀芯使其左移，控制油路切换，随即液动阀的阀芯也在控制油作用下向左移，主油路切换，工作台启动并向左运动。主油路油液的流动情况如下。

- 进油路：液压油泵→油路 1→液动换向阀→油路 3→工作台液压缸左腔。
- 回油路：工作台液压缸右腔→油路 2→液动换向阀→油路 4→先导阀→油路 16→开停阀→节流阀→油箱。

工作台向左运动到预定位置后，工作台上的右挡块通过杠杆进行换向的原理与上述相同。该液压系统采用了回油路节流调速，使液压缸的回油腔产生一定的背压，工作台的运动比较平稳。

2) 工作台换向过程

机动阀和液动阀组成的行程控制式操纵箱是磨床工作台换向回路中常用的一种形式，一般由机动阀作先导阀控制液动阀的运动，而液动阀作为主换向阀对执行元件进行换向。

操纵箱有时间控制式和行程控制式两种，行程控制式在外圆磨床上更为常见。图 5-7 所示为行程控制式操纵箱的工作原理图。

图 5-7 中的行程控制式操纵箱由机动阀和主液动阀组成。图 5-7 所示位置中工作台向右移动，当行程挡块碰动换向拨杆后，先导阀向左移动，其阀芯右边的制动锥 T 逐渐关小液压缸的回油路，使活塞运动速度减慢，起到预制动的作用。当制动锥 T 将液压缸的回油

通道关得很小，工作台的速度也减至很慢时，控制油路才开始切换，控制油的进油流入液动阀的右端，推动液动阀向左移动，实现主油路的切换，工作台向相反方向运动。从图 5-7 可以看出，不管工作台原来的运动速度是快还是慢，先导阀总是要先移动一个固定的距离 l 之后工作台才能停下来，并随即反方向启动，因此称这种控制方式为行程控制式。行程控制式换向回路的换向精度高，换向冲出量小，但工作台制动的行程基本上是一定的。因此工作台运动速度越高，制动时间就越短，换向冲击也越大。对于换向精度要求较高，但工作台往复运动速度不高的外圆磨床很适合采用行程控制操纵箱。

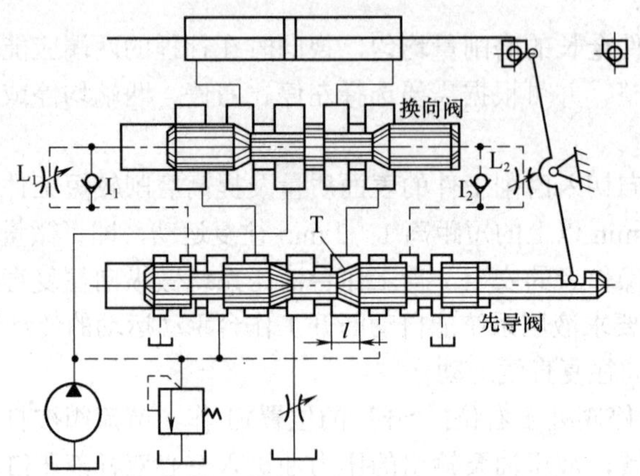

图 5-7　行程控制式操纵箱工作原理图

T—制动锥；I—单向阀；L—节流阀

为满足工作台换向精度高和换向平稳的要求，工作台的换向过程分为制动、端点停留和反向启动 3 个阶段。

(1) 制动阶段。制动阶段又分为预制动和终制动两个阶段。

① 预制动。工作台向右移动至预定位置时，其左挡块通过杠杆拨动先导阀的阀芯向左移动，这时先导阀中部的右制动锥逐渐关小液压缸的回油路 5 和 16(见图 5-6)，工作台减速，实现预制动。

② 终制动。当先导阀的阀芯左移至右环形槽将油路 7 和 9 连通。断开油路 9 和 15，左环形槽将油路 8 和 14 连通，断开油路 6 和 8 时，控制油路切断，其油液的流动情况如下。

a. 抖动缸的油路由进油路和回油路组成。

- 进油路：液压泵→精滤器→油路 7→先导阀→油路 9→左抖动缸。
- 回油路：右抖动缸→油路 8→先导阀→油路 14→油箱。

b. 液动阀的控制油路由进油路和回油路组成。

- 进油路：液压泵→精滤器→油路 7→先导阀→油路 9→单向阀 I_2→液动阀右端。
- 回油路：液动阀左端→油路 8→先导阀→油路 14→油箱。

先导阀在抖动缸的推动下快速移动到左端位置，为液动阀芯的快速移动创造了条件。液动阀在控制油液的作用下左移，由于其左端回油畅通，因此液动阀的阀芯实现了第一次快跳，且至液动阀阀体左端的回油路 10 被堵住，如图 5-8(a)所示。由于阀芯中间台肩宽度比阀体的环形槽窄，因此，主油路的压力油经油路 1、2 和 1、3 进入液压缸的两腔，使双杆活塞式液压缸停止运动，这就是终制动。

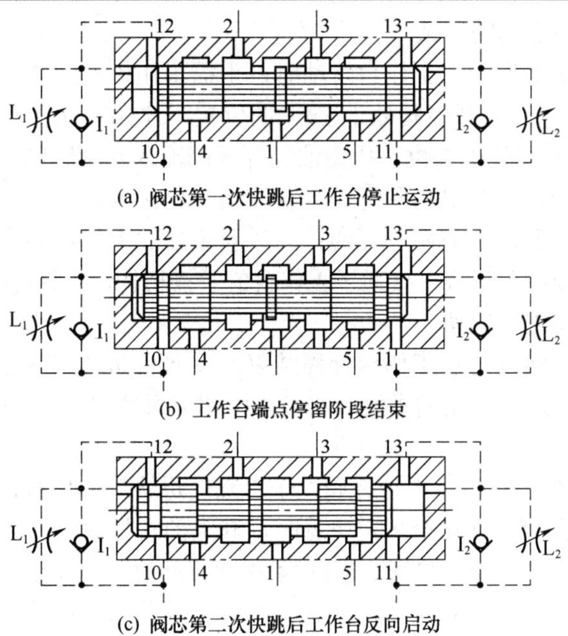

(a) 阀芯第一次快跳后工作台停止运动

(b) 工作台端点停留阶段结束

(c) 阀芯第二次快跳后工作台反向启动

图 5-8　换向过程中液动阀油路的连接情况

1～13—油路；I—单向阀；L—节流阀

(2) 端点停留阶段。液动换向阀的阀芯第一次快跳结束后，工作台停止运动，但该阀芯还在继续向左运动。从油路 10 被阀芯遮盖时起，到油路 10 和 12 即将被阀芯左端沉割槽接通(阀芯由图 5-8(a)的位置移动到图 5-8(b)的位置)为止，液动阀阀体左端直通先导阀的通道一直被阀芯堵住，液动阀的控制油路如下。

① 进油路：与第一次快跳相同。

② 回油路：液动阀左端→节流阀 L_1→油路 8→先导阀→油路 14→油箱。

由于液动阀左端回油只能经节流阀 L_1(又称停留阀)流出，因此阀芯只能以 L_1 调节的慢速向左移动。此时阀芯中部台肩一直处于阀体中部的环形槽内，使液压缸两腔继续互通压力油，工作台停止运动一段时间(也就是端点停留时间)，且停留时间的长短由节流阀 L_1 调节。

(3) 反向启动阶段。液动阀阀芯由图 5-8(b)所示位置继续向左移动，其左环形槽将油路 10 与 12 连通，控制油路如下。

① 进油路：与第一次快跳相同。

② 回油路：液动阀左端→油口 12→液动阀→油路 10→油路 18→先导阀→油路 14→油箱。

由于液动阀左端的回油不用经节流阀而直接回油箱，回油通道通畅，阀芯实现第二次快跳，如图 5-8(c)所示，主油路被迅速切断，工作台反向启动。

换向阀阀芯第二次快跳的目的是缩短工作台反向启动时间，保证启动速度，提高磨削质量。反向启动前液压缸左、右两腔均接通压力油，因此工作台快速启动的平稳性较好。

工作台向左运动到预定位置换向时，其换向过程与上述相同。

3) 工作台液动与手动的互锁

为了保证操作人员的安全，工作台运动时，手摇工作机构应脱开。只有在工作台停止运动时，开停阀处于“停”(开停阀处于左位)的位置，才能转动手轮使工作台手动运动。图 5-6 所示位置，开停阀处于右位，压力油经开停阀流入互锁缸的上腔，推动活塞下移，使齿轮传动副脱开啮合，手摇机构断开。当开停阀左位接入系统时，工作台液压缸回油路与节流阀之间的通路断开，左右两腔互通；同时互锁缸的上腔接通油箱，活塞在弹簧力的作用下上移动，齿轮副进入啮合，接通了工作台的手摇机构，以调整工件的加工位置。

4) 砂轮架的周期进给运动

砂轮架的周期进给运动是在工作台行程结束，反向启动之前进行的。根据磨削工艺的要求，周期进给有双向进给、左端进给、右端进给和无进给 4 种方式，用进给操纵箱进行控制。其工作情况如下。

(1) 双向进给。图 5-6 所示为选择阀位于“双向进给”的位置，即砂轮架在工件的两端均有进给。当工作台向右移动至预定位置时，其上的左挡块拨动杠杆使先导阀的阀芯左移，控制油路换向，油路 7 和 9 接通、8 和 14 接通，此时砂轮位于工件的左端。经过先导阀的控制压力油一路经单向阀 I_2 进入液动阀的右端，准备进行主油路的切换，另一路经节流阀 L_3 进入进给阀的左端，进给阀右端的回油经单向阀 I_4、油路 8、先导阀、油路 14 回油箱，进给阀的阀芯右移。同时控制油液又经油路 9、选择阀的双向进给位置、油路 18、进给阀、油路 20 流入进给缸，柱塞左移，其上的棘爪拨动棘轮，再通过齿轮传动副和进给丝杠螺母传动副带动砂轮架前进，完成一次左进给。当进给阀的阀芯右移至将油路 18 和油路 20 切断，而将油路 20 和油路 19 接通时，砂轮架进给缸的右腔油液又经油路 20、进给阀、油路 19、选择阀、油路 8、先导阀和油口 14 回油箱。于是进给缸在弹簧力的作用下右移复位，为下一次进给做好准备。

同理，当工作台向左运动到预定位置时，其上的右挡块经杠杆改变控制油路，使砂轮完成一次进给，工作原理与上述相同。此时，砂轮位于工件的右端。

砂轮架每次进给量的大小可由棘爪棘轮机构来调整，进给运动所需时间的长短可通过调节节流阀 L_3 和 L_4 的流量来改变。

(2) 左端进给。选择阀位于左进位置。当工作台向右运动到预定位置时，砂轮架位于工件的左端，油口 7、9 接通压力油，油口 8、14 接通回油箱，压力油进入砂轮架进给缸，实现一次左进给。当工作台向左运动到预定位置，砂轮架位于工件右端时，油口 6、8 接通压力油，但选择阀将油口 8 堵死，压力油不能进入砂轮架进给缸，因此不能实现右进给。

(3) 右端进给。选择阀位于右进给位置。当砂轮架位于工件的左端时，选择阀将油口 9 堵死，因此左进给不能实现。当砂轮架位于右端时，控制油经油口 8 进入砂轮架进给缸，实现右端进给。

(4) 无进给。选择阀位于无进给位置。这时选择阀将油口 8 和 9 全都堵死，因此两端均不能实现进给。

5) 砂轮架的快速进退运动

磨削开始，砂轮架应快速趋近工件，以节省辅助时间；装卸工件或磨削过程对工件进行测量时，砂轮架应快速后退，以确保安全。砂轮架的快速进退运动由快动阀控制快动缸实现。图 5-6 所示为快进结束后的位置，其油路情况如下。

① 进油路：液压泵→快动阀右位→快动缸右腔。

② 回油路：快动缸左腔→快动阀右位→油箱。

于是，快动缸活塞通过丝杠螺母副带动砂轮架快速前进至行程的最前端位置，该位置靠砂轮架与定位螺钉接触来保证。当快动阀左位工作时，砂轮架快速退回。为防止砂轮架快进和快退时引起的冲击和提高快进后的重复位置精度，快动缸的两端设有缓冲装置。同时在砂轮架前设有始终接通压力油的柱塞式闸缸，其柱塞输出的推力作用于砂轮架上，用以消除丝杠和螺母间的间隙。

当快动阀处于快进位置(快动阀处于右位)时，其阀芯端部压下行程开关 1 s，使工件头架电动机及冷却泵电动机同时启动，工件转动，磨削液供给。当快动阀处于快退位置(快动阀处于左位)时，1 s 松开，磨削液不再供给。

在进行内圆磨削时，将内圆磨头座翻下，这时砂轮架应处于快进后的位置。为确保工作安全，防止砂轮尚未退出工件内孔即快速后退而造成事故，在磨床上设置了安全装置。当内圆磨头座翻下时，压动微动开关，使电磁铁 1YA 通电，将砂轮架快动阀锁紧在快进后的位置上，手柄无法扳动，这样砂轮架就不能实现快退运动，确保了机床的使用安全。

6) 尾座套筒的液压退回运动

尾座套筒平时工作时依靠弹簧力的作用而顶住工件，退回由脚踏式二位三通阀(尾座阀)控制液压退回。当砂轮架处于快进位置时，快动缸的左腔接通油箱，这时即使误踩尾座阀也没有压力油进入尾座缸，尾座套筒不会退回，保证了工件的安全。只有当砂轮架处于快退位置时，踩下尾座阀，压力油经快动阀的左位、油路 21、油路 22、尾座阀的右位、油路 23 流入尾座缸的下腔，控制尾座套筒快速退回。

7) 机床润滑及压力测量

液压油泵输出的压力油经精滤油器过滤后，一路作为控制油液进入先导阀，另一路进入润滑油稳定器作为润滑油，经固定节流孔 L_5 减压后，再经节流阀 L_6、L_7 和 L_8 分别进入 V 形导轨、平导轨和丝杠螺母传动副等处进行润滑。润滑油的压力由压力阀调节至 0.1～0.2 MPa，流量分别由各自的节流阀调节。

液压系统中各点的压力可通过压力计进行测量。转动压力计开关，当压力计开关处于中位时，压力计接通油箱；压力计开关右位接入系统，压力计读数为主油路压力；压力开关左位接入系统时，压力计读数为润滑系统的压力。

5.1.4 磨床的主要结构

1. 砂轮架

图 5-9 所示为 M1432B 型万能外圆磨床砂轮架结构。砂轮架中的砂轮主轴及其支承部分直接影响加工质量，是砂轮架部件的关键部分，应具有较高的回转精度、刚度、抗振性及耐磨性。

砂轮主轴 8 的径向支承采用短四瓦动压滑动轴承进行支承。每个滑动轴承由 4 块包角约 60° 的扇形轴瓦 5 组成，4 块轴瓦均布在轴颈周围，且轴瓦上的支承球面凹孔与轴瓦沿圆周方向的中心有一个约 5° 30′ 的夹角，亦即支承球面凹孔中心在周向偏离轴瓦对称中心。由于采用球头支承，所以轴瓦可以在球头螺钉 4 和轴瓦支承球头销 7 上自由摆动，有利于

高速旋转时主轴和轴瓦间形成油楔，并依靠油楔的节流作用产生静压效果，形成油膜压力。轴颈周围均布着 4 个独立的压力油楔，产生 4 个独立的压力油膜区，使轴颈悬浮在 4 个压力油膜区之中，不与轴瓦直接接触，减少了主轴与轴承配合面间的磨损，并使主轴保持较高的回转精度。当由于磨削载荷的作用，砂轮主轴偏向某一块轴瓦时，这块轴瓦的油楔变小，油膜压力升高；而对应的另一方向的轴瓦油楔则变大，油膜压力减少。这样，油膜压力的变化会使砂轮主轴自动恢复到原平衡位置，即 4 块轴瓦的中心位置。由此可见，轴承的刚度较高。

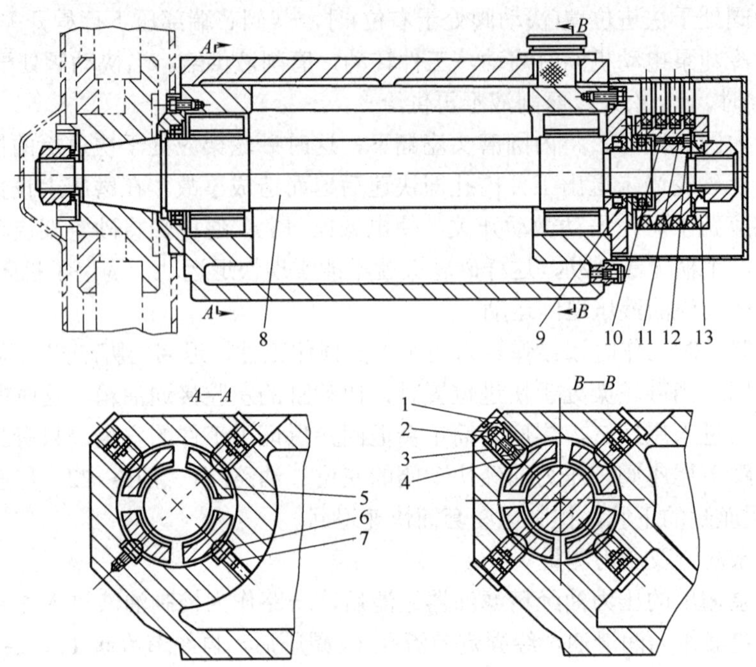

图 5-9　M1432B 型万能外圆磨床砂轮架结构

1—封口螺钉；2—锁紧螺钉；3—螺套；4—球头螺钉；5—轴瓦；6—密封圈；7—轴瓦支承球头销；8—砂轮主轴；9—轴承盖；10—销子；11—弹簧；12—螺钉；13—带轮

主轴与轴承间的径向间隙可通过球头螺钉 4 来调整。调整时，先依次卸下封口螺钉 1、锁紧螺钉 2 和螺套 3，然后旋转球头螺钉 4 至适当位置，使主轴与轴承的间隙保持在 0.01～0.02 mm 之间。调整完毕，依次装好螺套 3、锁紧螺钉 2 和封口螺钉 1，以保证支承刚度。一般情况下只调整位于主轴下部(或上部)的两块轴瓦即可，如果调整这两块轴瓦后仍不能满足要求，则需对其余两块轴瓦进行调整，直至满足旋转精度的要求。但应注意的是，4 块轴瓦同时调整时，应在轴瓦上做好相应的标记，保证在调整后装配时轴瓦保持原来的位置。

砂轮主轴向右的轴向力通过主轴右端轴肩作用在轴承盖 9 上，向左的轴向力通过带轮 13 中的 6 个螺钉 12、经弹簧 11 和销子 10 以及推力球轴承，最后传递到轴承盖 9 上。弹簧 11 可用来给推力球轴承预加载荷。

砂轮架壳体内装润滑油(通常为 2 号主轴油)，以润滑主轴承，油面高度从圆形油窗观察，砂轮主轴两端用橡胶密封圈实现密封。

装在砂轮主轴上的零件，如带轮、砂轮压紧盘、砂轮等都应仔细平衡，4 根三角带的长度也应一致；否则易引起砂轮主轴的振动，直接影响磨削表面的质量。

砂轮架用 T 形螺钉紧固在滑鞍上，它可绕滑鞍的定心圆柱销在 ± 30° 范围内调整角度位置。加工时，滑鞍带着砂轮架沿垫板上的导轨做横向进给运动。

2. 内圆磨具

图 5-10 所示为内圆磨具结构，内圆磨具安装在支架的孔中，图 5-10 所示为工作位置。不工作时，内圆磨具支架翻向上方。内圆磨具有以下特点。

(1) 磨削内圆时，因砂轮直径大小受到限制，要达到足够的磨削线速度，就要求砂轮轴具有很高的转速。因此，内圆磨具应保证高转速下运转平稳，主轴轴承应有足够的刚度和寿命。目前采用平带传动或内联原动机传动内圆磨具主轴。图 5-10 中的主轴前、后轴承各用两个 P_5 级精度的角接触球轴承，用弹簧 3 通过套筒 2 和 4 进行预紧。

(2) 当被磨削内孔的长度不同时，接长杆 1 可以更换。但由于受结构的限制，接长杆轴颈较细而悬伸又较长，因此刚度较差，是内圆磨具中刚度最薄弱的环节。为了克服这个缺点，某些专用磨床的内圆磨具常改成固定轴形式。

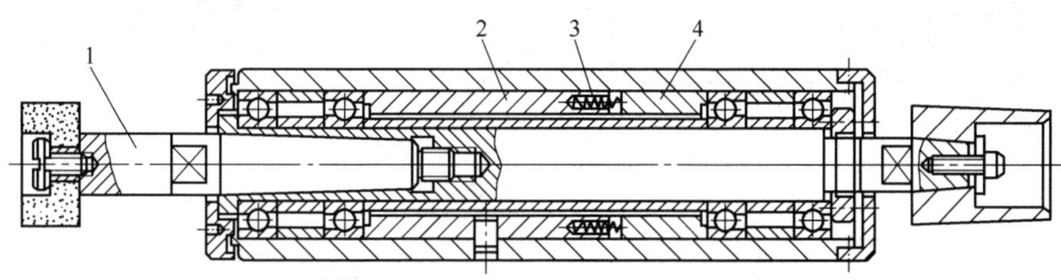

图 5-10　M1432 型万能外圆磨床内圆磨具

1—接长杆；2，4—套筒；3—弹簧

3. 工件头架

工件头架由壳体、头架主轴、工件传动装置与底座等组成。图 5-11 所示为 M1432B 型万能外圆磨床的头架结构。根据不同的工作需要，头架主轴 10 和前顶尖可以转动或固定不动。当用前后顶尖支承工件磨削时，拨盘 9 上的拨杆 20 拨动工件夹头，使工件旋转。这时，头架主轴 10 和顶尖是固定不转的。固定主轴的方法是：顺时针方向旋转捏手 14 到旋转不动为止，通过蜗杆齿轮间隙消除机构将头架主轴间隙消除。这时头架主轴 10 被固定，不能旋转，工件则由与带轮 11 连接的拨盘 9 上的拨杆 20 带动。当用三爪自定心卡盘或四爪单动卡盘、专用夹具夹持工件磨削时，在头架主轴 10 前端安装卡盘。在安装卡盘前，用千分表顶在头架主轴的端部，通过捏手 14 按逆时针方向旋转(并观察千分表的读数)。在选择好头架主轴的间隙后，把装在拨盘 9 上的传动键 13 插入头架主轴中，再用螺钉将传动键固定。然后再用固定螺钉 12 将卡盘安装在头架主轴大端的端部。运动由拨盘 9 带动头架主轴 10 旋转，卡盘也随着一起转动。

头架主轴 10 的后支承为两个“面对面”排列安装的 P_5 级精度的角接触球轴承 8。头架主轴后轴颈处有一轴肩，因此主轴的轴向定位由后支承的两个轴承来实现，即两个方向的轴向力由后支承的两个轴承承受。通过仔细修磨隔套 6、7 的厚度，使轴承内外圈产生一定的轴向位移，对头架主轴轴承进行预紧，以提高头架主轴部件的刚度和旋转精度。头架主轴的运动由传动平稳的带传动实现，头架主轴上的带轮采用卸荷式带轮装置，以减少主轴的弯曲变形。头架主轴 10 的前、后端部采用橡胶密封圈进行密封。

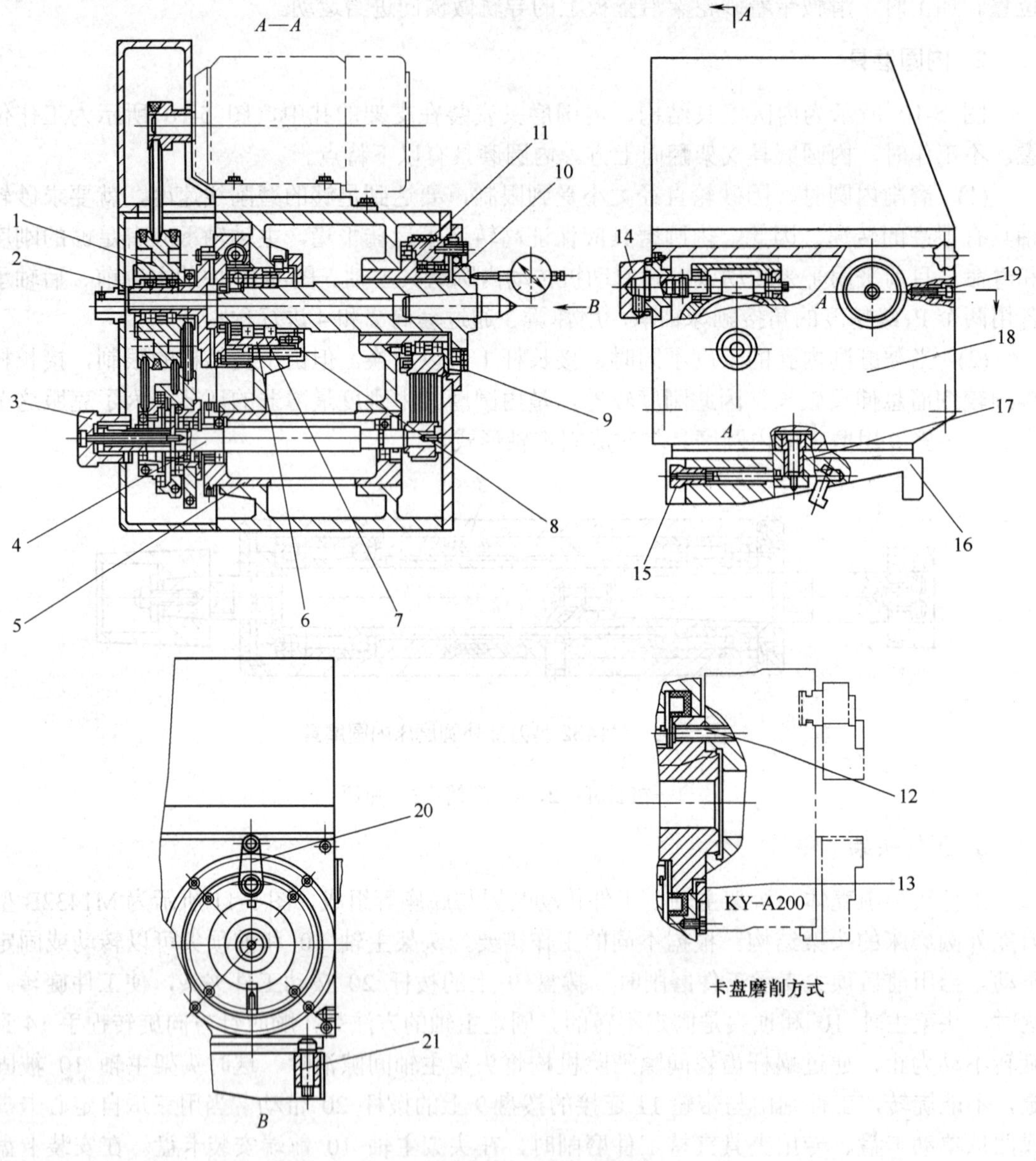

卡盘磨削方式

图 5-11　M1432B 型万能外圆磨床工件头架

1，11—带轮；2，5—偏心套；3—变速捏手；4—中间轴；6，7—隔套；8—角接触球轴承；9—拨盘；10—头架主轴；12，15，19—螺钉；13—传动键；14—捏手；16—底座；17—销轴；18—头架壳体；20—拨杆；21—偏心轴

头架变速可通过推拉变速捏手 3 及改变双速电动机转速来实现，在推拉变速捏手 3 变速时，应先将电动机停止才可进行。带轮 1 和中间轴 4 装在偏心套 2 和 5 上，转动偏心套可调整各带轮之间传动的张紧力。转动偏心套 5 获得适当的张紧力后，应将螺钉 19 锁紧

偏心套 5。

头架壳体 18 可绕底座 16 上的销轴 17 来调整角度位置，回转角度为逆时针方向 0°～90°，以磨削锥度大的短锥体。头架壳体 18 固定在工作台上，可先旋紧两个螺钉 15，然后，再旋紧螺钉 15 中的内六角螺钉(左旋螺牙)，这样就可以将头架壳体固定在工作台上了。

头架的侧母线可通过销轴 17 进行微量调整，以保证头架和尾座的中心在侧母线上一致。头架的侧母线与砂轮架导轨的垂直度可通过偏心轴 21 进行微量调整，调整后必须将偏心轴 21 锁紧。

4. 尾座

图 5-12 所示为 M1432B 型万能外圆磨床尾座结构。尾座的功用是用尾座套筒顶尖与头架主轴顶尖一起支承工件，因此要求尾座顶尖应与头架主轴顶尖同轴。磨削圆柱面时，前、后顶尖的连心线应平行于工作台的移动方向，同时，尾座还应具有足够的刚度。

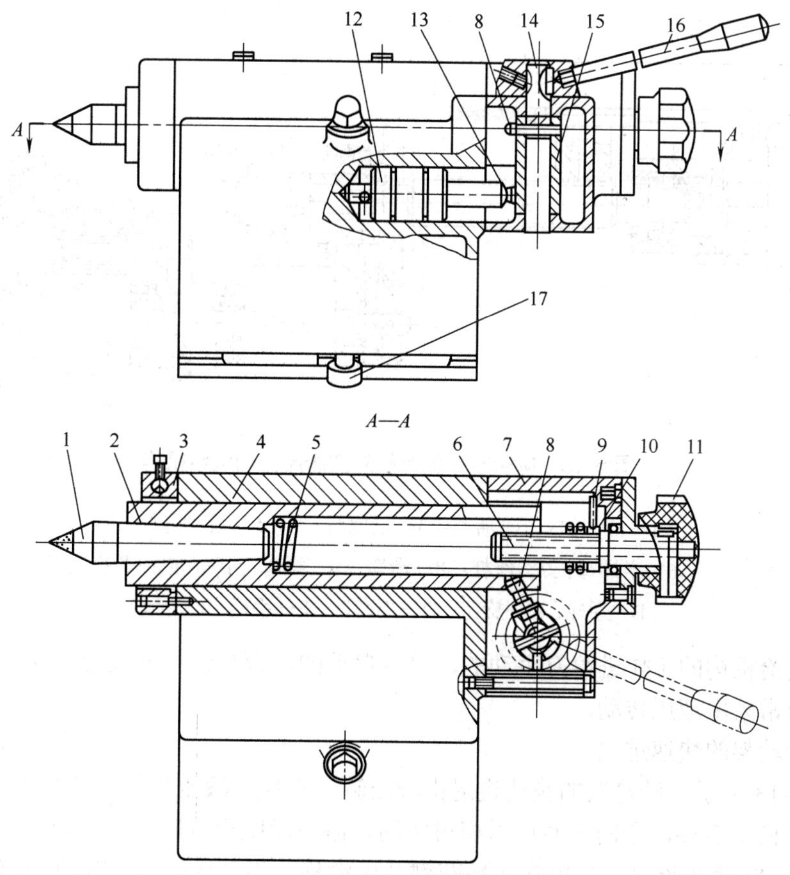

图 5-12　M1432B 型万能外圆磨床尾座结构

1—顶尖；2—尾座套筒；3—密封盖；4，7—体壳；5—弹簧；6—丝杠；8—拨杆；9—销子；10—螺母；11—手轮；12—活塞；13—拨杆；14—小轴；15—套；16—手柄；17—T 形螺钉

尾座顶尖顶紧力由弹簧 5 产生。顶紧力大小的调整方法为：转动手轮 11，使丝杠 6 旋

转，螺母 10 由于销子 9 的限制，不能转动，只能直线移动，螺母 10 移动后，改变了弹簧 5 的预紧力。

尾座套筒 2 的退后可以手动或液动，当手动退回尾座套筒 2 时，顺时针方向转动手柄 16，通过小轴 14 及拨杆 8，拨动尾座套筒 2 向后退回。当液动退回尾座套筒 2 时，砂轮架一定处在退出位置，脚踩“脚踏板”，使液压缸的左腔进入压力油，推动活塞 12，使拨杆 13 摆动，于是拨杆 8 拨动尾座套筒 2 向后退回。

磨削时，尾座 T 形螺钉 17 固定在工作台上。尾座密封盖 3 上面的螺钉用来固定修正砂轮用的金刚笔。

5. 横向进给机构

图 5-13 所示为 M1432B 型万能外圆磨床横向进给机构。横向进给机构用于实现砂轮架的周期或连续横向工作进给，调整位移和快速进退，以确定砂轮和工件的相对位置，控制被磨削工件的直径尺寸。因此，对它的基本要求是保证砂轮架有高的定位精度和进给精度。

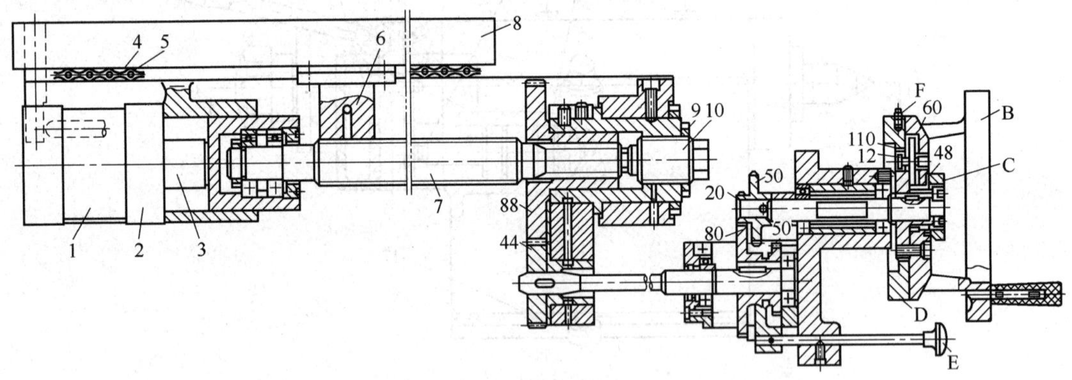

图 5-13　M1432B 型万能外圆磨床横向进给机构

1—液压缸；2—活塞；3—活塞杆；4，5—滚动导轨；
6—半螺母；7—丝杠；8—滑鞍；9—螺母；10—定位螺母
B—手轮；C—旋钮；D—刻度盘；E—手柄；F—撞块

横向进给机构的工作进给有手动的，也有自动的，调整位移一般用手动，而定距离的快速进退通常采用液压传动。

1)　砂轮架的快速进退

如图 5-13 所示，砂轮架的快速进退由液压缸 1 实现。液压缸的活塞杆 3 右端用向心推力轴承与丝杠 7 连接，它们之间可以相对转动，但不能做相对轴向的移动。丝杠 7 的右端用花键与 $z = 88$ 齿轮连接，并能在齿轮花键孔中滑移。当液压缸 1 的左腔或右腔通压力油时，活塞 2 带动丝杠 7 经半螺母 6 带动砂轮架快速向前趋近工件或快速向后退离工件。砂轮架快进至终点位置时，丝杠 7 的前端顶在刚性定位螺母 10 上，使砂轮架准确定位。刚性定位螺钉 10 的位置可以调整，调整后用螺母 9 锁紧。

为消除丝杠 7 与半螺母 6 之间的间隙，提高进给精度和重复定位精度，设置了闸缸(见图 5-4)。闸缸固定在垫板上，机床工作时，闸缸通入压力油，经柱塞 3(见图 5-4)、挡块 2(见图 5-4)使砂轮架受到一个向后的作用力，此力与径向磨削分力同向，因此半螺母 6 与丝杠 7 始终紧靠在螺纹的一侧工作，消除了丝杠与螺母的间隙。

为了减少摩擦阻力，防止爬行和提高进给精度，砂轮架滑鞍 8 与床身的横向导轨采用 V 形和平面组合的滚动导轨 4、5。滚动导轨的特点是摩擦阻力小，但是由于滚柱和导轨是线接触，所以抗振性较差。

2)　定程磨削

手轮 B 的刻度盘 D 上装有定程磨削撞块 F，用于保证成批磨削工件的直径尺寸。通常在加工一批工件时，试磨第一个工件达到要求的直径后，调整刻度盘上撞块 F 的位置，使其在横向进给磨削至所需直径时，正好与固定在床身前罩上的定位爪相碰。因此，磨削后续工件时，只需转动横向进给手轮 B，直到撞块 F 碰到定位爪上时，就能达到所需的磨削直径了。这样，在磨削过程中测量工件直径尺寸的次数就减少了。

如果中途由于砂轮损坏或修整砂轮导致工件直径尺寸变大，可调整旋钮 C 微量调整刻度盘上撞块 F 的位置，即拔出旋钮 C(其端面上有沿圆周均匀分布的 21 个定位销孔)，使它与手轮 B 上的定位销脱开，然后在手轮 B 不转动的情况下，顺时针方向转动旋钮 C，经齿轮副 $\frac{48}{50}$ 带动 $z=12$ 齿轮和刻度盘 D 的内齿轮($z=110$)，使刻度盘 D 连同撞块 F 一起逆时针方向旋转一定角度(这个角度的大小按工件直径尺寸变化量确定)，调整妥当后，再将旋钮 C 的定位销孔推回手轮 B 的定位销上定位(使旋钮 C 和手轮 B 成一整体)。加工时，转动手轮 B，使砂轮横向进给，当撞块 F 与床身上的定位爪再度相碰时，砂轮架便附加进给了相应的距离，补偿了砂轮的磨削尺寸，保证了工件的直径尺寸要求。这种调整方法的实质是：刻度盘 D 上的撞块 F(定位件)倒退了一定距离(角度)，使砂轮架在横向进给时再多进给一定的附加距离，从而补偿砂轮直径减少的影响。

因为手轮 B 每转一圈的横向进给量为 2 mm(粗进给)或 0.5 mm(细进给)，所以旋钮 C 每转过一定孔距，砂轮架的附加进给距离分为以下两种情况。

(1)　当手柄 E 处于粗进给位置时，有

$$f_{附}=\frac{1}{21}\times\frac{48}{50}\times\frac{12}{110}\times 2\ \text{mm}=0.01\ \text{mm}$$

(2)　当手柄 E 处于细进给位置时，有

$$f_{附}=\frac{1}{21}\times\frac{48}{50}\times\frac{12}{110}\times 0.5\ \text{mm}=0.0025\ \text{mm}$$

6. 工作台

M1432B 型万能外圆磨床工作台的结构如图 5-14 所示，工作台由上台面 5 和下台面 6 组成。下台面的底面以一个矩形—V 形的组合导轨相配合，其上固定一液压缸 4 和齿条 8，可由液压传动或手动沿床身导轨做纵向运动；下台面的上平面与上台面的底面配合，用销轴 7 定中心，转动螺杆 11，通过带缺口并能绕销轴 10 轻微转动的螺母 9，可使上台面绕销轴 7 相对于下台面转动一定角度，以磨削锥度较小的长椎体。调整角度时，先松开上台面两端的压板 1 和 2，调好角度后再将压板压紧。角度大小可由上台面右端的刻度尺 13 直接读出，或由工作台右前侧安装的千分表 12 来测量。

上台面的顶面 a 做成 10° 的倾斜角度，工件头架和尾座安装在上台面上，以顶面 a 和

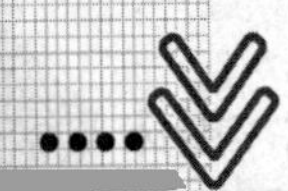

侧面 b 定位，依靠其自身质量的分力紧靠在定位面上，使定位平稳，有利于它们沿台面调整纵向位置时能保持前后顶尖的同轴度。另外，倾斜的台阶面可使冷却液带着磨屑快速流走。台面的中央有一 L 形槽，用以固定工件头架和尾座。下台面前侧有一长槽，用于固定行程挡块 $3a$ 和 $3b$，以碰撞液压操纵箱的换向拨杆，使工作台自动换向。调整 $3a$ 与 $3b$ 间的距离，即可控制工作台的行程长度。

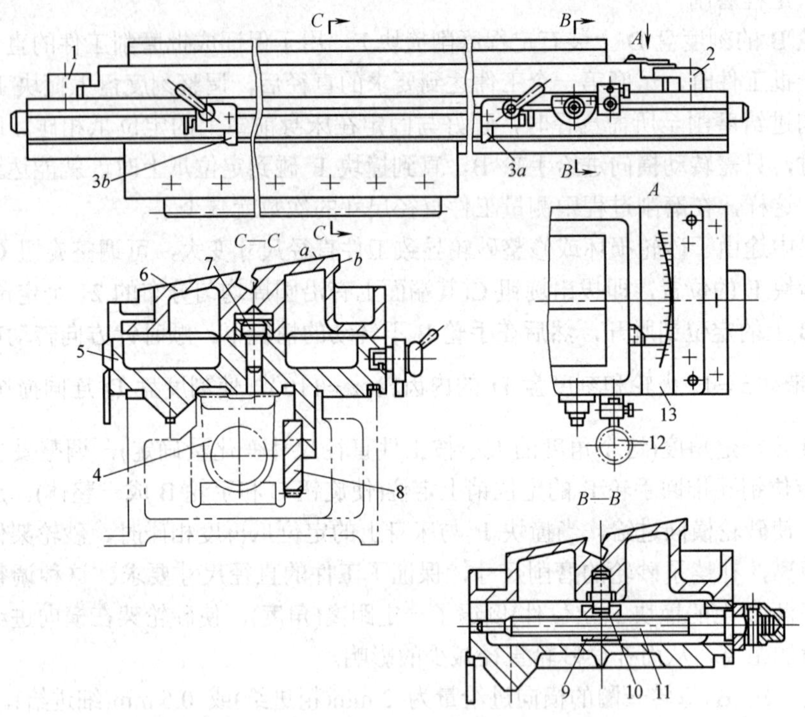

图 5-14　M1432B 型万能外圆磨床工作台的结构

1，2—压板；3a—右行程挡块；3b—左行程挡块；4—液压缸；5—上台面；6—下台面；7—销轴；8—齿条；9—螺母；10—销轴；11—螺杆；12—千分表；13—刻度尺；a—顶面；b—侧面

5.2　其他类型磨床

5.2.1　普通外圆磨床

普通外圆磨床和万能外圆磨床在结构上的区别是：普通外圆磨床的头架和砂轮都不能绕垂直轴线调整角度，头架主轴不能转动，没有内圆磨具。因此，工艺范围较窄，只能磨削外圆柱面和锥度较小的外圆锥面。但由于主要部件的结构层次少、刚性好，可采用较大的磨削用量，因此生产效率较高，同时也易于保证磨削质量。

5.2.2　端面外圆磨床

端面外圆磨床的主要特点是：砂轮架主轴轴线相对于头、尾座顶尖中心连线倾斜一定角度(如 MB1632 型半自动端面外圆磨床为26°36′)，砂轮架沿斜向进给(见图 5-15(a))，且砂轮装在主轴的右端，以避免砂轮和尾座、工件相碰。这种磨床以切入磨法同时磨削工件的外圆和台阶端面，通常按半自动循环进行工作，由定程装置或自动测量仪控制工件尺寸，生产效率较高，且台阶端面由砂轮锥面进行磨削(见图 5-15(b))，砂轮和工件的接触面积较小，能保证较高的加工质量。这种磨床主要用于大批量生产中磨削带有台阶的轴类和盘类零件。

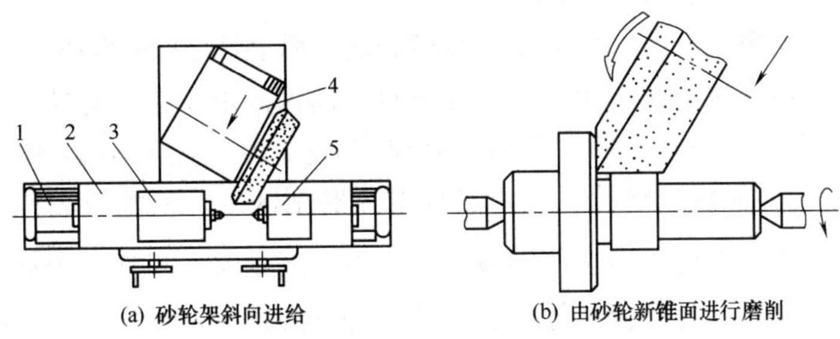

图 5-15　端面外圆磨床

1—床身；2—工作台；3—头架；4—砂轮架；5—尾座

5.2.3　无心外圆磨床

无心外圆磨床进行磨削时，工件不是支承在顶尖上或夹持在卡盘中，而是直接放在砂轮和导轮之间，由托扳和导轮支承，工件被磨削外圆表面本身就是定位基准面，如图 5-16 所示。

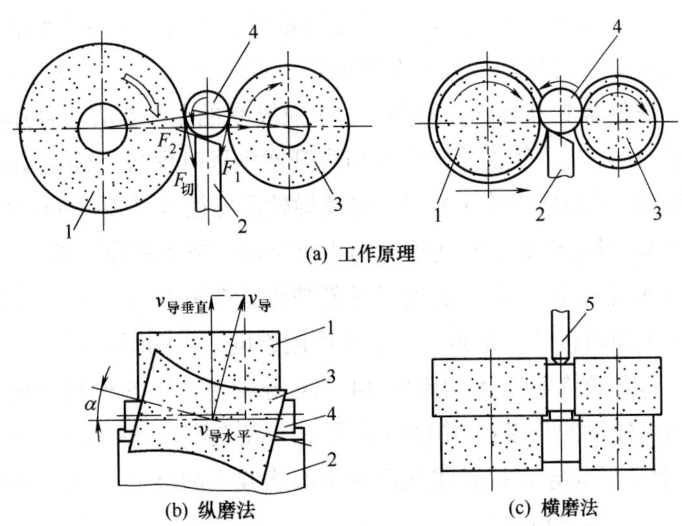

图 5-16　无心外圆磨床工作原理

1—砂轮；2—托扳；3—导轮；4—工件；5—挡块

磨削时工件在磨削力以及导轮和工件间摩擦力的作用下被带动旋转，实现圆周进给运动。导轮是摩擦系数较大的树脂或橡胶结合剂砂轮，其线速度一般在 10～50 m/min 范围内，它不起磨削作用，而是用于支承工件和控制工件的进给速度。在正常磨削情况下，高速旋转的砂轮通过磨削力 $F_{切}$ 带动工件旋转，导轮则依靠摩擦力 F_1 对工件进行“制动”，限制工件的圆周速度，使之基本上等于导轮的圆周线速度，从而在砂轮和工件间形成很大的速度差，产生磨削作用。改变导轮的转速，便可调节工件的圆周进给速度。

无心磨削时，工件的中心必须高于导轮和砂轮中心连线(高出的距离一般为 $0.15d$～$0.25d$，d 为工件直径)，使工件与砂轮、导轮间的接触点不在工件同一条直径线上，从而工件在多次转动中逐渐被磨圆。

无心磨床有两种磨削方法，即纵磨法和横磨法。纵磨法(见图 5-16(b))是将工件从机床前面放到导板上，推入磨削区；由于导轮在垂直平面内倾斜 α 角，导轮与工件接触处的线速度 $v_{导}$，可分解为水平和垂直两个方向的分速度 $v_{导水平}$ 和 $v_{导垂直}$，$v_{导垂直}$ 控制工件的圆周进给运动；$v_{导水平}$ 使工件做纵向进给。所以工件进入磨削区后，便既做旋转运动又做轴向移动，穿过磨削区，从机床后面出去，完成一次走刀。磨削时，工件一个接一个地通过磨削区，加工是连续进行的。为了保证导轮和工件间为直线接触，导轮的形状应修整成回转双曲面。这种磨削方法适用于不带台阶的圆柱形工件。横磨法(见图 5-16(c))是先将工件放在托板和导轮上，然后由工件(连同导轮)或砂轮做横向进给。此时导轮的中心线仅倾斜微小的角度(约 30′)，以便对工件产生一不大的轴向推力，使之靠住挡块 5，得到可靠的轴向定位。此法适用于具有阶梯或成形回转表面的工件。

图 5-17 所示为目前生产中使用最普遍的无心外圆磨床的外形。砂轮架 3 固定在床身 1 的左边，装在其上的砂轮主轴通常是不变速的，由装在床身内的电动机经带轮直接传动。导轮架装在床身 1 右边的拖板 9 上，它由转动体 5 和座架 6 两部分组成。转动体可在垂直平面内相对座架转位，以使装在其上的导轮主轴根据加工需要对水平线偏转一个角度。导轮可有级或无级变速，它的传动装置装在座架内。在砂轮架左上方以及导轮架转动体的上面，分别装有砂轮修整器 2 和导轮修整器 4。在拖板 9 的左端装有工件座架 11，其上装着支承工件用的托板 16，以及使工件在进入与离开磨削区时保持正确运动方向的导板 15。利用快速进给手柄 10 或微量进给手轮 7，可使导轮沿拖板 9 上导轮移动(此时拖板 9 被锁紧在回转底座 8 上)，以调整导轮和托板间的相对位置；或者使导轮架、工件座架同拖板 9 一起，沿回转底座 8 上的导轨移动(此时导轮架被锁紧在拖板 9 上)，实现横向进给运动。回转底座 8 可在水平面内转动一定角度，以便磨削锥度不大的圆锥面。

修整导轮时，将导轮修整器 4 的底座 14 相对导轮转动体 5 偏转一角度(应等于或略小于导轮在垂直平面内倾斜的角度)，并移动直尺 12，使金刚石 13 的尖端偏离导轮轴线一距离(应等于或略小于工件与导轮接触线在两轮中心连线上的高度)，使金刚石尖端的移动轨迹与工件在导轮上的接触线相吻合。

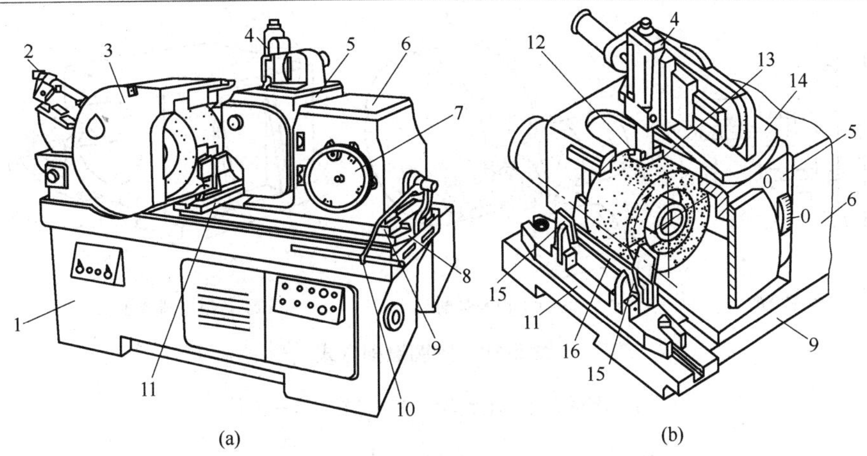

图 5-17　无心外圆磨床

1—床身；2—砂轮修整器；3—砂轮架；4—导轮修整器；5—转动体；6—座架；7—微量进给手轮；8—回转底座；9—拖板；10—快速进给手柄；11—工件座架；12—直尺；13—金刚石；14—底座；15—导板；16—托板

5.2.4　内圆磨床

内圆磨床用于磨削各种圆柱孔(通孔、盲孔、阶梯孔和断续表面的孔等)和圆锥孔，其磨削方法有以下几种。

(1) 普通内圆(见图 5-18(a))磨削时，工件用卡盘或其他夹具装夹在机床主轴上，由主轴带动旋转做圆周进给运动(n_w)，砂轮高速旋转实现主运动(n_t)，同时砂轮或工件往复移动做纵向进给运动(f_a)，在每次(或 n 次)往复行程后，砂轮或工件做一次横向进给(f_r)。这种磨削方法适用于形状规则、便于旋转的工件。

(2) 无心内圆磨床(见图 5-18(b))磨削时，工件支承在滚轮 1 和导轮 3 上，压紧轮 2 使工件紧靠导轮，工件即由导轮带动旋转，实现圆周进给运动(n_w)。砂轮除了完成主运动(n_t)外，还做纵向进给运动(f_a)和周期横向进给运动(f_r)。加工结束时，压紧轮沿箭头 A 方向摆开，以便装卸工件。这种磨削方式适用于大批量生产中，加工外圆表面已经精加工过的薄壁工件，如轴承套圈等。

(3) 行星内圆(见图 5-18(c))磨削时，工件固定不转，砂轮除了绕其自身轴线高速旋转实现主运动(n_t)外，同时还绕被磨内孔的轴线做公转运动，以完成圆周进给运动(n_w)。纵向往复运动(f_a)由砂轮或工件完成。周期地改变砂轮与被磨内孔轴线间的偏心距，即增大砂轮公转运动的旋转半径，可实现横向进给运动(f_r)。这种磨削方式适用于磨削大型或形状不对称、不便于旋转的工件。

内圆磨床的主要类型有普通内圆磨床、无心内圆磨床、行星式内圆磨床和坐标磨床等。一般机械制造厂中以普通内圆磨床应用最普遍。磨削时，根据工件形状和尺寸不同，可采用纵磨法或切入磨法(见图 5-19(a)和图 5-19(b))。有些普通内圆磨床上备有专门的端磨装置，可在工件一次装夹中磨削内孔和端面(见图 5-19(c)、图 5-19(d))，这样不仅易于保证内孔和端面的垂直度，而且生产率较高。

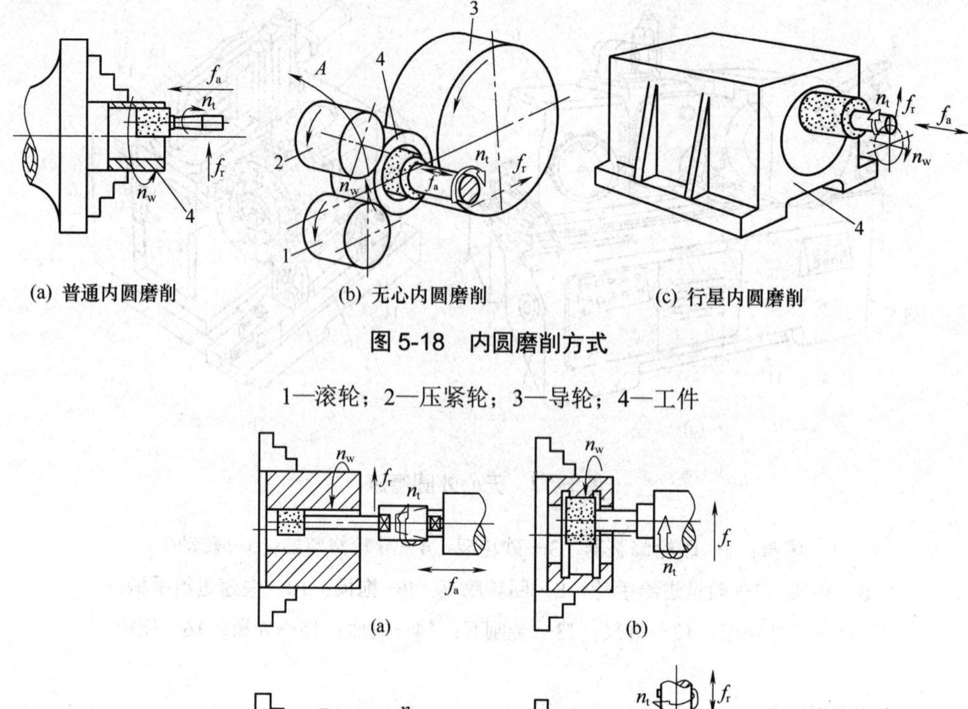

(a) 普通内圆磨削　(b) 无心内圆磨削　(c) 行星内圆磨削

图 5-18　内圆磨削方式

1—滚轮；2—压紧轮；3—导轮；4—工件

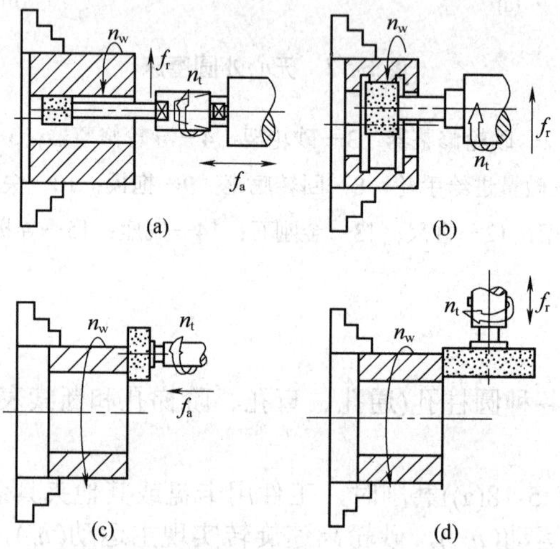

图 5-19　普通内圆磨床的磨削方法

图 5-20 所示为常见的两种普通内圆磨床布局形式。图 5-20(a)所示的磨床的工件头架安装在工作台上，随工作台一起往复移动，完成纵向进给运动。图 5-20(b)所示的磨床砂轮架安装在工作台上做纵向进给运动。两种磨床的横向进给运动都由砂轮架实现。工件头架都可绕垂直轴线调整角度，以便磨削锥孔。

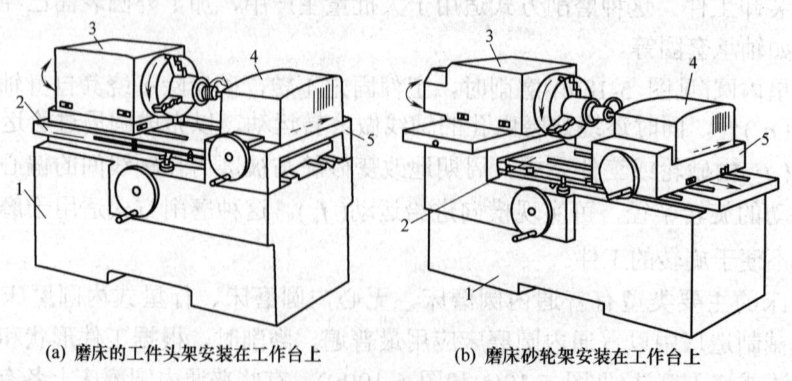

(a) 磨床的工件头架安装在工作台上　(b) 磨床砂轮架安装在工作台上

图 5-20　普通内圆磨床

1—床身；2—工作台；3—头架；4—砂轮架；5—滑座

5.2.5 平面磨床

平面磨床主要用于磨削各种工件的平面，其磨削方式如图 5-21 所示，工件安装在矩形或圆形工作台上，做纵向往复直线运动或圆周进给运动(f_1)，用砂轮的周边或端面进行磨削。用砂轮周边磨削时，由于砂轮宽度的限制，需要沿砂轮轴线方向做横向和进给运动(f_2)。为了逐步地切除全部余量并获得所要求的工件尺寸，砂轮还需周期地沿垂直于工件被磨削表面的方向进给(f_3)。

根据磨削方法和机床布局不同，平面磨床主要有卧轴矩台平面磨床、卧轴圆台平面磨床、立轴矩台平面磨床和立轴圆台平面磨床 4 种类型。其中前两种磨床用砂轮的周边磨削(磨削方法见图 5-21(a)和图 5-21(b))，后两种磨床用砂轮的端面磨削(磨削方法见图 5-21(c)、图 5-21(d))。

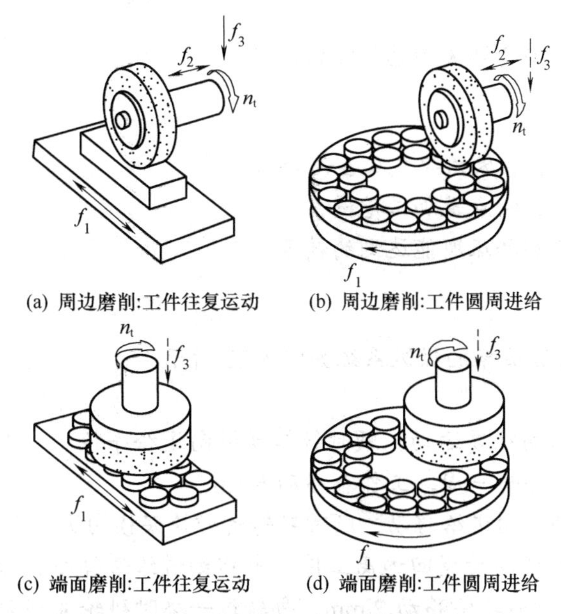

图 5-21 平面磨床的磨削方法

在上述 4 类平面磨床中，用砂轮端面磨削的平面磨床与用周边磨削的平面磨床相比较，由于端面磨削的砂轮直径往往比较大，能一次磨出工件的全宽，磨削面积较大，所以生产效率较高，但端面磨削时砂轮和工件表面是呈弧线或面接触，接触面积大，冷却困难，且切屑不易排除，所以加工精度较低，表面粗糙度较大。而用砂轮周边磨削，由于砂轮和工件接触面较小，发热量少，冷却和排屑条件较好，可获得较高的加工精度和较小的表面粗糙度。另外，采用卧轴矩台的布局形式时，工艺范围较广，除了用砂轮周边磨削水平面外，还可以用砂轮的端面磨削沟槽、台阶等垂直侧平面。

圆台平面磨床与矩台式平面磨床相比，圆台式的生产率稍高些，这是由于圆台式是连续进给，而矩台式有换向时间损失。但是圆台式只适于磨削小零件和大直径的环形零件端面，不能磨削窄长零件。而矩台式可方便地磨削各种零件，包括直径小于矩台宽度的环形零件。

目前，最常见的两种平面磨床为卧轴矩台平面磨床和立轴圆台平面磨床。

5.3 实训——M1432B型万能磨床的操纵

1. 实训目的

(1) 了解磨削加工的工艺特点及加工范围。

(2) 了解常用磨床的组成、运动和用途。

(3) 熟悉磨床的操作方法。

2. 实训要点

(1) 对于机床上的按钮、手柄等操作件，在没有弄清楚其作用之前，不要乱动，以免发生事故。

(2) 发生事故后，要立即关闭总停按钮。

3. 预习要点

(1) M1432B型万能磨床的组成及各部分的作用。

(2) 磨削加工的工艺特点及加工范围。

(3) 磨削加工方法和磨床所能达到的精度。

4. 实训过程

M1432B型万能外圆磨床的操纵系统如图5-22所示。

1) 停车练习

(1) 手动工作台纵向往复运动。顺时针转动纵向进给手轮3，工作台向右移动；反之工作台向左移动。手轮每转一周，工作台移动6 mm。

(2) 手动砂轮架的横向进给移动。顺时针转动砂轮架横向进给手轮22，砂轮架带动砂轮移向工件，反之砂轮架向后退回远离工件。当粗细进给选择拉杆21推进时为粗进给，即手轮22每转过一周时砂轮架移动2 mm，每转过一格时砂轮架移动0.01 mm；当拉杆21拔出时为细进给，即手轮22每转过一周时砂轮架移动0.5 mm，每转过一格时砂轮架移动0.0025 mm。同时为了补偿砂轮的磨损，可将砂轮磨损补偿旋钮20拔出，并顺时针转动，此时手轮22不动，然后将磨损补偿旋钮20推入，再转动手轮22，使其零行程撞块碰到砂轮架横向进给定位块10为止，即可得到一定量的高程进给(横向进给补偿量)。

2) 开车练习

(1) 砂轮的转动和停止。按下砂轮电动机启动按钮16，砂轮旋转，按下砂轮电动机停止按钮14，砂轮停止转动。

(2) 头架主轴的转动和停止。使头架电动机旋钮17处于慢转位置时，头架主轴慢转；使其处于快转位置时，头架主轴处于快转；使其处于停止位置时，头架主轴停止转动。

(3) 工作台的往复运动。按下液压泵启动按钮19，液压泵启动并向液压系统供油。扳动工作台液压传动开停手柄4使其处于开位置时，工作台纵向移动。当工作台向右移动终了时，挡块2碰撞工作台换向杠杆5，使工作台换向向左移动。当工作台向左移动终了时，挡块 7 碰撞工作台换向杠杆 5，使工作台又换向向右移动。这样实现了工作台的往复运动。调整挡块 2 与 7 的位置就调整了工作台的行程长度，转动旋钮 26 可改变工作台的运行速度，转动旋钮 25 或 27 可改变工作台行至右或左端时的停留时间。

(4) 砂轮架的横向快退或快进。转动砂轮架进退手柄 24，可压紧行程开关使液压泵启动，同时也改变了换向阀芯的位置，使砂轮架获得横向快速移近工件或快速退离工件运动。

(5) 尾座顶尖的运动。脚踩踏板 23 时，接通其液压传动系统，使尾座顶尖缩进；脚松开脚踏板 23 时，断开其液压传动系统使尾座顶尖伸出。

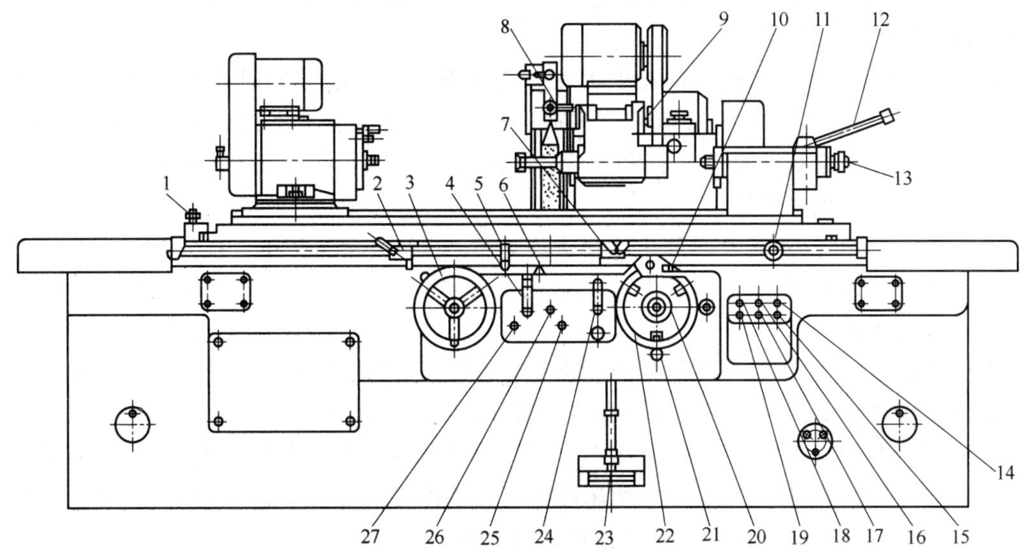

图 5-22　M1432B 型万能外圆磨床的操纵系统图

1—放气阀；2—工作台换向挡块(左)；3—工作台纵向进给手轮；4—工作台液压传动开停手柄；5—工作台换向杠杆；6—头架点转按钮；7—工作台换向挡块(右)；8—冷却液开关手把；9—内圆磨具支架非工作位置定位手柄；10—砂轮架横向进给定位块；11—调整工作台角度用螺杆；12—移动尾架套筒用手柄；13—工作顶紧压力调节捏手；14—砂轮电动机停止按钮；15—冷却泵电动机开停选择旋钮；16—砂轮电动机启动按钮；17—头架电动机停、慢转、快转选择旋钮；18—电器总停按钮；19—液压泵启动按钮；20—砂轮磨损补偿旋钮；21—粗细进给选择拉杆；22—砂轮架横向进给手轮；23—脚踏板；24—砂轮架快速进退手柄；25—工作台换向停留时间调节旋钮(右)；26—工作如速度调节旋钮；27—工作台换向停留时间调节旋钮(左)

5. 实训小结

通过实训，使学生掌磨床传动的工作原理，掌握 M1432B 型万能磨床的组成部分，以及各组成部分的作用。掌握如何操纵磨床来获得磨床的各种运动。实训结束后，对学生进行测试，检查和评估实训情况。

思考与练习

5-1　以 M1432B 型为例，说明为保证加工质量(尺寸精度、几何形状和表面粗糙度)，万能外圆磨床在传动与结构方面采用了哪些措施(注：可与卧式车床进行比较)。

5-2　万能外圆磨床上磨削锥度有哪几种方法？各适用于什么场合？

5-3　在 M1432B 型万能外圆磨床上磨削外圆时，问：

(1) 如果两顶尖支承工件进行磨削，为什么工件头架的主轴不转动？工件又是怎样获得旋转(圆周进给)运动的？

(2) 如工件头架和尾座的锥孔中心在垂直平面内不等高，磨削的工件将产生什么误差？如何解决？如两者在水平平面内不同轴，磨削的工件又将产生什么误差？如何解决？

(3) 采用定程磨削法磨削一批零件后，发现工件直径尺寸大了 0.07 mm，应如何进行补偿调整？说明其调整步骤。

5-4　M1432B 型万能外圆磨床尾座结构如图 5-12 所示，试结合该机床的液压传动系统分析：当工件在两顶尖支承下磨削时(砂轮处于前进的位置)，若操作者误踩了脚踏板，工件会不会掉下来？

5-5　M1432B 型万能外圆磨床的砂轮架和工件头架均能转动一定角度，工作台的上台面又能相对于下台面转动一定角度，各有何用处？在什么场合使用？

5-6　在 M1432B 型万能外圆磨床上磨削外圆时，哪些运动是互锁的？为什么要互锁？

5-7　分析 M1432B 型万能外圆磨床的横向进给机构，说明为了保证砂轮架有较高的定位精度和进给精度，该机构采用了哪些相应的措施？

5-8　内圆磨削的方法有哪几种？各适用什么场合？

5-9　试分析卧轴矩台平面磨床与立轴圆台平面磨床在磨削方法、加工质量以及生产率等方面有何不同？它们的适用范围有何区别？

5-10　试分析无心外圆磨床和普通外圆磨床在布局、磨削方法、生产率及适用范围上各有什么区别？

第 6 章　齿轮加工机床

技能目标

- 熟悉齿轮加工机床的原理和类型。
- 掌握滚齿机加工直齿和斜齿圆柱齿轮时的运动和传动原理。
- 了解 Y3150E 型滚齿机的主要部件结构。

知识目标

- 掌握滚切直齿圆柱齿轮的调整计算。
- 掌握滚切斜齿圆柱齿轮的调整计算。
- 了解机床的液压及润滑系统。

齿轮加工机床是用来加工轮齿的机床。齿轮传动在各种机械及仪表中的广泛应用，以及现代工业的发展对齿轮传动在圆周速度和传动精度等方面的要求越来越高，促进了齿轮加工机床的发展，使齿轮加工机床成为机械制造业中一种重要的加工设备。

6.1　概　　述

6.1.1　齿轮加工机床的工作原理

齿轮加工机床的种类繁多、构造各异，加工方法也各不相同，但就其加工原理来说，可分为成形法(仿形法)和范成法(展成法)两类，现分别介绍如下。

1. 成形法

成形法加工齿轮所采用的刀具为成形刀具，其刀刃形状与被加工齿轮齿槽的截面形状相同。一般情况下，当齿轮模数 $m \leqslant 10$ mm 时，可采用模数盘铣刀进行加工(见图 6-1(a))；当 $m > 10$ mm 时，则采用模数指状铣刀进行加工(见图 6-1(b))。用这种方法加工，每次只加工一个齿槽，然后用分度装置进行分度而依次切出轮齿来。这种方法的优点是既可以在专门的齿轮加工机床上加工，也可以在通用机床如升降台、万能铣床上进行加工；缺点是不能获得准确的渐开线齿形，因为同一模数的齿轮齿数不同，齿形曲线也不相同。要加工出准确的齿形，就必须备有为数很多的齿形不同的成形刀具，这显然是不经济的，刀具制造厂所供应的齿轮铣刀，一般同一模数一套只有 8 把刀，如表 6-1 所示，每一把铣刀只能加工一定齿数范围的齿轮，其齿形曲线是按该范围内最小齿数的齿形制造的，因此在加工其他齿数的齿轮时，就存在着不同程度的齿形误差。因此，它只适用于单件小批量生产和机修车间中加工精度不高的齿轮。

表 6-1　模数铣刀的刀号及加工齿数范围

刀号	1	2	3	4	5	6	7	8
加工齿数范围	12～13	14～16	17～20	21～25	26～34	35～54	55～134	135 以上

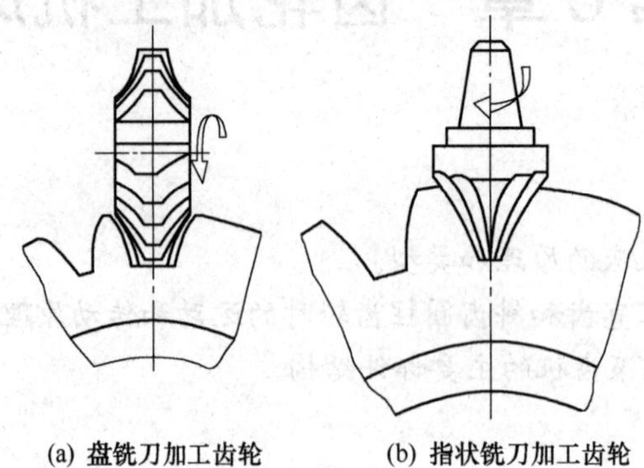

(a) 盘铣刀加工齿轮　(b) 指状铣刀加工齿轮

图 6-1　成形法加工齿轮

2. 范成法

范成法加工齿轮是利用齿轮啮合原理进行的，即把齿轮副(齿条-齿轮、齿轮-齿轮)中的一个转化为刀具，另一个为齿轮坯，通过机床强制两者做严格的啮合运动，在齿轮坯上切出齿廓。图 6-2 所示为范成法加工直齿和斜齿圆柱齿轮原理图。

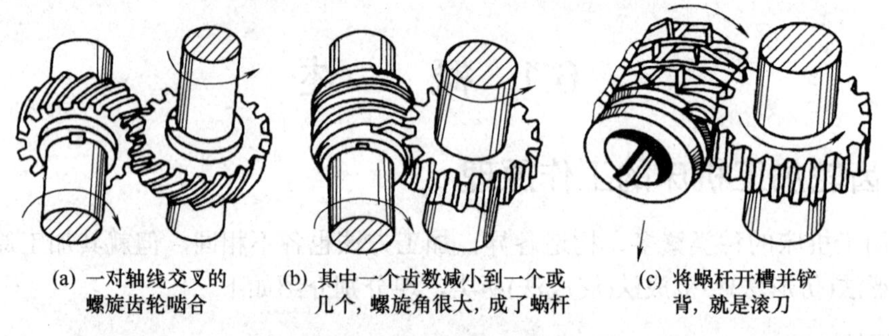

(a) 一对轴线交叉的螺旋齿轮啮合　(b) 其中一个齿数减小到一个或几个，螺旋角很大，成了蜗杆　(c) 将蜗杆开槽并铲背，就是滚刀

图 6-2　范成法滚齿原理

范成法加工齿轮所用刀具切削刃的形状相当于齿条或齿轮的齿廓，它与被切制的齿轮齿数无关。因此，只需一把刀具就可以切制模数相同而齿数不同的齿轮，还可以通过改变刀具与齿轮坯的相对位置来切制变位齿轮。这种方法的加工精度和生产率较高，因而在齿轮加工机床中应用最广泛。

6.1.2　齿轮加工机床的类型

按照被加工齿轮种类的不同，齿轮加工机床可分为圆柱齿轮加工机床和圆锥齿轮加工机床两大类。圆柱齿轮加工机床按采用的刀具不同，分为滚齿机、插齿机、剃齿机、磨齿机及珩齿机等；圆锥齿轮加工机床按轮齿形状不同，可分为直齿圆锥齿轮加工机床和弧齿圆锥齿轮加工机床。直齿圆锥齿轮加工机床主要有刨齿机、铣齿机以及拉齿机等。弧齿圆锥齿轮加工机床主要有加工各种不同曲线齿锥齿轮的铣齿机、拉齿机等。另外，还有加工齿线形状为长幅外摆线或延伸渐开线的铣齿机。

6.2 滚 齿 机

滚齿机是齿轮加工中应用最广泛的一种。它多数是立式的，用来加工直齿和斜齿的外啮合圆柱齿轮及蜗轮；也有卧式的，用于仪表工业中加工小模数齿轮和在一般机械制造业中加工轴齿轮、花键轴等。

6.2.1 滚齿原理

滚齿加工是由一对交错轴斜齿轮啮合传动原理演变而来的。将这对啮合传动副中的一个齿轮的齿数减少到几个或一个，螺旋角 β 增大到很大(即螺旋升角 ω 很小)，就成了蜗杆。如果再将蜗杆开槽并铲背，就成为齿轮滚刀。齿轮滚刀按给定的切削速度做旋转运动，工件轮坯按一对交错斜齿轮啮合传动的运动关系，配合滚刀一起转动的过程中，就在齿坯上滚切出齿槽，形成渐开线齿面，如图 6-3(a)所示。在滚切过程中，分布在螺旋线上的滚刀各刀齿相继切去齿槽中一薄层金属，每个齿槽在滚刀旋转中由几个刀齿依次切出，渐开线齿廓则由刀刃一系列瞬时位置包络而成，如图 6-3(b)所示。所以，滚齿时齿廓的成形方法是范成法，成形运动是滚刀旋转运动和工件旋转运动组成的复合运动(B_{11}+B_{12})，这个复合运动称为范成运动。当滚刀与工件连续不断地旋转时，便在工件整个圆周上依次切出所有齿槽。也就是说，滚齿时齿面的成形过程与齿轮的分度过程是结合在一起的，因此范成运动也就是分度运动。

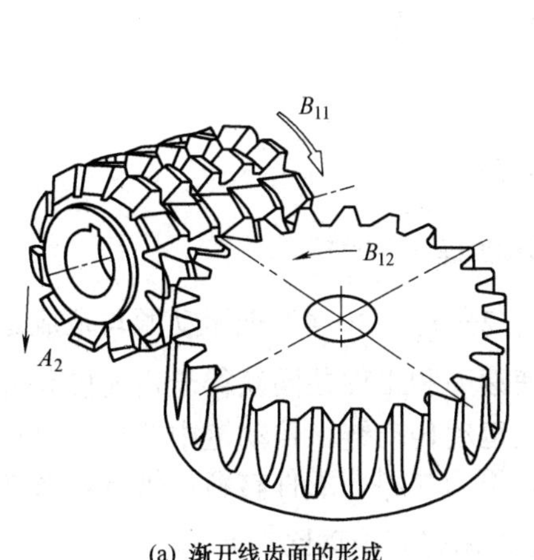

(a) 渐开线齿面的形成

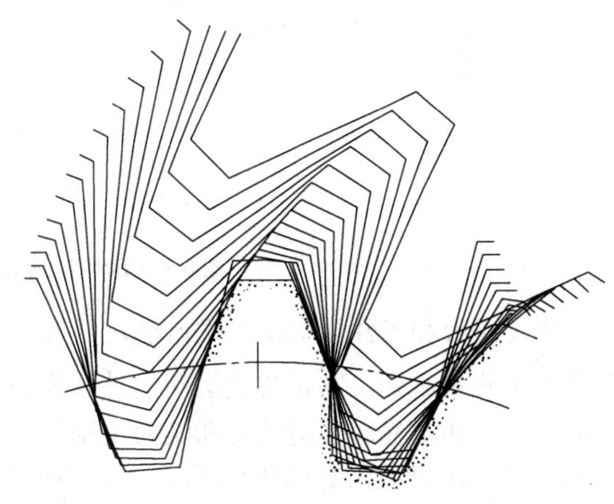

(b) 刀刃每一瞬时形成的包络线

图 6-3　滚齿原理

由上述可知，为了得到所需要的渐开线齿廓和齿轮齿数，滚齿时滚刀和工件之间必须保持严格的相对运动关系，即当滚刀转过 1 转时，工件应该相应地转 k/z 转(k 为滚刀头数；z 为工件齿数)。

6.2.2 滚切直齿圆柱齿轮时的运动和传动原理

根据表面成形原理，加工直齿圆柱齿轮时的成形运动应包括形成渐开线齿廓(母线)的运动和形成直线形齿线(导线)的运动。渐开线齿廓由范成法形成，靠滚刀旋转运动 B_{11} 和工件旋转运动 B_{12} 组成的复合运动——范成运动实现；直线形齿线由相切法形成，靠滚刀旋转运动 B_{11} 和滚刀沿工件轴线的直线运动 A 来实现，这是两个简单运动，如图 6-3(a)所示。这里，滚刀的旋转运动既是形成渐开线齿廓的运动，又是形成直线形齿线的运动。所以，滚切直齿圆柱齿轮实际只需要两个独立的成形运动，即一个复合成形运动(B_{11}+B_{12})和一个简单成形运动 A_2。但是，习惯上常常根据切削中所起作用来称呼滚齿时的运动，即称工件的旋转运动为范成运动，滚刀的旋转运动为主运动，滚刀沿工件轴线方向的移动为轴向进给运动，并据此来命名实现这些运动的传动链。

实现滚切直齿圆柱齿轮所需成形运动的传动原理如图 6-4 所示。联系滚刀主轴(滚刀转动 B_1)和工作台(工件转动 B_2)的传动链“4—5— u_x —6—7”为范成运动传动链，由它来保证滚刀和工件旋转运动之间的严格运动关系。传动链中的换置机构 u_x 用于适应工件齿数和滚刀头数的变化。显然，这是一条内联系传动链，不仅要求它的传动比数值非常准确，而且还要求滚刀和工件两者的旋转方向互相配合，即必须符合一对交错轴斜齿轮啮合传动时的相对运动方向。当滚刀旋转方向一定时，工件的旋转方向由滚刀螺旋方向确定。

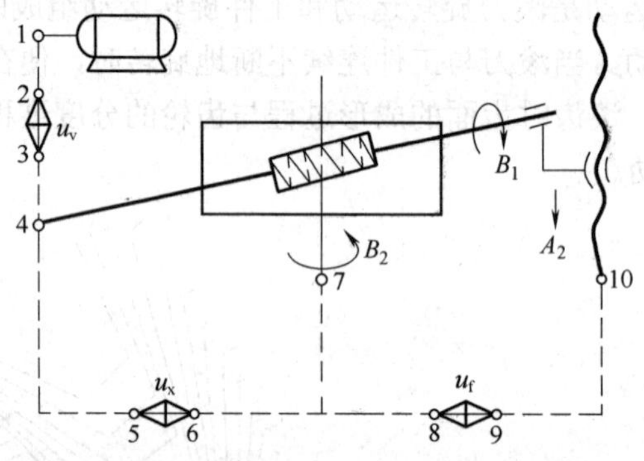

图 6-4　滚切直齿圆柱齿轮传动原理

为使滚刀和工件能实现范成运动，需有传动链“1—2— u_v —3—4”把运动源与范成运动传动链联系起来。它是范成运动的外联系传动链，使滚刀和工件共同获得一定速度和方向的运动。通常称联系运动源和滚刀主轴的传动链为主运动传动链，传动链中的换置机构 u_v 用于调整渐开线齿廓的成形速度，以适应滚刀直径、滚刀材料、工件材料、硬度以及加工质量要求等变化，即根据工艺条件所确定的滚刀转速来调整其传动比。

滚刀的轴向进给运动是由滚刀刀架沿立柱移动实现的。为使刀架得到运动，用轴向进给运动传动链“7—8— u_f —9—10”将工作台(工件转动)与刀架(滚刀移动)联系起来。传动链中的换置机构 u_f 用于调整轴向进给量的大小和进给方向，以适应不同加工表面粗糙度的要求。需要明确的是，由于轴向进给运动是简单运动，所以轴向进给运动传动链是外联系传动链。这里之所以用工作台作为间接运动源，是因为滚齿时的进给量通常以工件每转一转时刀架的位移量来计算，且刀架运动速度较低，采用这种传动方案不仅可满足工艺上的需要，又能简化机床的结构。

6.2.3　滚切斜齿圆柱齿轮时的运动和传动原理

如图 6-5 所示，斜齿圆柱齿轮与直齿圆柱齿轮不同之处是齿线为螺旋线，因此，滚切斜齿齿轮时，除了与滚切直齿一样，需要有范成运动、主运动和轴向进给运动外，为了形成螺旋线齿线，在滚刀做轴向进给运动时，工件还应做附加旋转运动 B_{22} (简称附加运动)，而且这两个运动之间必须保持确定的关系，即滚刀移动一个工件螺旋导程 L 时，工件应准确地附加转过一转，对此用图 6-6(a)来加以说明，设工件螺旋线为右旋，当刀架带着滚刀沿工件轴向进给 f (单位为 mm)，滚刀由 a 点到 b 点时，为了能切出螺旋线齿线，应使工件的 b' 点转到 b 点，即在工件原来的旋转运动 B_{12} 的基础上，再附加转动 $\widehat{bb'}$ 。当滚刀进给至 c 点时，工件应附加转动 $\widehat{cc'}$ 。以此类推，当滚刀进给至 p 点，即滚刀进给一个工作螺旋线导程 L 时，工件上的 p' 点应转到 p 点，就是说工件应附加转 1 转。附加运动 B_{22} 的方向与工件在范成运动中的旋转运动 B_{12} 方向或者相同，或者相反，这取决于工件螺旋线方向及滚刀进给方向。如果 B_{22} 和 B_{12} 同向，计算时附加运动取+1 转；反之，若 B_{22} 和 B_{12} 方向相反，则取-1 转。由上述分析可知，滚刀的轴向进给运动 A_{21} 和工件的附加运动 B_{22} 是形成螺旋线齿线所必需的运动，它们组成一个复合运动——螺旋轨迹运动。

图 6-5　斜齿圆柱齿轮

实现滚切斜齿圆柱齿轮所需成形运动的传动原理如图 6-6(b)所示。其中范成运动、主运动以及轴向进给运动传动链与加工直齿圆柱齿轮时相同，只是在刀架与工件之间增加了一条附加运动传动链：“刀架(滚刀移动 A_{21})—12—13— u_y —14—15—(合成)—6—7— u_x —8—9—工作台(工件附加转动 B_{22})”，以保证刀架沿工件轴线方向移动一个螺旋线导程 L 时，工件附加转 1 转，形成螺旋线齿线。显然，这条传动链属于内联系传动链。传动链中的换置机构 u_y 要适应工件螺旋线导程 L 和螺旋方向的变化。由于滚切斜齿圆柱齿轮时，工件旋转运动既要与滚刀旋转运动配合组成形成齿廓的范成运动，又要与滚刀刀架直线进给运动配合，合成形成螺旋线齿线的螺旋轨迹运动，而且它们又是同时进行的，所以加工时工件的旋转运动是两个运动的合成，即范成运动中的旋转运动 B_{12} 和螺旋轨迹运动的附加运动 B_{22} 。这两个运动分别由范成运动传动链和附加运动传动链传来，为使工件同时接受两个运动而不发生矛盾，需在传动系统中配置运动合成机构(见图 6-6(b)以及其他传动原理图中均用(合成)表示)，将两个运动合成之后再传给工件。

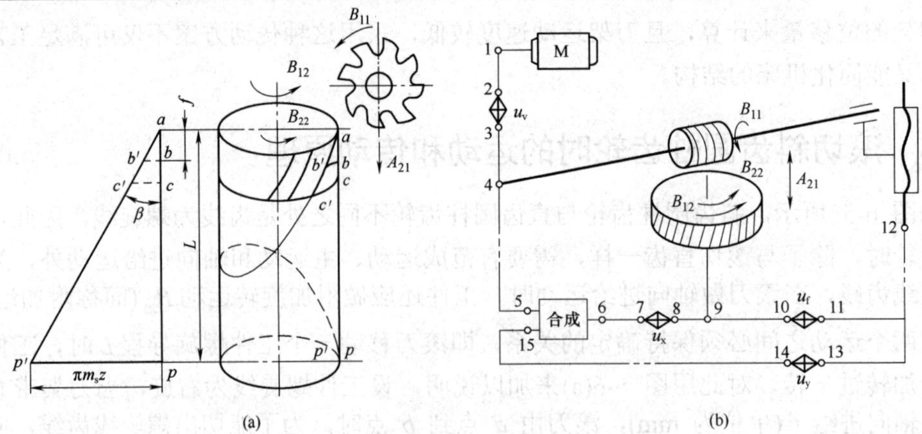

图 6-6 滚切斜齿圆柱齿轮的传动原理

6.3 Y3150E 型滚齿机

6.3.1 Y3150E 型滚齿机的主要组成部件

Y3150E 型滚齿机主要用于滚切直齿圆柱齿轮和斜齿圆柱齿轮，也可使用蜗轮滚刀用手动径向进给法滚切蜗杆，还可以使用花键滚刀加工花键轴。

图 6-7 所示为 Y3150E 型滚齿机的外形。此滚齿机由床身 1、立柱 2、刀具溜板 3、滚刀架 5、后立柱 8 和工作台 9 等主要部件组成。立柱 2 固定在床身 1 上，刀具溜板 3 带动滚刀架 5 可沿立柱 2 的导轨做垂向进给运动和快速移动。安装滚刀的滚刀杆 4 装在滚刀架 5 的主轴上，滚刀架 5 连同滚刀一起可沿刀具溜板 3 的圆形导轨在 0°～240° 范围内调整安装角度。工件安装在工作台 9 的工件心轴 7 上或直接安装在工作台 9 上，随同工作台 9 一起做旋转运动。工作台 9 和后立柱 8 装在同一溜板上，并可沿床身 1 的水平导轨做水平调整移动，以调整工件的径向位置或做手动进给运动。后立柱 8 上的后支架 6 可通过轴套或顶尖支承工件心轴 7 的上端，以增加滚切工作的平稳性。

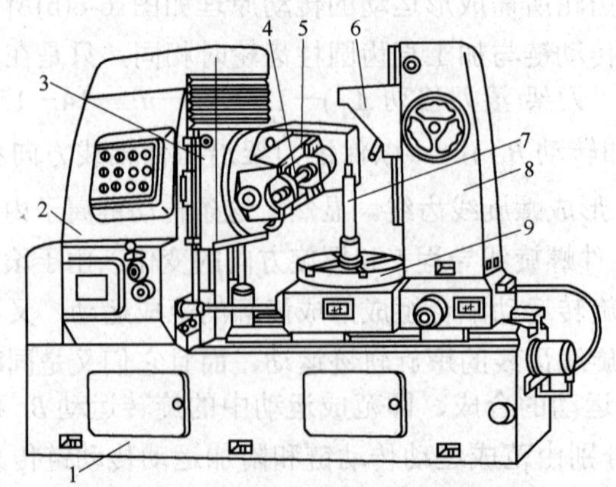

图 6-7 Y3150E 型滚齿机外形

1—床身；2—立柱；3—刀具溜板；4—滚刀杆；5—滚刀架；6—后支架；7—工件心轴；8—后立柱；9—工作台

6.3.2 Y3150E 型滚齿机的主要技术性能

Y3150E 型滚齿机主要用于滚切直齿和斜齿圆柱齿轮。其主要技术性能如下。

(1) 工件最大加工直径：500 mm。

(2) 工件最大加工宽度：250 mm。

(3) 工件最大模数：8 mm。

(4) 工件最小齿数：$z_{\min}=5k$ 滚刀头数。

(5) 滚刀主轴转速：40 r/min、50 r/min、63 r/min、80 r/min、100 r/min、125 r/min、160 r/min、200 r/min、250 r/min。

(6) 刀架轴向进给量：0.4 mm/r、0.56 mm/r、0.63 mm/r、0.87 mm/r、1 mm/r、1.16 mm/r、1.41 mm/r、1.6 mm/r、1.8 mm/r、2.5 mm/r、2.9 mm/r、4 mm/r。

(7) 机床轮廓尺寸(长×宽×高)：2439 mm×1272 mm×1770 mm。

(8) 主电动机：4 kW，1430 r/min。

(9) 快速电动机：1.1 kW，1410 r/min。

(10) 机床质量：约 3450 kg。

6.3.3 Y3150E 型滚齿机的传动系统及其调整计算

图 6-8 所示为 Y3150E 型滚齿机的传动系统图。

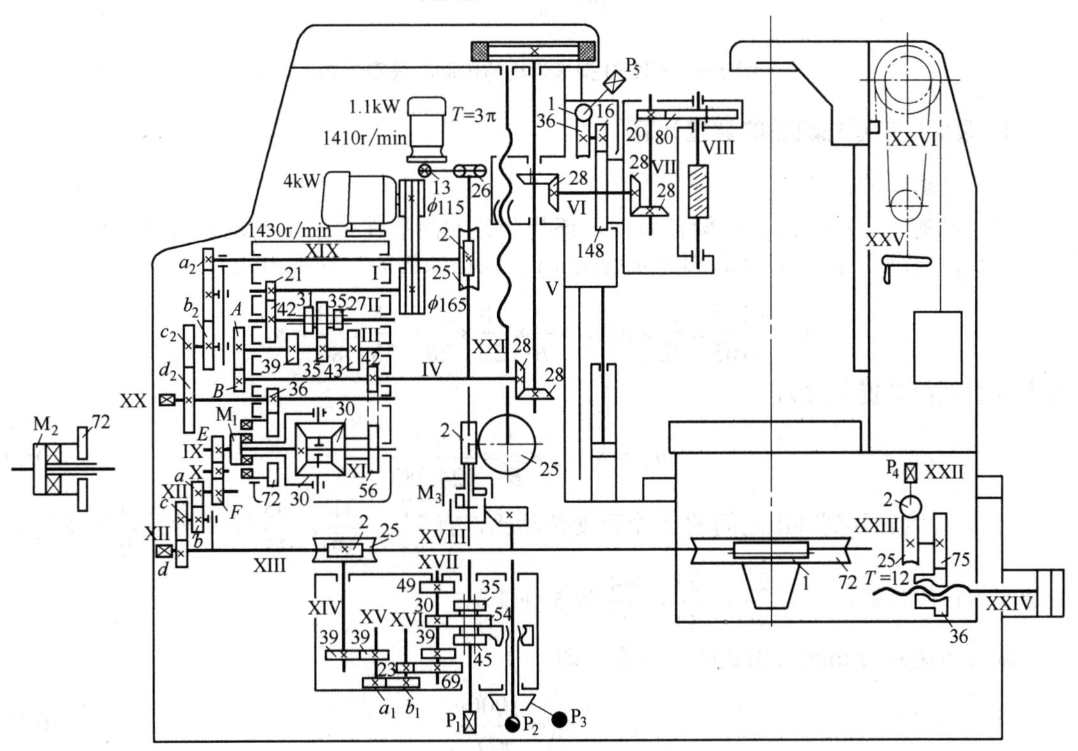

图 6-8 Y3150E 型滚齿机的传动系统图

P_1—滚刀架垂向进给手摇方头；P_2—离合器 M_3 控制手柄；P_3—快速移动手柄；P_4—工作径向进给手摇方头；P_5—刀架板角度手摇方头

Y3150E 型滚齿机的传动路线表达式如图 6-9 所示。

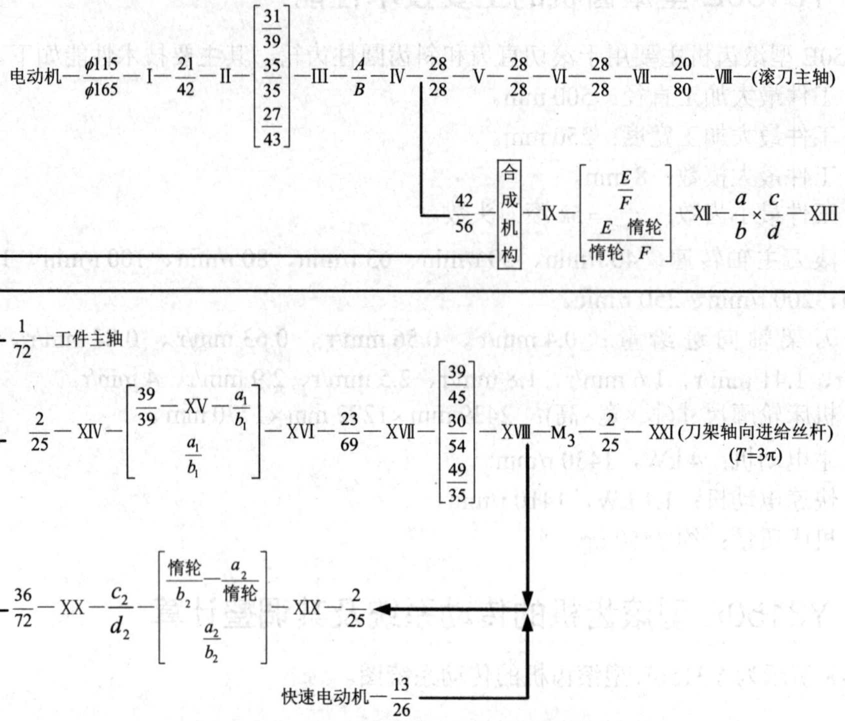

$$\text{电动机}-\frac{\phi115}{\phi165}-\text{I}-\frac{21}{42}-\text{II}-\begin{bmatrix}\frac{31}{39}\\ \frac{35}{35}\\ \frac{27}{43}\end{bmatrix}-\text{III}-\frac{A}{B}-\text{IV}-\frac{28}{28}-\text{V}-\frac{28}{28}-\text{VI}-\frac{28}{28}-\text{VII}-\frac{20}{80}-\text{VIII}-(\text{滚刀主轴})$$

$$\frac{42}{56}-\text{合成机构}-\text{IX}-\begin{bmatrix}\frac{E}{F}\\ \frac{E}{\text{惰轮}}\times\frac{\text{惰轮}}{F}\end{bmatrix}-\text{XII}-\frac{a}{b}\times\frac{c}{d}-\text{XIII}$$

$$\frac{1}{72}-\text{工件主轴}$$

$$\frac{2}{25}-\text{XIV}-\begin{bmatrix}\frac{39}{39}-\text{XV}-\frac{a_1}{b_1}\\ \frac{a_1}{b_1}\end{bmatrix}-\text{XVI}-\frac{23}{69}-\text{XVII}-\begin{bmatrix}\frac{39}{45}\\ \frac{30}{54}\\ \frac{49}{35}\end{bmatrix}-\text{XVIII}-\text{M}_3-\frac{2}{25}-\text{XXI}\ (\text{刀架轴向进给丝杆})\ (T=3\pi)$$

$$\frac{36}{72}-\text{XX}-\frac{c_2}{d_2}-\begin{bmatrix}\frac{\text{惰轮}}{b_2}-\frac{a_2}{\text{惰轮}}\\ \frac{a_2}{b_2}\end{bmatrix}-\text{XIX}-\frac{2}{25}$$

$$\text{快速电动机}-\frac{13}{26}$$

图 6-9　Y3150 型滚齿机的传动路线表达式

1. 滚切直齿圆柱齿轮的调整计算

1)　主运动的传动链

滚齿机的主运动是滚刀的旋转运动，该传动链的两端件是主电动机和滚刀主轴，其计算位移是：电动机 $n_{电}$ (r/ min) 和滚刀 $n_{刀}$ (r/ min)。则传动链的运动平衡式为

$$n_{电}\times\frac{\phi115}{\phi165}\times\frac{21}{42}\times u_{\text{II}-\text{III}}\times\frac{A}{B}\times\frac{28}{28}\times\frac{28}{28}\times\frac{28}{28}\times\frac{20}{80}=n_{刀}$$

将上式整理得换置公式为

$$u_{\text{V}}=u_{\text{II}-\text{III}}\times\frac{A}{B}=\frac{n_{刀}}{124.583} \tag{6-1}$$

式中：$u_{\text{II}-\text{III}}$ 为轴 II 到轴 III 之间的 3 个可变传动比，有 $\frac{27}{43}$、$\frac{31}{39}$、$\frac{35}{35}$ 等 3 种；$\frac{A}{B}$ 为主运动变速交换齿轮齿数比，有 $\frac{22}{44}$、$\frac{33}{33}$、$\frac{44}{22}$ 等 3 种情况。

滚刀转速 $n_{刀}$ (r/min)可由式(6-2)计算，即

$$n_{刀}=\frac{1000v}{\pi D_{刀}} \tag{6-2}$$

式中：滚刀的切削速度 v 可根据刀具材料、工件材料及粗精加工要求确定，表 6-2 所示为高速钢滚刀的切削规范；D 为所选用的滚刀直径。

表 6-2　高速钢滚刀的切削规范

工件材料	切削速度/(m/min)	
	粗　切	精　切
铸铁	<20	20～25
钢(极限强度在 600MPa 以下)	<28	30～35
钢铁(极限强度在 600MPa 以上)	<25	25～30
青铜	25～30	
塑料	25～40	

根据选定的切削速度和滚刀直径，把数值代入式(6-2)，计算出对应的滚刀转速，并确定速度交换齿轮$\frac{A}{B}$的值，如图 6-10 所示。再将$n_{刀}$与$\frac{A}{B}$值代入式(6-1)换置公式中，计算出$u_{\text{II}-\text{III}}$，以选择对应的滑移齿轮传动比，然后按选定的$\frac{A}{B}$及滑移齿轮位置调整机床。通常在机床说明书中提供了滚刀主轴转速与换置齿轮、交换齿轮表，如表 6-3 所示。

必须注意，当工件齿数z_1较少时，为避免工作台转速过高，使分度蜗轮($z=72$)过早磨损，切削速度v应取小些，可用公式$n_1=\frac{n_{刀}k}{z}\leqslant 5.5$ r/min 进行计算。

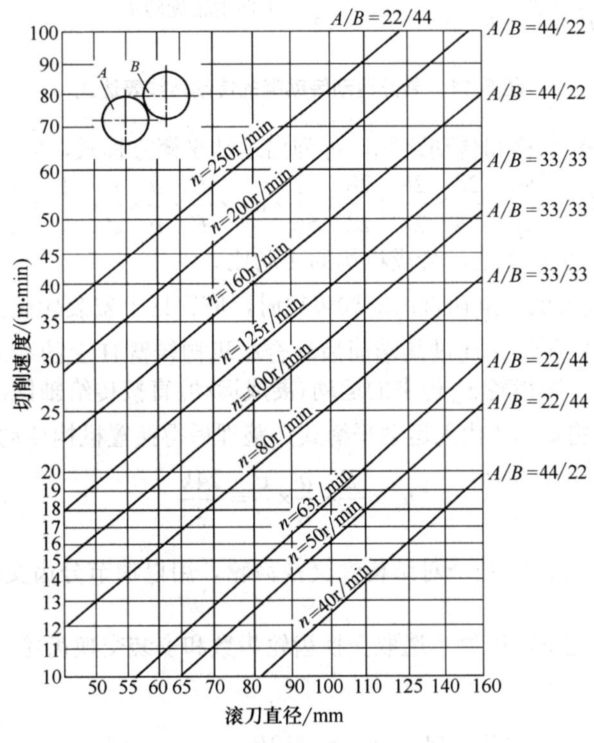

图 6-10　确定速度交换齿轮图

表 6-3 Y3150E 型滚齿机主轴转速交换齿轮配换表

$\frac{A}{B}$	$\frac{22}{43}$			$\frac{33}{33}$			$\frac{44}{22}$		
$u_{\text{II—III}}$	$\frac{27}{43}$	$\frac{31}{39}$	$\frac{35}{35}$	$\frac{27}{43}$	$\frac{31}{39}$	$\frac{35}{35}$	$\frac{27}{43}$	$\frac{31}{39}$	$\frac{35}{35}$
$n_{刀}$/(r/min)	40	50	63	80	100	125	160	200	250

2) 展成运动传动链

展成运动传动链的首端件为滚刀主轴，末端件为工件。由图 6-4 所示的传动原理图可看出，滚刀的旋转运动 B_1 经定比传动机构、运动合成机构及传动比可变的换置机构 u_x，使工件获得旋转运动 B_2。两端件的计算位移是：滚刀主轴转 l 转时，工件应准确地转 $\frac{k}{z}$ 转(k 为滚刀头数，z 为工件齿数)。

(1) 传动路线表达式及运动平衡方程式。展开运动传动链的传动路线表达式如图 6-11 所示。

$$滚刀旋转B_1(\text{VIII})—\frac{80}{20}—\text{VII}—\frac{28}{28}—\text{VI}—\frac{28}{28}—\text{V}—\frac{28}{28}—\text{IV}—\frac{42}{56}—运动合成机构—\text{IX}—\frac{E}{F}—\text{XII}—\frac{a}{b}\times\frac{c}{d}—\text{XIII}—\frac{1}{72}—工件主轴旋转B_2$$

图 6-11 展开运动传动链的传动路线表达式

根据两端件的计算位移和传动路线，可列出运动平衡方程式，即

$$l_{滚刀}\times\frac{80}{20}\times\frac{28}{28}\times\frac{28}{28}\times\frac{28}{28}\times\frac{42}{56}\times u_{合}\times\frac{E}{F}\times\frac{a}{b}\times\frac{c}{d}\times\frac{1}{72}=\frac{k}{z}$$

式中：$u_{合}$ 为展开运动传动链通过合成机构的传动比。

在 Y3150E 型滚齿机上滚切直齿圆柱齿轮时，应在Ⅸ上安装牙嵌离合器 M_1，并与轴Ⅸ的键连接，如图 6-11 所示。通过某端面齿与合成机构转臂 H 上的端面齿相啮合，使合成机构如同一个联轴器，将齿轮 z_{56} 传来的运动(展成运动)直接传给轴Ⅸ，因此，$u_{合}=1$。

(2) 换置公式。将 $u_{合}=1$ 代入运动平衡式，整理后得换置机构传动比 u_x 的计算公式为

$$u_x=\frac{E}{F}\times\frac{a}{b}\times\frac{c}{d}=\frac{24k}{z} \tag{6-3}$$

其中，交换齿轮 E、F 是一对结构性交换齿轮，用以调节分齿交换齿轮 $\frac{a}{b}\times\frac{c}{d}$ 的传动比，使之不致过大或过小，以便于选取交换齿轮齿数和安装交换齿轮。$\frac{E}{F}$ 值根据滚刀头数和工件齿数选用。

① 当 $5\leqslant\frac{k}{z}\leqslant20$ 时，$\frac{E}{F}=\frac{48}{24}$；$\frac{a}{b}\times\frac{c}{d}=\frac{12k}{z}$。

② 当 $21\leqslant\frac{k}{z}\leqslant142$ 时，$\frac{E}{F}=\frac{36}{36}$；$\frac{a}{b}\times\frac{c}{d}=\frac{24k}{z}$。

③　当$143 \leqslant \frac{k}{z}$时，$\frac{E}{F}=\frac{24}{48}$；$\frac{a}{b}\times\frac{c}{d}=\frac{48k}{z}$。

3)　轴向进给运动传动链

轴向进给运动传动链的两端件是工件和滚刀刀架，其计算位移是：工件每转 1 转滚刀刀架垂向移动 f(mm)。运动平衡方程式为

$$1_{工件}\times\frac{72}{1}\times\frac{2}{25}\times\frac{39}{39}\times\frac{a_1}{b_1}\times\frac{23}{69}\times u_{进}\times\frac{2}{25}\times 3\pi = f$$

将上式整理并化简，可得换置公式为

$$u_f=\frac{a_1}{b_1}\times u_{进}=\frac{f}{0.4608\pi} \tag{6-4}$$

式中：$\frac{a_1}{b_1}$为轴向进给交换齿轮；$u_{进}$为轴Ⅶ—Ⅷ之间的三级可变传动比，分别为$\frac{39}{45}$、$\frac{30}{54}$、$\frac{49}{35}$。

轴向进给量 f 可根据工件材料及粗、精加工性质和齿面粗糙度等要求选择。一般取 $f=0.5\sim3$ mm/r。轴向进给量确定后，可从表 6-4 中查出对应的交换齿轮$\frac{a_1}{b_1}$和$u_{进}$。

表 6-4　轴向进给量和交换齿轮齿数

$\frac{a_1}{b_1}$	$\frac{26}{52}$			$\frac{32}{46}$			$\frac{46}{32}$			$\frac{52}{26}$		
$u_{进}$	$\frac{30}{54}$	$\frac{39}{45}$	$\frac{49}{35}$	$\frac{30}{54}$	$\frac{39}{45}$	$\frac{49}{35}$	$\frac{30}{54}$	$\frac{39}{45}$	$\frac{49}{35}$	$\frac{30}{54}$	$\frac{39}{45}$	$\frac{49}{35}$
f /(mm/r)	0.4	0.63	1	0.56	0.87	1.41	1.16	1.8	2.9	1.6	2.5	4

2. 滚切斜齿圆柱齿轮的调整计算

1)　主运动传动链

主运动传动链调整计算与滚切直齿圆柱齿轮时完全相同。

2)　展开运动传动链

展开运动传动链两端件和计算位移与滚切直齿圆柱齿轮时相同，但由于附加运动传动链的存在必须使用运动合成机构。

(1)　运动合成机构。图 6-12 所示为 Y3150E 型滚齿机的运动合成机构，由模数 $m=3$、齿数均为 30、螺旋角 $\beta=0^\circ$ 的 4 个弧齿圆锥齿轮组成。

右中心轮 z_1 与齿轮 z_{56} 连在一起，范成运动由 z_{56} 输入。左中心轮 z_3 固定在轴Ⅸ上，运动由此输出。两行星轮 z_{2a}、z_{2b} 空套在轴上，既能绕自身轴线旋转，又可由转臂 H 带动做行星运动。附加运动由齿轮 z_{72} 输入，通过牙嵌离合器 M_2 带动转臂 H 转动。

机床上配有两个牙嵌离合器 M_1、M_2，滚切直齿圆柱齿轮时用离合器 M_1，滚切斜齿圆柱齿轮时用离合器 M_2。滚切斜齿圆柱齿轮时，先在轴Ⅸ上装上套筒 G(与轴Ⅸ键连接)，再将牙嵌离合器 M_2 空套在套筒 G 上。牙嵌离合器 M_2 端面齿较大(见图 6-12(a))，可与空套齿轮 z_f 和转臂的端面齿同时啮合，从而使齿轮 z_f 和转臂连在一起，将附加运动输入到合成机构。

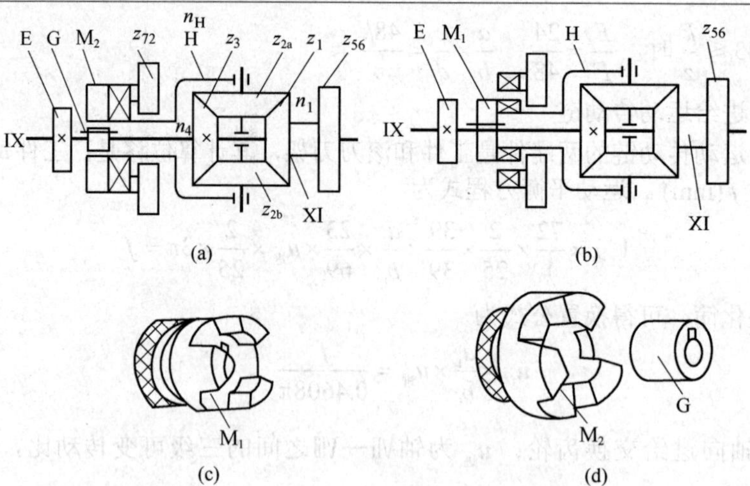

图 6-12　Y3150E 型滚齿机运动合成机构工作原理

设 n_1、n_4、n_H 分别为轴XI、轴IX和转臂 H 的转速，根据行星齿轮机构的传动原理，可列出运动合成机构的传动比计算式，即

$$u_{1-4}^{H}=\frac{n_4-n_H}{n_1-n_H}=(-1)\frac{z_1}{z_2}\times\frac{z_{2a}}{z_3}$$

其中：“-”号表示与左、右中心轮的转动方向相反。将 $z_1=z_{2a}=z_{2b}=z_3=30$ 代入上式，则得

$$u_{1-4}^{H}=\frac{n_4-n_H}{n_1-n_H}=-1$$

将上式整理后，可得运动合成机构的从动件转速 n_4 与两主动件转速 n_1、n_H 的关系式，即

$$n_4=2n_H-n_1 \tag{6-5}$$

现分别计算展成运动传动链和附加运动传动链中运动合成机构的传动比 $u_{合1}$ 和 $u_{合2}$。

令 $n_H=0$ (即无附加运动输入)，则展成运动传动链中，运动输入齿轮 z_{56} 传来的运动经运动合成机构传到轴IX，其传动比为

$$u_{合1}=\frac{n_4}{n_1}=-1 \tag{6-6}$$

令 $n_1=0$ (即无展成运动输入)，则附加运动传动链中，其运动输入齿轮 z_{72} 的运动经转臂 H、运动合成机构传到轴IX，转臂 H 与轴IX间的传动比为

$$u_{合2}=\frac{n_4}{n_H}=2 \tag{6-7}$$

(2) 换置公式。因展成运动传动链中运动合成机构的传动比 $u_{合1}=-1$，所以换置公式变为

$$u_x=\frac{a}{b}\times\frac{c}{d}=-\frac{E}{F}\times\frac{24k}{z} \tag{6-8}$$

此时，为保证展成运动传动链末端件(工件)的旋转方向正确，可在交换齿轮机构中加入介轮。

3)　轴向进给运动传动链

其调整计算仍与滚切直齿圆柱齿轮相同，但因工件的螺旋角大小、滚刀与工件的螺旋线方向的异同会使实际进给量发生变化，因此应根据工件材料和粗、精加工要求选择的进给量进行修正，其影响因素和修正系数如表 6-5 所示。

表 6-5　进给量修正系数

斜齿螺旋齿轮	15°	30°	45°	60°
滚刀与工件螺旋线同向	0.87	0.78	0.63	0.54
滚刀与工件螺旋线异向	0.72	0.65	0.5	0.45

4)　附加运动传动链

附加运动传动链的首端件是滚刀刀架，末端件是工件，其计算位移为：刀架移动一个工件的螺旋导程 T(mm) 时，工件应附加转动 ±1 转，其运动平衡方程式为

$$\frac{T}{3\pi}\times\frac{25}{2}\times\frac{2}{25}\times\frac{a_2}{b_2}\times\frac{c_2}{d_2}\times\frac{36}{72}\times u_{合2}\times\frac{E}{F}\times u_x\times\frac{1}{72}=\pm1$$

式中：$T=\dfrac{\pi m_n z}{\sin\beta}$；$u_x=\dfrac{a}{b}\times\dfrac{c}{d}=\dfrac{E}{F}\times\dfrac{24k}{z}$；$u_{合2}=2$。

将 T、u_x、$u_{合2}$ 值代入上式并整理得换置公式为

$$u_y=\frac{a_2}{b_2}\times\frac{c_2}{d_2}=\pm\frac{9\sin\beta}{m_n k} \tag{6-9}$$

3. 滚切齿数大于 100 的质数直齿圆柱齿轮的调整计算

滚切不同齿数的直齿圆柱齿轮时，是根据展成运动传动链的换置公式，选择适当的分齿交换齿轮齿数调整机床来实现的，其换置公式为

$$u_x=\frac{a}{b}\times\frac{c}{d}=\frac{24k}{z}\qquad 21\leqslant z\leqslant 142$$

或

$$u_x=\frac{a}{b}\times\frac{c}{d}=\frac{48k}{z}\qquad z\geqslant 143$$

当被切齿轮的齿数为质数时，因其不能分解因子，所以交换齿轮 c 或 d 中必须有一齿轮的齿数等于该质数 z 或为 z 的整倍数，而一般滚齿机只备有齿数小于 100 的质数交换齿轮。Y3150E 型滚齿机的交换齿轮齿数为 20(两个)、23、24、25、26、30、32、33、34、35、37、40、41、43、45、47、48、50、52、53、55、57、58、59、60(两个)、61、62、65、67、70、71、73、75、79、80、83、85、89、90、92、95、97、98、100。所以，加工齿数小于 100 的质数齿轮时可以选到合适的交换齿轮，但当齿数为大于 100 的质数时，则因选不到合适的交换齿轮而无法采用一般齿数直齿圆柱齿轮的加工方法加工。此时，可利用运动合成机构，采用运动合成的方法完成齿数大于 100 的质数齿轮加工。

加工一般直齿圆柱齿轮时，在滚刀、工件和刀架之间存在下列运动关系，即

$$\begin{array}{ccc} \text{滚刀} & \text{工件} & \text{刀架} \\ \dfrac{k}{z}\text{r} & \text{——} 1\text{r} \text{——} & f\,\text{mm} \end{array}$$

展成运动的相对运动关系为滚刀转 1 r，工件转$\dfrac{k}{z}$r；或滚刀转$\dfrac{z}{k}$r，工件转 1 r，由分齿交换齿轮的传动比来保证。滚齿数大于 100 的质数直齿圆柱齿轮时，为选到一组合适的分齿交换齿轮，可将展成运动传动链两端件的运动关系改为

$$\begin{array}{cc} \text{滚刀} & \text{工件} \\ \left(\dfrac{k}{z}+\dfrac{\Delta}{k}\right)\text{r} & \text{——}1\,\text{r} \end{array}$$

式中：Δ为一个任意很小的数，一般取$\Delta=\dfrac{1}{5}\sim\dfrac{1}{50}$。$\Delta$的取值应方便选择分齿交换齿轮$a$、$b$、$c$、$d$的齿数及有关传动链的调整计算。

按照变动后的相对运动关系，其展成运动的运动平衡方程式为

$$\frac{z+\Delta}{k}\times\frac{80}{20}\times\frac{28}{28}\times\frac{28}{28}\times\frac{28}{28}\times\frac{42}{56}\times u_{合1}\times\frac{E}{F}\times\frac{a}{b}\times\frac{c}{d}\times\frac{1}{72}=1$$

由于此时使用离合器M_1，所以式中$u_{合1}=-1$，将上式整理得换置公式为

$$u_x=\frac{a}{b}\times\frac{c}{d}=\frac{24k}{z+\Delta}\qquad\left(当\frac{E}{F}=\frac{36}{36}时\right)$$

$$u_x=\frac{a}{b}\times\frac{c}{d}=\frac{48k}{z+\Delta}\qquad\left(当\frac{E}{F}=\frac{24}{48}时\right)$$

从以上两式可知，在展成运动传动链中，工件转 1 r，滚刀的运动误差为$\dfrac{\Delta}{k}$r。这一误差可通过附加运动传动链进行补偿，即工件转 1 r 时，经运动合成机构使滚刀附加转动$\dfrac{\Delta}{k}$ r，从而加工出齿数为z的大质数直齿圆柱齿轮。附加运动传动链的运动平衡式为

$$1\text{r}\times\frac{72}{1}\times\frac{2}{25}\times\frac{39}{39}\times\frac{a_1}{b_1}\times\frac{23}{69}\times u_{进}\times\frac{2}{25}\times\frac{a_2}{b_2}\times\frac{c_2}{d_2}\times\frac{36}{72}\times u_{合2}\times\frac{56}{42}\times\frac{28}{28}\times\frac{28}{28}\times\frac{28}{28}\times\frac{20}{80}=\frac{\Delta}{k}$$

其中：$\dfrac{a_1}{b_1}u_{进}=u_f=\dfrac{f}{0.4608\pi}$，$u_{合2}=2$，将各值代入上式并整理，得附加运动传动链的置换公式为

$$u_y=\frac{a_2}{b_2}\times\frac{c_2}{d_2}=\frac{625}{32u_f k}=\frac{9\Delta\pi}{kf}\tag{6-10}$$

附加运动传动链为展成运动的一部分，为内联系传动链，因此滚刀刀架的进给量f不可随意改换；否则，将改变附加运动传动链的传动比。若需要改变进给量f时，应重新计算并调整附加运动传动链的交换齿轮。

附加运动传动链中，工件的旋转方向由选定的Δ确定。Δ为正值时，表示工件每转 1 r，滚刀多转$\dfrac{\Delta}{k}$ r，因此附加运动传动链中滚刀的旋转方向应与展成运动传动链中滚刀的旋转方向相同；Δ为负值时，两传动链中滚刀的旋转方向相反。

4. 刀架的快速运动传动链

启动快速电动机使滚刀做快速升降运动时，用以调整刀架位置及快进、快退运动。其传动路线为

$$快速电动机—\frac{13}{26}—\text{XVIII}—M_3—\frac{2}{25}—\text{XXI}(T=3\pi)—滚刀刀架$$

此外，在滚切斜齿圆柱齿轮时，启动快速电动机，经附加运动传动链传动工作台，还可检查工作台附加运动的方向是否正确。其传动路线表达式如图 6-13 所示。

$$快速电动机—\frac{13}{26}—\text{XVIII}—\frac{2}{25}—\text{XIX}—\frac{a_2}{b_2}\times\frac{c_2}{d_2}—\text{XX}—\frac{36}{72}—运动合成机构—\text{IX}—\frac{E}{F}—\text{XII}—\frac{a}{b}\times\frac{c}{d}—\text{XIII}—\frac{1}{72}—工作台$$

图 6-13　附加运动传动路线表达式

刀架快速运动传动链的具体方法为：将控制轴 XVIII 上的三联滑移齿轮的操纵手柄 P_3 置于“快速移动”位置(见图 6-8)，使轴 XVIII 上的三联滑移齿轮移到空挡位置，断开轴 XVIII 与轴 XVIII 之间的联系，使主电动机传来的运动不能传至轴 XVIII 。然后启动快速电动机，使附加运动通过上述传动路线传至工作台，观察工作台的转向是否符合附加运动传动链的要求。

必须注意，在滚切一个斜齿圆柱齿轮的过程中，展成运动传动链和附加运动传动链不允许断开；否则，将会使工件产生乱齿或造成刀具及机床的损坏。

6.4　机床的主要部件结构

6.4.1　滚刀刀架的结构

滚刀刀架的作用是支承滚刀主轴，并带动安装在主轴上的滚刀做沿工件轴向的进给运动，由于在不同加工情况下，滚刀旋转轴线需对工件旋转轴线保持不同的相对位置，或者说滚刀需要不同的安装角度，所以，通用滚齿机的滚刀刀架由刀架体和刀架溜板两部分组成。装有滚刀主轴的刀架体可相对刀架溜板转一定角度，以便使主轴旋转轴线处于所需位置，刀架溜板则可沿立柱导轨做直线运动，如图 6-7 所示。

图 6-14 所示为 Y3150E 型滚齿机滚刀刀架的结构。刀架体 1 用装在圆形 T 形槽内的 6 个螺柱 4 固定在刀架溜板(图 6-14 中未示出)上。调整滚刀安装角时，应先将螺柱 4 松开，然后用扳手转动刀架溜板上的方头(见图 6-7)，经蜗杆蜗轮副 1/36 及齿轮 z_{16}，带动固定在刀架体 1 上的 z_{148}，使刀架体回转至所需的位置。

主轴 14 前(左)端用内锥外圆的滑动轴承 13 支承，以承受径向力，并用两个推力球轴承 11 承受轴向力，主轴后(右)端通过铜套 8 及花键套筒 9 支承在两个圆锥滚子轴承 6 上。滑动轴承 13 及推力球轴承 11 安装在轴承座 15 内，15 用 6 个螺柱 2 通过两块压板压紧在刀架体 1 上。主轴后端的花键与花键套筒 9 内的花键孔连接，由齿轮 5 带动旋转。

当主轴前端的滑动轴承 13 磨损，引起主轴径向跳动超过允许值时，可以拆下垫片 10 及 12，磨去相同的厚度，调配至符合要求时为止。如需调整主轴的轴向窜动，则可将垫片

10 适当磨薄。

安装滚刀的刀杆(见图 6-14(b))用锥柄安装在主轴前端的锥孔内，并用方头螺杆 7 将其拉紧。刀杆左端装在后支架 16 上的内锥套支承孔中，后支架 16 可在刀架体上沿主轴轴线方向调整位置，并用压板固定在所需位置上。

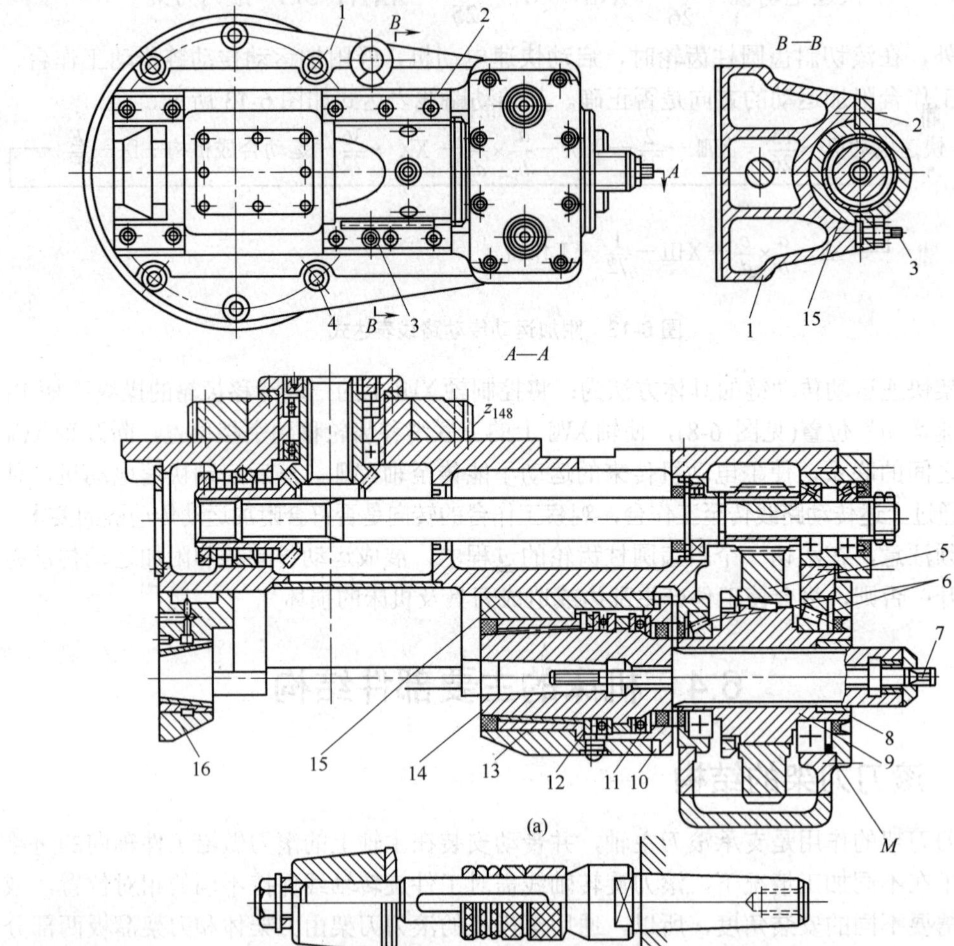

图 6-14　Y3150E 型滚齿机滚刀刀架的结构

1—刀架体；2，4—螺柱；3—方头轴；5—齿轮；6—圆锥滚子轴承；7—方头螺杆；8—铜套；9—花键套筒；10，12—垫片；11—推力球轴承；13—滑动轴承；14—主轴；15—轴承座；16—后支架

安装滚刀时，应使滚刀的刀齿(或齿槽)对称于工件的轴线，以保证加工出的齿廓两侧齿面对称。另外，为了使滚刀的磨损不致集中在局部长度上，而是沿全长均匀地磨损，以提高滚刀使用寿命，需调整滚刀轴向位置，这就是“串刀”。调整时，先放松压板螺柱 2，然后用手柄转动方头轴 3，通过方头轴 3 上的齿轮，经轴承座 15 上的齿条，带动轴承座连同滚刀主轴一起轴向移动。调整妥当后，应扳紧压板螺柱 2。Y3150E 型滚齿机滚刀最大串刀范围为 55 mm。

6.4.2　滚刀的安装调整

滚齿时，为了切出准确的齿形，应使滚刀和工件处于正确的“啮合”位置，即滚刀在切削点的螺旋线方向应与被加工齿轮齿槽方向一致。为此，需将滚刀轴线与工件顶面安装成一定角度，称为安装角。图 6-15 所示为滚切斜齿圆柱齿轮时滚刀轴线的偏转情况，其安装角 δ 为

$$\delta = \beta \pm \omega \tag{6-11}$$

式中：β 为被加工齿轮的螺旋角；ω 为滚刀的螺旋升角。

式 (6-11) 中，当被加工的斜齿轮与滚刀的螺旋线方向相反时取“+”号，与螺旋线方向相同时取“-”号。

滚切斜齿轮时，应尽量采用与工件螺旋方向相同的滚刀，使滚刀安装角较小，有利于提高机床运动精度平稳性及加工精度。

当加工直齿圆柱齿轮时，因 $\beta = 0$，所以滚刀安装角 δ 为

$$\delta = \pm\omega \tag{6-12}$$

这说明在滚齿机上切削直齿圆柱齿轮时，滚刀的轴线也是倾斜的，与水平面成 ω 角(对立式滚齿机而言)倾斜方向则决定于滚刀的螺旋线方向。

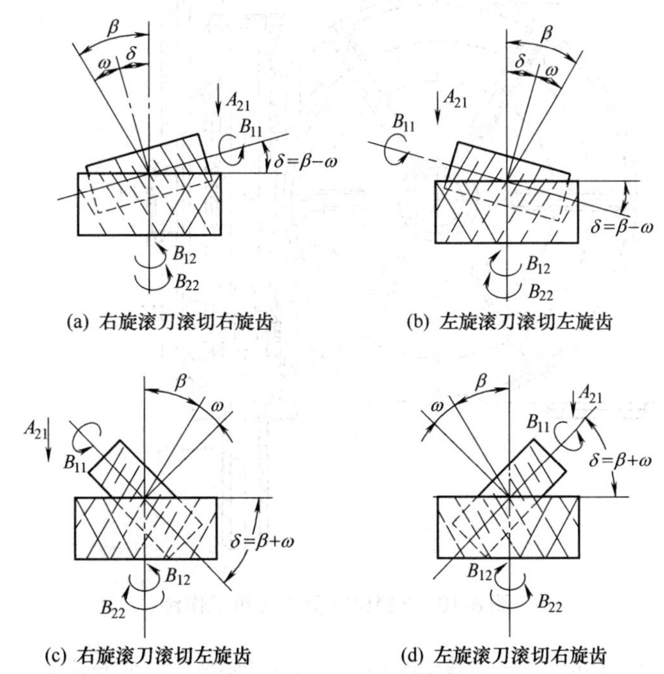

图 6-15　滚刀的安装角

6.4.3　工作台的结构

图 6-16 所示为 Y3150E 型滚齿机工作台的结构。工作台 2 由装在滑板 1 壳体上的锥体滑动轴承 17 确定中心，并支承在滑板壳体的平面圆导轨 M 及 N 上做旋转运动。分度蜗轮 3 用螺柱及定位销固定在工作台上，分度蜗杆 7 由两个圆锥滚子轴承 4 和两个角接触球轴

承 8 支承在支架上。蜗杆副由油泵通过油管供油润滑。工作台的中心孔可安装工件心轴底座 12，工件心轴底座 12 的内孔为莫氏锥度，与工件心轴 15 的锥柄配合，以保证工件心轴 15 与工作台 2 同轴。加工小尺寸圆柱齿轮时，工件可装在工件心轴 15 上，工件心轴 15 的上端用支架的顶尖或套筒支持。加工直径较大的圆柱齿轮时，通常用带有较大端面的工件心轴底座装夹，并尽量在靠近加工部位的轮缘处夹紧。

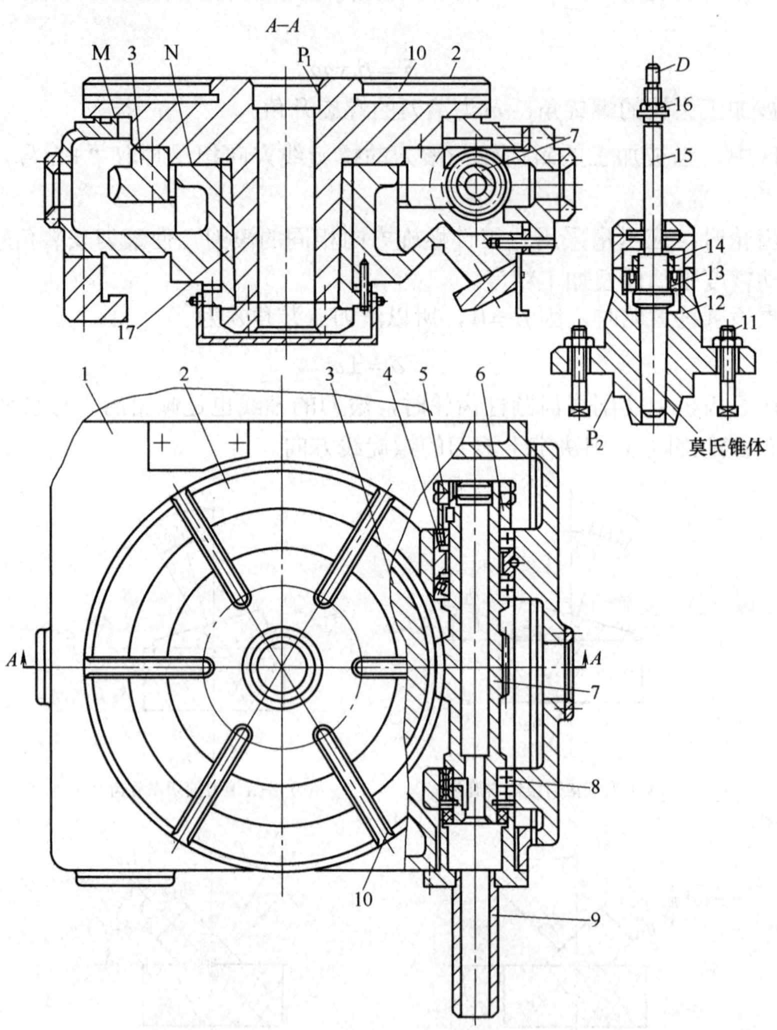

图 6-16　Y3150E 型滚齿机工作台

1—滑板；2—工作台；3—分度蜗轮；4—圆锥滚子轴承；5—调整螺母；6—隔套；7—分度蜗杆；8—角接触球轴承；9—套筒；10—T 形槽；11—T 形螺钉；12—底座；13—螺母；14—锁紧套；15—工件心轴；16—六角螺母；17—锥体滑动轴承

6.5　机床液压及润滑系统

图 6-17 所示为 Y3150E 型滚齿机的液压及自动润滑原理。

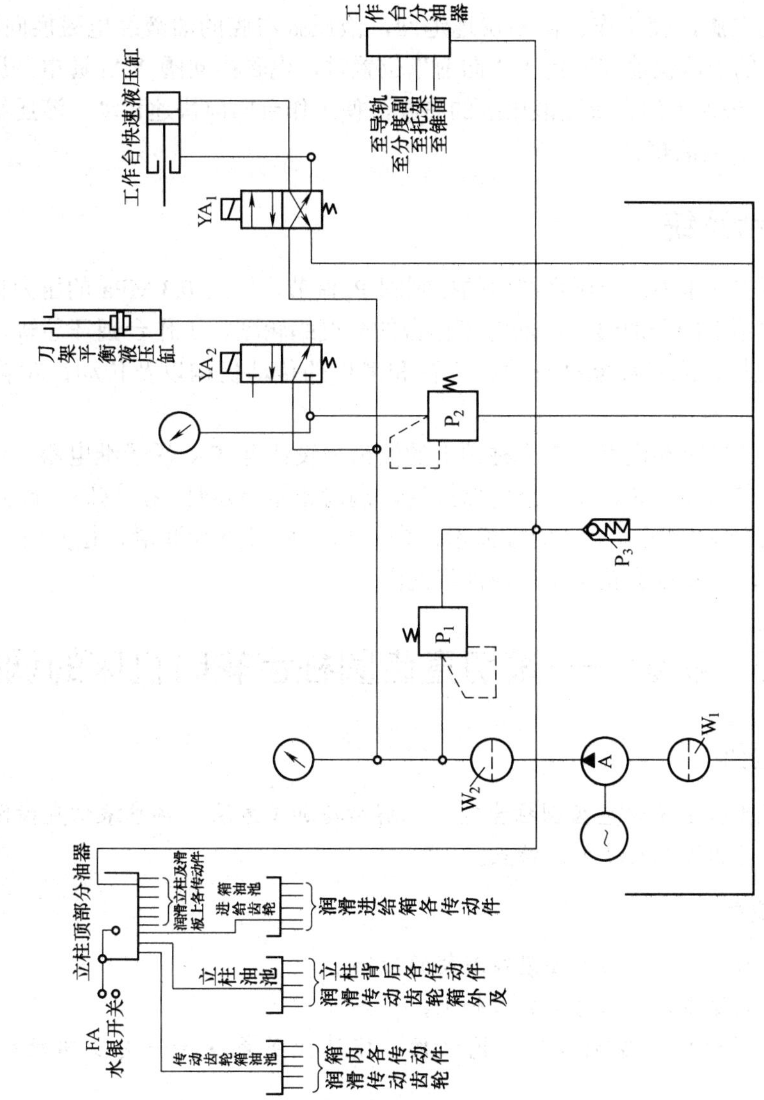

图 6-17 Y3150E 型滚齿机的液压及自动润滑系统原理

6.5.1 液压系统

机床液压系统的工作压力油由叶片泵 A 供给，系统的工作压力为 3.0～3.5 MPa，压力的大小由溢流阀 P_1 调节。在液压泵 A 与液压缸、溢流阀之间用精过滤器 W_2 净化油液。W_1 是粗过滤器，油箱的油液经其过滤器后进入液压泵 A。液压泵采用去酸去水的清洁 30 号抗磨液压油。

启动液压泵电动机 M_1，不管机床工作与否，电磁换向阀 YA_2 均处于释放状态，压力油经该阀的下位进入刀架平衡液压缸。当刀架快速向下运动时，电磁换向阀 YA_2 通电，刀架平衡液压缸处于回油状态，其回油压力的大小由背压阀 P_2 调节。

电磁换向阀 YA_1 控制工作台快速前进和后退。启动液压泵电动机 M_1，工作台的液压快速旋钮置于“退回”位置，电磁换向阀 YA_1 断电，压力油经电磁换向阀 YA_1 进入工作台

快速液压缸的左腔，使工作台向后快速退回，液压缸右腔的油液经电磁换向阀 YA_1 回油箱。当工作台的液压快速旋钮置于“向前”位置时，电磁换向阀 YA_1 通电，压力油通过电磁换向阀 YA_1 进入工作台快速液压缸的右腔，使工作台向前快速移动，液压缸左腔油液经电磁换向阀 YA_1 回油箱。

6.5.2 润滑系统

润滑油所需的压力由液压系统中的控制阀 P_3 调节，以约 0.3 MPa 的压力将液压油输往工作台和立柱顶上的分油器，以润滑工作台的分度蜗轮副、工作台圆环导轨、工作台水平移动的操纵机构、床身和立柱导轨、立柱和滑板的传动机构以及传动齿轮箱内的各传动机构。

为保证机床的可靠润滑，在立柱顶上的油齿内设计有 FA 浮子继电器。当液压泵电动机启动后，稍待片刻，FA 浮子继电器接通，润滑正常指示灯亮，这时才能开动机床进行工作。床身导轨采用压力手动间歇润滑。向下压阀杆时进行润滑，松开时停止润滑油供给。刀架斜齿轮副和锥齿轮副均采用油齿润滑。

6.6 实训——滚切直齿圆柱齿轮时机床的调整

1. 实训目的

通过在滚齿机上滚切直齿圆柱齿轮，了解齿轮加工方法。熟悉滚切直齿圆柱齿轮时机床的调整、齿轮的检测及其加工特点。

2. 实训要点

(1) 选择好滚刀，将滚刀安装在刀架的刀轴上。

(2) 齿轮坯要安装在工作台的心轴上。

(3) 滚齿过程中，强制滚刀与轮坯按一定速比关系保持一对交错轴斜齿轮的啮合运动。

(4) 严格遵守各种安全操作规程。

3. 预习要点

滚齿机加工齿轮齿形的方法和工作原理；滚齿机组成及各部分的作用。

4. 实训过程

1) 实训内容

在 Y38 型滚齿机上，用单头右旋滚刀加工标准直齿圆柱齿轮，其模数 $m=2$、齿数 $z=100$，压力角 $\alpha=20°$，材料 45 钢。

2) 实训步骤

(1) 变速交换齿轮(A、B)。选取中等切削速度，取 $n_0=97$ r/min，即 $u_{变速}=\dfrac{A}{B}=\dfrac{28}{32}$，$A=28$，$B=32$。

(2) 分齿交换齿轮(z_1、z_2、z_3、z_4)。$u_{分齿}=\frac{z_1z_3}{z_2z_4}=\frac{24k}{z}=\frac{24\times1}{100}=\frac{24}{100}$，取 $z_1=24$，$z_4=100$，并在 z_1 和 z_4 之间加一个介轮，即 $z_{介}=50$。

(3) 垂直进给交换齿轮(a、b、c、d)。选取中等进给量 $f_{垂}=1\,\text{mm/r}$，即

$$u_{垂}=\frac{ac}{bc}=\frac{3}{4}f_{垂}=\frac{3}{4}\times1=\frac{30}{40}$$

选取 $a=30$，$d=40$，在 a、d 间加两个介轮为顺铣，即 $z_{介}$ 为 35 和 45，挂轮即可。

(4) 滚刀扳角度。为了使滚刀的运动方向和加工齿轮的齿向一致，滚刀应顺时针扳转一个滚刀的螺旋升角 $\lambda=2°\ 19'$。

(5) 第二次吃刀量。第一次吃刀后测得公法线长度 $W_{k1}=71.35\,\text{mm}$(跨测齿数 $n=12$)，第二次吃刀量 $H=1.46(W_{k1}-W_k)=1.46\times(71.35-70.70)\,\text{mm}=0.95\,\text{mm}$ (齿轮公法线长度为 $W_k=70.70\,\text{mm}$)。

5. 实训小结

通过实训，使学生掌握滚齿机加工齿轮齿形的方法和工作原理以及滚齿机组成及各部分的作用。掌握滚切直齿圆柱齿轮时机床的调整。实训结束后，对学生进行测试，检查和评估实训情况。

思考与练习

6-1　分析比较应用范成运动与成形运动加工圆柱齿轮各有何特点？

6-2　Y3150E 型滚齿机刀架进给丝杠为什么要采用模数制螺纹？

6-3　Y3150E 型滚齿机在滚切直齿圆柱齿轮和斜齿圆柱齿轮时，各需要调整哪几条传动链？其中哪些是内联系传动链？哪些是外联系传动链？写出各条传动链的运动平衡方程式及换置公式。

6-4　在 Y3150E 型滚齿机上滚切直齿圆柱齿轮。已知加工齿轮的齿数 $z_{工}=103$，滚刀头数 $k=1$，轴向进给量 $f=1.41\,\text{mm/r}$。试确定范成运动和附加运动挂轮的齿数。

6-5　根据图 6-18 所示的滚齿机的传动系统图，写出其加工斜齿轮时附加传动链的两端件、计算位移、运动平衡方程式和换置公式(已知 $U_{合}$=2)。

6-6　在 Y38 型滚齿机上加工齿数 $z=113$ 的质数直齿圆柱齿轮，采用右旋单头滚刀，进给量 $f=1\,\text{mm/r}$，试选配范成运动和附加运动挂轮。

注：Y38 型滚齿机随机备有的挂轮齿数有 20(两个)、23、25(两个)、30、33、34、35、37、40、41、43、45、47、48、50、53、55、57、58、59、60、61、62、65、67、70、71、73、75、79、80、83、85、90、92、95、97、98、100。

6-7　在改变下列某一条件的情况下(其他条件不变)，滚齿机上哪些传动链的换向机构应变向？

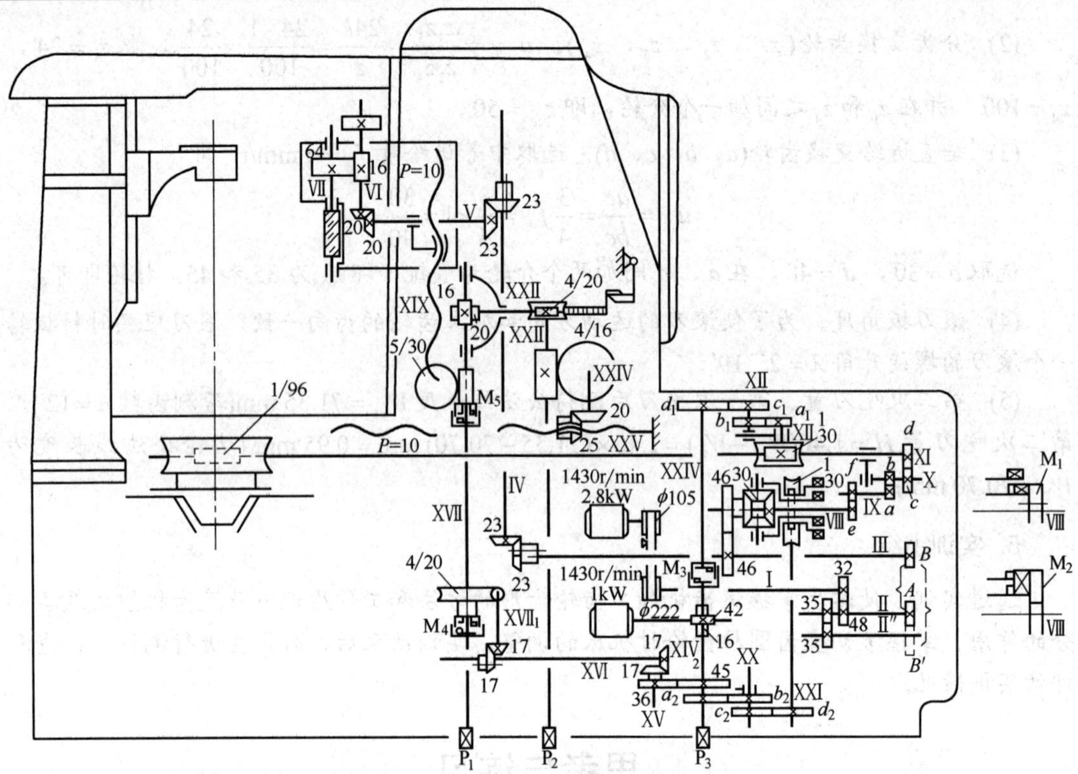

图 6-18　Y38 型滚齿机传动系统图

(1)　由滚切右旋斜齿轮改变为滚切左斜齿轮。

(2)　由逆滚齿改变为顺滚齿。

(3)　由使用右旋滚刀改变为使用左旋滚刀。

第 7 章　其 他 机 床

技能目标

- 掌握钻床的种类和作用。
- 熟悉镗床的类型和用途。
- 掌握牛头刨床的构造。

知识目标

- 学会钻床的加工方法。
- 学会卧式镗床的加工方法。
- 能够拉削加工的典型零件。

7.1　钻　　床

钻床是孔加工机床，主要用于加工外形复杂、没有对称旋转轴线的工件，如杠杆、盖板、箱体、机架等零件上的单孔或孔系。

钻床一般用于加工直径不大、精度要求较低的孔。其主要加工方法是用钻头在实心材料上钻孔，此外还可以进行扩孔、铰孔、攻螺纹等加工。钻床加工时，工件固定不动，刀具旋转做主运动，同时沿轴向移动做进给运动，如图 7-1 所示。

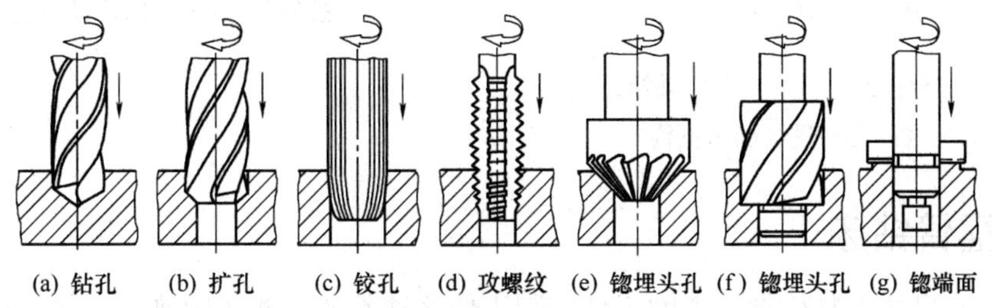

图 7-1　钻床的加工方法

钻床的主要类型有台式钻床、立式钻床、摇臂钻床以及专门化钻床等。

7.1.1　立式钻床

立式钻床是钻床中应用最广泛的一种，其主要特点是主轴轴线垂直布置，而且其位置是固定的。加工时，为使刀具旋转中心线与被加工孔的中心线重合，必须移动工件(相当于调整坐标位置)，因此立式钻床只适用于加工小型工件上的孔。

图 7-2 是方柱立式钻床的外形，主轴箱 3 中装有主运动和进给运动变速传动机构、主轴部件以及操纵机构等。加工时，主轴箱固定不动，而由主轴 2 随同主轴套筒在主轴箱中做直线移动来实现进给运动。利用装在主轴箱上的进给操纵机构 5，可以使主轴实现手动快速升降、手动进给和接通、断开机动进给。被加工工件直接或通过夹具安装在工作台 1 上。工作台和主轴箱都装在方形立柱 4 的垂直导轨上，并可上下调整位置，以适应加工不同高度的工件。

立式钻床的传动原理如图 7-3 所示。主运动一般采用单速电动机经齿轮分级变速机构传动，也有采用机械无级变速传动的；主轴旋转方向的变换，靠电动机正/反转来实现。钻床的进给量用主轴每转一转时，主轴的轴向移动量来表示。另外，攻螺纹时进给运动和主运动之间也需要保持一定关系，因此，进给运动由主轴传出，与主运动共用一个运动源。进给运动传动链中的换置(变速)机构 u_f 通常为滑移齿轮变速机构。

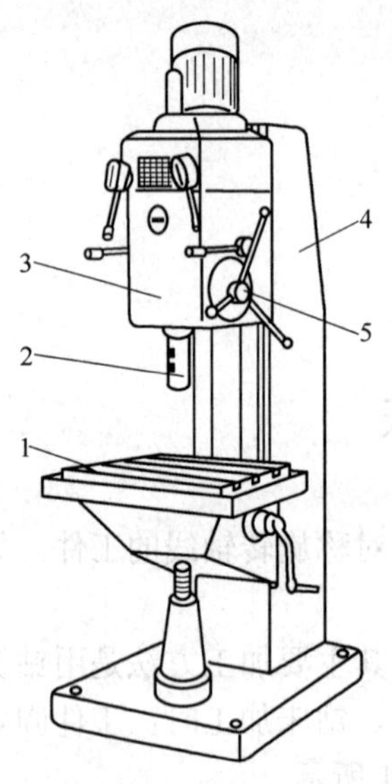

图 7-2　立式钻床

1—工作台；2—主轴；3—主轴箱；
4—立柱；5—进给操纵机构

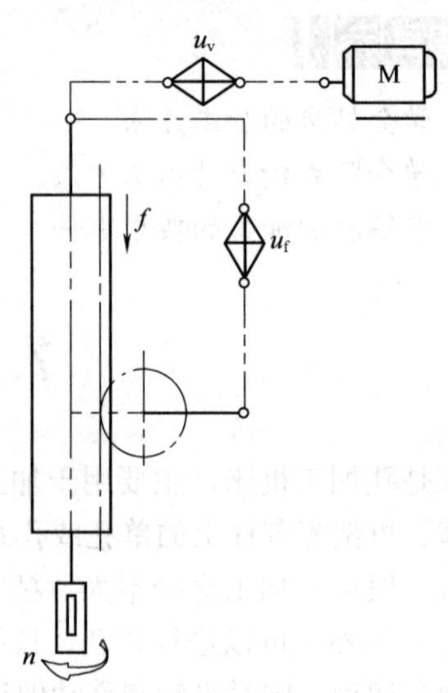

图 7-3　立式钻床传动原理

7.1.2　摇臂钻床

对于结构尺寸大且质量较大的工件，因工件移动不便，找正困难，不便于在立式钻床上加工。这时希望工件不动而移动主轴来使刀具对准被加工孔的中心，于是就产生了摇臂钻床，图 7-4 所示即为摇臂钻床。

摇臂钻床的主轴箱 4 装在摇臂 3 上，可沿摇臂上的导轨做水平移动，而摇臂 3 又可绕立柱 2 的轴线转动，因而可以方便地调整主轴的坐标位置，使主轴旋转轴线与被加工孔的中心线重合；摇臂 3 还可以沿立柱升降，以适应对不同高度的工件进行加工的需要。为使机床在加工时有足够的刚度，并使主轴调整好的位置保持不变，机床设有立柱、摇臂及主轴箱的夹紧机构，当主轴的位置调整好后，可以快速地将它们夹紧，使机床形成一个刚性系统，以保证在切削力作用下机床有足够的刚度和位置精度。摇臂钻床的传动原理与立式钻床相同。

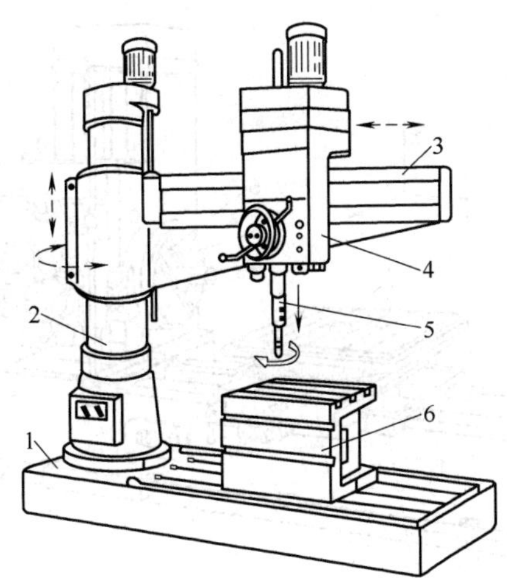

图 7-4 摇臂钻床

1—底座；2—立柱；3—摇臂；4—主轴箱；5—主轴；6—工作台

7.2 镗 床

镗床主要用镗刀镗削尺寸较大、精度要求较高的孔、内成形表面或孔内环槽，特别适于加工分布在不同表面上、孔距和位置精度要求很严格的孔系。加工时刀具旋转形成主运动，进给运动则根据机床类型和加工条件不同，由刀具或工件完成。

镗床的主要类型有卧式镗床、立式镗床、坐标镗床和金刚镗床等。

7.2.1 卧式镗床

图 7-5 所示为卧式镗床的外形。由下滑座 11、上滑座 12 和工作台 3 组成的工作台部件装在床身导轨上。上滑座 12 可沿下滑座 11 的导轨做横向移动，下滑座又可沿床身导轨做纵向移动，从而组成水平面内 x、y 两个坐标方向的进给和定位移动系统。工作台还可在上滑座 12 的环形导轨上绕垂直轴线转位，使工件能在水平面内调整至一定角度，以便在一次安装中对互相平行或成一定角度的孔或平面进行加工。主轴轴线为水平方向布置，主轴箱 8 可沿前立柱 7 上的导轨在垂直方向上下移动，以实现垂直进给运动或使主轴轴线处在 z 坐标方向上的不同位置。为了保证孔与孔以及孔与基准面之间的距离精度，机床上装有坐标测量装置，以实现主轴箱 8 和工作台 3 的准确定位。主轴箱内装有主运动和进给运动的变速传动机构及操纵机构等。根据加工情况不同，刀具可以装在镗轴 4 前端的锥孔中，或装在平旋盘 5 的径向刀具溜板 6 上。加工时，镗轴 4 旋转完成主运动，并可沿其轴线移动做轴向进给运动(由装在主轴箱 8 后部后尾筒 9 内的轴向进给机构完成)；平旋盘 5 只能做旋转主运动，装在平旋盘导轨上的径向刀具溜板 6，除了随平旋盘一起旋转外，还可沿导轨移动做径向进给运动。装在后立柱 2 垂直导轨上可上下移动的后支承架 1，用以支承长刀杆(镗杆)的悬伸端，以增加其刚度。后立柱可沿床身导轨调整纵向位置，以适应支

承不同长度的刀杆。

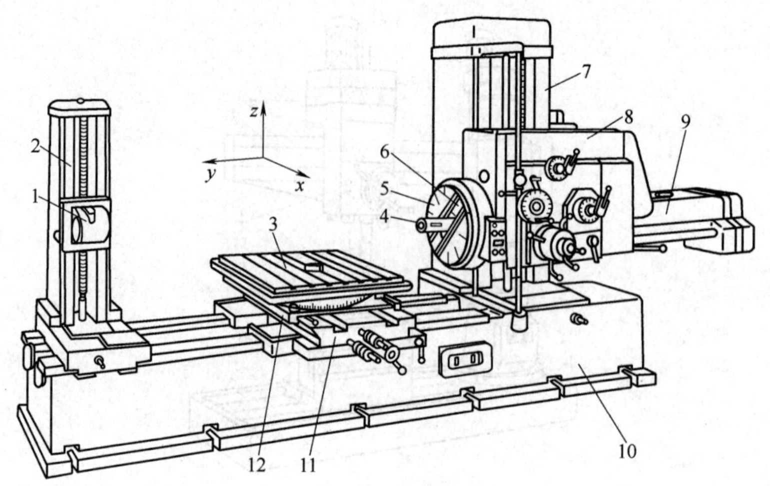

图 7-5　卧式镗床

1—后支承架；2—后立柱；3—工作台；4—镗轴；5—平旋盘；6—径向刀具溜板；
7—前立柱；8—主轴箱；9—后尾筒；10—床身；11—下滑座；12—上滑座

综上所述，卧式镗床的主运动有镗轴和平旋盘的旋转运动；进给运动有镗轴的轴向运动、平旋盘刀具溜板的径向进给运动、主轴箱的垂直进给运动、工作台的纵向和横向进给运动；辅助运动有工作台的转位、后立柱纵向调位、后支承架的垂直方向调位以及主轴箱沿垂直方向和工作台沿纵向或横向的快速调位运动。

图 7-6 所示为卧式镗床的几种典型加工方法。图 7-6(a)所示为用装在镗轴上的悬伸刀杆镗孔，由镗轴移动来完成纵向进给运动(f_1)；图 7-6(b)所示为利用后支承架支承的长刀杆镗削同一轴线上的两孔，由工作台移动来完成纵向进给运动(f_3)；图 7-6(c)所示为用装在平旋盘上的悬伸刀杆镗削大直径的孔，由工作台移动来完成纵向进给(f_3)；图 7-6(d)所示为用装在镗轴上的端铣刀铣平面，由主轴移动来完成垂直进给运动(f_2)；图 7-6(e)和图 7-6(f)所示为用装在平旋盘上刀具溜板上的车刀车内沟槽和端面，由刀具溜板移动来完成径向进给运动(f_4)。

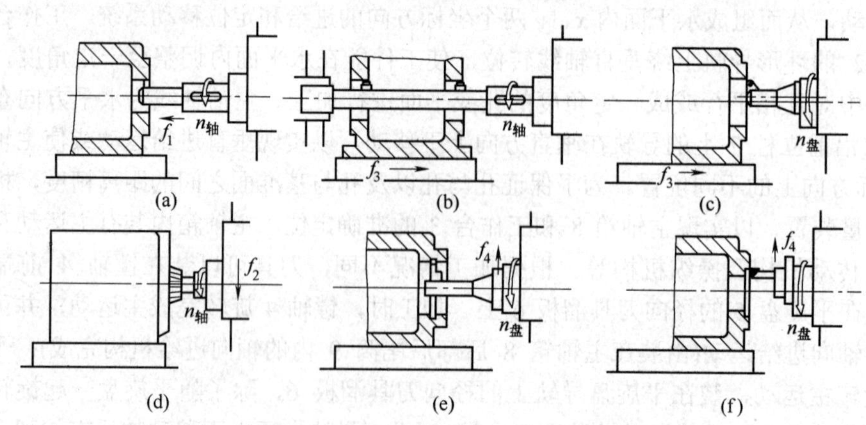

图 7-6　卧式镗床的几种典型加工方法

7.2.2　坐标镗床

坐标镗床是一种高精度机床，主要用于加工精密孔系。例如，钻模、镗模和量具等零件上的精密孔加工。坐标镗床除了主要零、部件的制造和装配精度很高外，还具有良好的刚度和抗振性，其主要特点是装有坐标位置精确的测量装置。依靠坐标测量装置，能精确地确定工作台、主轴等移动部件的位移量，实现工件和刀具的精确定位。例如，工作台面宽 200～300 mm 的坐标镗床，坐标定位精度可达 0.002 mm。坐标镗床除可进行镗孔外，还可进行钻、扩和铰孔，锪端面以及铣平面和沟槽等加工。此外，因其具有很高的定位精度，故还可用于精密刻线、紧密划线、孔距及直线尺寸的精密测量等。所以，坐标镗床是一种用途比较广泛的精密机床。

坐标镗床过去主要在工具车间用于单件生产。近年来也逐渐应用到生产车间中，成批地加工具有精密孔系的零件。例如，在飞机、汽车、内燃机和机床等行业中加工某些箱体零件(可以省掉钻模、镗模等夹具)。

坐标镗床按其布局形式有单柱、双柱和卧式等主要类型。

1. 单柱坐标镗床

单柱坐标镗床的布局形式与立式钻床类似，如图 7-7 所示，带有主轴部件的主轴箱装在立柱的垂直导轨上，可上下调整位置，以适应加工不同高度工件的需要。主轴由精密轴承支承在主轴套筒中(其结构形式与钻床主轴相同，但旋转精度和刚度要高得多)，由主传动机构传动其旋转，完成主运动。当进行镗孔、钻孔、铰孔等工序时，主轴由主轴套筒带动，在垂直方向做机动或手动进给运动。镗孔坐标位置由工作台沿床鞍导轨的纵向移动和床鞍沿床身导轨的横向移动来确定。当进行铣削时，则由工作台在纵向或横向移动来完成进给运动。

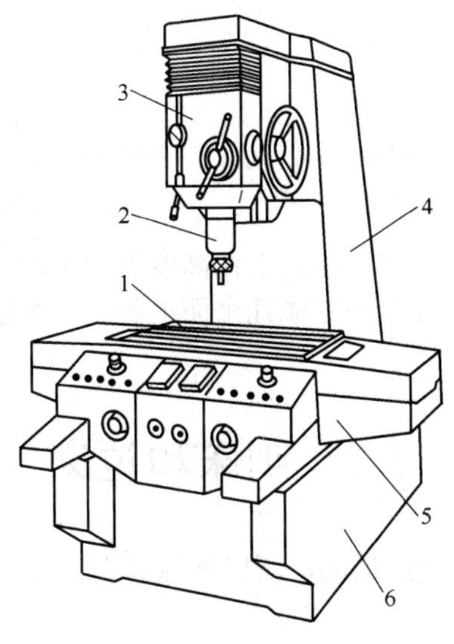

图 7-7　单柱坐标镗床

1—工作台；2—主轴；3—主轴箱；4—立柱；5—床鞍；6—床身

单柱坐标镗床的工作台三面敞开，操作比较方便，但主轴箱悬臂安装，机床尺寸大时，将会影响刚度。因此，单柱坐标镗床一般为中、小型机床(工作台面宽度小于 630 mm)。

2. 双柱坐标镗床

双柱坐标镗床具有由两个立柱、顶梁和床身构成的龙门框架，如图 7-8 所示，主轴箱装在可沿立柱导轨上下调整位置的横梁 2 上，工作台则直接支承在床身导轨上。镗孔坐标位置由主轴箱沿横梁移动和工作台沿床身导轨移动来确定。

双柱坐标镗床的主轴箱悬伸距离小，且装在龙门框架上，较易保证机床刚度。另外，工作台和床身之间层次少，承载能力较强。因此，双柱坐标镗床一般为大、中型机床。

3. 卧式坐标镗床

卧式坐标镗床的特点是其主轴水平布置，与工作台台面平行，如图 7-9 所示。安装工件的工作台由下滑座、上滑座以及可作为精密分度的回转工作台等 3 层组成。镗孔坐标位置由下滑座沿床身导轨的纵向移动和主轴箱沿立柱导轨的垂直方向移动来确定。机床进行孔加工时的进给运动，可由主轴的轴向移动来完成，也可由上滑座的横向移动来完成。

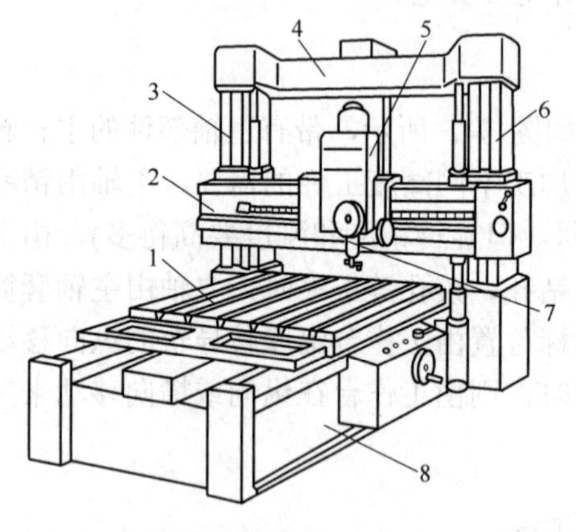

图 7-8　双柱坐标镗床

1—工作台；2—横梁；3，6—立柱；4—顶梁；5—主轴箱；7—主轴；8—床身

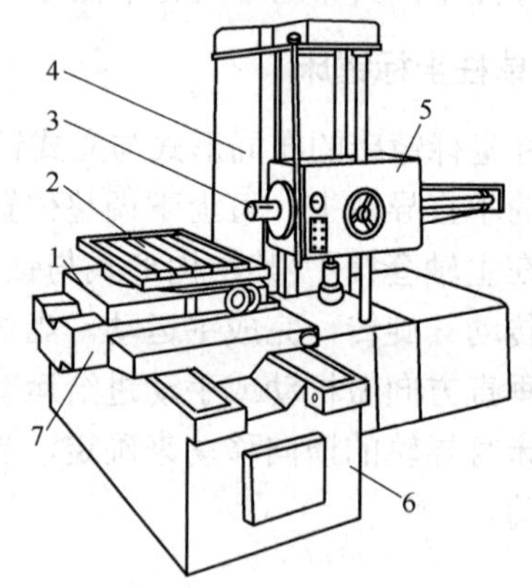

图 7-9　卧式坐标镗床

1—上滑座；2—回转工作台；3—主轴；4—立柱；5—主轴箱；6—床身；7—下滑座

卧式坐标镗床具有较好的工艺性能，工件高度不受限制，且安装方便，利用回转工作台的分度运动，可在工件一次安装中完成几个面上的孔与平面等的加工。所以，近年来这种类型的坐标镗床应用越来越多。

7.3　刨床和拉床

刨床和拉床的主运动都是直线运动，所以常称其为直线运动机床。

7.3.1　刨床

刨床类机床主要用于加工各种平面(如水平面、垂直面及斜面等)和沟槽(如 T 形槽、燕尾槽、V 形槽等)。

刨床类机床的主运动是刀具或工件所做的直线往复运动。它只在一个运动方向上进行切削，称为工作行程，返回时不进行切削，称为空行程。进给运动由刀具或工件来完成，其方向与主运动方向垂直，它是在空行程结束后的短时间内进行的，因而是一种间歇运动。

刨床类机床由于所用的刀具结构简单，在单件小批量生产条件下，加工形状复杂的表面比较经济，且生产准备工作省时。此外，用宽刃刨刀以大进给量加工狭长平面时的生产率较高，因而在单件小批量生产中，特别在机修和工具车间，刨床类机床是常用的设备。但这类机床由于其主运动反向时需克服较大的惯性力，限制了切削速度和空行程速度的提高，同时还存在空行程所造成的时间损失，因此在多数情况下生产效率较低，在大批量生产中常被铣床和拉床所代替。

刨床类机床主要有牛头刨床、龙门刨床和插床 3 种类型，现分别介绍如下。

1. 牛头刨床

图 7-10 所示为牛头刨床的外形，因其滑枕刀架形似“牛头”而得名，它主要用于加工小型零件。牛头刨床的主运动机构装在床身 4 内，传动装有刀架 1 的滑枕 3 沿床身顶部的水平导轨做往复直线运动。刀架可以沿刀架座上的导轨移动(一般为手动)，以调整刨削深度，以及在加工垂直平面和斜面时做进给运动。调整转盘 2，可使刀架左右回转 60°，以便加工斜面或斜槽。加工时，工作台 6 带动工件沿横梁 5 做间歇横向进给运动。横梁可沿床身的竖直导轨上、下移动，以调整工件与刨刀的相对位置。

牛头刨床主运动的传动方式有机械和液压两种。机械传动常用曲柄摇杆机构，其结构简单、工作可靠且维修方便。液压传动能传递较大的力，可实现无级调速，运动平稳，但结构复杂、成本高，一般用于规格较大的牛头刨床。

牛头刨床工作台的横向进给运动是间歇的，它可由机械或液压传动实现。机械传动一般采用棘轮机构。

2. 龙门刨床

龙门刨床主要用于加工大型或重型零件的各种平面、沟槽和各种导轨面，也可在工作台上一次装夹数个中、小型零件进行多件加工。

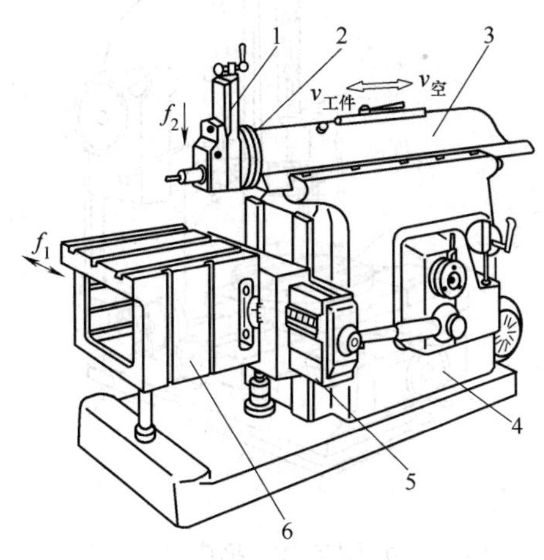

图 7-10　牛头刨床的外形

1—刀架；2—转盘；3—滑枕；4—床身；5—横梁；6—工作台

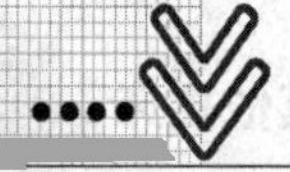

图 7-11 所示为龙门刨床的外形。龙门刨床的主运动是工作台 9 沿床身 10 水平导轨所做的直线运动。床身 10 的两侧固定有左、右立柱 3 及 7 上，两立柱顶部用顶梁 4 连接，形成结构刚性较好的龙门框架。横梁 2 上装有两个垂直刀架 5 及 6，可在横梁导轨上做水平方向(横向)进给运动。横梁 2 可沿左、右立柱的导轨做垂直升降，以调整垂直刀架位置，适应加工不同高度工件的需要，加工时由夹紧机构夹紧在两个立柱上。左、右立柱上分别装有左、右侧刀架 1 及 8，可分别沿垂直方向做进给运动，以加工侧平面。

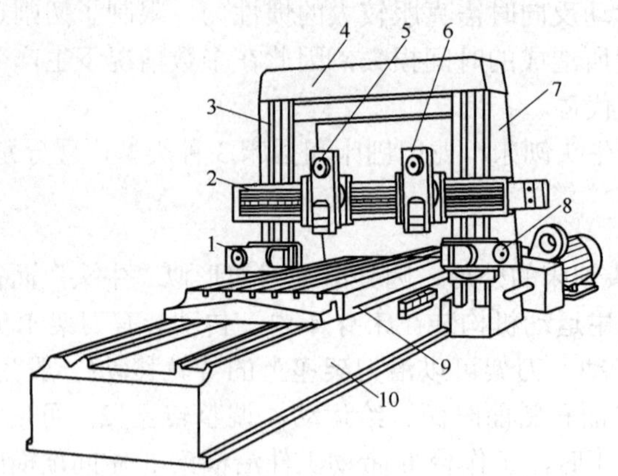

图 7-11　龙门刨床的外形

1，8—左、右侧刀架；2—横梁；3，7—左、右立柱；4—顶梁；
5，6—垂直刀架；9—工作台；10—床身

3. 插床

插床实际上就是立式刨床。其主运动是滑枕带动插刀沿垂直方向的直线往复运动。图 7-12 所示为插床的外形。滑枕 2 向下移动为工作行程，向上为空行程。滑枕导轨座 3

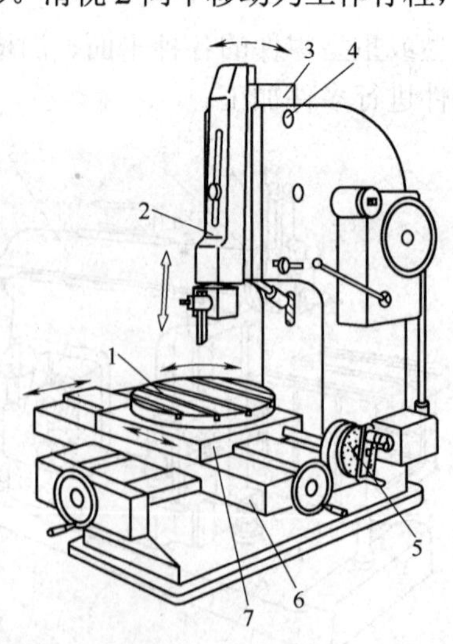

图 7-12　插床

1—圆工作台；2—滑枕；3—滑枕导轨座；4—销轴；5—分度装置；6—床鞍；7—溜板

可以绕销轴 4 在小范围内调整角度，以便加工倾斜的内、外表面。床鞍 6 及溜板 7 可分别做横向及纵向进给运动，圆工作台 1 可绕垂直轴线旋转，完成圆周进给或进行分度。圆工作台在上述各方向的进给运动也是在滑枕空行程结束后的短时间内进行的。圆工作台的分度用分度装置 5 实现。

插床主要用于加工工件的内表面，如内孔中的键槽及多边形孔等，有时也用于加工成形外表面。

7.3.2　拉床

拉床是用拉刀进行加工的机床，可加工各种形状的通孔、平面及成形表面等。图 7-13 所示是适用于拉床加工的一些典型表面形状。

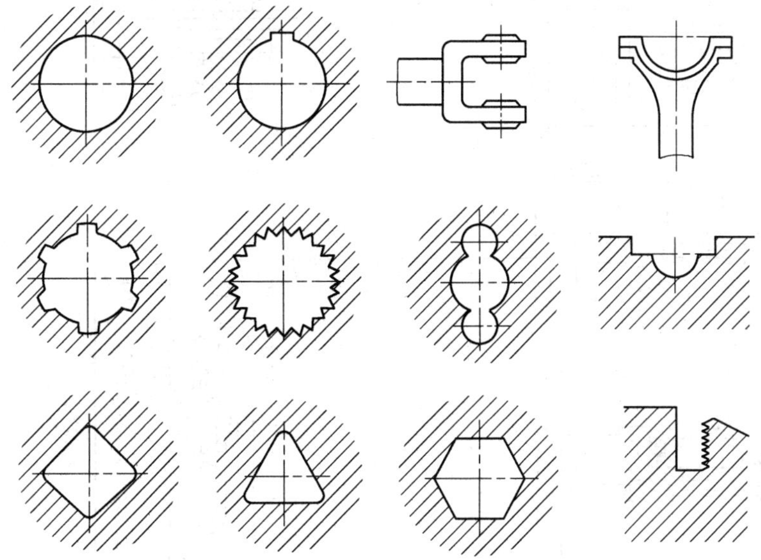

图 7-13　适用于拉床加工的典型表面形状

拉床的运动比较简单，它只有主运动而没有进给运动。拉削时，一般由拉刀做低速直线运动，被加工表面在一次走刀中形成。考虑到拉刀承受的切削力很大，同时为了获得平稳的切削运动，所以拉床的主运动通常采用液压驱动。

拉床按用途可分为内拉床及外拉床，按机床布局可分为卧式、立式、链条式等，如图 7-14 所示。图中链条式拉床的工作原理是，在机床的左端将毛坯装入到夹具中，然后由链条带动等速地向右运动。当工件经过拉刀下方时进行拉削，工件移动到机床右端时，加工完毕，工件从夹具中卸下。图中曲轴拉床应用于加工曲轴轴颈，拉削时工件由机床的传动装置带动，做缓慢的旋转运动。

拉削加工的生产效率较高，并可获得较高的加工精度和较小的表面粗糙度。但刀具结构复杂，制造与刃磨费用较高，因此仅适用于大批量生产中。

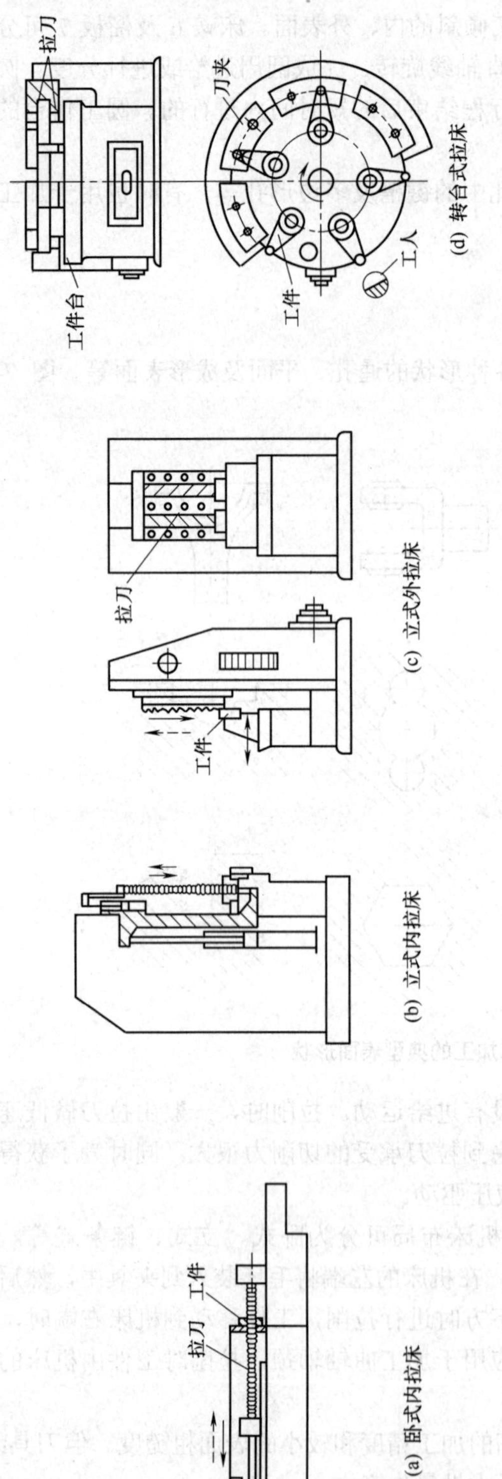

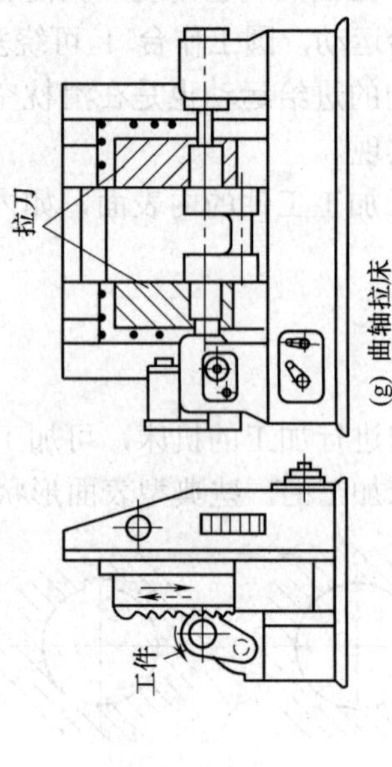

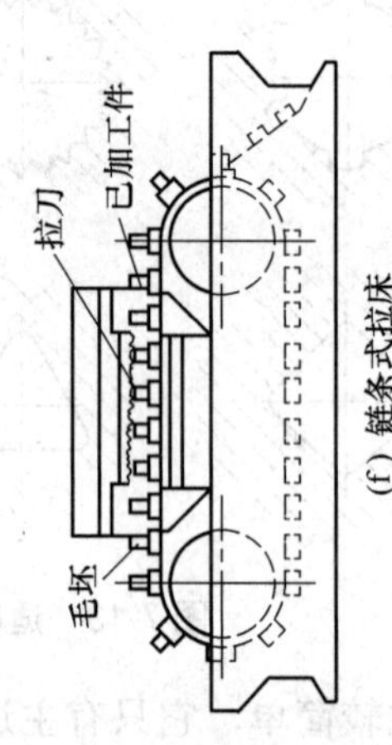

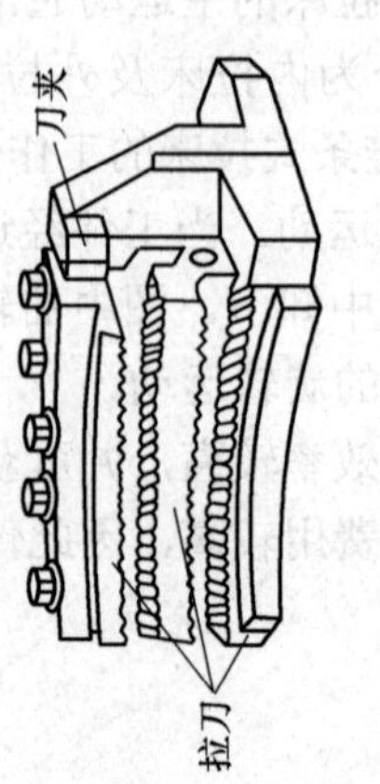

图 7-14　拉床的主要类型

7.4　实训——B6065 型牛头刨床操作

1. 实训目的

(1) 了解常用刨床的组成、运动和用途。

(2) 掌握 B6065 型牛头刨床的操作方法。

(3) 熟悉刨削的加工方法和测量方法。

2. 实训要点

(1) 在调整滑枕移动速度、行程起始位置、行程长度的过程中，必须停车进行，以防发生事故。如在调整过程中某手柄没有调整到位，可使用按钮点动，重新调整。

(2) 调整滑枕的行程位置、行程长度不能超过极限位置，工作台的横向移动也不能超过极限位置，以防滑枕和工作台在导轨上脱落。

3. 预习要点

(1) B6065 型刨床工作原理及组成部分，这些组成部分的作用。

(2) 刨削加工工艺特点及加工方法。

4. 实训过程

B6065 型牛头刨床操纵系统如图 7-15 所示。

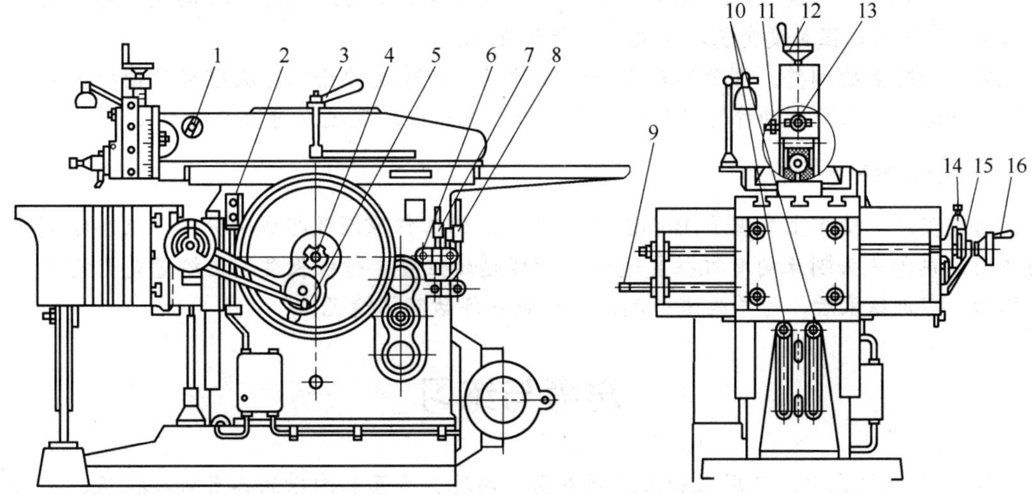

图 7-15　B6065 型牛头刨床操纵系统

1—调整行程起始位置的方头；2—刨床启动和停车按钮；3—滑枕紧固手柄；4—调整行程长度的方头；5—改变横向进给方向的插销；6—手动滑枕的方头；7—滑枕变速手柄(A)；8—滑枕变速手柄(B)；9—调整工作台升降的方头；10—工作台支架夹紧螺钉；11—夹紧刀具螺钉；12—刀架进给手柄；13—刀具紧固螺钉；14—棘轮爪；15—棘轮罩；16—手动横向进给手轮

1) 停车练习

(1) 手动工作台及滑枕的移动。转动手动横向进给手轮 16，带动工作台丝杠转动。由于丝杠轴向固定，故与丝杠配合的螺母带动工作台沿横梁的水平导轨移动。顺时针转动手动横向进给手轮 16，工作台离开操作者；反之，工作台移向操作者。用扳手转动调整工作台升降的方头 9，便可通过一对锥齿轮的传动使垂直进给丝杠转动，其轴向固定，故使螺母带动工作台沿床身垂直导轨做上下移动。顺时针转动手动滑枕的方头 6，可使滑枕沿床身水平导轨往复移动。

(2) 小刀架的吃刀、退刀移动。转动刀架进给手柄 12，通过丝杠螺母传动带动小刀架垂直上下移动。顺时针转动刀架进给手柄 12，小刀架向下吃刀；反之小刀架向上退回。小刀架丝杠螺距 $P=5$ mm(单线)，手柄刀架进给 12 转一周，小刀架将移动 5 mm。小刀架的刻度盘上一周分布着 50 个小格，手柄每转过一小格，则小刀架移动 0.1 mm。

2) 低速开车练习

(1) 滑枕移动速度的调整。停车状态下，变换滑枕变速手柄 7 和 8 的位置，得到较低的移动速度后，按下机床的启动按钮 2(上)，观察滑枕低速移动的情况。接下来停车，即按下机床的停车按钮 2(下)。再次变换滑枕变速手柄 7 和 8 的位置，再开车，观察滑枕以较高速度移动的情况。

(2) 行程起始位置的调整。停车状态下，松开滑枕紧固手柄 3，用扳手转动调整行程起始位置的方头 1 后，再拧紧滑枕紧固手柄 3，然后开车观察行程起始位置的变化。顺时针转动调整行程起始位置的方头 1，滑枕起始位置向后移动，反之向前移动。

(3) 行程长度的调整。停车时，用扳手转动调整行程长度的方头 4，即改变滑块的偏心量，使滑枕行程长度变化，然后开车观察行程长度的变化。顺时针转动调整行程长度的方头 4，滑枕的行程长度变长，反之行程长度变短。

(4) 进给量的调整。调节棘轮罩 15 的位置，即改变棘轮爪每次摆动棘轮的齿数，从而改变进给量。每次拨动棘轮的齿数越少，进给量越少；反之，进给量越大。

5. 实训小结

通过实训，使学生掌握了 B6065 型牛头刨床的工作原理及组成部分，以及各组成部分的作用。熟悉牛头刨床的滑枕往复速度、行程起始位置、行程长度、进给量是如何调整和操作的。实训结束后，对学生进行测试，检查和评估实训情况。

思考与练习

7-1 各类机床中，可用来加工外圆表面、内孔、平面和沟槽的各有哪些机床？它们的适用范围有何区别？

7-2 对比图 7-4 和图 7-5，说明摇臂钻床和卧式镗床这两种机床的主轴部件在结构上的主要区别是什么。

7-3 单柱、双柱及卧式坐标镗床在布局上各有什么特点？它们各适用于什么场合？

7-4 刨削加工有何特点？

7-5 拉削加工有何特点？

7-6 摇臂钻床可实现哪几个方向的运动？

第 8 章　机床典型部件调整及精度检测

技能目标

- 能正确选择主轴类型。
- 能正确选择主轴轴承类型。
- 熟悉导轨的导向精度调整方法。
- 掌握床身导轨的精度检验。

知识目标

- 了解主轴部件类型。
- 了解支承件与导轨。
- 掌握机床调整及精度检测。

8.1　主 轴 部 件

主轴部件是机床的一个重要组成部分。主轴部件由主轴、轴承、传动件和固定件组成。机床工作时，由主轴带着工件(车床)或刀具(铣床、磨床、镗床等)直接参加表面成形运动。所以，主轴部件的工作性能对加工质量和机床生产率有着重要的影响。

8.1.1　对主轴部件的要求

对机床主轴部件的要求与一般传动的共同之处是：都要在一定的转速下传递一定的转矩；保证轴上的传动件和轴承处于正常的工作状态。但是，主轴又是直接带动工件或刀架的，机床的加工质量，在很大程度上要靠主轴部件来保证；主轴直接承受切削力，通常机床(包括数控机床)的转速变化范围又往往很大，因此，对于主轴部件又有许多特殊的要求。

1. 旋转精度

主轴的旋转精度是指装配后，在无载荷或低速运动的条件下，主轴安装工件或刀具部位的径向和端面圆跳动。

旋转精度取决于各主要零部件，如主轴、轴承、壳体孔等的制造、装配和调整精度，工作转速下的旋转精度还取决于主轴的转速、轴承的设计和性能、润滑剂和主轴部件的平衡等(通用机床的旋转精度已有规定，可参见各类机床的精度检验标准)。

2. 静刚度

静刚度简称刚度，反映了机床或部件、组件、零件抵抗静态外载荷的能力。

主轴部件的抗弯刚度为使主轴前端产生单位位移时，在位移方向测量处所需附加的力，如图 8-1 所示。其计算公式为

$$K = \frac{F}{\delta} \tag{8-1}$$

式中：F 为主轴端施加的作用力(N)；δ 为主轴端的位移量(μm)。

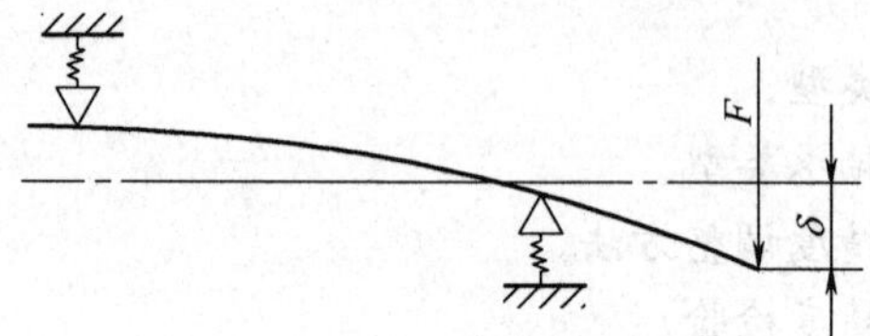

图 8-1　主轴刚度的评定

影响主轴部件抗弯刚度的因素很多，如主轴的尺寸和形状，滚动轴承的型号、数量、预紧和配置形式；前后支承的距离和主轴前端的悬伸量；传动件的布置形式；主轴部件的制造和装配质量等。

3. 抗振性

主轴部件的抗振性是指机床工作时主轴部件抵抗振动和保持主轴平稳运动的能力。

主轴部件的抗振性差，则工作时容易产生振动，降低加工质量；不能采用合理的切削用量，影响机床的生产率，降低刀具耐用度。

现今的生产大多以在某种条件下获得某种加工质量，或以不产生振动的切削条件来衡量其抗振性的好坏。

4. 温升和热变形

温升使润滑油的黏度下降，影响轴承的工作性能。温升产生热变形，使主轴伸长，使主轴箱体受热变形而发生主轴轴线位移，破坏了主轴与机床其他有关部件间的准确相对位置，直接影响加工质量。温升还使主轴轴承受热膨胀而减小间隙，破坏正常的润滑条件，加快轴承磨损，对于滑动轴承，严重时甚至会产生“抱轴”现象。

因此，可以适当考虑轴承间隙和预紧力大小，采用合适的润滑方式和供油量，考虑增加散热措施，使主轴有良好的热稳定性。

5. 耐磨性

主轴部件必须有足够的耐磨性，以便长期地保持精度。主轴部件易于磨损的部位是主轴承、主轴端的定位表面、内锥孔，主轴与滑动轴承、滑移齿轮、空套齿轮等相配合的轴颈部位。因此，对于主轴部件有相对运动的表面应淬硬，正确选择主轴轴承的种类和润滑方式，适当调整轴承间隙等，这样可以提高主轴部件的耐磨性。

8.1.2　主轴部件的类型

按运动方式来划分，主轴部件有以下几种类型。

1. 只做旋转运动的主轴部件

属于只做旋转运动的主轴部件类型的有各种车床、磨床、卧式铣床的主轴部件。这类主轴部件的结构比较简单，传动件直接装在主轴上，主轴通过主轴承直接安装在主轴箱的箱体上。这类主轴部件已分别在前几章中予以介绍。

2. 既有旋转运动又有轴向直线进给运动的主轴部件

属于既有旋转运动又有轴向直线进给运动的主轴部件类型的有立式铣床、镗床的主轴部件。这类主轴部件的主轴通过轴承安装在主轴套筒内，而主轴套筒又通过轴承安装在主轴箱的箱体上。

3. 既有旋转运动又有轴向进给运动的主轴部件

属于既有旋转运动又有轴向进给运动的主轴部件类型的有滚齿机、龙门铣床等的主轴部件。这类主轴部件的主轴安装在主轴套筒内做旋转运动，并可根据加工需要随主轴套筒一起做轴向调整运动。

4. 既有旋转运动又有径向进给运动的主轴部件

属于既有旋转运动又有径向进给运动的主轴部件类型的有卧式镗床的平旋盘主轴部件、组合机床通用部件——镗削车端面头的主轴部件。

5. 主轴既做旋转运动又做行星运动的主轴部件

属于主轴既做旋转运动又做行星运动的主轴部件类型的有行星式内圆磨床、坐标磨床的主轴部件。这类主轴部件的主轴绕自身轴线做旋转运动，同时还绕另一根与自身轴线平行的轴线做行星运动。

8.1.3　主轴轴承的选择和主轴的滚动轴承

1. 主轴轴承的选择

机床主轴用的轴承有滚动和滑动两大类。从旋转精度来看，两大类轴承都能满足要求。从其他方面指标来比较，滚动轴承和滑动轴承相比，其优点有以下几点。

(1)　滚动轴承能在转速和载荷变化很大的情况下稳定地工作。

(2)　滚动轴承能在无间隙，甚至在预紧的条件下工作。

(3)　滚动轴承摩擦因数小，有利于减少发热。

(4)　滚动轴承润滑容易，可以用润滑脂进行润滑，一次装满润滑脂后可一直用到修理时才换脂。如用润滑油，单位时间所需的油量也远比滑动轴承小。

滚动轴承的缺点如下。

(1)　滚动轴承数量有限，在旋转中径向刚度是变化的，这是引起振动的原因之一。

(2)　滚动轴承的阻尼较低。

(3) 滚动轴承的径向尺寸比滑动轴承大。

一般机床，大多使用滚动轴承，只有要求加工表面粗糙度值较小，主轴又是水平的机床主轴才用滑动轴承。主轴部件的抗振性主要取决于前轴承，因此，也有前支承用滑动轴承，后支承用滚动轴承的。

2. 主轴滚动轴承的选择与配置

机床主轴上常用的轴承有以下几种。

(1) 角接触球轴承。这种轴承能同时承受轴向、径向载荷，可调整间隙，实现预紧，多用于高速旋转主轴，如图 8-2 所示。

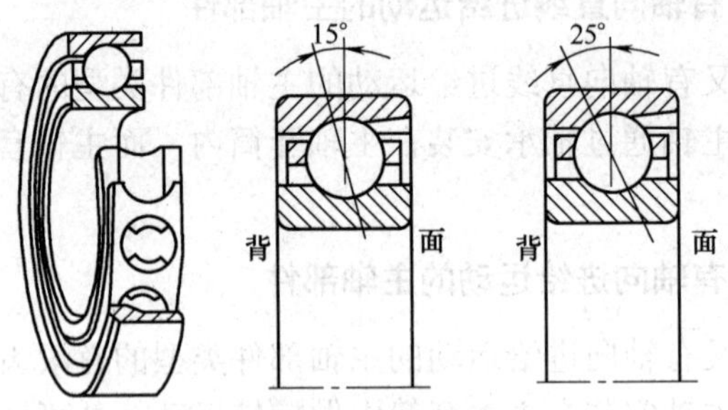

图 8-2　角接触球轴承

为提高刚度和承载能力，角接触球轴承可以有多种组合形式，如图 8-3 所示。

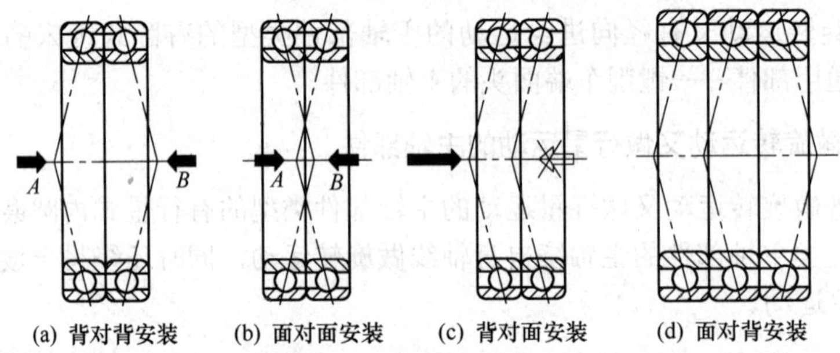

图 8-3　角接触球轴承的组合

(2) 双列圆柱滚子轴承。这种轴承只能承受径向力，多用于载荷较大、刚度要求较高、中等转速的场合，如图 8-4 所示。

(3) 双向推力角接触球轴承。这种轴承用于承受轴向载荷，如图 8-5 所示。

(4) 圆锥滚子轴承。这种轴承能承受径向和轴向载荷，承受能力和刚度都比较高。但滚子大端与内圈挡边之间是滑动摩擦，发热较多，故允许的转速较低，如图 8-6 所示。

3. 主轴滚动轴承的配置形式

主轴滚动轴承有多种配置形式，如图 8-7 所示。

(1) 主轴轴承常用轻系列、特轻系列和超轻系列，以特轻系列为主。当然，轴承越“轻”座圈也就越薄，制造也就越困难。因此，对壳体孔和轴颈的精度要求也就越高。

一般主轴选用轴承的精度是前支承精度高于后支承精度，因为前支承对主轴前端精度影响较大。

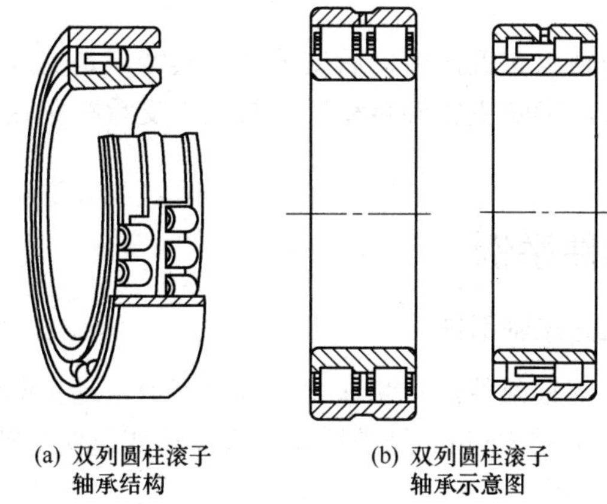

(a) 双列圆柱滚子轴承结构　　(b) 双列圆柱滚子轴承示意图

图 8-4　双列圆柱滚子轴承

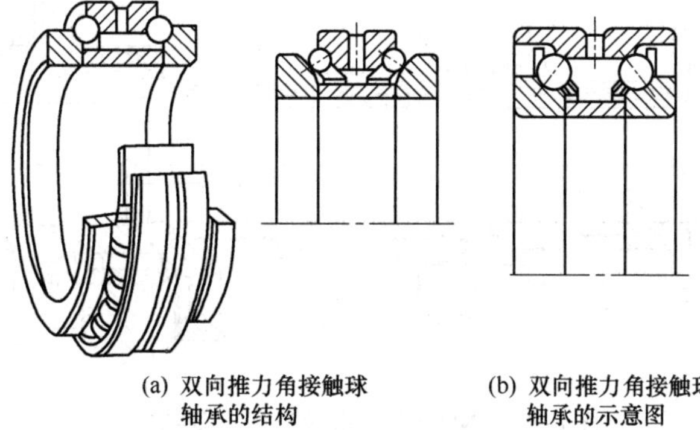

(a) 双向推力角接触球轴承的结构　　(b) 双向推力角接触球轴承的示意图

图 8-5　双向推力角接触球轴承

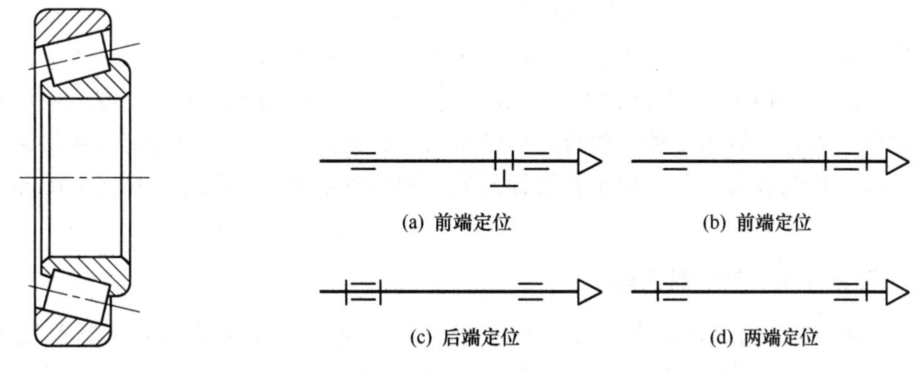

图 8-6　圆锥滚子轴承　　图 8-7　主轴滚动轴承的配置形式

(2) 承受轴向载荷，使主轴实现轴向定位的推力支承有以下 3 种形式。

① 后端定位，推力轴承布置在后支承处。其特点是主轴发热后向前伸长，影响轴端的轴向精度和刚度，但前支承结构简单。常用于普通精度的机床上。

② 前端定位，推力轴承布置在前支承处。其特点是主轴发热后向后伸长，轴端的轴

向精度较高，主轴的轴向刚度也较高，但前支承结构复杂。常用于轴向位置精度要求较高的机床上。

③ 两端定位，推力轴承布置在前、后支承处。其特点是支承结构简单，但发热后主轴伸长会使轴承间隙增大，影响主轴旋转精度。常用于支承跨距较小、转速较低或旋转精度要求不高的机床上。

8.1.4 典型主轴部件举例

1. TND360 型数控机床主轴部件

TND360 型数控机床主轴部件由带测速发动机的直流电动机驱动，电动机的最高转速为 4000 r/min，最低转速为 35 r/min，经带轮和二级齿轮变速使主轴得到 7～3150 r/min 的转速。主轴结构如图 8-8 所示。

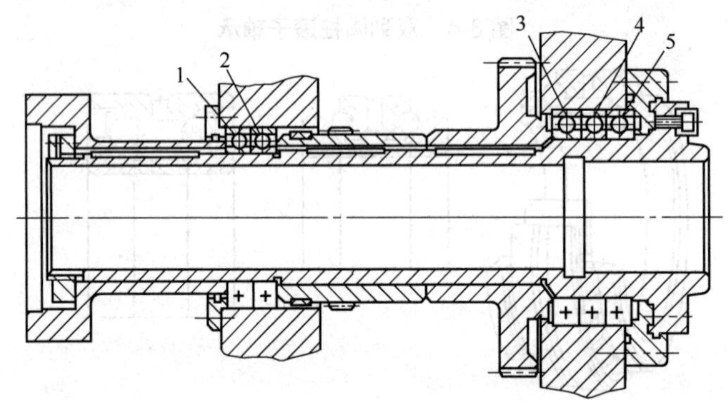

图 8-8 TND360 型数控机床主轴结构

1，2—后轴承；3—轴承；4，5—前轴承

因主轴在切削时承受较大的切削力，所以其轴径较大、刚度好。前支承为 3 个一组，均为推力角接触球轴承，前轴承 4、5 大口朝向主轴前端，接触角为 25°，以承受轴向切削力，后面一个轴承 3 大口朝里，接触角为14°，主轴前轴承的内、外圈轴向由轴肩和箱体孔的台阶固定，以承受轴向载荷。后轴承 1、2 也由一对背对背的推力角接触球轴承组成，只承受径向载荷，并由后压套进行预紧。轴承预紧量预先配好，直接装配即可，不需修磨。

2. 高速型车、镗、铣主轴

图 8-9 所示为高速型车、镗、铣主轴单元，是一个完整的系列。其前轴承内径为 90 mm，后轴承内径为 80 mm，最高转速为 5300 r/min。为了适应高转速，前轴承用角接触球轴承。这种主轴载荷较大，故采用接触角 $\alpha = 25°$ 的轴承。一个轴承大口朝向主轴前端，轴承 1、2 同向，轴承 3 相反，实现预紧前后轴承间无传动件。传动件装在主轴的尾部悬伸端。后支承的载荷较大，因此后支承用双列短圆柱滚子轴承。这种轴承的外圈是可分离的，主轴热膨胀后，带动轴承内圈和外圈在滚道上轴向移动。后轴承直径比前轴承小，预紧力也小，因此温升不至于超过前轴承。

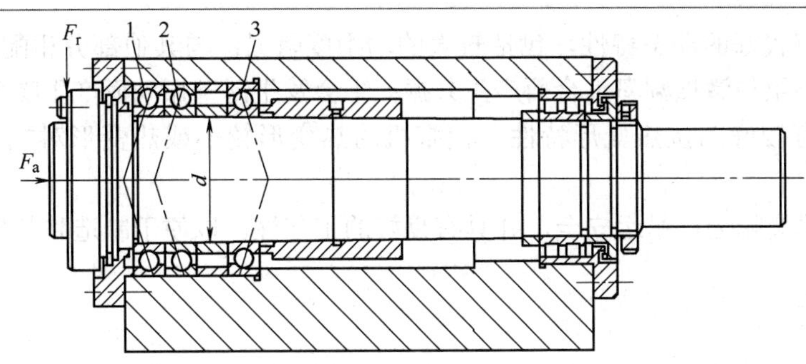

图 8-9　主轴单元

1～3—轴承

前、后轴承皆为特轻系列，公差等级前轴承为 P_4 级，后轴承为 P_5 级。

3. 磨床类主轴组件

图 8-10 所示为内圆磨床的砂轮主轴组件，常称为内圆磨头。最高转速为 5300 r/min，这种主轴组件是由专门厂商制造的。主轴右端装砂轮杆；左端装平带轮。两端载荷都较大，故前后各装有两个同向的轻系列角接触球轴承。前、后轴承背靠背安装。主轴的轴向载荷不大，故用接触角 $\alpha = 25°$ 的轴承。磨床的轴向载荷是对称的，所以轴承的组配方式也是对称的。这种主轴部件属高精度，故用 P2 级公差等级轴承。高速主轴常用定压预紧，预紧力靠螺旋弹簧保证。若主轴因运转发热而有所伸长，如果由于伸长量远小于弹簧的预压量，预紧力不会有显著的变化，所以这种预紧方式被称为“定压”。

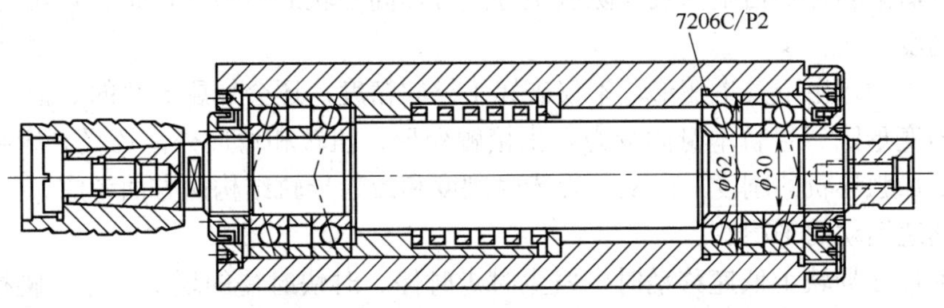

图 8-10　内圆磨床砂轮主轴组件

8.2　支承件与导轨

8.2.1　支承件

支承件是机床的基础部件，包括床身、横梁、底座、立柱、箱体、工作台等。各支承件之间保持着部件间的相对正确位置和运动部件的运动精度。此外，支承件还承受切削力的作用，所以支承件是机床十分重要的构件。对支承件的要求如下。

(1) 应具有足够的静刚度和较高的刚度——质量比。

(2) 应具有较高的精度。支承件的各个接合面与导轨面，应具有较高的形状精度和位置精度，以保证安装在它上面的各部件间的相对正确位置和各运动部件的运动精度。

(3) 应具有较好的动态特性，包括较大的动刚度阻尼；与其他部分相配合，使整机的各阶固有频率不至与激振频率重合而产生共振；不会发生薄壁振动而产生噪声等。

(4) 应具有较好的抗热变形特性，使整机的热变形较小或热变形对加工精度的影响较小。

(5) 应该排屑畅通，吊运安全，并具有良好的工艺性，以便于制造和装配。

8.2.2 导轨

导轨是机床的重要部件。导轨的精度决定加工零件的加工质量。其具有以下几个方面。

1. 对导轨的要求

导轨的功能是导向和承载。在导轨副(如工作台和床身导轨)中，运动的一方(如工作台导轨)叫作动导轨，不动的一方(如床身导轨)叫作支承导轨。导轨的质量在很大程度上决定着机床的加工精度，因此，导轨必须满足下列要求。

1) 导向精度

导向精度是指运动部件的运动轨迹的准确程度。它关系到被加工工件的尺寸、形状和相对位置精度。影响导轨导向精度的主要因素有导轨的类型、组合形式及尺寸、制造精度和表面质量、导轨间隙的调整等。

2) 导向精度保持性

导轨的导向精度保持性取决于导轨的耐磨性。因此，导轨应具有较好的耐磨性并应在磨损后能进行自动补偿或便于调整。合理地选用导轨结构、尺寸、材料、热处理条件、表面粗糙度、润滑和防护措施以及间隙调整等，可提高导轨的耐磨性，延长导轨使用寿命。

3) 刚度

导轨在外力作用下发生变形，不仅破坏了导向精度，还会加剧导轨的磨损。

导轨的变形除了导轨本身因受力发生接触变形、扭转和弯曲外，还受到床身变形的影响。所以要加强导轨的刚度，应从加强床身刚度和改善导轨结构两方面考虑。

4) 低速运动的平稳性

运动部件在导轨上低速移动时，发生时走时停、时快时慢的现象，即“爬行现象”。爬行现象的产生降低了机床的加工精度、定位精度，使加工工件的表面粗糙度过大。因此，对精密机床来说，导轨的低速运动平稳性尤为重要。影响这一性能的主要因素是导轨材料的摩擦性质、润滑条件和传动系统的刚度。

床身导轨有滑动导轨和滚动导轨两大类，滑动导轨在普通机床上应用较为广泛，下面主要介绍滑动导轨的形式及其应用。

2. 滑动导轨的常用结构

滑动导轨结构简单，便于制造，易于获得较高的精度，因而应用广泛，但滑动导轨摩擦系数大，易于磨损和产生爬行现象。

滑动导轨的截面形状如图 8-11 所示。其中，图 8-11(a)所示为矩形导轨，图 8-11(b)所示为山形导轨，图 8-11(c)所示为燕尾形导轨，图 8-11(d)所示为圆柱形导轨。这 4 种导轨又可分为凹形导轨和凸形导轨。凹形导轨能储存润滑油，润滑条件好，多用作高速运动部件的导轨，如磨床、龙门刨床的工作台导轨，但凹形导轨易积存切屑，需设置防护装置。凸形导轨不易积存切屑，但也不易储存润滑油，所以多用作低速运动部件的导轨。

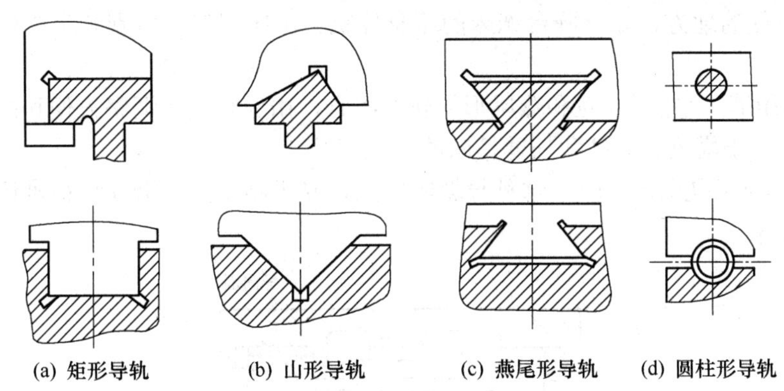

图 8-11　直线运动导轨截面形状

直线运动导轨有多种组合方式，如图 8-12 所示。

图 8-12(a)所示为双三角形导轨，它的导向精度及其保持性都比较高，当导轨有了磨损时会自动下沉补偿磨损量。但是，由于过定位，加工、检验和维修都比较困难，而且当量摩擦因数也比较大。因此，多用于精度要求较高的机床，如丝杠车床、单柱坐标镗床等。顶角 α 常取为 90°。

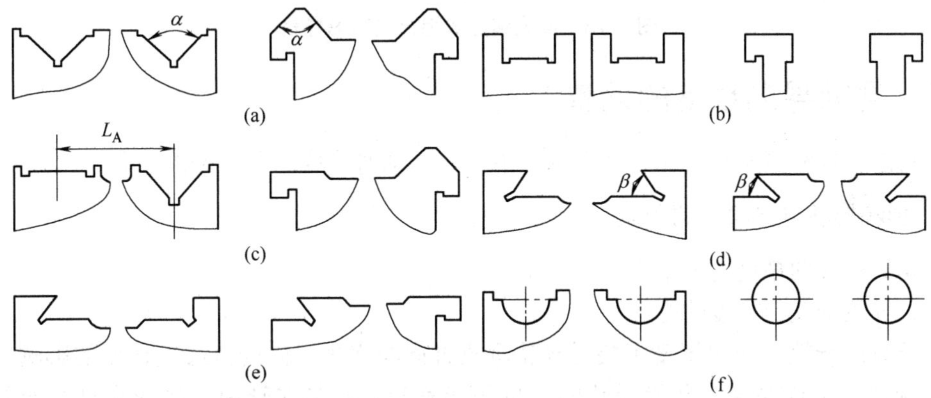

图 8-12　直线运动滑动导轨的形状和组合方式

图 8-12(b)所示为双矩形导轨，这种导轨刚度高，当量摩擦因数比三角形导轨小，承载能力高，加工、检验和维修都比较方便，因而被广泛采用。矩形导轨存在侧向间隙，必须用镶条进行调整。由一条导轨的两侧导向，称为窄式组合，如图 8-13(a)所示；分别有两条导轨的左、右侧面导向，称为宽式组合，如图 8-13(b)所示。导轨受热膨胀时宽式组合比窄式组合的变形量大，调整时应留有较大的侧向间隙，因而导向性较差。所以宽式组合应用较多。

图 8-12(c)所示是三角形和矩形导轨的组合，其导向性好、刚度高且制造方便，广泛用于车床、磨床、滚齿机、龙门刨床的导轨副等。

图 8-12(d)所示是燕尾形导轨，它的高度较小，可以承受倾覆力矩，是闭式导轨中接触

面最少的一种结构。这种导轨间隙调整方便，用一根镶条就可以调节各接触面之间的间隙。但这种导轨刚度较差，加工、检验和维修都不太方便，适用于受力小、层次多，要求间隙调整方便的地方，如升降台铣床的床身导轨、车床刀架导轨副和牛头刨床的滑枕导轨等。

图 8-12(e)所示是矩形导轨和燕尾形导轨的组合，由于它兼有调整方便和能承受较大力矩的优点，多用于横梁、立柱和摇臂钻床的导轨副等。

图 8-12(f)所示是圆形导轨，这种导轨刚度高，易于制造，但磨损后很难调整和补偿，适用于小型机床。

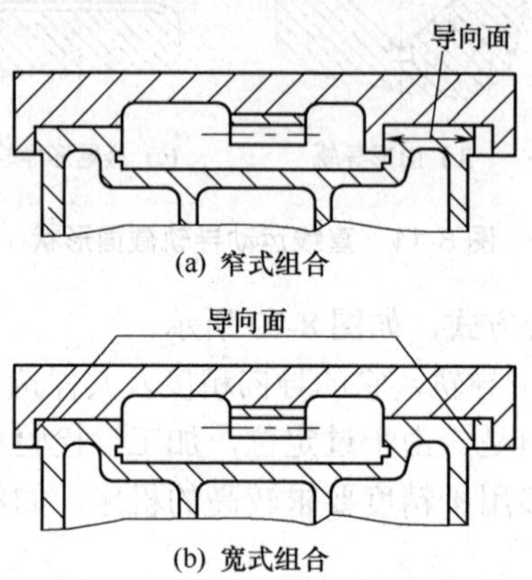

图 8-13　窄式和宽式组合的矩形导轨

8.2.3　导轨导向精度的调整

导轨的导向精度是指机床的运动部件沿导轨运动时形成运动轨迹的准确性。

1. 影响导轨导向精度的因素

影响导轨导向精度的因素有以下几个。

1)　导轨的几何精度的影响

对于直线导轨，导向精度主要受导轨垂直方向与水平方向的直线度误差的影响。对于环形圆导轨，导向精度主要受导轨的平直度误差和导轨与主轴中心线的垂直度误差的影响。经过长期使用的导轨，由于磨损的不均匀性，必将影响导轨几何形状的准确性。

2)　导轨间隙是否合适的影响

间隙不合适的导轨，由于缺乏必要的约束，或约束过死会造成运动部件在导轨上的横向摆动或者爬行现象，影响导轨的导向精度。

3)　导轨自身刚度的影响

大型机床导轨刚度受底座支承状况影响较大，通过调整不同支承点的高度，可以改善导轨的精度状况，而支承点状况的变化也会影响导轨的导向精度。

2. 调整方法

常见的机床导轨间隙调整方法有斜镶条调整法、移动压板调整法和磨刮压板接合面调整法等，如图 8-14 至图 8-16 所示。

1)　斜镶条调整法

如图 8-14(a)所示，斜镶条 1 在长度方向上一般带有 1∶1000 的斜度，借助调节螺钉 2 使斜镶条在长度方向上做往复移动，以此调整滑动导轨 3 之间的间隙。图 8-14(b)所示的结构调整起来麻烦一些，但比图 8-14(a)所示结构的精度稳定性好。

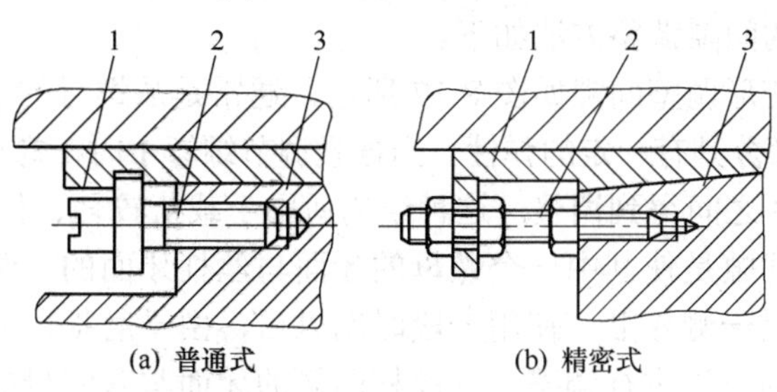

图 8-14　斜镶条调整导轨间隙

1—斜镶条；2—调节螺钉；3—滑动导轨

2)　移动压板调整法

如图 8-15 所示，调整时，首先松开锁紧螺母 2 和紧固螺钉 4，通过调节螺钉 1 使压板 3 向滑动导轨 5 方向移动，以此调整导轨面之间的间隙。调整过程中可以将紧固螺钉略微拧紧，稍一用力，然后用调节螺钉一边顶压板，一边使滑动导轨面进行移动，并逐渐拧紧紧固螺钉，直到导向精度达到要求，最后将锁紧螺母拧紧。

3)　磨刮压板接合面调整法

如图 8-16 所示，调整导轨间隙时，卸下压板 3，根据导轨面之间间隙调整的大小磨刮压板接合面 1 处，便可使导轨间得到合理的间隙。

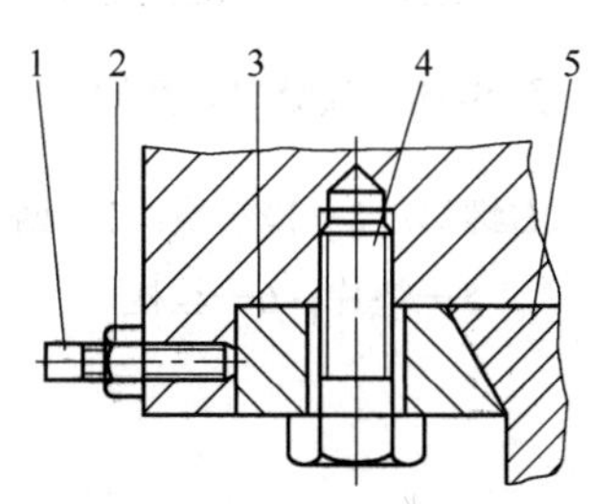

图 8-15　移动压板调整导轨间隙

1—调节螺钉；2—锁紧螺母；3—压板；
4—紧固螺钉；5—滑动导轨

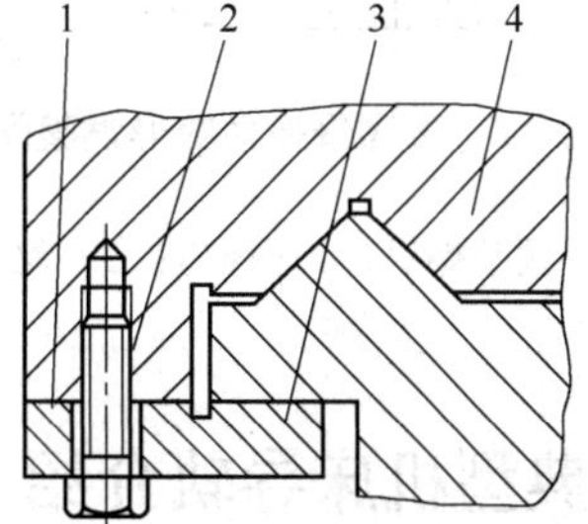

图 8-16　磨刮压板接合面调整导轨间隙

1—接合面；2—紧固螺钉；
3—压板；4—滑动导轨

3. 丝杠与螺母之间的间隙调整

丝杠螺母传动是实现直线运动的一种最常见的机构，丝杠与螺母的配合很难做到没有间隙。

1)　影响丝杠螺母传动精度的因素

影响丝杠螺母传动精度的因素有以下几个。

(1) 丝杠与螺母存在的加工误差以及长期使用后产生的不均匀磨损影响传动精度。

(2) 相配零件的误差及其装配质量都会直接反映到传动误差中。

(3) 传动过程中，零部件由于受力、受热引起变形，对传动精度也有一定的影响。

2) 调整方法

丝杠与螺母之间的间隙调整方法如下。

(1) 单螺母弹性变形调整间隙如图 8-17 所示，通常是从螺母的中心线的侧面开一条通槽，使螺母 2 的下半部分具有一定的弹性。当拧紧调节螺钉 1 时，螺母 2 的内孔必然收缩，从而使螺母 2 与丝杠 3 之间得到调整。这种结构适用于载荷较轻、传动要求不高的场合。

(2) 双螺母调整间隙是使其中一个螺母的牙面与丝杠牙面的一侧相贴，而另一个螺母的牙面与丝杠牙面的另一侧相贴，使用一段时间以后，由于磨损，间隙加大，这时可用改变两螺母的相对距离的方法进行调整，使丝杠两侧的牙面与双螺母的牙面重新分别相贴，以消除因磨损而增大的空隙。

采用双螺母调整间隙的结构形式有多种，图 8-18 就是一种比较常见的调整间隙的机构。调整时，先松开两个螺母上的螺钉，然后借助中间的调节螺钉 3 把楔形块向上拉，这时，左螺母 1 和右螺母 4 都产生轴向位移，直到丝杠 6 与左、右螺母都有了合适的间隙以后，停止拉动楔形块，并将两个螺母上的螺钉拧紧。

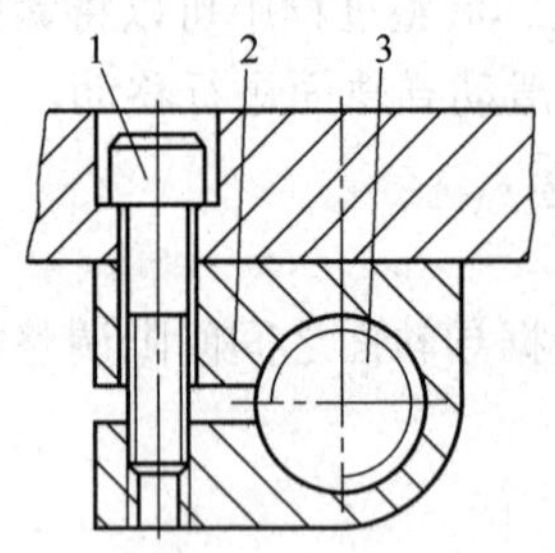

图 8-17 单螺母弹性变形调整间隙

1—调节螺钉；2—螺母；3—丝杠

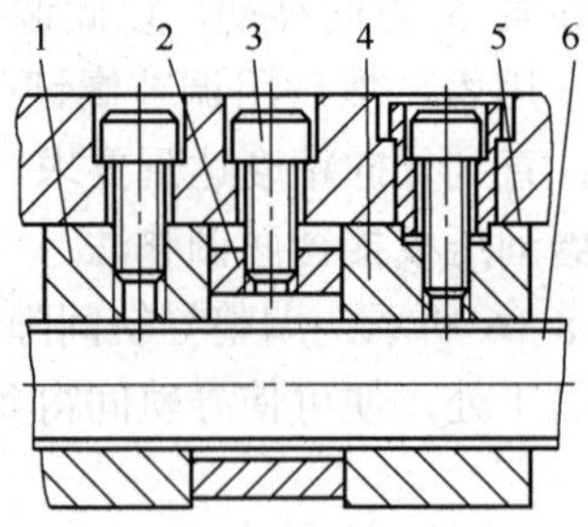

图 8-18 双螺母调整间隙

1、4—左、右螺母；2—楔形块；3—调节螺钉；5—垫片；6—丝杠

8.2.4 典型机床导轨介绍

1. 卧式车床床身导轨

图 8-19 所示为卧式车床床身导轨截面图。床身导轨面是车床的基面，这个基面要保证滑板运动的直线性，还要保证其他有关运动及有关基面同滑板运动保持相对位置的准确性。

一般机床导轨都采用两根导轨组合而成，如果是重型机床，根据床身宽度、刀具数目、工作台及工件的质量不同，也有用 3 根、4 根甚至更多根导轨。在引导同一部件的一组导轨中，根据受力和方向不同，并考虑到工艺性等要求，各根导轨常做成不同形状，组合在一起应用。

图 8-19 中 1、3 面同滑板导轨面配合；4、6 面同尾座导轨面配合。1、4 矩形导轨面用来承受载荷，而 2、3、5、6 导轨面用来导向，承受颠覆力矩。

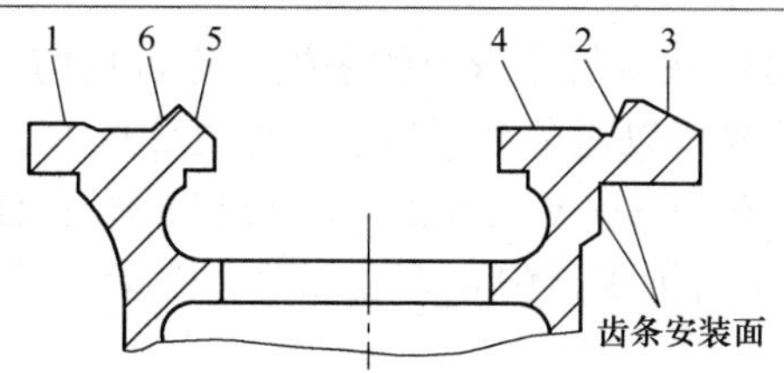

图 8-19　卧式车床床身导轨截面

1，4—矩形导轨面；2，3，5，6—三角形导轨面

导轨面的磨损会降低机床的几何精度，而几何精度的降低，又直接影响到加工工件的精度和表面粗糙度。一般导轨经常处于摩擦配合的部件，靠近主轴箱一端，是床身导轨磨损严重的地方。修复导轨时，可以使其合理地凸起，以达到补偿磨损和产生弹性变形的作用，从而提高导轨的使用寿命。

2. 摇臂钻床的摇臂导轨

摇臂是摇臂钻床支承主轴中刀具进行切削加工的主要部件之一。主轴箱在其导轨上可以水平移动，且自身与外立柱相配合，并可绕内立柱回转，使摇臂钻床主轴的中心对准被加工孔的中心，从而完成摇臂的定位操作。

摇臂导轨的外形截面如图 8-20 所示，上面为一条矩形导轨，起支承、夹紧和导向的作用。主轴箱由两个滚动轴承的滚轮在导轨上面水平移动；下面为一个半燕尾形导轨，起定位和导向作用。主轴箱夹紧上移时，由燕尾导轨定位；主轴箱水平移动时，利用装在半燕尾形导轨后侧的齿条，通过齿轮来实现传动。

摇臂钻床的摇臂导轨副属于移动导轨性质。它没有水平进给切削的要求，如使用一段时间后，产生一定的磨损，可通过刮研或导轨磨床来进行修理。磨削时，仍以表面 4 和表面 1、2(见图 8-21)分别为垂直平面和水平面的测量基准，对表面 1～5 进行磨削，磨削后的表面粗糙度 *Ra* 为0.8 μm。

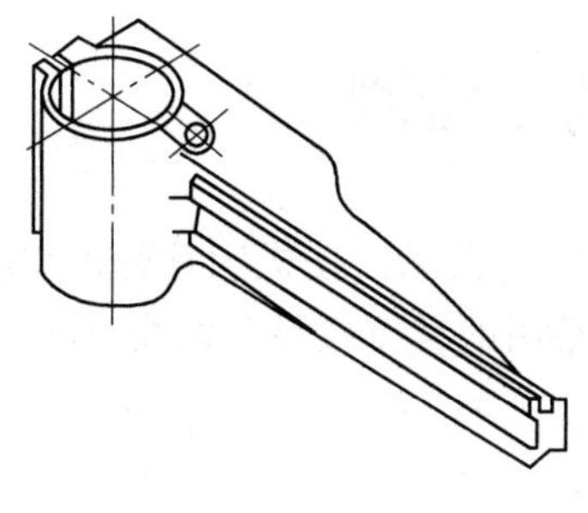

图 8-20　摇臂示意图

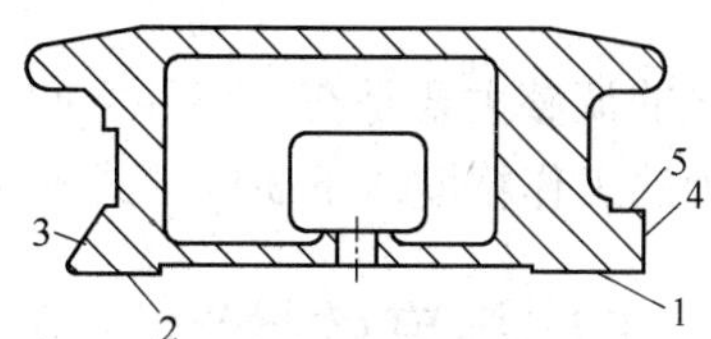

图 8-21　摇臂导轨截面

1～5—表面

3. 外圆磨床床身导轨

外圆磨床床身导轨上安装有一系列部件，起着承载及导向的作用，在使用一段时间后，仍会产生一定的磨损，其修理的方法有两种，即磨削和刮削，但导轨有严重啃痕、划伤、拉毛时都应先进行精刨，然后再进行磨削或刮削。通常磨削导轨的精度是靠导轨磨床

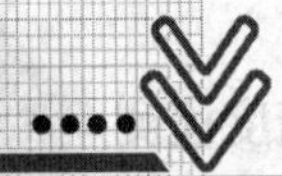

的精度来保证的，而刮削时应注意将床身上的手摇工作台机构、横向进给机构、液压操纵箱、前罩等部件全部装上床身，以避免刮削后引起导轨变形。

外圆磨床床身导轨为一矩形——V 形组合，其形状如图 8-22 所示。这种凹形导轨可以存油，适用于运动速度较高的机床，但也存在缺点，如容易积存切屑等脏物、易拉伤表面，必须加上防护罩。

4. 升降台铣床床身导轨

升降台铣床床身导轨有两个面，如图 8-23 所示。

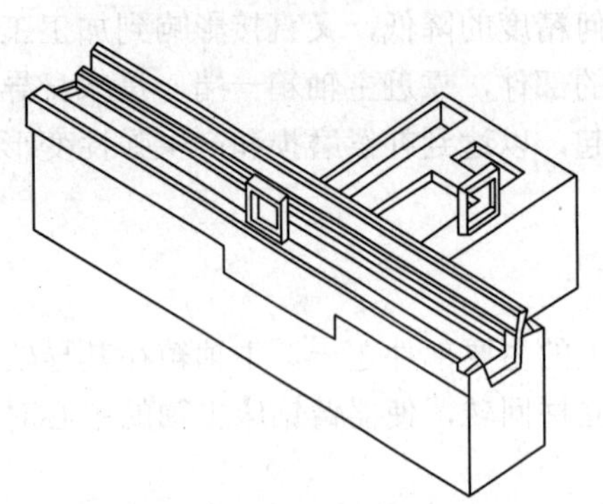
图 8-22　外圆磨床床身导轨

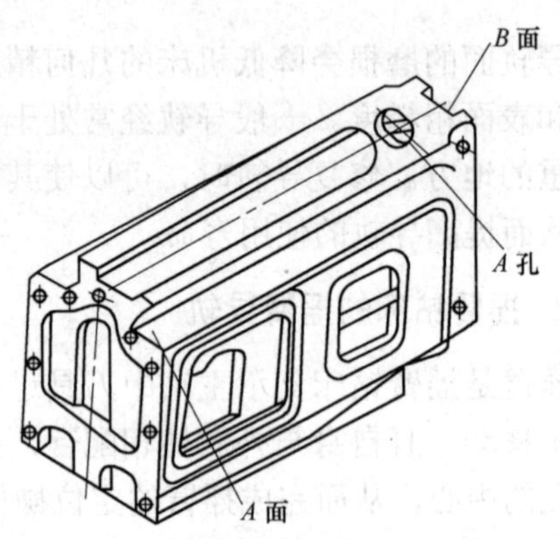

图 8-23　升降台铣床床身导轨

两个面均为燕尾形导轨，*A* 面导轨呈凸形，*B* 面导轨呈凹形，此燕尾形导轨能承受一定的颠覆力矩，使用镶条还能调整间隙，用在铣床床身上，其 *A* 面与之结合的是整个升降台部件，其 *B* 面与之结合的是滑枕横梁。升降台部分相对床身导轨表面 *A* 的垂直度有一定要求(升降台前端必须向上倾斜)，当机床承受颠覆力矩时，两个燕尾面可起到压板作用。而这时的斜面就成为主要工作面，会产生磨损，使精度超差，需用刮研表面的方法刮到符合技术要求为止。

8.3　机床调整与精度检测

机床的调整主要是在零部件之间通过选择适宜的配合关系，使机床具有正常的工作机能与合理的工作精度。下面以卧式车床为例介绍一些常用的精度检验及调整方法。

8.3.1　车床精度的检验与调整

使用机床加工工件时，工件会产生各种误差。例如，在车床上车削外圆柱面时，会产生圆度误差和圆柱度误差；车削端面时，会产生平面度误差和平面相对主轴回转轴线的垂直度误差等。这些误差的产生与机床本身的精度有很大关系。因此，对车床的几何精度进行检验，使车床的几何精度保持在一定的范围内，对保证车床的加工精度是十分必要的。我国对各类通用机床都制定了精度检验标准，标准中规定了精度检验项目、检验方法及允许误差等。表 8-1 列出了卧式车床的精度检验标准。

表 8-1　卧式车床的精度检验标准

序　号	检验项目	检验方法	简　图	允差/mm
G1 (床身)	纵向：导轨在垂直平面内的直线度	将水平仪纵向放在溜板上，移动溜板在全部行程上检验。常用水平仪图解法	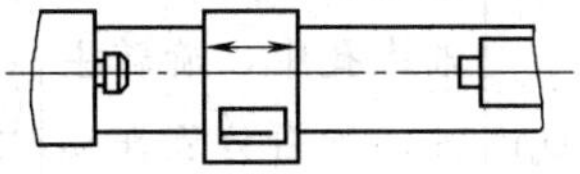	0.02(只许凸起)，任意 250 mm 长度上局部公差为 0.0075
	横向：导轨应在同一平面内	将水平仪横向放在溜板上，移动溜板在全部行程上检验。取其读数的差值	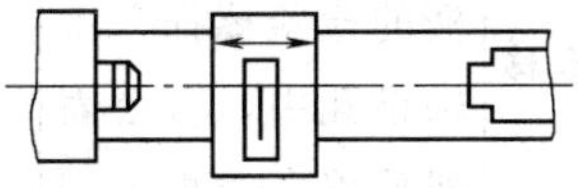	0.04/1000 mm
G2 (溜板)	溜板移动在水平面内的直线度	在前后顶尖间顶起一根检验棒 1，调整百分表 2 使之在检验棒两端读数相等，摇动溜板在全部行程上的读数的最大差值	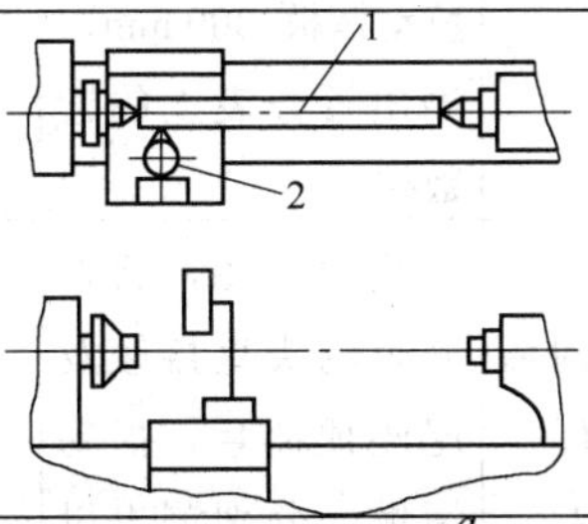	0.02
G3	尾座移动对溜板移动的平行度： ①在垂直平面内 ②在水平面内	百分表顶在尾座套筒母线 a 和 b 处，同时移动溜板和尾座进行检验	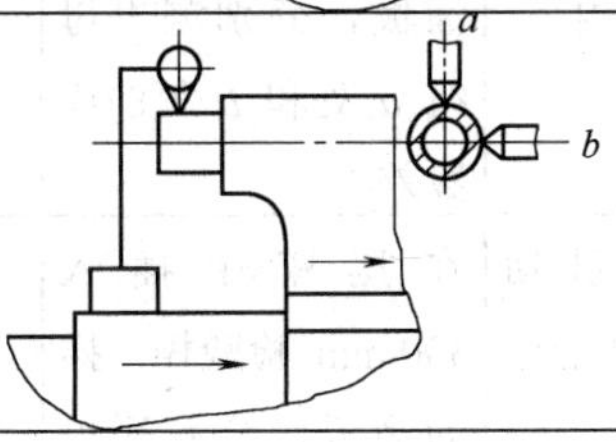	a 和 b 为 0.03，任意 500 mm 长度上局部公差为 0.02
G4 (主轴)	主轴的轴向窜动	将带锥度的短检验棒插入主轴孔中，在检验棒的中心孔中置一钢球，然后旋转主轴，用平头百分表即可测出	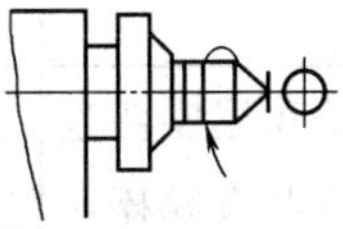	0.01
	主轴轴肩支承面的端面圆跳动	用百分表测头触及支承面，旋转主轴即可测出	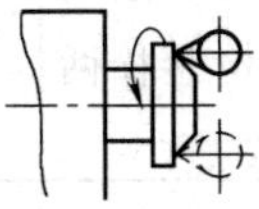	0.02
G5	主轴定心轴颈的径向圆跳动	用百分表测头触及主轴定位圆柱表面上，旋转主轴，即可测出	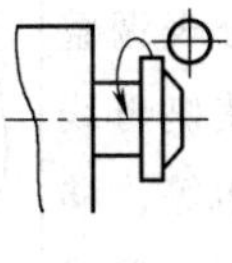	0.01

续表

序　号	检验项目	检验方法	简　图	允差/mm
G6	主轴轴线的径向圆跳动： ①靠近主轴端面 ②距主轴端面(D_a)/2 或不超过 300 mm	将 300 mm 的带锥柄的检验棒插入主轴锥孔中，旋转主轴，视百分表在 a 处和 b 处的跳动	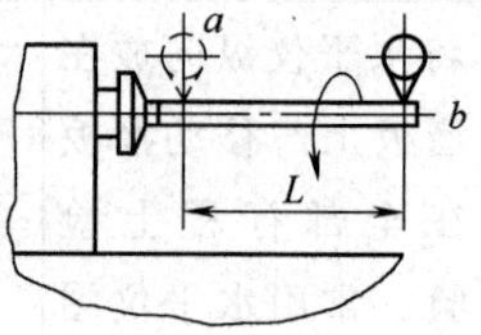	①0.01 ②在 300 mm 测量长度上为 0.02
G7	主轴轴线对溜板移动的平行度： ①在垂直平面内 ②在水平面内	将 300 mm 的带锥柄的检验棒插入主轴锥孔中，百公表架放置在溜板上，移动溜板 300 mm，测出百分表上的读数差	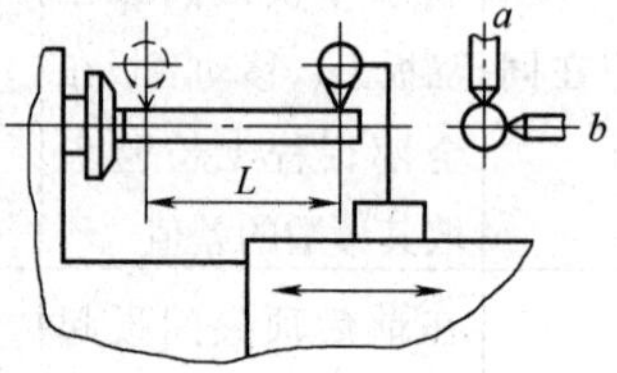	①0.02/300 mm（只许向上偏) ②0.015/300 mm (只许向前偏)
G8 (尾座)	尾座套筒轴线对溜板移动的平行度： ①在垂直平面内 ②在水平面内	不用检验棒，将百分表测头直接触及尾座顶尖套，摇动溜板，分别测出母线 a 处和 b 处的读数差	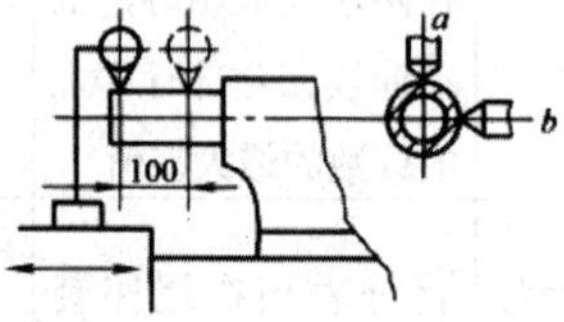	①0.015/100 mm (只许向上偏) ② 0.01/100 mm(只许向前偏)
G9	尾座套筒锥孔轴线对溜板移动的平行度： ①在垂直平面内 ②在水平面内	在尾座中插入 300 mm 检验棒，摇动溜板，分别测出母线 a 处和 b 处的读数差	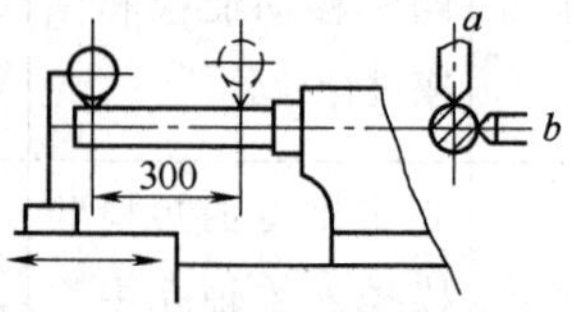	① 0.03/300 mm(只许向上偏) ② 0.03/300 mm(只许向前偏)
G10(两顶尖)	主轴和尾座两顶尖的等高度	在主轴和尾座两顶尖间顶上检验棒，百分表测头触及检验棒上母线，摇动溜板测得检验棒两端的读数差	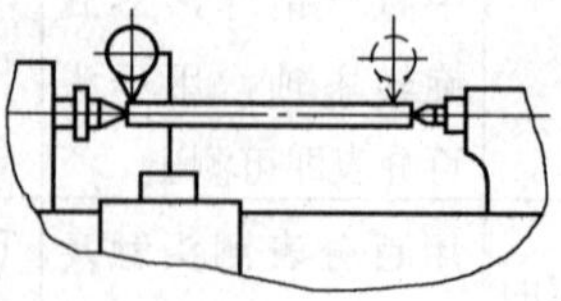	0.04(只许尾座高)
G11 (小刀架)	小刀架移动对主轴轴线的平行度	检验棒插入主轴孔中，用百分表调整小刀架，使侧母线两端读数相等，移动小刀架在上母线上检验	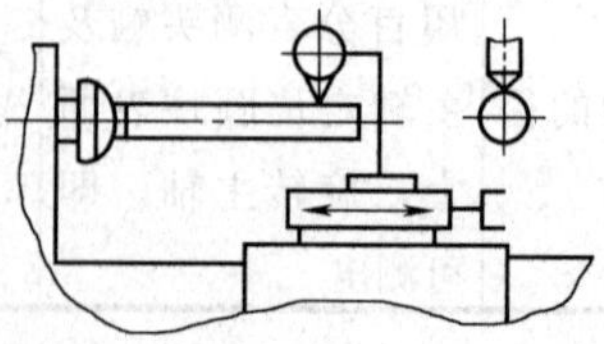	0.04/300 mm

续表

序　号	检验项目	检验方法	简　图	允差/mm
G12 (丝杠)	丝杠的轴向窜动	用黄油将钢球粘在丝杠右端中心孔中，闭合开合螺母，旋转丝杠，测得百分表的最大读数差		0.015
P1	精车外圆：①圆度 ②圆柱度	精车钢料圆柱形状试件的外圆 试件用卡盘夹紧(不用尾座)	L　d_1　d_2	在 300 mm 长度上为：①0.01 ②0.03(锥度只能大直径靠近主轴端)
P2	精车端面的平面度	精车铸铁盘试件的端面，试件用卡盘夹紧		300 mm 直径上为 0.02(只许凹)
P3	精车螺纹的螺距误差	在两顶尖间，将一根直径和机床丝杠外径相等，长度不小于 300 mm 的试件，精车出和丝杠螺距相等的单线梯形螺纹。检验试件的螺距累积误差	300	①300 mm 测量长度上为 0.04 ②任意 50 mm 测量长度上为 0.015

1. 床身导轨的精度检验

床身导轨的精度检验包括导轨在垂直平面内的直线度和导轨在同一平面内的误差两个项目(参见表 8-1 中的 G1)。

床身导轨在垂直平面内的直线度和导轨在同一平面内的误差，通常用水平仪检验。水平仪上的刻度线值表示被测表面的斜度。例如，刻度值为 $\frac{0.02}{1000}$ 的水平仪，其气泡移动一格，相当于被测平面在 1 m 的长度上两端的高度差为 0.02 mm，如图 8-24(a)所示。

用水平仪测量时，为了得到比较准确的结果，需将被测面分成若干段，每段被测长度小于 1 m。因此，需对水平仪的刻度值进行换算。如图 8-24(b)所示，被测面在该段长度上两端高度差为

$$h = \frac{0.02}{1000L} \tag{8-2}$$

将式(8-2)写成一般通式为

$$h = nKL \tag{8-3}$$

式中：K 为水平仪的刻度值；n 为气泡移动格数。

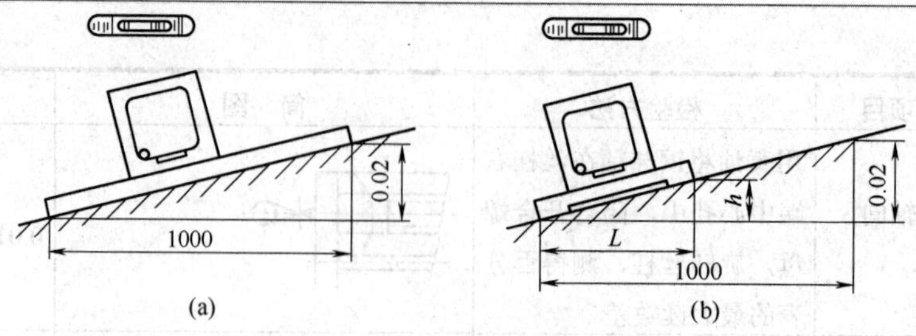

图 8-24　水平仪刻度值的几何意义

水平仪读数的符号，习惯上规定：气泡移动方向和水平移动方向相同时为正值；相反时为负值。

1)　床身导轨在垂直平面内的直线度

将水平仪纵向放置在溜板上靠近前导轨处(参见图 8-25 位置Ⅰ)，从刀架靠近主轴箱一端的极限位置开始，自左向右依次移动床鞍，每隔 250 mm(或小于)测量一次并记录读数，将测量所得的所有读数用适当的比例绘制在直角坐标系中，所得的曲线就是导轨在垂直平面内的直线度曲线。画图时，以导轨长度为横坐标，水平仪读数为纵坐标；床鞍在开始位置上的水平仪读数作为第一条线段，从坐标原点开始画起，其余各读数，以前一读数线段的终点为下一条线段的起点，画出相应的线段。由各线段组成的曲线，即为导轨在垂直平面内的直线度曲线。作曲线起点和终点的连线，找出曲线上各线段端点至该连线的最大坐标值，即为导轨在全长上的直线度误差。

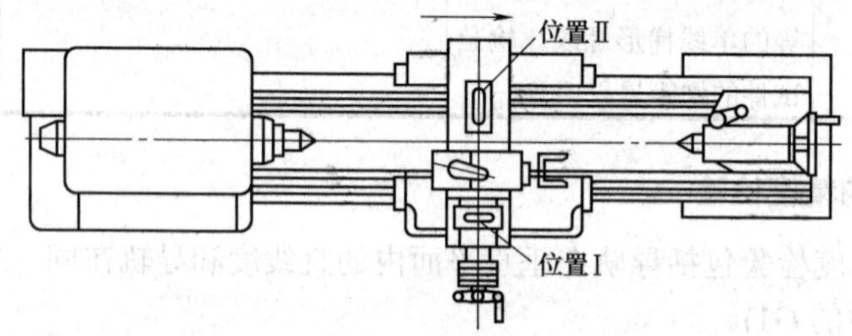

图 8-25　床身在垂直平面内的直线度和在同一平面内的误差的检验

例如，车床的最大车削长度为 1000 mm，溜板每移动 250 mm 测量一次，水平仪刻度值为 0.002/1000。床鞍在各个测量位置时水平仪读数依次为+1.1、+1.5、−1.0、−1.1 格，根据这些读数画出的导轨在垂直平面内的直线度曲线，如图 8-26 所示。由图 8-26 可以求出导轨在全长上的直线度误差 $\delta_{全}$ 为

$$\delta_{全} = bb' \times (0.02/1000) \times 250\ \text{mm} = (2.6-0.2) \times (0.02/1000) \times 250\ \text{mm} = 0.012\ \text{mm}$$

导轨直线度的局部误差 $\delta_{局}$ 为

$$\delta_{局} = (bb' - aa') \times (0.02/1000) \times 250\ \text{mm} = (2.4-1.0) \times (0.02/1000) \times 250\ \text{mm} = 0.007\ \text{mm}$$

2)　床身导轨在同一平面内的误差

水平仪横向放置在溜板上(参见图 8-25 位置Ⅱ)，纵向等距离移动溜板(与测量导轨在垂直平面内的直线度同时进行)。记录溜板在每一位置时水平仪的读数。水平仪在全部测量长度上的最大代数差值，即导轨在同一平面内的误差。

纵向车削外圆柱面时，车床导轨在垂直平面内的直线度误差会导致刀尖高度位置发生变化，使工件产生圆柱度误差；床身导轨在同一平面内的误差会导致刀尖径向摆动，同样使工件产生圆柱度误差。

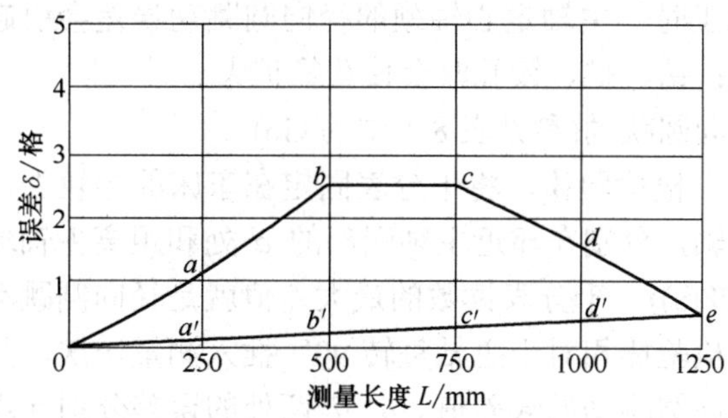

图 8-26　导轨垂直平面内的直线度误差

2. 床鞍移动在水平面内的直线度

如图 8-27 所示，在前、后顶尖之间，顶紧一根检验棒，刀架上装百分表，使其测头顶在检验棒的侧母线上。调整尾座，使百分表在检验棒两端的读数相等。然后移动床鞍检验，在床鞍全行程上，百分表读数的最大代数差值就是床鞍移动在水平面内的直线度误差。

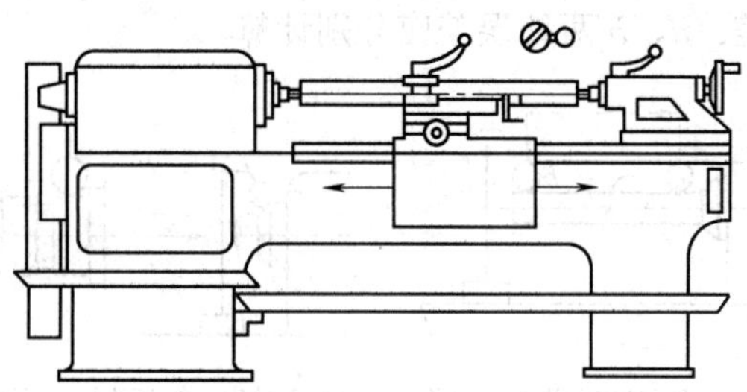

图 8-27　床鞍移动在水平面内的直线度检验

3. 主轴的精度检验

主轴的精度检验项目很多，主要介绍以下几种。

1)　主轴的轴向窜动

在主轴中心孔内插入一根短检验棒，检验棒端部中心孔置一钢球，千分表的平测头顶在钢球上(见图 8-28(c))，对主轴施加一轴向力后，对旋转主轴进行检验。千分表读数的最大差值就是主轴的轴向窜动(参见表 8-1 中的 G4)误差值。

2)　主轴轴肩支承面的端面圆跳动

将千分表测头顶在主轴轴肩支承面靠近边缘处，对主轴施加一轴向力，旋转主轴，分别在相隔 90° 的 4 个位置上进行检验(见图 8-28(d))，4 次测量结果的最大差值就是主轴轴肩支承面的端面圆跳动(参见表 8-1 中的 G4)误差值。

在机床上加工工件时，主轴的轴向窜动误差会引起工件端面的平面度误差、螺纹的螺距误差，并且会增加工件的外圆表面粗糙；主轴轴肩支承面的端面圆跳动误差会引起加工面与基准面的同轴度误差以及端面与内、外圆轴线的垂直度误差。

3)　主轴定心轴颈的径向圆跳动(参见表 8-1 中的 G5)

将千分表测头垂直顶在定心轴颈表面上，对主轴施加一轴向力 F，旋转主轴进行检验(见图 8-28(b))。千分表读数的最大差值就是主轴定心轴颈的径向圆跳动误差值。

用卡盘夹持工件加工时，主轴定心轴颈的径向圆跳动误差会引起圆柱度误差、加工面与基准面的同轴度误差；钻、扩、铰孔时会使孔径扩大。

4)　主轴轴线的径向圆跳动(参见表 8-1 中的 G6)

在主轴锥孔中插入一根检验棒，将千分表固定在车床的导轨上，使其测头顶在检验棒外圆柱表面上。旋转主轴，分别在靠近主轴端部的 a 处和距离主轴端部不超过 300 mm 的 b 处进行检验(见图 8-28(a))，千分表读数的最大差值就是径向圆跳动误差值。为了消除检验棒的误差影响，可将检验棒相对于主轴每转 90° 插入测量一次，共检验 4 次，取 4 次测量结果的平均值作为径向圆跳动的误差值。a、b 两处的误差分别计算。

用两顶尖顶住工件车削外圆柱面时，主轴锥孔轴线的径向圆跳动误差会引起工件的圆度误差、外圆与顶尖孔的同轴度误差。

5)　主轴轴线对溜板移动的平行度(参见表 8-1 中的 G7)

在主轴锥孔中插入一根 300 mm 长检验棒，两个千分表固定在刀架溜板上，测头分别顶在检验棒的上母线 a 和侧母线 b 处(见图 8-28(e))。移动溜板，千分表的最大读数差值即为测量结果。为消除检验棒误差影响，将主轴回转 180° 再检验一次，两次测量结果的代数平均值即为平行度误差。a、b 两处误差应分别计算。

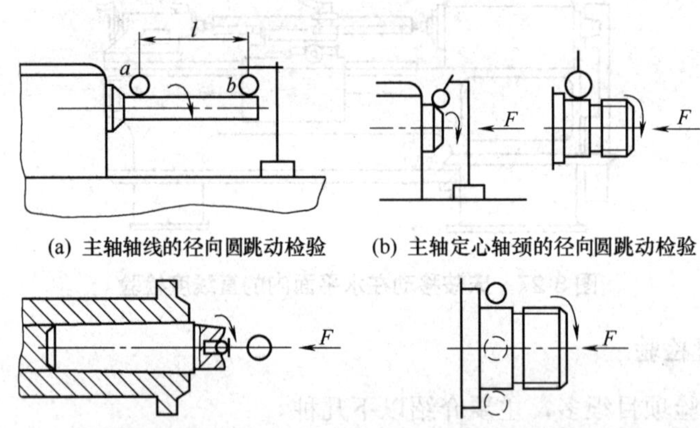

(a) 主轴轴线的径向圆跳动检验　(b) 主轴定心轴颈的径向圆跳动检验

(c) 主轴的轴向窜动检验　(d) 主轴轴肩支承面的端面圆跳动检验

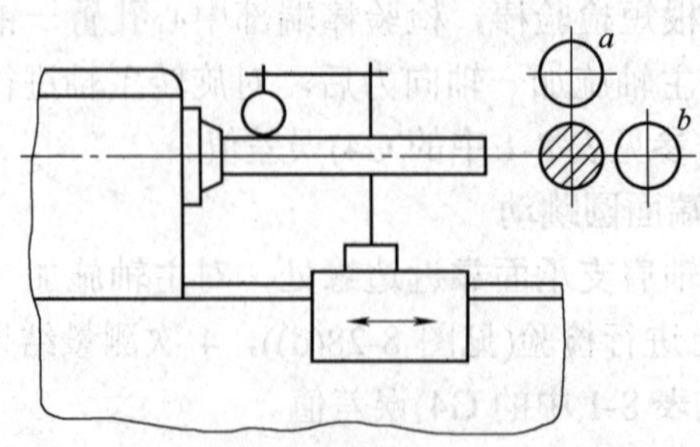

(e) 主轴轴线对溜板移动的平行度检验

图 8-28　主轴的几何精度检验

用卡盘夹持工件车削加工时，主轴轴线对溜板移动在垂直平面内的平行度误差会引起工件的圆度误差，在水平面内的平行度误差也会使工件产生圆度误差。

4. 床头和尾座两顶尖的等高度

将尾座顶尖套退入尾座内并锁紧，在前、后顶尖间顶紧一根长检验棒，百分表固定在刀架上，测头顶在检验棒的母线上。移动床鞍，在检验棒的两端进行检验。百分表在两端读数的差值，就是床头和尾座两顶尖等高度误差。检验时尾座位置随工件长度而定，当 $DC \leqslant 2000$ mm 时，尾座应紧固在 $\frac{DC}{2}$ 处(DC 为最大车削长度)。

5. 工作精度的检验

机床工作精度检验的方法是，在规定的试件材料、尺寸和装夹方法以及刀具材料、切削规范等条件下，在机床上对试件进行精加工，然后按精度标准检验其有关精度项目。

例如，精车端面的平面度。试件为铸铁盘形件，其直径 $D \leqslant \frac{D_a}{2}$，最大长度 $L_{max} = \frac{D_a}{8}$，夹持在卡盘中，用车刀精车端面，然后检验其平面度。

8.3.2　铣床精度的检验与调整

检验铣床精度的目的，就是要保证新制造的铣床或修理好的铣床的各项精度都符合有关标准规定的要求。

在进行铣床精度检验之前，要做好各项准备工作，特别是铣床应调平。水平仪的纵向、横向的读数，均不应超过 $\frac{0.04}{1000}$，机床的精度检验，应在空载跑合试验之后进行。

1. 工作台面的平面度

图 8-29 所示为检验工作台面的平面度。工作台面的平面度是检验测量基准面的精度，平面度在 1000 mm 长度内，允差为 0.04 mm；在任意 300 mm 测量长度上允差为 0.02 mm。检验方法如下。

(1) 工作台位于纵向和横向的中间位置。

(2) 在工作台面上，按图 8-29 中假想线所示各种方位放置两个等高量块，平尺放在量块上。

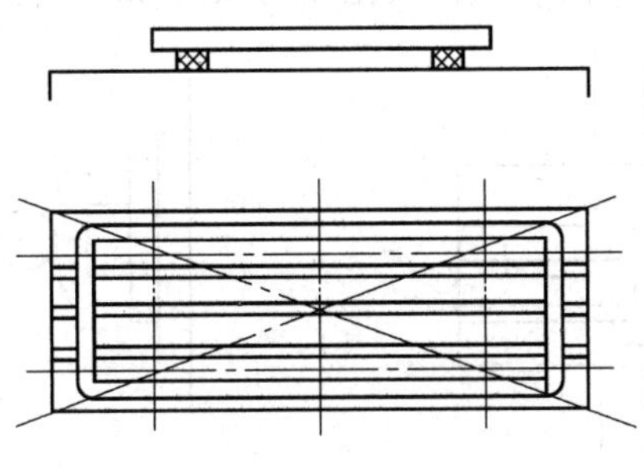

图 8-29　检验工作台面的平面度

(3) 用塞尺和量块检验工作台面与平尺之间的距离。

工作台面的平面度若超过允差，将影响夹具或工作底面的安装精度，从而影响加工面的平面度和基准面的平行度或垂直度。

2. 工作台纵向移动对工作台面平行度的影响

图 8-30 所示为检验工作台纵向移动对工作台面的平行度的影响。工作台行程在任意 300 mm 测量长度上，纵、横方向平行度允差均为 0.025 mm；最大允差为 0.050 mm。检验方法如下。

(1) 工作台位于横向行程的中间位置，并将升降台和横向滑板紧固。

(2) 在工作台面上，中央 T 形槽放置两个等高量块，平尺放在量块上，百分表位于主轴中央处，并使测量头顶在平尺的检验面上，纵向移动工作台检验。

(3) 百分表读数的最大差值，就是平行度误差。

平行度若超过允差，将影响加工面对基准面的平行度或垂直度。

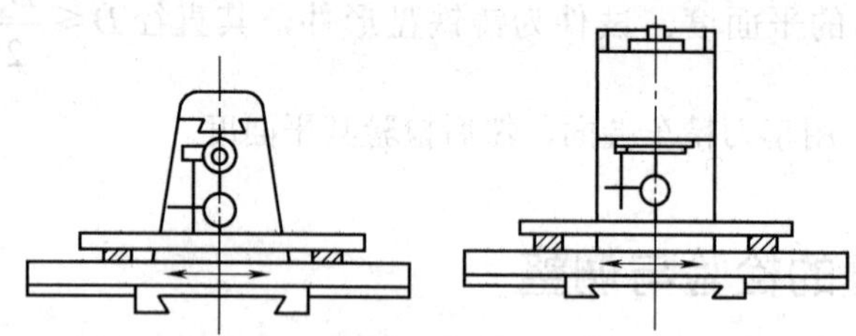

图 8-30　检验工作台纵向移动对工作台面的平行度影响

3. 工作台纵向移动对横向垂直度的影响

图 8-31 所示为检验工作台纵向移动对横向垂直度的影响。其允差为 300 mm 测量长度上为 0.02 mm。检验方法如下。

(1) 将升降台紧固。90° 角尺放在工作台中间位置，使 90° 角尺的一个检验面与横向平行。

(2) 纵向移动工作台进行检验，百分表读数的最大差值就是垂直度误差。

垂直度误差若超过允差，将影响两加工面的垂直度。另外，若夹具的定位支承面和工件的基准面与横向不平行，则通过纵向进给铣出的沟槽、侧面和基准面不垂直。

4. 主轴轴向窜动

图 8-32 所示为检验主轴轴向窜动。其允差为 0.01 mm。检验方法如下。

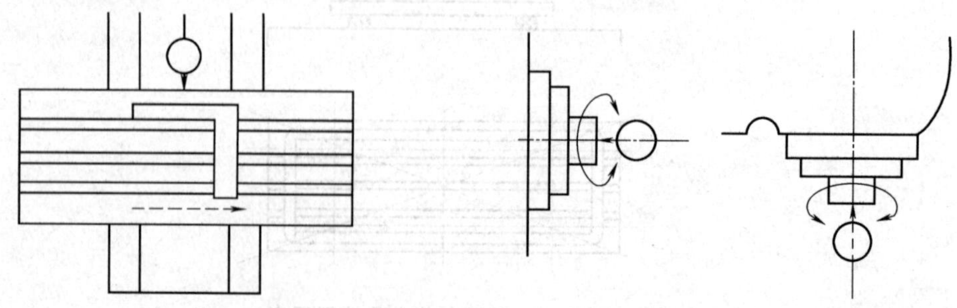

图 8-31　检验工作台纵向移动对横向垂直度的影响

图 8-32　检验主轴轴向窜动

(1) 在主轴锥孔中紧密地插入一根检验棒。

(2) 将百分表测量头顶在检验棒端面中心处，旋转主轴检验。检验时，在轴向加 200 N 左右的推力或拉力。百分表读数的最大差值就是轴向窜动的数值。

轴向窜动若超过允差，铣削时将产生较大的振动，并使尺寸控制不准以及产生“拖刀”，从而影响尺寸精度和表面粗糙度。

5. 主轴锥孔中心线的径向跳动

图 8-33 所示为检验主轴锥孔中心线的径向跳动。其允差：*a* 处为 0.01 mm；*b* 处为 0.02 mm。检验方法如下。

(1) 在主轴锥孔中紧密地插入一根检验棒，使百分表测头与检验棒接触。

(2) 转动主轴检验。百分表读数的最大差值，即为径向跳动的误差，*a*、*b* 处的误差分别计算。

径向跳动若超过允差，将造成刀杆和铣床的径向跳动和摆振，从而影响加工面的表面粗糙度。

6. 主轴旋转轴线对工作台面平行度的影响

图 8-34 所示为检验主轴旋转轴线对工作台面平行度的影响。在 300 mm 测量长度上允差为 0.03 mm，并只许检验棒伸出端向下倾斜。检验方法如下。

(1) 工作台位于纵向和横向行程的中间位置，并把升降台和横向床鞍紧固。

(2) 在工作台面上放一平板，百分表放在平板上，在靠近主轴端 *a* 处及距 *a* 为 300 mm 的 *b* 处检验。

(3) 记取百分表在 *a*、*b* 两处的差值，然后将主轴转过180°，再检验一次。两次检验结果的代数和的一半就是平行度的误差。

平行度若超过允差，将影响加工面对基准面的平行度或垂直度。

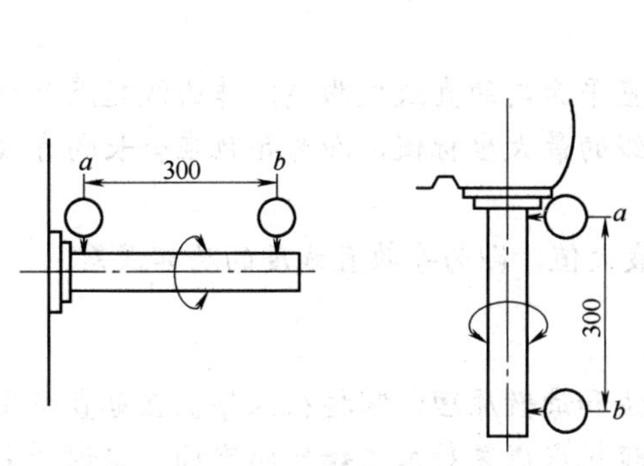

图 8-33　检验主轴锥孔中心线的径向跳动

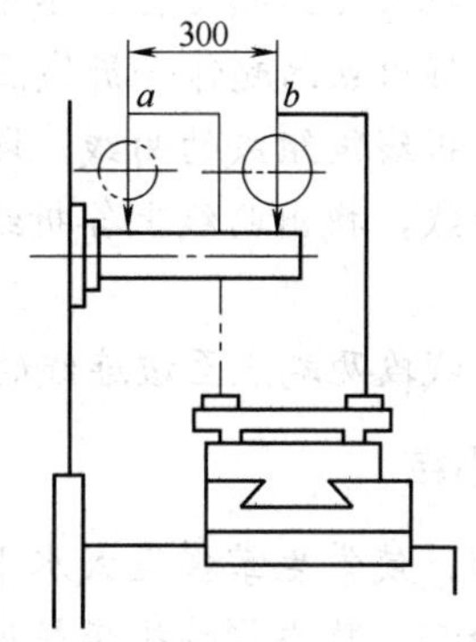

图 8-34　检验主轴旋转轴线对工作台面平行度的影响

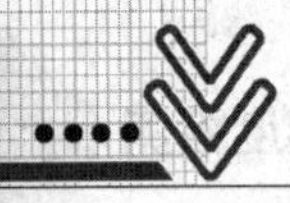

8.4 实训——床身导轨的直线度

1. 实训目的

掌握机床导轨精度的检验。

2. 实训要点

(1) 要严格遵守各种安全操作规程。

(2) 选择框式水平仪。

(3) 建立坐标系。

(4) 测量。

(5) 读数、绘图。

(6) 求值。

3. 预习要点

(1) 框式水平仪的使用及结构。

(2) 机床导轨的垂直度。

(3) 机床误差与加工精度的关系。

4. 实训过程

(1) 选择刻度值为$\frac{0.02}{1000}$的框式水平仪。

(2) 将水平仪纵向放置在溜板上靠近和床身结合的前导轨处，从刀架处于主轴一端的极限位置开始，自左向右依次移动溜板，溜板每次移动250 mm。

(3) 记录溜板在每一位置时水平仪的读数。

(4) 以导轨长度为横坐标，水平仪读数为纵坐标，溜板在开始位置上的水平仪读数作为起点，从坐标原点画起作一折线段。

(5) 由各折线段组成的曲线，即为导轨在垂直平面内的直线度曲线。作曲线起点和终点两端点的连线，找出曲线上各折线段端点至连线的最大坐标值，即为导轨在全长的直线度误差。

(6) 各折线段两端点至该连线的坐标差值的最大值，即为导轨直线度的局部误差。

5. 实训小结

通过实训，使学生掌握框式水平仪的使用方法和读数原理；掌握机床导轨在垂直平面内的直线度检测；熟悉影响机床精度的因素；理解机床误差对加工精度的影响。实训结束后，对学生进行测试，检查和评估实训情况。

思考与练习

8-1　指出卧式车床、外圆磨床、卧式镗床、钻床、铣床、滚齿机的主轴部件分别属于哪种类型。

8-2　滑动导轨有几种组合形式？分别指出它们的特点和应用场合。

8-3　对主轴部件有哪些特殊要求？为什么？

8-4　对 X6132 型万能铣床主轴进行受力分析。

8-5　列举两台机床的导轨间隙调整装置的调整方法。

8-6　在车床或铣床上测试主轴的旋转精度及导轨的水平度、垂直度。

8-7　在车床上的最大工件长度为 1000 mm，床鞍每移动 250 mm 测量一次，水平仪刻度值为 $\frac{0.02}{1000}$。床鞍在各个测量位置时水平仪读数依次为 +1.5 、 +1.6 、 −0.5 、 −1.1 、 −1.0 格，根据这些读数画出导轨在垂直平面内的直线度曲线，并求出导轨全长的直线度误差和导轨直线度的局部误差。

第 9 章　普通机床的安装、验收、维护和改装

技能目标

- 了解机床安装的地基与安装方法。
- 熟悉机床的验收。
- 了解机床的改装方法。

知识目标

- 掌握机床维修工艺。
- 了解机床验收标准。
- 掌握机床安装的一般要求。

9.1　机床的安装及验收

9.1.1　机床的地基

机床的自身质量、工件的质量、切削力等都将通过机床的支承部件而最后传给地基。所以，地基的质量直接关系到机床的加工精度、运动平稳性、机床的变形、磨损以及机床的使用寿命。因此，机床在安装之前，首要的工作是打好地基。

机床的地基一般分为混凝土地坪式(即车间水泥地面)和单独块状式两大类。单独块状式地基如图 9-1 所示。切削过程中会产生振动的机床的单独块状式地基需采取适当的防振措施，如插齿机、滚齿机等的地基。对于高精度机床，也需采用防振地基，以防止外界振源对机床加工精度的影响。

单独块状式地基的平面尺寸应比机床底座的轮廓尺寸大一些。地基的厚度则取决于车间土壤的性质，但其最小厚度应保证能把地脚螺柱固结。一般可在机床说明书中查得地基尺寸。

用混凝土浇注机床地基时，常留出地脚螺柱的安装孔，如图 9-1 所示，待将机床安装到地基上并初步找好水平后，再浇注地脚螺柱。常用的地脚螺柱如图 9-2 所示。

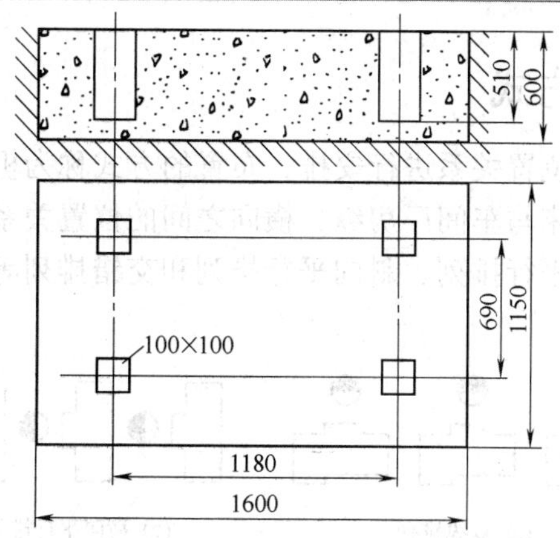

图 9-1　X6132 型万能升降台铣床的地基

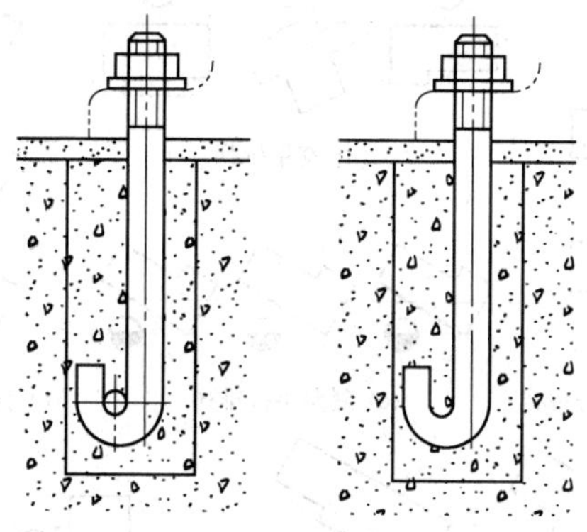

图 9-2　常用的地脚螺柱形式

9.1.2　机床的安装

机床的安装通常有两种方法：一种是在混凝土地坪上直接安装机床，并用图 9-3 所示的垫铁调整水平后，在床脚周围浇注混凝土固定机床，这种方法适用于小型和振动轻微的机床；另一种是用地脚螺柱将机床固定在块状式地基上，这是一种常用的方法。安装机床时，先将机床吊放在已凝固的地基上，然后在地基的螺柱孔内装上地脚螺柱，并用螺母将其连接在床脚上，待机床用垫铁调整水平后，用混凝土浇注进地基方孔。混凝土凝固后，再对机床调整水平并均匀地拧紧地脚螺柱。

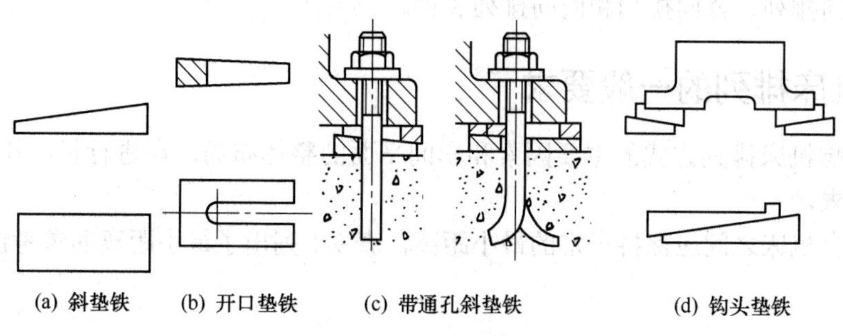

图 9-3　机床常用垫铁

9.1.3 机床的排列方式

相邻机床之间按一定位置关系进行安排、布置的方式称为机床的排列方式。根据机床之间的相互位置关系，机床与车间厂房纵、横向之间的位置关系，排列方式可分为直线排列、横向平行排列、纵向平行排列、斜向平行排列和交错排列等。机床的各种排列方式如图 9-4 所示。

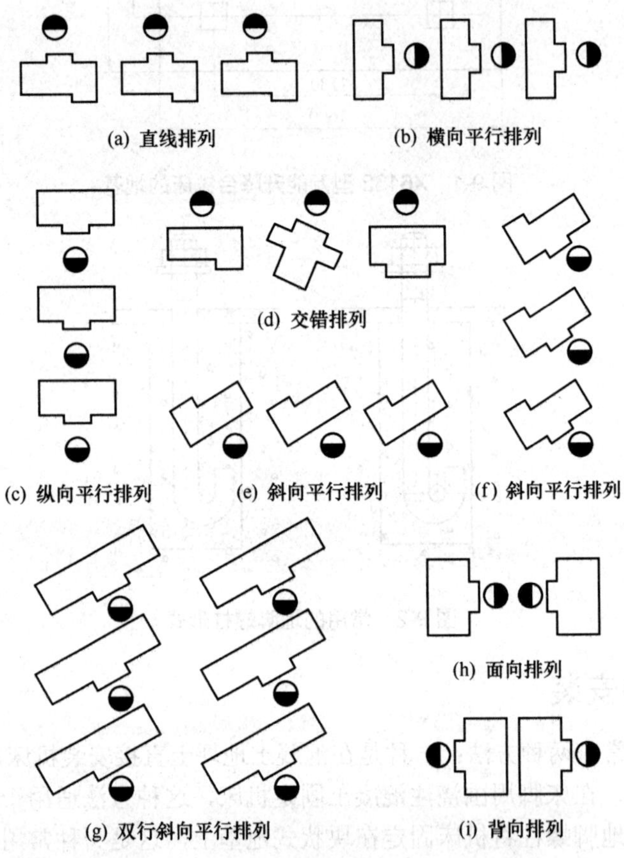

图 9-4 机床排列方式

每种排列均有单行、双行和多行之分。从机床之间的相互位置和方向来看，各种排列又可分为面向排列、背向排列和同向排列 3 种。

9.1.4 机床排列的一般要求

根据影响机床排列方式的主要因素和车间平面的整体布局，在进行机床排列时一般应符合下列要求。

(1) 每台机床之间应保持一定的最小距离，表 9-1 列出了最小距离的参考值。

表 9-1　机床与机床之间的最小距离

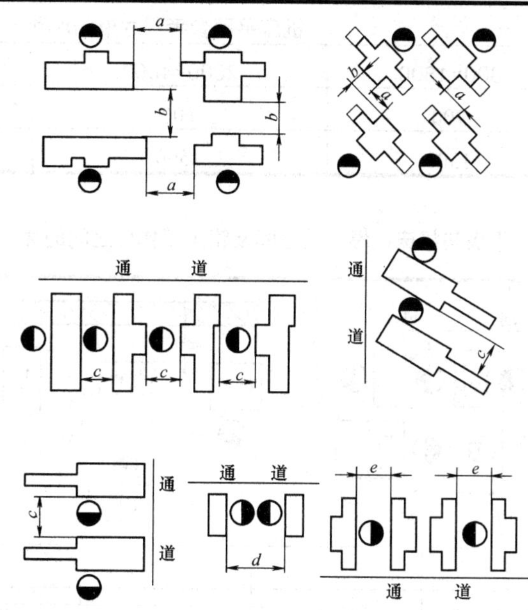

<table>
<tr><td rowspan="3">机床与机床之间的最小距离/mm</td><td>小型及轻型机床</td><td>中型机床</td><td colspan="2">大型及重型机床</td></tr>
<tr><td colspan="4">机床平面参考尺寸/(mm×mm)</td></tr>
<tr><td>800×1800</td><td>2000×4000</td><td>4000×8000</td><td>6000×16000</td></tr>
<tr><td>a</td><td>700</td><td>900</td><td>1500</td><td>2000</td></tr>
<tr><td>b</td><td>700</td><td>800</td><td>1200</td><td>1500</td></tr>
<tr><td>c</td><td>1300</td><td>1500</td><td>2000</td><td>—</td></tr>
<tr><td>d</td><td>2000</td><td>2500</td><td>3000</td><td>—</td></tr>
<tr><td>e</td><td>1300</td><td>1500</td><td>—</td><td>—</td></tr>
</table>

(2) 机床与墙、柱之间应保持一定的最小距离，如表 9-2 所示。

(3) 划线平板或检验平板与机床、墙、柱之间的最小距离，以及钳工工作台之间的最小距离，可参考表 9-3 所列的数值。

表 9-2　机床与墙、柱之间的最小距离

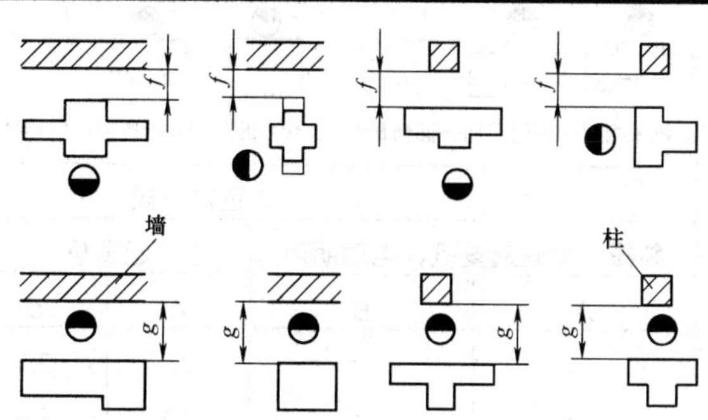

续表

机床与墙、柱之间的最小距离/mm	小型及轻型机床	中型机床	大型及重型机床
	机床平面参考尺寸/(mm×mm)		
	800×1800	2000×4000	4000×8000
f	700	800	900
g	1300	1500	2000

表 9-3　平板与机床、墙、柱之间及钳工工作台之间的最小距离

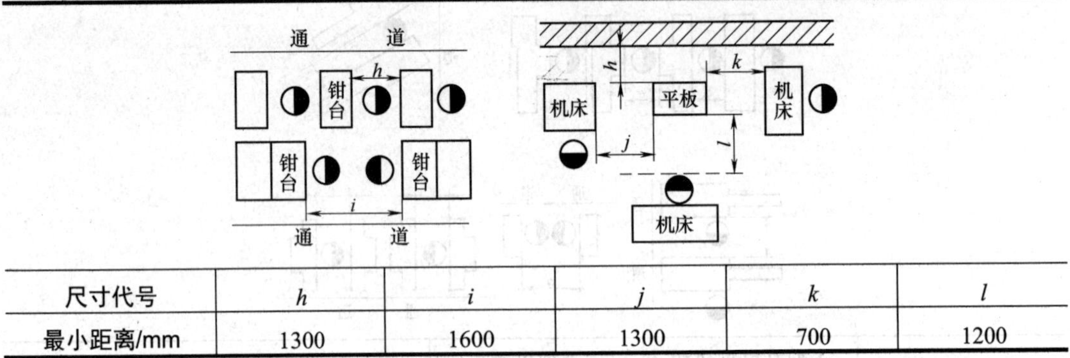

尺寸代号	*h*	*i*	*j*	*k*	*l*
最小距离/mm	1300	1600	1300	700	1200

(4) 不同运输方式的车间纵向主通道宽度参考数值，如表 9-4 所示。

表 9-4　不同运输方式的车间纵向主通道宽度　　单位：m

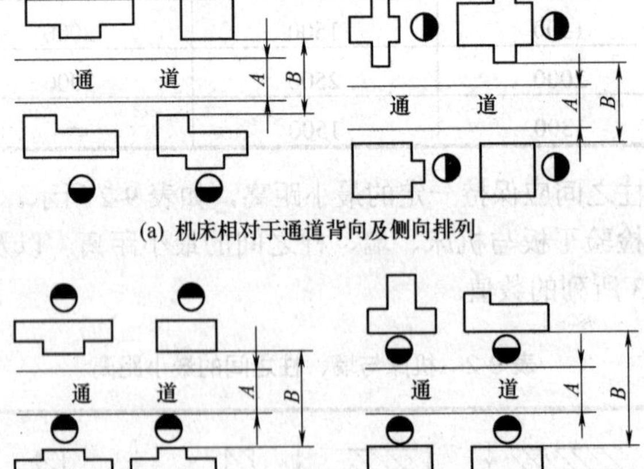

(a) 机床相对于通道背向及侧向排列

(b) 机床相对于通道背向—面向排列　(c) 机床相对于通道面向排列

排列方式	零件或零件箱尺寸	运输方式					
		斜槽、单轨起重机、电动葫芦		起重机		蓄电池电动车	
		A	*B*	*A*	*B*	*A*	*B*
(a)	0.8	—	—	2.0	2.5	2.0	2.5①
	1.5	—	—	2.5	3.0	2.5	3.0②

续表

排列方式	零件或零件箱尺寸	运输方式					
		斜槽、单轨起重机、电动葫芦		起重机		蓄电池电动车	
		A	*B*	*A*	*B*	*A*	*B*
(b)	0.8	1.2	2.5	2.0	3.3	2.0	3.3①
	1.5	2.0	3.2	2.5	3.8	2.5	3.8②
	3.0	—	—	3.5	4.8	—	—
(c)	0.8	1.2	3.2	2.0	4.0	2.0	4.0①
	1.5	2.0	4.0	2.5	4.5	2.5	4.5②
	3.0	—	—	3.5	5.5	—	—

注：1. 蓄电池电动车载质量为 3 t 时通道宽度增加 1 m。

2. 使用叉车时宽度增加 0.5～1 m。

3. 表中数值为单向通道宽度。双向通行时尺寸增加 1 m。

① 为载重量 0.5 t 的蓄电池电动车。

② 为载重量 1 t 的蓄电池电动车。

(5) 按运输工具的种类和载重量确定的主通道宽度数值，如表 9-5 所示。

表 9-5　根据运输工具种类和载重量确定的主通道宽度

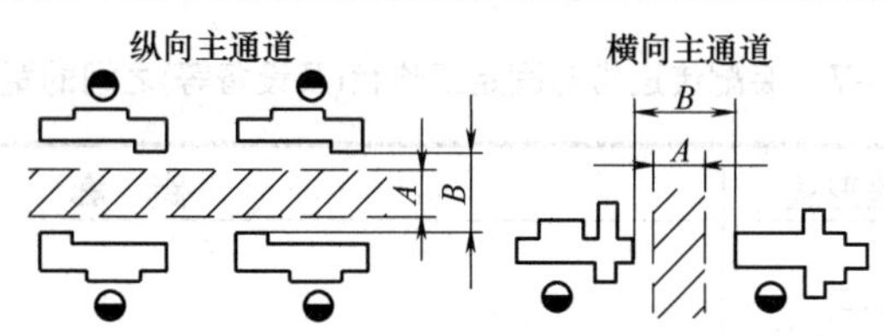

运输工具	载重量/t	主通道宽度 *A*/m	机床间距离 *B*/m
蓄电池电动车	1.0	3.0	3.5
	3.0	3.5	4.0
	5.0	4.0	4.5
叉车	0.5	3.5	4.0
	1.0	4.0	4.5
	3.0	5.0	5.5
汽车	1.0	4.5	5.0
	5.0	5.5	6.0

注：表中主通道供双向行驶用。

(6) 当工序间采用机械化运输时，机床流水线之间的距离参考数值如表 9-6 所示。

(7) 装配传送带与生产线上固定工作台、设备及其他固定工作物之间的距离参考数值如表 9-7 所示。

表 9-6　工序间采用机械化运输时机床流水线之间的最小距离

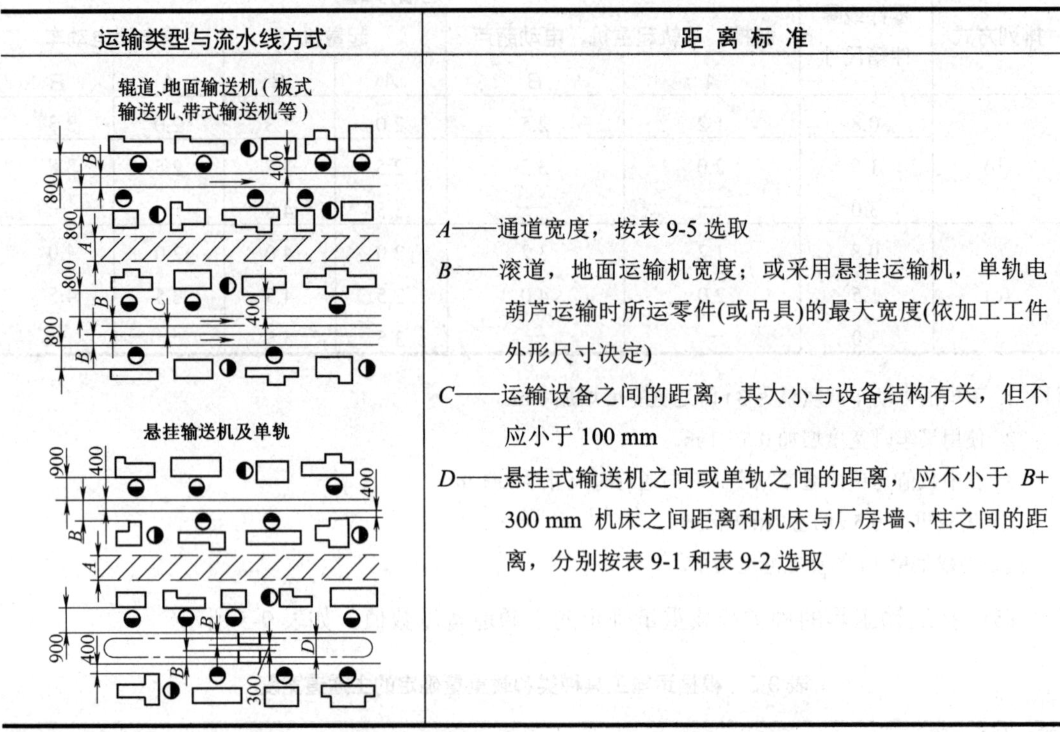

运输类型与流水线方式	距 离 标 准
辊道、地面输送机(板式输送机、带式输送机等) 悬挂输送机及单轨	*A*——通道宽度，按表 9-5 选取 *B*——滚道，地面运输机宽度；或采用悬挂运输机，单轨电葫芦运输时所运零件(或吊具)的最大宽度(依加工工件外形尺寸决定) *C*——运输设备之间的距离，其大小与设备结构有关，但不应小于 100 mm *D*——悬挂式输送机之间或单轨之间的距离，应不小于 *B*+300 mm 机床之间距离和机床与厂房墙、柱之间的距离，分别按表 9-1 和表 9-2 选取

表 9-7　装配传送带与固定工作台(及设备等)之间的距离

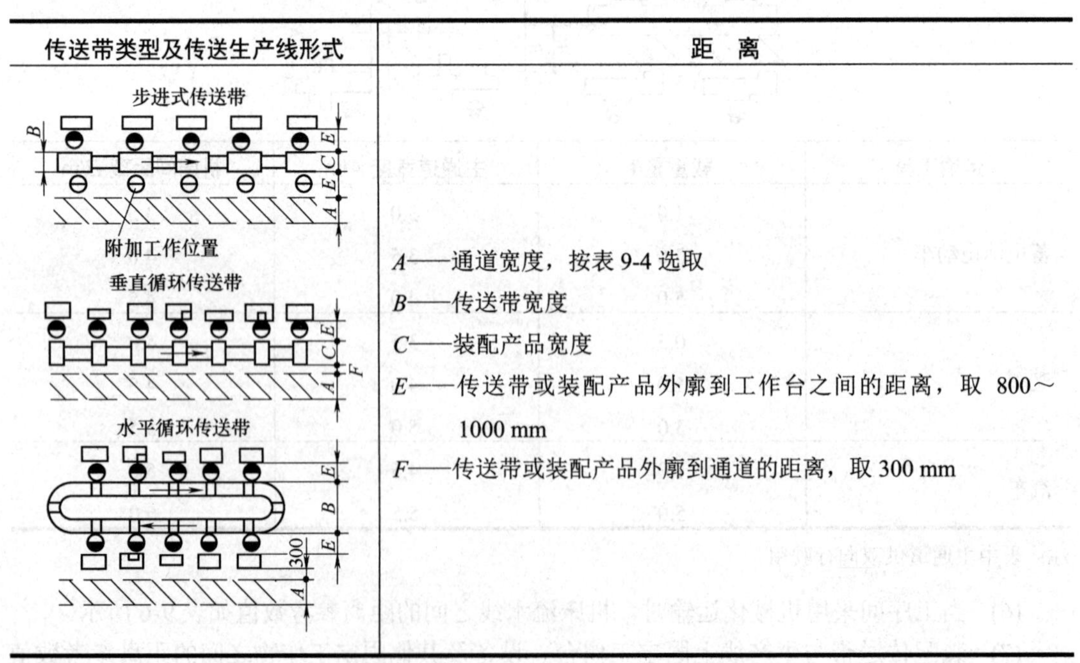

传送带类型及传送生产线形式	距　离
步进式传送带 附加工作位置 垂直循环传送带 水平循环传送带	*A*——通道宽度，按表 9-4 选取 *B*——传送带宽度 *C*——装配产品宽度 *E*——传送带或装配产品外廓到工作台之间的距离，取 800～1000 mm *F*——传送带或装配产品外廓到通道的距离，取 300 mm

9.1.5　机床的验收试验

机床的验收试验是指对刚装配好的或经过大修的机床进行试验，以检查机床的制造或维修质量是否符合质量标准。机床的验收试验指按《金属切削机床通用技术条件》(JB 2278—1978)标准进行空运转试验、负荷试验和按 GB 2314—78 标准进行几何精度检验。

1. 机床的空转试验

机床的空转试验的目的是检验机床各机构在空载时的工作情况，对于主运动，应从低速到高速依次逐级进行空运转，每级速度的运转时间不得少于 2 min，最高速度的运转时间不得少于 30 min，运转后要检查轴承的温度和温升是否在标准规定的范围内；对进给运动，应进行低、中、高进给速度试验。

在上述各级速度下，同时检查机床的启动、变速、停止、制动、自动动作的灵活性和可靠性；各种操作机构的可靠性；重复定位、分度、转位的准确性；以及自动测量装置、电气、液压系统的可靠性等。

2. 机床的负荷试验

机床负荷试验的目的是检验机床各机构的强度，以及在负荷下机床各机构的工作情况。其内容包括：机床主转速系统最大转矩试验，短时间超过最大转矩 25%的试验；机床最大切削分力试验，短时间超过最大切削主分力 25%的试验以及机床传动系统达到最大功率的试验。负荷试验一般在机床上用切削试件的方法或用仪器加载的方法进行。

3. 机床精度检验

机床精度检验详见第 8 章。

9.2　机床的合理使用、维护和修理

9.2.1　机床的合理使用

机床是机械制造工厂的重要生产设备，合理地使用机床是工厂组织生产的基本要求，它包括以下几个方面的内容。

1. 机床型号、规格的选择要合理

机床型号、规格的选择合理与否，是衡量机械制造工厂设计质量和产品的生产工艺优劣的标准之一。机床型号和规格选择得不合理，会直接影响工厂的技术经济指标，给国家和企业造成损失。不切实际地选用高精度机床、专用机床或过大规格的机床，都会使机床的能力得不到充分发挥而造成浪费，同时还会加重机床制造业的负担，使供需关系紧张；就企业本身来说，也增加了投资、提高了产品成本。选用的机床精度过低或规格过小，又给企业正常生产带来困难，造成生产能力的“先天不足”，使国家投资不能充分发挥效益。因此，在选择机床的型号、规格时，应注意以下几条原则。

(1)　选用型号、规格时，应贯彻立足于国内的方针。

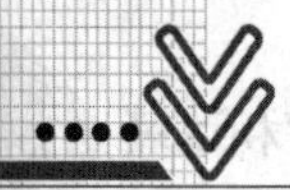

(2) 选择的型号应与产品的生产规模相适应，即在大批量生产中才选用组合机床、专用机床、拉床等类型的机床。

(3) 选择的型号、规格要满足工厂产品零件的工艺要求，有利于工厂产品的开发和发展。

(4) 选择的型号应与工件的加工精度相符合，即加工高精度工件时才选用高精度机床。

(5) 选择的规格应与产品尺寸相符合，即加工大工件时才选用大规格的机床。

(6) 选择的型号、规格应符合当前供应的可能，对于“短线”的型号、规格应尽可能少用或以其他型号代替。

确定机床需要量时所涉及的范围是相当广泛的，其方法随生产规模而改变。在大批量生产时，机床的需要量分别按照各类型的机床上的加工零件的总工时和每台机床全年有效工作时间来进行计算。用这种方法确定的机床需要量比较精确，但工作量很大，所以在单件小批量生产时，采用按技术经济指标来估算机床总台数，再根据这个总台数，参考经验资料来确定各类机床的选用量。

机床是国家的重要生产资料，大型机床及高精度机床更是如此。但这些机床的利用率往往是不高的。因此，有些需要大型机床或高精度机床加工的工序，可以采用与就近工厂组织协作生产的方式来解决，不需要每个机械制造工厂都配备齐全。

2. 机床的安装和使用环境要合理

机床一般都需要安装在地基上，地基的作用在于保证机床的稳定性和加工精度。当机床以正确的方式安装在适当的地基上时，可使机床在工作时不致产生应有的变形、磨损和振动，因而可以长期保持机床的几何精度和加工精度。如果机床安装支点的数量和分布位置不当或固定方法不合理，也会影响基础零件的刚度。建造机床设备的地基一般应满足下列要求。

(1) 地基必须同该种机床的底座相适应，并能保证所安装的机床设备牢固可靠。

(2) 地基应有足够的强度及刚度，避免机床设备产生剧烈振动，保证机床设备的振动不至于影响机床本身的精度和寿命，进而不至于影响产品质量，对邻近的设备和建筑物也不会有不良影响。

(3) 地基应具有稳定性和耐久性，防止地下水及有害物体的侵蚀，保证不产生变形或局部沉陷。当地基建造在有可能遭受化学液体、油液或腐蚀的环境中时，地基应加防护层。例如，在地基的表面涂上防酸、防油的水泥浆砂，并设排液、集液沟槽。

(4) 机床设备和地基的总重心与地基底面的形心力求位于同一垂直线。

(5) 大型机床的地基在机床安装前应进行预压。预压的质量为自身质量和最大加工工件质量总和的 1.25 倍。预压物可用钢材、砂子和小石子。预压物应均匀地压在地基上，以保证地基均匀下沉。预压工作要进行到地基不再继续下沉为止。

机床的使用环境对机床的性能有很大影响。不仅对高精度机床的温度、湿度、灰尘、振动等环境需要实行严格控制，对于一般的精度机床也要创造适当的条件。良好的合理使用环境不仅对保证加工质量有利，对机床的维护也是大有好处的。

机床的布置位置应便于工件的运输和存放，并应配置与加工工件及机床部件质量相适应的起重设备。

3. 机床的工艺安排要合理

机床的工艺安排常常是使机床保持正常技术状态的先决条件。机床的工艺安排应注意以下几点。

(1) 机床实行分级使用。安排工艺时，不在精加工机床上进行粗加工，以利于精加工机床长期保持其精度。

(2) 避免使各工序机床作单工序机床使用。

(3) 避免将热加工后尚未冷却的工件安装在机床上加工。

(4) 安排工艺时，不使机床在超负荷或超出加工范围的状态下工作。

(5) 一般情况下，不要使机床连开三班。

4. 机床的操作要合理

机床的操作方法是否合理对发挥机床的作用意义重大，为此应注意以下几点。

(1) 做好生产前的准备工作，如工艺技术文件，加工中应用到的复杂运算，工具、夹具以及工件毛坯的准备等。

(2) 按照工件的材料和工序选择合理的切削工具。

(3) 充分利用机床的工具容量(如六角车床的转塔刀架)、定程装置(如定程鼓、自动停刀机构)、分度装置(如插孔分度板)等，以节约辅助时间。

(4) 装夹工件时要选择合理的定位基准和夹紧方式，以尽量避免误差和由于夹紧不当造成的变形。

(5) 运用优选法以充分发挥机床的生产能力。

优选法是一种以较少的试验次数，迅速找到生产和试验中的最优方案的科学方法。优选问题在机械加工方面也是经常碰到的，例如，怎样选择合理的切削用量和刀具的几何角度就是优选方面的问题。一般来说，精加工时主要是优选主轴转速，粗加工时主要是优选进给量和背吃刀量(在加工余量较小时以优选进给量为主，在加工余量较大时以优选背吃刀量为主)。当切削用量提高到一定程度时，又会产生新的矛盾(如振动、刀具寿命等)，这些矛盾的产生，往往是因为刀具某些角度不合理所引起的，因此切削用量的优选必然导致对刀具几何角度的优选，优选刀具几何角度后，又为进一步优选切削用量创造了条件，使机床能力得到充分的发挥。

9.2.2　机床的维护和修理

保持机床的正常运转，是保证机械产品质量和正常生产的前提。做好机床的维护和修理工作是机械制造厂必不可少的工作之一。开展群众性的“三好”(用好、管好、修好)、“四会”(会使用、会保修、会检查、会排除故障)活动，把专业性和群众性的维修工作结合起来，是保证机床不带“病”运转的有力措施。

1. 机床的日常维护

通过广大机床操作工人的长期实践，在如何维护机床方面总结了不少好的经验。

(1) 实行定人定机制度，凭操作证使用机床，熟悉机床的结构性能，遵守操作规程，做到安全生产。

(2) 经常保持机床清洁，定期加油、换油，做到合理润滑。

(3) 建立交接班制度，交班时要将机床运转状态交代清楚。

(4) 管好机床、附件及工具，防止损坏和遗失。

(5) 在使用中发现故障，应立即停车检查，并协同机修人员排除故障。

2. 机床的保养

机床的保养分例行保养(日保养)、一级保养(月保养)和二级保养(年保养)。

1) 例行保养

例行保养的目的是确保机床的清洁、安全，由机床操作者每天独立进行。保养的内容包括开车前的检查、润滑，工作中遵守操作规程，下班认真清扫，做好交接班工作，周末大清洗等工作。

2) 一级保养

一级保养的目的是减少机床磨损，延长使用寿命，消除事故隐患，为完成月生产计划创造良好的条件。机床每运转1～2个月(两班制)，以操作工人为主，维修工人配合，在安排好的时间内按规定内容进行一次保养。一级保养的内容是进行部件的拆卸、清洗、调整和紧固等工作。例如，一般车床的一级保养从以下几个部位进行。

(1) 外部保养。清洗机床外表；清洗丝杠、光杠、操纵丝杠等外露精密表面，要求无毛刺、无锈蚀；检查、补齐外部缺件。

(2) 传动部分。检查主轴上的螺母和紧定螺钉是否松动；调整摩擦离合器及制动器；检查清洗导轨表面，修光其上毛刺；清洗调整镶条；检查带，必要时调整其松紧程度。

(3) 刀架。拆洗中滑板和小滑板上的丝杠螺母、压板，并调整镶条及丝杠螺母间隙。

(4) 尾座。拆洗齿轮、轴套，然后注入新油脂；调整齿轮间隙。

(5) 润滑部位。油路要畅通，油窗醒目；润滑装置齐全；清洗滤油器。

(6) 冷却部位。清洗过滤网；冷却液池应无沉淀、无杂物，冷却管畅通，固定紧牢。

(7) 电气部件。电气装置要固定整齐，动作可靠，触点良好。

3) 二级保养

二级保养的目的是使机床达到完好标准，提高和巩固设备完好率，延长大修周期。机床每运转一年，以维修工人为主，操作工人参加，在安排好的时间内进行一次包括修理内容的保养。二级保养的内容除一级保养的内容外，还需进行检修、换油。如修复、更换磨损件。零部件的部分刮研，机械、电动机的换油等。例如，一般机床的二级保养从以下几个部位进行。

(1) 传动部位。检查各部件的传动零件，根据情况修复或更换；检查修刮镶条及导轨。

(2) 操纵部位。操纵装置动作灵敏，定位可靠。

(3) 尾座。检查尾座，修复尾座套筒锥孔。

(4) 润滑部位。清洗油泵、油池，更换润滑油。

(5) 冷却部位。拆检阀门消除泄漏，更换冷却液。

(6) 机床精度。检查调整精度(必要时刮研修复)。

(7) 电气。进行电气检修，必要时更换电气元件；测量电动机的绝缘情况。

3. 机床计划检修

要保证机床经常处于良好的技术状态，应根据不同情况，编制年度、季度、月度的检修计划，有计划地开展机床的检修工作。

机床的检修按其性质和工作量的大小可分为定期检查、小修、中修和大修四类。这四类计划检修都是根据设备动力部门编制的检修计划进行的。

1) 定期检查

定期检查的目的在于检查机床的实际工作状况，进一步确定修理计划，确定哪些零件在下一次检修时应予以更换，并提前制造备件。在定期检查时应清洗机床，更换润滑油。定期检查通常每隔 3～6 个月进行一次。

2) 小修

一般情况下，小修可以由二级保养来代替。根据定期检查和事故记录，拆开机床的某一部分，调整磨损、松动部位，更换已损坏零件。小修的周期通常在半年到一年之间。

3) 中修

中修前，须先进行预检，以便确定修理项目，制定中修预检单，并做好外购件和磨损件的配备工作。

中修一般着重修理影响工件和刀具运动精度的部件，如主轴轴承、导轨面等。修理时，拆卸、分解需要修理的部件；清洗和擦净已分解的零、部件和未分解的部件，进一步检查所有零、部件，核对和补充中修预检单；修复或更换不能维持到下一次大修的零件，修刮磨损的导轨和工作台面；非工作表面进行涂装；进行外观检查、空载和负荷试验；检查温升、噪声并按机床精度标准验收机床，个别难以达到精度的部分，留到大修时解决。中修的周期一般为 2～3 年。

4) 大修

大修前，须进行全机床预检，必要时进行磨损件的测绘，制定大修预检单，做好外购件和配件的购置或制造工作。

一般情况下需将机床运到机修车间或专业机修厂，拆卸和分解整台机床，清洗、擦净全部零件，核对和补充大修预检单；更换或修复不符合要求的零件，修复主要大型零件；刮削全部刮研表面，恢复机床的原有精度并达到出厂精度标准；对非工作内表面清洗、涂装，非工作外表面上腻子、打光、涂装；进行外观检查和空载试验、负荷试验；检查温升、噪声，并按机床精度检验标准验收机床。遇到不合格项目，须进一步进行修复。大修的周期一般为 5～8 年。

各种不同类型的机床，在一个大修周期之内的定期检查、小修和中修的次数如表 9-8 所示。

表 9-8　各类机床在一个大修周期之内的检修次数

机床类型	中　修	小　修	检　查
中、小型机床(质量小于 10 t)	2	6	9
大型机床(质量大于 10 t)	2	6	27
自动线中的机床	2	6	18

9.2.3 机床修理的特殊工艺

机床大修时，有不少零件需要重新制造，而其他则可采用研磨、修刮以及应用特殊工艺加以修复。采用修复方法，可以减少修理劳动量的 30%～50%，降低修理费用的 65%，并可节约金属材料的消耗量，特别是对箱体、床身、主轴、蜗轮等工艺复杂的零件，具有很大的经济意义。现对几种常见的机床修理的特殊工艺简要说明如下。

1. 镀铬

这种工艺是应用最广泛的修复磨损的轴颈、套筒、镶条、阀芯等零件的方法。镀铬以前应将零件精磨以获得正确的几何形状和良好的表面质量，并用汽油洗去油污。为了使滑动表面增加对润滑油的保持性，可采用多孔性镀铬，即在普通镀铬完毕后使零件从负极变为正极，通以较小的电流进行反镀，使零件表面形成点状的多孔层(约占全部镀层厚度的 1/3)，多孔层可以储存润滑油，因而可以提高零件的耐磨性。

2. 黏合

金属黏合可以用来消除金属铸件的裂缝和砂眼，修复破损和磨损零件，甚至可以用于制造形状复杂的新零件(如镶钢、镶铜导轨)。

目前使用最多的高强度黏合剂是环氧树脂，加入 6%的乙烯二胺作为硬化剂。黏合前需用四氯化碳和丙酮将零件胶合表面的油污、涂料和氧化物清洗干净。在黏合前还需经过表面处理，黏合后加压并在室温中放置 2～3 天。

3. 金属喷镀

金属喷镀可用以修复轴颈、套筒、平面及修补铸件缺陷。镀层的厚度可达 0.05～10 mm，作喷镀用的原材料是钢丝或双金属(铝及铅)及合金丝。

金属喷镀的优点：设备便宜，工艺简单；可修复各种尺寸和形状的零件；利用不同镀层材料，可获得低摩擦系数及耐磨、抗腐蚀的镀层；镀层的加工性能良好。

轴类零件的金属喷镀可在旧车床上进行，速度取 10～15 m/min，进给量取 1.2～2.5 mm/r。喷镀前，先清理零件表面，将不修复的表面用薄铁皮隔开。喷镀后除掉隔离层，浸入加热的油中，在 100～120℃下保温 2～6 h，再以较低的切削用量加工至所需尺寸。

金属喷镀层在干摩擦时的耐磨性差，但有润滑时，比普通金属具有更高的润滑油保持能力。

4. 刷镀

刷镀又称为无槽电镀或接触电镀，是一种不把工件放在镀槽中，而是依靠一个与阳极接触的垫或刷提供电镀需要的电解液的电镀方法。电镀时工件为阴极，刷镀的材料为阳极，垫或刷在被镀的阴极上移动。刷镀的最初期，是利用包有吸水纤维(玻璃布、尼龙布或海绵等，其厚度为 2～3 mm)的金属作为阳极，镀何种金属层就用该种金属作阳极。通电后，电解液中的金属离子不断透过纤维材料，当阳极镀笔不断在工件表面移动时，析出的金属就沉积在工件上形成镀层，并随时间的增加而逐渐加厚。镀层的均匀性可由电流密度、电镀时间和阳极移动速度来控制。

刷镀的特点是施工方便、灵活性大，适用于特大零件(不易放在镀槽中)及构造复杂的零件(如盲孔、深孔及尖角等)的镀覆。一次用的电解液少，适合于贵重金属的电镀。刷镀还有柔和的抛光作用，镀层的质量好。

随着刷镀技术在机械设备维修行业中的广泛应用，作为刷镀的阳极材料也得到了很大的发展。由于可溶性阳极(金属阳极)在高电流密度下很快就产生钝化层，使电流急剧下降，大大降低了沉淀速度。其原因是所用阳极材料中含有其他金属杂质，在通电时形成高阻膜所致。这些金属杂质严重污染了镀液。目前刷镀基本上都是应用不溶性材料作阳极，这些不溶性阳极材料大多数是由经过了专门提纯，除去了大量的金属杂质的高密度石墨做成的。这些石墨纯度高，结构细腻、均匀，导电性好，耐高温电解侵蚀，不仅克服了可溶性金属阳极材料的缺点，而且给阳极的制作、镀笔的研制和使用、沉积速度的提高以及对工艺规范的选择都带来了很大的方便。但石墨阳极经长期使用后，特别在高电压、大电流密度下长期使用后，表面也会被腐蚀。为了提高石墨阳极的抗腐蚀性能，防止镀层被污染，在制作时可将阳极表面浸上一层酚醛树脂胶。另外，在不同的场合，还可选用铂铱合金、不锈钢、铂、钛等材料制作阳极。在特殊场合下，有时也用可溶性材料制作阳极。

5. 环氧耐磨涂层

环氧耐磨涂层应用于机床导轨或其他摩擦表面的制造和修理，其特点如下。

(1) 工艺简单方便，容易掌握，并可以节约时间和人力。由于涂层技术是采用复印成形的方法来制造或修复摩擦表面的，即在摩擦副的一个面涂以涂层材料，然后靠其经加工达到使用要求的配对摩擦面复印成形。这样就减少了一个摩擦面的精加工，省去了人工刮研，大大减少了加工工时，降低了加工技术难度和复杂性。

(2) 适用范围广，工艺性好。耐磨涂层既可用于制造大尺寸或配合精度高而无法用机械加工方法达到的零、部件配合面，还可用于恢复磨损尺寸或某些有缺陷的零、部件。这一点，对于不具备大型零、部件加工能力的中、小型工厂尤其重要。

(3) 涂层材料摩擦系数低。由于涂层材料含有各种自润滑材料，所以摩擦特性良好、摩擦系数低和防爬性能好。重型龙门铣床、重型龙门刨床采用涂层导轨，其摩擦功耗可降低约 30%。

(4) 抗擦伤能力强，可减少设备事故，提高生产效率。重型机床采用涂层导轨可以避免导轨烧伤，降低导轨面的磨损，而且修复方便，从而大大延长了机床的有效使用时间，提高了生产效率。

(5) 采用涂层技术改造旧机床可以提高旧机床的加工精度，节省维修和改造费用。

目前，国内使用的环氧耐磨涂层材料有两大类，即 HNT 耐磨涂层和 FT(或称含氟)耐磨涂层。这两大类耐磨涂层材料都是使用高分子黏结环氧树脂作为基体的。HNT 耐磨涂层使用二硫化钼、石墨等无机材料作为减摩材料，因而呈黑灰色。FT 耐磨涂层材料则使用有机减摩材料，如聚四氟乙烯等，因而呈白色或淡黄色。HNT 耐磨涂层材料使用金属和非金属作为增强材料，而 FT 耐磨涂层材料则只使用非金属作为增强材料。

9.3 机床改装的途径

随着生产技术的不断发展，机械制造车间所拥有的大量切削机床中的一部分已落后于当前技术发展的需要。若把这部分机床弃之不用，我国目前的经济状况还不允许，而继续使用又不能满足加工要求。因此，对这些机床进行一些技术改造，以少量的投资、较小的工作量使老设备发挥新作用，继续为现代化生产服务，具有重要的意义。

9.3.1 机床改装的主要途径

机床改装的目的是使原机床发挥更好的作用，根据不同的实际需要作不同的改装。通常，机床改装有几个方面的目的：提高机床的生产率，减轻工人劳动强度；改善和提高机床的加工精度；扩大或改变机床的工艺范围。

提高机床的生产效率和减轻工人的劳动强度的改装途径：提高主运动或进给运动的速度，对相应的主轴箱、进给箱结构进行改造；在机床上设置多刀附加刀架或多主轴以便集中工序或工步，发挥现代刀具的切削性能，采用机外调刀或用不重磨刀具，节省辅助时间；提高机床的自动化程度，如实现加工循环自动化、装卸工件自动化以及检测自动化；采用微机对机床进行自动化改造。

提高加工精度的改装途径：提高影响加工精度的关键零、部件的精度和刚度，采用静压技术，提高主轴回转精度；简化传动结构，缩短传动链，提高传动精度；安装精度较高的测量装置，如精密刻线尺光学测量装置、光栅数显测量装置等，提高加工精度。

扩大或改变机床的工艺范围的改装途径：增加或更换机床的某些工作机构。例如，在龙门刨床上安装铣削头或磨削头，扩大加工工艺范围；在普通车床原主轴箱的位置上换装一个动力箱，可改装成简易拉床，改变原机床的工艺性。

9.3.2 机床改装时应注意的问题

机床改装涉及的问题比较多，特别要注意的有以下 3 点。

(1) 改装的可能性、方便性、实用性。在确定机床改装方案时，要充分了解原机床的结构及工作性能，仔细探讨其改装的可能性与方便性，使改装工作顺利进行。同时，广泛了解同类机床的改装实例的有关资料和有关新技术、新装置的信息，以便使改装后的机床结构合理、技术先进、实用性强。

(2) 改装的良好技术经济效益。在改装方案中，尽可能保留原机床的结构，并充分利用原有的传动系统，减少改装工作量和改装费用。同时，当生产需要时，对改装过的机床再改装有可能实现良好的技术经济效益。

(3) 在提高机床运动精度或增大功率时，应采取相应措施增强机床薄弱环节的强度和刚度。采用精密读数测量装置时，应相应提高有关传动机构的精度。对机床进行自动化改装时，要特别注意改装后工作的可靠性，要有相应的应急保护措施。

9.3.3 机床改装的种类

1. 提高机床生产率的改装

提高机床生产率一般从两个方面来考虑：一是在保证质量的前提下，提高机床的切削加工速度，即提高主运动和进给运动的速度；二是节约装夹、测量工件、对刀等辅助时间，实现机床加工自动化，提高机床生产率。

图 9-5 所示为 CW6140 型卧式车床改装成的半自动螺纹车床，用于车削左旋梯形螺纹。根据加工工作循环要求，机床改装的主要内容是在保留机床原有部件的基础上，增设主轴自动换向机构、刀架横向自动进退机构、快速进退刀机构和安全装置等。

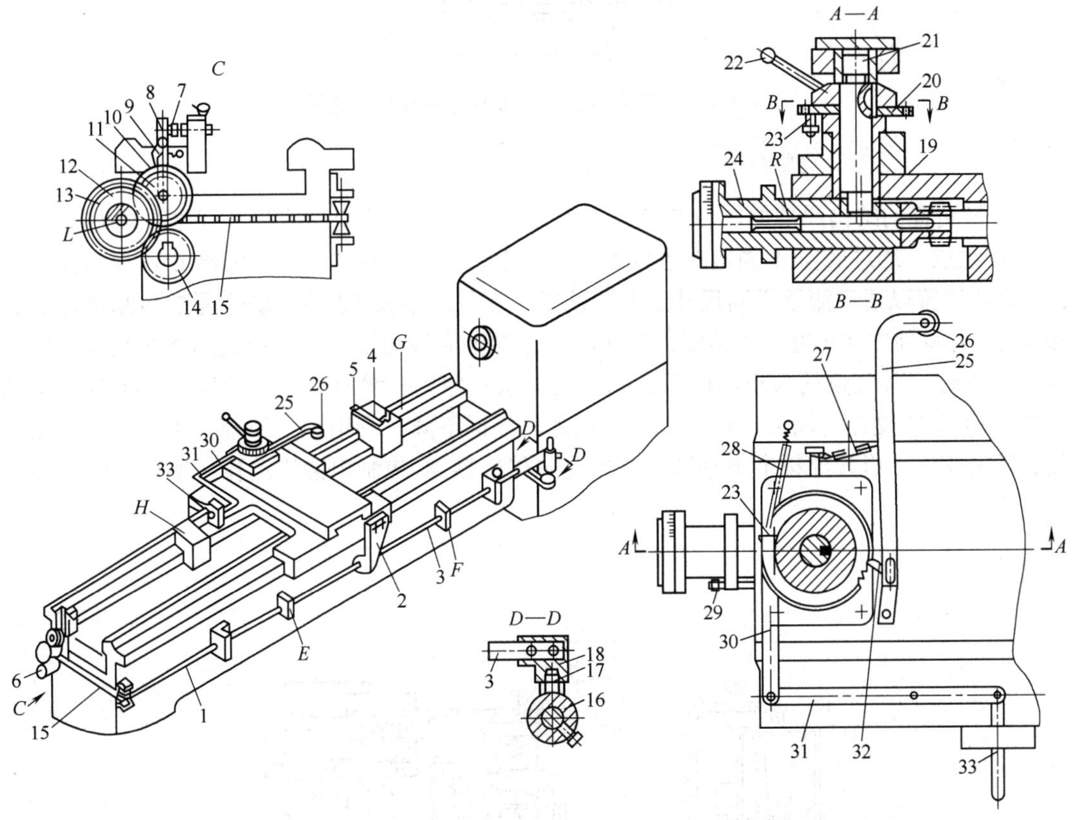

图 9-5　CW6140 型卧式车床改装成的半自动螺纹车床

1—小拉杆；2—支架；3，30—拉杆；4—固定销；5，8，25，31—杠杆；6—快速电动机；7—调节螺钉；9，32—棘爪；10，20—棘轮；11～14—齿轮；15—链条；16—连接套；17—滑块；18—拨叉；19—衬套；21—偏心轴；22—手柄；23—销轴；24—法兰套；26—滚轮；27，28—弹簧；29—螺柱；33—顶杆

图 9-6 所示为在外圆磨床上加装自动测量装置后的示意图。在外圆磨床上加装自动测量装置，可在不停车的情况下进行自动测量、自动调节，达到工件要求尺寸时自动停止加工。这样，就缩短了辅助时间，减少了人为因素的影响，提高了产品质量及生产效率。

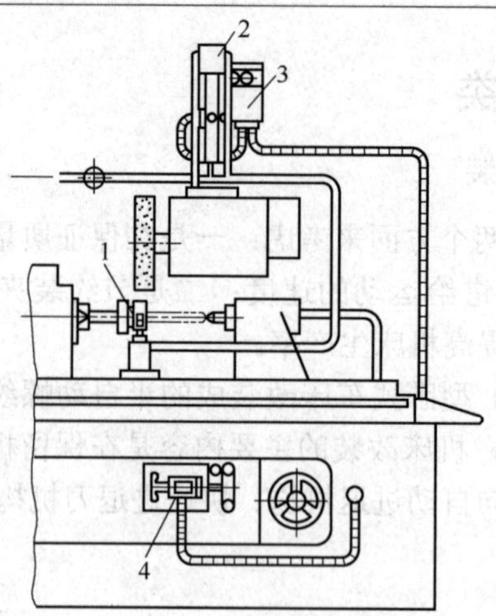

图 9-6　外圆磨床加装自动测量装置的示意图

1—测量头；2—气动量仪；3—光电控制器；4—控制电磁铁

测量装置的结构原理如图 9-7 所示，测量头由具有弹性变形的测量杆 2、量头体 3 和底座 4 组成。通过底座 4 固定在磨床的工作台上，松开螺钉 5，借助螺母 6 可调节测量杆 2 的高低位置以适应测量不同尺寸工件的要求。在气动量仪 12 的气动喷嘴 7 与测量杆 2 的端面 B 之间预先调定好一个测量间隙 z 。当外界供给气动量仪一个稳定的压缩空气经气动喷嘴喷出时，其气量的大小与间隙 z 成正比关系。即当 z 增大时，气量增大，则锥形玻璃管内浮标 9 所受浮力增大，浮标上升。反之，浮标下降。利用这一原理，工件尺寸变化，使 z 发生变化，引起浮标上下移动。利用光电传感器 8 控制电磁铁动作，实现砂轮架的自动进退。

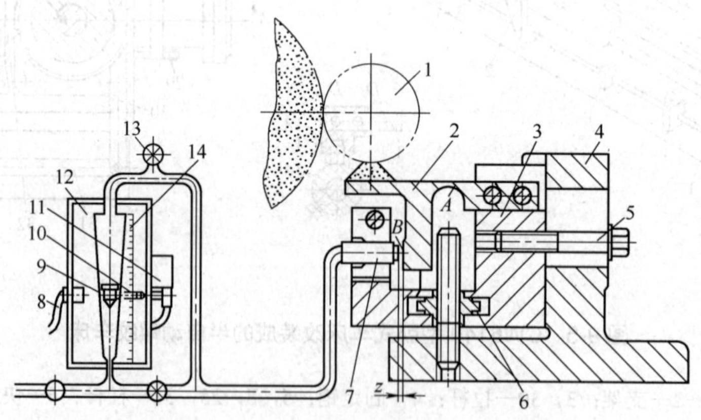

图 9-7　外圆磨床测量装置的结构原理

1—工件；2—测量杆；3—量头体；4—底座；5—螺钉；6—螺母；7—气动喷嘴；8—光电传感器；9—浮标；10—灯泡；11—光源控制器；12—气动量仪；13—调整螺钉；14—浮标刻线尺

2. 提高机床加工精度的改装

提高机床加工精度的主要内容有提高机床几何精度、运动部件的进给精度、定位精度以及传动精度。利用数显技术改造机床，可以提高机床运动部件的定位精度和进给精度。数显测量装置是使传统的机械位移手动测量变为电气的自动测量，可大大减少机床传动系统和人为因素的误差。例如，在普通机床上加装数显测量装置后，孔距精度可达 0.01 mm，达到了坐标镗床的精度。另外，应用数显装置减少了烦琐的测量过程，特别在一些大型、重型机床上，避免了使用笨重的机械测量仪器，减轻了工人劳动强度，提高了生产效率。

数显装置一般由位移检测元件(光栅尺、磁栅尺、感应同步器、旋转变压器等)、计数器、译码器、数字显示器四部分组成。位移检测元件是将移动部件变为脉动信号，然后送入计数器，计数器把脉动信号用二进制计数法计数并输入译码器中，最后通过译码器把二进制数转换成十进制数码，并在数字显示器上显示出人们习惯的十进制读数。

图 9-8 所示是直线式感应同步器用于线位移的测量。它由定尺组件(定尺和定尺座)、滑尺组件(滑尺和滑尺座)和防护罩三者组成。使用时，定尺与滑尺面对面地分别安装在机床的相对运动部件上，用防护罩防止铁屑、油污等杂物落到器件上影响测量精度。安装时，最关键的是保证定尺与滑尺面之间有均匀的间隙，这样才能保证测量精度。

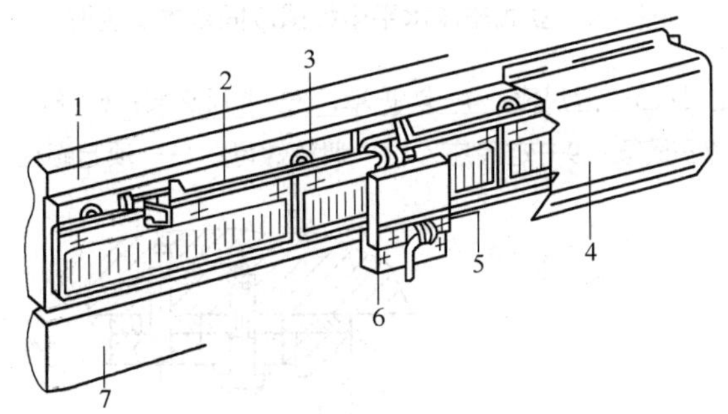

图 9-8　直线式感应同步器的安装总图

1—机床固定部件；2—定尺；3—定尺座；4—防护罩；
5—滑尺；6—滑尺座；7—机床运动部件

图 9-9 所示是立式车床水平坐标感应同步器的安装图。由定尺 2 和定尺座 9 组成的定尺组件，通过螺钉 10 直接安装在机床横梁 7 的毛面上，用螺钉 8 和 10 调整定尺面 *A*、*B* 与机床导轨的平行度和滑尺 1 的间隙(0.25 mm ± 0.05 mm)，用螺钉 6 调整 *C* 面与导轨的平行度。滑尺 1 与滑尺座 3 组成的滑尺组件安装在可调的滑尺支架 5 上，定尺 2 的 *E* 面与滑尺 1 的 *D* 面间的距离(88 mm ± 0.01 mm)通过顶压调整机构(见 *A—A* 剖视图)调整。通过调整孔 *d* 转动调整螺母 12，经其上的槽与顶起螺柱 13 的凸键配合而带动顶起螺柱 13 转动，调整滑尺支架 5 与安装面间的间隙，保证 *E*、*D* 面的距离，调整完毕，由螺钉 11 将滑尺支架 5 压紧。

如果定尺组件直接安装在机床的光滑面上，则定尺安装面与机床导轨的平行度由定尺座加工时保证。定尺与滑座面之间的间隙和基准侧面之间的距离由调整垫 4、8 进行调整，如图 9-10 所示。

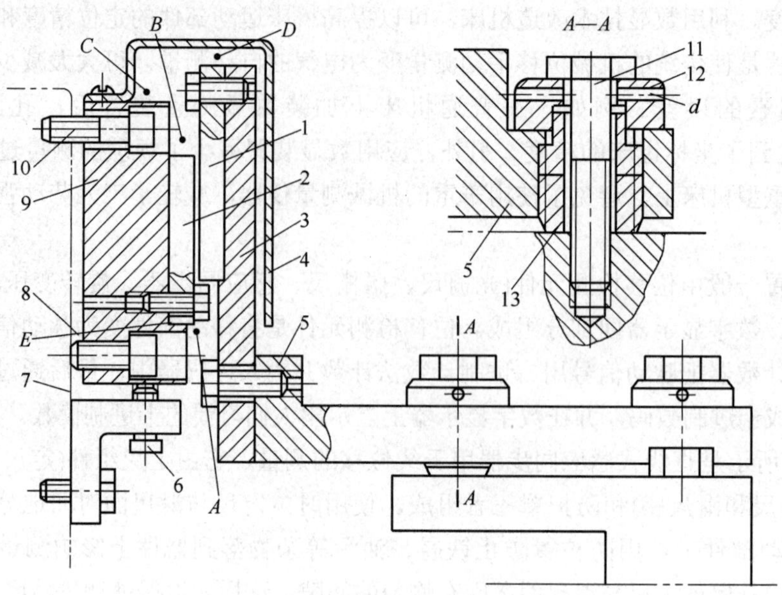

图 9-9　立式车床水平坐标感应同步器安装图

1—滑尺；2—定尺；3—滑尺座；4—防护罩；5—滑尺支架；6，8，10，11—螺钉；7—横梁；9—定尺座；12—调整螺母；13—顶起螺柱

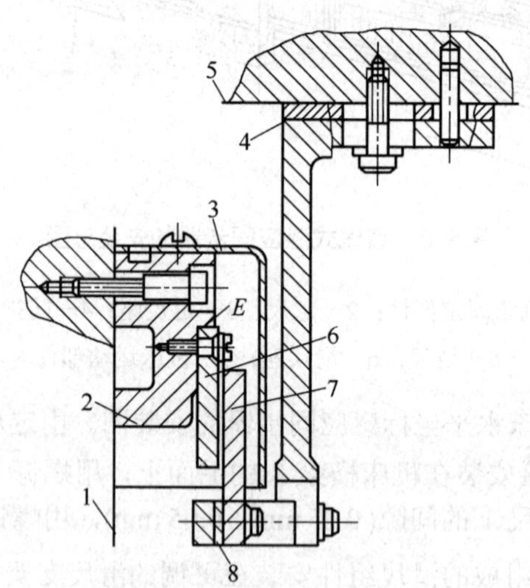

图 9-10　定尺组件安装在机床光滑面上

1—床身；2—定尺座；3—防护罩；4，8—调整垫；5—下滑座；6—定尺；7—滑尺

3. 用微电子技术改造机床

用微电子技术改造机床是机床改造新技术发展的一个方向，它能提高生产效率，提高产品质量。图 9-11 所示是用微机将卧式车床改装成经济型简易数控车床的微机控制原理框图。经济型简易数控车床所用的微机装置通常由微型计算机、接口电路及驱动电路等组

成。微型计算机是以包括运算器和控制器的微处理器为核心，同时配以大规模的集成电路制成的数据存储器 RAM 和只读存储器 ROM。通常，把这些部件以及输入、输出接口电路装在一块印制电路板上，因此将这种微型计算机称为单片机。专用控制程序是根据装置所实现的功能要求专门设计的软件，微机在专用程序控制下，按照所输入的零件加工程序发出一系列脉冲信号，经驱动电路放大后驱动步进电动机，控制机床的运动。

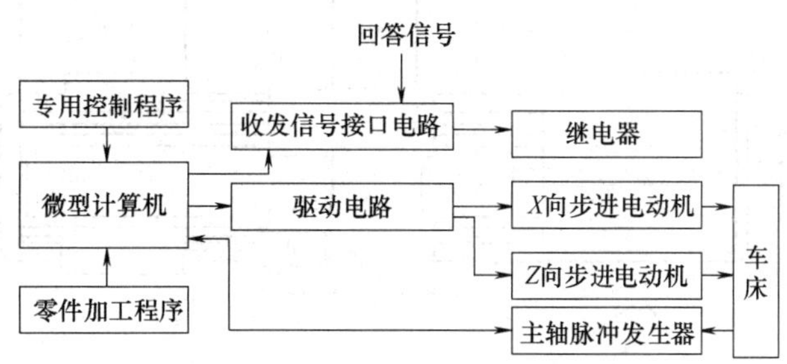

图 9-11　微机控制系统工作框图

微机控制在卧式车床的改装中，主要实现的功能有以下几点。

(1) 控制刀架纵向、横向的移动方向、速度、位移量。

(2) 局部循环功能，简化加工程序。当工件的加工余量较大，许多次进给才能完成加工时，可用局部循环功能。

(3) 设有暂停、延时、点动等功能。根据加工精度、测量、调试的不同需要选择不同的功能。

(4) 设有自动换刀、间隙补偿功能，提高加工精度。

(5) 外控盘上设有暂停、急停控制指令，以应付加工过程中的特殊情况。

4. 机、电、液结合模块对机床的改装

机、电、液结合模块对机床的改装是 20 世纪 80 年代末发展起来的机床改装新技术，它采用微机程序控制系统，液压驱动各种功能模块的机械运动，完成对工件的切削加工。模块就是具有某种特定功能的部件，其有不同的结构、性能及用途，但能相互结合并互换。用模块对机床进行改装，类似于一台组合机床，它可根据加工对象的不同需要，选择组合不同功能的模块，使改装后的机床具有一定的柔性。用这种方法对普通机床进行改装，可以使其成为一台半自动加工机床，从而弥补以加工箱体零件为主的组合机床的不足。

图 9-12 所示是卧式车床改装成机、电、液结合模块机床的示意图。车床的运动部分基本保留不作改装，进给传动部分及原手控部分也可保留，使其能加工单件、小批的零件。另设一个液压站，使用微机程序控制及行程控制方法用液压驱动功能模块，完成自动进给运动。这时原进给传动链应断开。功能模块有纵向进给模块、横向进给模块、车削螺纹模块等。改装后的机床能自动车削一般中、小型零件的外圆及端面、台阶面和自动车削三角形螺纹。

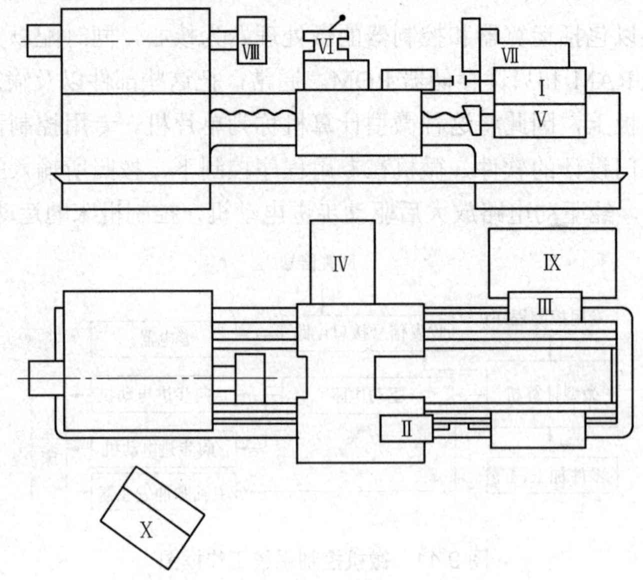

图 9-12　车床改装后的布局示意图

Ⅰ—纵向进给模块；Ⅱ—对顶缸；Ⅲ—返回缸；Ⅳ—横向进给模块；Ⅴ—车削螺纹模块；Ⅵ—刀架模块；Ⅶ—尾座模块；Ⅷ—自动夹紧模块；Ⅸ—液压站；Ⅹ—控制操纵台

9.4　实训——车床的一级保养

1. 实训目的

(1) 了解卧式车床一级保养的目的。

(2) 进行一级保养时，能正确使用所需的工具。

(3) 了解拆装典型机件的基本工艺知识。

(4) 掌握一级保养的步骤和方法。

2. 实训要点

(1) 要充分做好准备工作，如准备好拆装工具、清洗装置、润滑油料、放置零件的盘子、必要的备件等。

(2) 要按保养步骤进行保养工作。

(3) 有拆卸要求的部分，如方刀架、中小滑板、尾座等，必须拆下后再清洗、复装、调整。

(4) 拆下的零件要成组安装好，如螺钉要穿上垫圈拧在零件体上、丝杠要拧上螺母悬挂起来等。

(5) 要重视文明操作和组织好工作位置。

3. 预习要点

车床的保养工作，直接影响工件加工质量的好坏和生产效率的高低。车工除了要能熟练操作车床以外，为了保持车床的精度和延长车床使用寿命，还必须学会对车床进行合理的保养。

当车床运转 500 h 后，须进行一级保养。在工矿企业中，一级保养工作以操作工人为主，维修工人配合进行。

仪器仪表、工具和材料准备：CA6140 型卧式车床、扳手、大小一字螺钉旋具、大小十字螺钉旋具、锤子、内六方扳手一套、全损耗系统用油、柴油、铁盆、棉纱。

4. 实训过程

(1) 保养开始时，必须首先切断电源，然后进行工作，以确保操作安全。

(2) 清理工作位置，清洗机床外表。

(3) 拆下并清理机床各罩壳，保持内外清洁、无锈蚀、无油污。

(4) 刀架和滑板部分的保养。

① 拆下方刀架清洗。

② 拆下小滑板丝杠、螺母、镶条清洗。

③ 拆下中滑板丝杠、螺母、镶条清洗。

④ 拆下床鞍防尘油毛毡清洗、加油和复装。

⑤ 中滑板丝杠、螺母、镶条、导轨加油后复装，调整镶条间隙和丝杠螺母间隙。

⑥ 小滑板丝杠、螺母、镶条、导轨加油后复装，调整镶条间隙和丝杠螺母间隙。

⑦ 擦净方刀架底面，然后涂油、复装、压紧。

(5) 尾座部分的保养。

① 拆下尾座套筒和压紧块清洗、涂油。

② 拆下尾座丝杠、螺母清洗、加油。

③ 尾座清洗、加油。

④ 复装、调整。

(6) 主轴箱部分保养。

① 拆下过滤器清洗、复装。

② 检查主轴、螺母有无松动，紧固螺钉是否锁紧。

③ 调整摩擦片间隙及制动器。

(7) 交换齿轮箱部分保养。

① 拆下交换齿轮、扇形板、轴套清洗、加油、复装。

② 调整齿轮啮合间隙。

③ 检查轴套有无晃动现象。

(8) 进给箱保养时，要清理进给箱，油绳清洗后加油放入原处，缺少的要补齐。

(9) 清理主电动机和主轴箱 V 带轮，检查、调整 V 带的松紧。

(10) 清洗长丝杠、光杠和操纵杠，用棉纱揩拭。

(11) 润滑部分的保养。

① 清洗冷却泵、过滤器、盛液盘。

② 检查油路是否畅通，油孔、油绳、油毡应清洁、无铁屑。

③ 检查油质，保持良好，油杯齐全，油窗明亮。

(12) 电气部分保养。

① 清扫电动机、电气箱。

② 电气装置固定整齐。

(13) 机床附件保养。

① 清理中心架。

② 清理跟刀架。

③ 清理交换齿轮。

④ 清理卡盘等。

(14) 整理机床外观。

① 安装备罩壳。

② 检查补齐螺钉、手柄、手柄球。

5. 实训小结

通过实训，使学生掌握机床一级保养的方法及步骤，了解拆装典型机件的基本工艺知识，保持车床的精度和延长车床的使用寿命。实训结束后，对学生进行测试，检查和评估实训情况。

思考与练习

9-1 在车间中，如何建造机床等级和进行机床的水平安装调整？

9-2 卧式车床导轨精度的检验项目是什么？与加工精度有何关系？

9-3 卧式车床主轴应满足哪些精度要求？为什么？

9-4 机床的验收包含哪些内容？何时进行这些试验？

9-5 合理使用机床应注意哪几个方面？

9-6 应该如何进行机床的维护和保养？

9-7 试述机床中修、大修的内容。

9-8 机床修理特殊工艺有哪些？

9-9 机床改装的主要目的是什么？

9-10 机床改装时应注意哪些问题？

第10章 数控机床

技能目标

- 掌握数控车床传动与结构。
- 熟悉数控铣床升降台自动平衡装置的调整。
- 了解加工中心的结构。

知识目标

- 熟悉数控机床的组成和基本原理。
- 掌握数控机床的主要性能指标。
- 了解加工中心的用途和分类。

10.1 概 述

随着神舟系列载人飞船的成功发射，宇航技术再一次得到了人们的关注。其实，和宇航部门一样，在造船、机床、重型机械及国防等许多领域，有许许多多的零件存在着精度要求高、形状复杂、加工批量小且改型频繁的特点。这些零件的数量占机械制造工业产品总量的75%～80%。如果采用普通机床来加工这些零件，不仅存在效率低、劳动强度大的问题，有时甚至难以加工；如果采用组合机床或自动机床加工这些零件，也会因为需要经常改装与调整设备，使加工方法显得极不合理。

近年来，随着零件单件小批量生产所占比例越来越大，生产的市场竞争也变得日益激烈起来。生产厂商在提高产品质量的同时，还要通过频繁的改型来满足市场不断变化的需要。即使是大批量生产，也改变了产品长期一成不变的做法。

机械加工工艺过程的自动化是实现机械产品质量与生产率“双赢”的最重要的措施之一。它不仅能够提高产品质量和生产率、降低成本，还能够大大改善工人的劳动条件。于是，一种新型的数字程序控制机床应运而生并逐渐被市场所接受，为单件小批量生产精密复杂零件提供了自动化的加工手段。

1952年，美国麻省理工学院研制成功了世界上第一台数控机床——三坐标数控铣床，其数控系统采用的是电子管电路。1959年3月，克耐·杜列克(Keaney Trecker，也译作卡尼·特雷克)公司开发出了世界上第一台加工中心，数控机床的发展道路从此迈进了加工中心的又一新阶段。从1960年开始，数控机床在各个方面都得到了迅速发展，德国、英国、日本等一些工业国家都开始研制数控机床，其中日本发展最快。20世纪80年代初，国际上又出现了以一台或多台加工中心、车削中心为主体，再配以工件自动装卸和监控检验装置的柔性制造单元。近几年来随着微电子和计算机技术的不断发展，数控机床的数控系统也得到了不断更新，发展异常迅速。经测算，几乎每 2～3 年数控系统都能得以更换一次。当今世界著名的数控系统厂家有日本的法那科(FANUC)公司、德国的西门子(Siemens)公司和美国的 A-BOSZA 公司等。

10.1.1　数控技术的基本概念

数控技术简称数控(Numerical Control，NC)，是指用数控装置的数字化信息来控制机械执行预定的动作，其数字化信息包括字母、数字和符号。而用数字化信息对机床的运动及其加工过程进行控制的机床，称为数控机床。早期的数控机床的 NC 装置是由各种逻辑元件、记忆元件组成随机逻辑电路，是固定接线的硬件结构，由硬件来实现数控功能，称为硬件数控，用这种技术实现的数控机床一般称为 NC 机床。

计算机数控(Computer Numerical Control，CNC)是采用微处理器或专用微机的数控系统，由事先存放在存储器里的系统程序(软件)来实现逻辑控制，实现部分或全部数控功能，并通过接口与外围设备进行连接，称为 CNC 系统，这样的机床一般称为 CNC 机床。

总之，数控机床是数字控制技术与机床相结合的产物，从狭义上看，“数控”一词就是“数控机床”的代名词；从广义上看，数控技术本身在其他行业中有着更广泛的应用，称为广义数字控制。数控机床就是将加工过程的各种机床动作，用数字化的代码表示，然后通过某种载体将信息输入数控系统，控制计算机对输入的数据进行处理，并用来控制机床的伺服系统或其他执行元件，使机床加工出所需要的工件，其过程如图 10-1 所示。

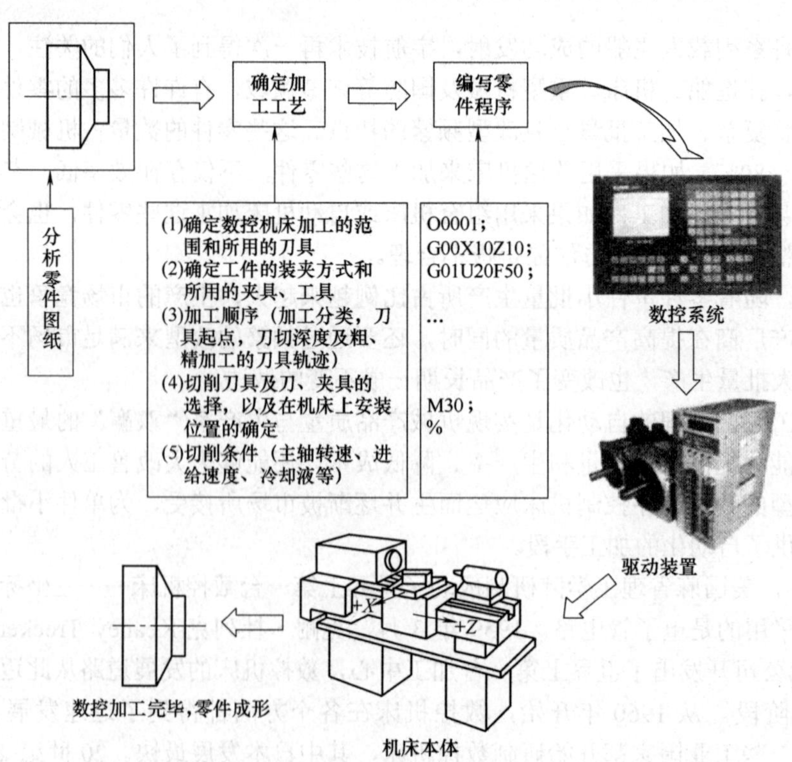

图 10-1　零件程序产生流程

10.1.2　数控机床的组成及工作原理

1. 数控机床的组成

现代计算机数控机床由程序载体、输入/输出装置、计算机数控装置、PLC 装置、主轴控制单元、速度控制单元、机床本体、位置检测反馈伺服系统等部分组成，如图 10-2 所示。

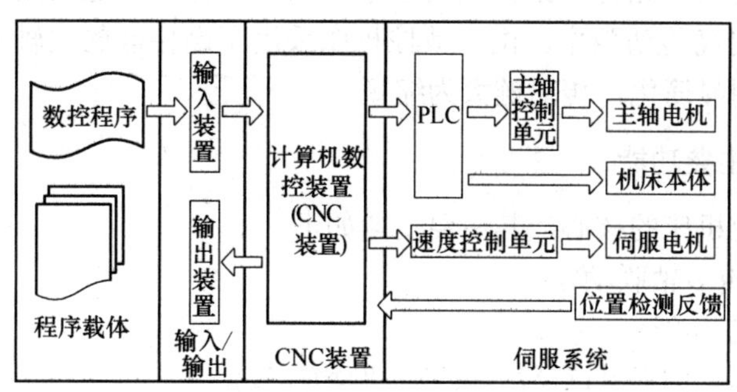

图 10-2　CNC 机床的组成

1)　程序载体

在数控机床上加工零件时，首先根据零件图纸上的零件形状、尺寸和技术条件，确定加工工艺，然后编制出加工程序。程序必须存储在某种存储介质上，如各种存储卡、磁盘等。目前最常用的是数控内存及外围存储设备，如计算机硬盘、U 盘等。

2)　输入/输出装置

输入/输出装置是数控装置与外部设备进行信息交换的装置。根据程序载体的不同，输入装置可以是光电阅读机、软盘驱动器等。数控加工程序也可以通过键盘，用手工方式直接输入数控系统。现代数控系统一般还可以用计算机通过 RS-232C 串行通信口甚至采用网络通信方式将数控加工程序传递到数控系统中。

3)　计算机数控装置

计算机数控装置是数控机床的核心，它接收输入装置送来的数字化信息，经过计算机数控装置的控制软件和逻辑电路进行译码、运算和逻辑处理后，将各种指令信息输出给伺服系统，使设备按规定的动作执行。

4)　伺服系统

伺服系统包括伺服驱动电机、各种伺服驱动元件和执行机构等，它是数控系统的执行部分。伺服系统的作用是把来自计算机数控装置的脉冲信号转换成机床移动部件的运动。每一脉冲信号使机床移动部件的位移量叫作脉冲当量(也叫最小设定单位)。常用的脉冲当量为 0.001 mm/脉冲。每个进给运动的执行部件都有相应的伺服驱动系统，整个机床的性能主要取决于伺服系统。常用伺服驱动元件有直流伺服电机、交流伺服电机和电液伺服电机等。

5)　位置反馈系统

位置反馈装置的作用是对机床的实际运动速度、方向、位移量以及加工状态加以检测，把检测结果转化为电信号反馈给数控装置。通过比较，计算出实际位置与指令位置之间的偏差，并发出纠正误差指令。位置反馈系统可分为半闭环和闭环两种系统。半闭环系统中，位置检测主要使用感应同步器、磁栅、光栅、激光测距仪等。

6) 机床本体

机床本体包括机床主机与辅助装置两部分，是用于直接完成各种切削加工运动的机械部件，主要包括主运动部件、进给运动部件(如工作台、刀架)和支承部件(如床身、立柱等)，还有冷却、润滑、转位部件，如夹紧、换刀机械手等辅助装置。

数控机床与普通机床相比，结构上发生了很大的变化，普遍采用滚珠丝杠、滚动导轨等高效传动部件以提高传动效率。由于数控机床采用了高性能的主轴及伺服传动系统，因而其机械传动结构明显简化，传动链大为缩短。

2. 数控系统的主要功能

数控系统是数控机床的核心，其主要功能如下。

(1) 多坐标控制(多轴联动)。
(2) 准备功能(G 功能)。
(3) 实现多种函数的插补(直线、圆弧、抛物线等)。
(4) 代码转换(EIA/ISO 代码转换、英制/公制转换、绝对值/增量值转换等)。
(5) 固定循环加工。
(6) 进给功能：指定进给速度。
(7) 主轴功能：指定主轴转速。
(8) 辅助功能：规定主轴的启、停、反向，冷却系统的开、关等。
(9) 刀具选择功能。
(10) 各种补偿功能，如刀具半径、刀具长度补偿等。
(11) 故障的诊断及显示。
(12) 与外部设备的联网及通信。
(13) 存储加工程序，人机对话，程序的输入、编辑及修改。

3. 数控机床的工作原理

在数控机床上加工零件需经过以下步骤，如图 10-3 所示。

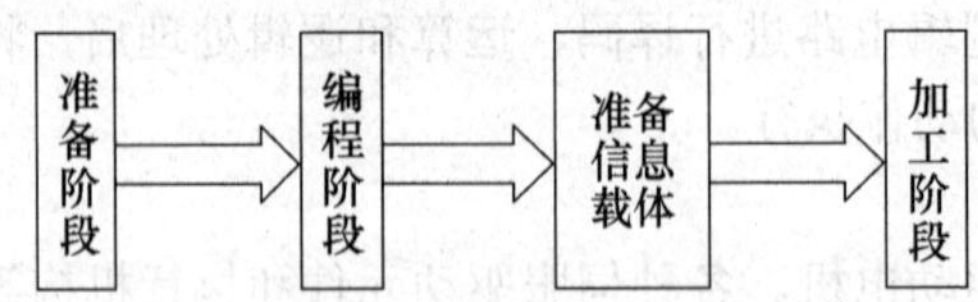

图 10-3 数控加工步骤

1) 准备阶段

根据加工零件的图纸，确定有关加工数据(刀具轨迹坐标点、加工的切削用量、刀具尺寸信息等)，并根据工艺方案、夹具选用、刀具类型等确定有关的其他辅助信息。

2) 编程阶段

根据加工工艺信息，用机床数控系统能识别的语言编写数控加工程序(程序就是对加工工艺过程的描述)，并填写程序单。

3)　准备信息载体

根据已编写好的程序单，将程序存放在信息载体(穿孔带、磁带、磁盘等)上，信息载体上存储着加工零件所需要的全部信息。目前，随着计算机网络技术的发展，可直接由计算机通过网络与机床数控系统通信。

4)　加工阶段

当执行程序时，机床 NC 系统将程序译码、寄存和运算，向机床伺服机构发出运动指令，以驱动机床的运动部件，自动完成对工件的加工。

10.1.3　数控机床的分类

目前数控机床的品种很多、功能各异，通常可按下列方法进行分类。

1. 按工艺用途分类

1)　金属切削类数控机床

此类机床包括数控车床、数控铣床、数控磨床以及加工中心。切削类数控机床发展最早，目前种类繁多，功能差异也较大。这里需要特别强调的是加工中心，也称为可自动换刀的数控机床，它将铣、镗、钻、攻螺纹等功能集中于一台设备上，具有多种工艺手段，在加工过程中由程序自动选用和更换刀具，大大提高了生产效率和加工精度。

2)　金属成形类数控机床

此类数控机床包括数控折弯机、数控组合冲床、数控弯管机、数控回转头压力机等。

3)　特种加工类数控机床

此类数控机床包括数控线切割机、数控电火花加工机床和数控激光切割机等。

4)　其他类型的数控机床

如数控三坐标测量机床等。

2. 按控制系统的特点分类

1)　点位控制数控机床

点位控制数控机床的特点是只控制移动部件的终点位置即可控制移动部件由一个位置到另一个位置的精确定位，而对它们在运动过程中的轨迹没有严格要求，在移动和定位过程中不进行任何加工，如图 10-4(a)所示。因此，为了尽可能减少移动部件的运动时间和定位时间，通常先以快速移动到接近终点坐标的位置，然后以低速准确移动到定位点，以保证良好的定位精度，如数控坐标镗床、数控钻床、数控点焊机、数控折弯机等都是点位控制数控机床。

2)　直线控制数控机床

直线控制数控机床的特点是刀具相对于工件的运动不仅要控制两点之间的准确位置(距离)，还要控制两点之间移动的速度和轨迹，如图 10-4(b)所示。一些数控车床、数控磨床和数控铣床等都属于直线控制数控机床，这类机床的数控装置的控制功能比点位系统复杂，不仅控制直线运动轨迹，还要控制进给速度以适应不同材质的工件。

3)　轮廓控制数控机床

轮廓控制又称连续控制，大多数数控机床都具有轮廓控制功能。其特点是能同时控制两个以上的轴，具有插补功能。它不仅控制起点和终点位置，而且要控制加工过程中每一点的位置，可以加工出任意形状的曲线或曲面组成的复杂零件，如图 10-4(c)所示。属于这类机床的有数控车床、数控铣床和加工中心等。

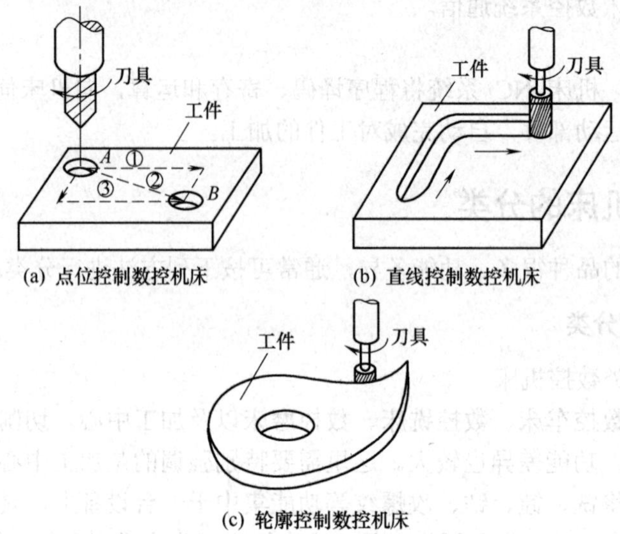

图 10-4 按控制系统的特点分类

3. 按伺服系统的类型分类

1) 开环伺服系统

图 10-5 所示为采用步进电动机驱动的开环伺服系统原理框图。该系统一般由环形分配器、步进电动机功率放大器、步进电动机、齿轮箱和丝杠螺母传动副等组成。数控装置每发出一个指令脉冲信号，步进电动机的转子就旋转一个固定角度，该角称为步距角，而机床工作台就移动一定的距离，即脉冲当量。

由图 10-5 可知，工作台位移量与进给指令的脉冲数量成正比，即数控装置发出的指令脉冲频率越高，则工作台的位移速度越快。这种只含有信号放大和变换而不带有位移检测反馈的伺服系统，称为开环伺服系统(或简称开环系统)。

开环伺服系统因既没有工作台位移检测装置，又没有位置反馈和校正控制系统，所以工作台的位移精确度完全取决于步进电动机的步距角精度、齿轮箱中齿轮副和丝杠螺母的精度与传动间隙等。由此可见，这种系统很难保证较高的位置控制精度。同时，由于受步进电动机性能的影响，工作台移动速度也受到一定的限制。但这种系统结构简单，调试方便，工作可靠，稳定性好，价格低廉，因此被广泛用于精度要求不太高的经济型数控机床上。

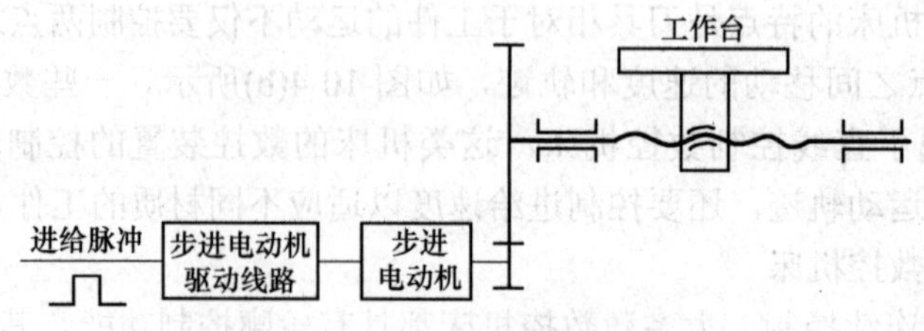

图 10-5 开环伺服系统原理框图

2)　闭环伺服系统

图 10-6 所示为采用宽调速直流电动机驱动的闭环伺服系统原理框图。它主要由比较环节(直线位移传感器 C 和放大元件、速度传感器 A 和放大元件)、驱动元件、机械传动装置和测量装置等组成。其中驱动元件可采用宽调速直流电动机或宽调速交流电动机，测量元件可采用感应同步器或光栅等直线测量元件。

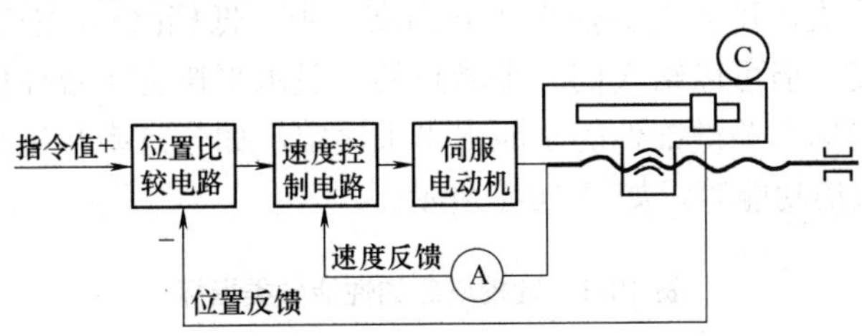

图 10-6　闭环伺服系统原理框图

闭环伺服系统的工作原理是当数控装置发出位移指令脉冲，经电动机和机械传动装置使机床工作台移动时，安装在工作台上的直线位移传感器把机械位移变成电学量，反馈到输入端与输入信号相比较，得到的差值经过放大和变换，最后驱动工作台向减少误差的方向移动。如果输入信号不断地产生，则工作台就不断地跟随输入信号运动。只有在差值为零时，工作台才静止，即工作台的实际位移量与指令位移量相等时，电动机停止转动，工作台停止移动。由于闭环伺服系统有位置反馈系统，可以补偿机械传动装置中的各种误差、间隙和干扰的影响，因而可以达到很高的定位精度，同时还能获到较高的速度。因此，闭环伺服系统在数控机床上得到了广泛的应用，特别是在精度要求很高的大型和精密机床上应用十分广泛。

从理论上讲，闭环伺服系统的精度主要取决于测量元件的精度和数/模转换器的精度。但由于该系统受进给丝杠的拉压刚度、扭转刚度及摩擦阻尼特性和间隙等非线性因素的影响，给调试工作带来了很大的困难。若各种参数匹配不当，将会引起系统振动，造成系统不稳定，影响定位精度。因此，闭环伺服系统的安装测试要比开环伺服系统更加困难复杂，价格更贵，维护费用也更高。

3)　半闭环伺服系统

在闭环伺服系统中，用安装在进给丝杠轴端或电动机轴端的角位移测量元件 *B*(如旋转变压器、脉冲编码器、圆光栅等)来代替安装在机床工作台上的直线测量元件，用测量丝杠或电动机轴旋转角位移来代替测量工作台直线位移的伺服系统，称为半闭环伺服系统，如图 10-7 所示。因为这种系统未将丝杠螺母副、齿轮传动副等传动装置包含在闭环反馈系统中，不能补偿部分装置的传动误差，所以半闭环伺服系统的加工精度低于闭环伺服系统的加工精度。但半闭环伺服系统将惯性大的工作台安装在闭环之外，使这种系统调试较容易、稳定性也较好。

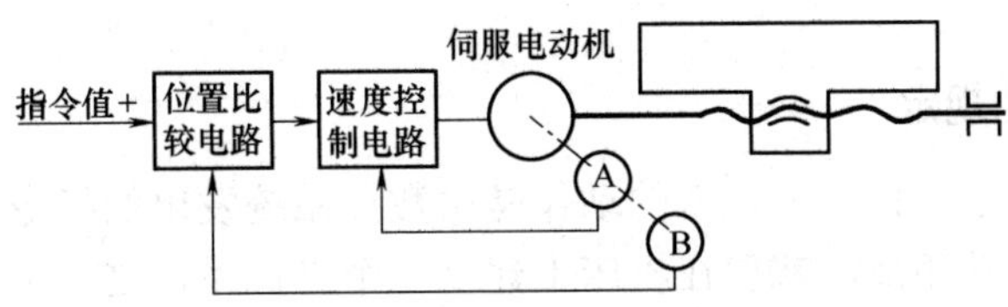

图 10-7　半闭环伺服系统原理框图

另外，角位移测量元件比直线位移测量元件简单，价格也较低。如果选用传动精度较高的滚珠丝杠和精密齿轮副，再配备存储有螺距误差补偿和反向间隙补偿功能的数控装置，那么半闭环伺服系统仍能达到较高的加工精度，这在生产中应用相当普遍。

4. 按数控机床的性能分类

按照功能水平分类，可以把数控机床分为高、中、低档(经济型)三类。该种分类方法没有一个确切的定义，但可以给人们一个清晰的一般水平概念。数控机床水平的高低由主要技术参数、功能指标和关键部件的功能水平来决定，如分辨率和进给速度、多坐标联动功能、显示功能和通信功能等，如表 10-1 所示。

表 10-1　数控机床的性能分类指标

项　目	低　档	中　档	高　档
分辨率和进给速度	10 μm、8～15 m/min	1 μm、15～24 m/min	0.1 μm、15～100 m/min
伺服进给类型	开环、步进电动机系统	半闭环直流或交流伺服系统	闭环直流或交流伺服系统
联动轴数	2 轴	3～5 轴	3～5 轴
主轴功能	不能自动变速	自动无级变速	自动无级变速、*C* 轴功能
通信能力	无	RS-232C 或 DNC 接口	MAP 通信接口、联网功能
显示功能	数码管显示、CRT 字符	CRT 显示字符、图形	三维图形显示、图形编程
内装 PLC	无	有	有
主 CPU	8 位的 CPU	16 或 32 位的 CPU	64 位的 CPU

10.1.4　数控机床坐标和运动方向

规定数控机床的坐标和运动方向，是为了准确地描述机床的运动，简化程序的编制方法，并使所编程序有互换性。目前国际标准化组织已经统一了标准坐标系。我国原机械工业部也颁布了《数字控制机床坐标和运动方向的命名》(JB 3051—82)标准，对数控机床的坐标和运动方向作了明文规定。

1. 坐标和运动方向的命名原则

数控机床的进给运动是相对的，有的是刀具相对于工件的运动(如车床)，有的是工件相对于刀具的运动(如铣刀)。为了使编程人员能在不知道是刀具移向工件还是工件移向刀具的情况下，可以根据图样确定机床的加工过程，特规定：永远假定刀具相对于静止的工件坐标系而运动。

2. 标准坐标系的规定

在数控机床上加工零件时，机床的动作是由数控系统发出的指令来控制的。为了确定机床的运动方向和移动距离，就要在机床上建立一个坐标系，这个坐标系就叫作标准坐标系，也叫作机床坐标系。在编制程序时，就可以以该坐标系来规定运动方向和距离。

数控机床上的坐标是采用右手笛卡儿坐标系，如图 10-8 所示。在图中，大拇指的方向为 *X* 轴的正方向，食指为 *Y* 轴的正方向。图 10-9 分别示出了几种机床标准坐标系。

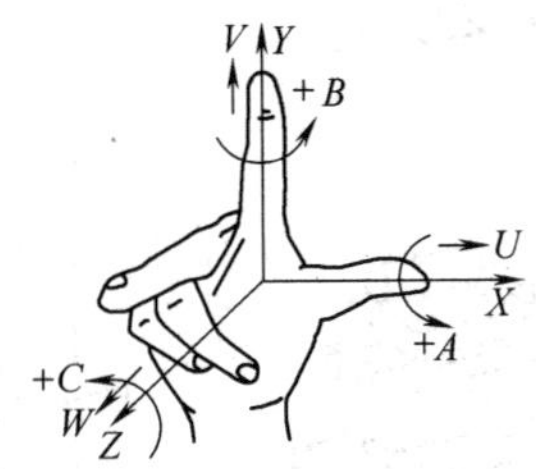

图 10-8　右手笛卡儿坐标系

3. 运动方向的确定

《数字控制机床坐标和运动方向的命名》(JB 3051—82)中规定：机床某一部件运动的正方向，是增大工件和刀具之间距离的方向。

1)　*Z* 坐标的运动

Z 坐标的运动，是由传递切削力的主轴所决定的，与主轴轴线平行的坐标轴即为 *Z* 坐标轴。对于工件旋转的机床，如车床、外圆磨床等，平行于工件轴线的坐标为 *Z* 坐标。而对于刀具旋转的机床，如铣床、钻床、镗床等，平行于旋转刀具轴线的坐标为 *Z* 坐标，如图 10-9(a)、(b)所示。如果机床没有主轴(如牛头刨床)，则 *Z* 轴垂直于工件装夹面，如图 10-9(d)所示。

Z 坐标的正方向为增大工件与刀具之间距离的方向。例如，在钻、镗加工中，钻入和镗入工件的方向为 *Z* 坐标的负方向，而退出为正方向。

2)　*X* 坐标的运动

规定 *X* 坐标为水平方向，且垂直于 *Z* 轴并平行于工件的装夹面。*X* 坐标是在刀具或工件定位平面内运动的主要坐标。对于工件旋转的机床(如车床、磨床等)，*X* 坐标的方向是在工件的径向上，且平行于横滑座。刀具离开工件旋转中心的方向为 *X* 轴正方向，如图 10-9(a)所示。对于刀具旋转的机床(如铣床、镗床、钻床等)，如果 *Z* 轴是垂直的，则当从刀具主轴向立柱看时，*X* 运动的正方向指向右，如图 10-9(b)所示。如果 *Z* 轴(主轴)是水平的，则当从主轴向工件方向看时，*X* 运动的正方向指向右，如图 10-9(c)所示。

3)　*Y* 坐标的运动

Y 坐标轴垂直于 *X*、*Z* 坐标轴，其运动的正方向根据 *X* 和 *Z* 坐标的正方向，按照右手笛卡儿坐标系来确定。

4)　旋转运动 *A*、*B*、*C*

如图 10-8 所示，*A*、*B*、*C* 相应地表示其轴线平行于 *X*、*Y*、*Z* 坐标的旋转运动。*A*、*B*、*C* 的正方向相应地表示在 *X*、*Y* 和 *Z* 坐标正方向上，右旋螺纹前进的方向。

5)　附加坐标

如果除了在 *X*、*Y*、*Z* 这 3 个主要坐标以外，还有平行于它们的坐标，可分别指定为 *U*、*V*、*W*。如还有第三组运动，则分别指定为 *P*、*Q*、*R*。

6)　主轴旋转运动方向

主轴的顺时针旋转运动方向(正转)，是按照右旋螺纹旋入工件的方向。

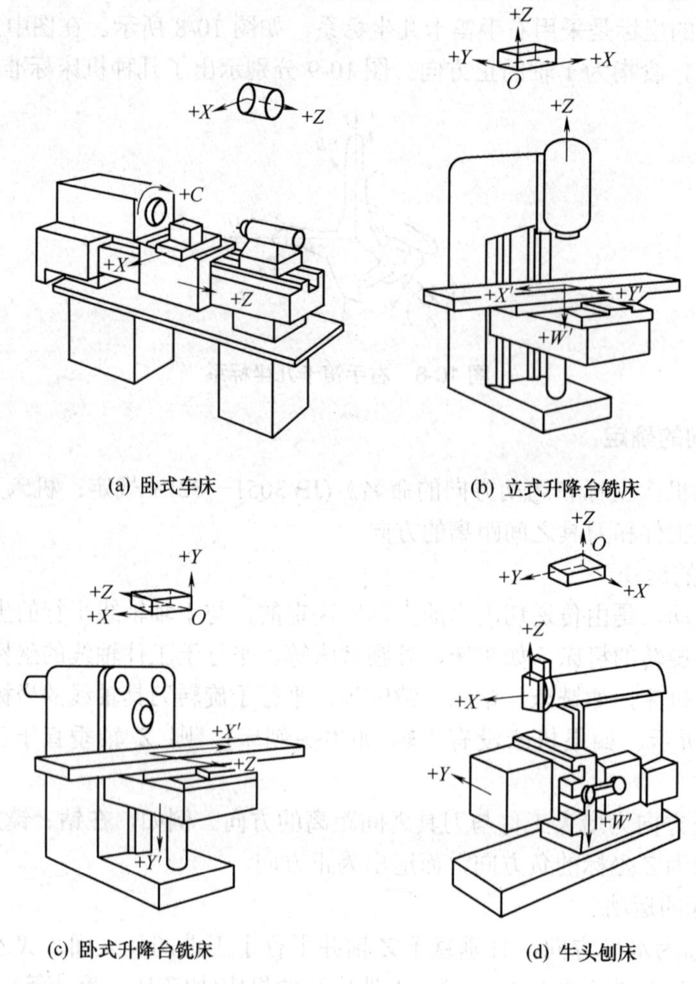

图 10-9 机床标准坐标系

10.1.5 数控机床的主要性能指标

1. 精度指标

1) 分辨率与脉冲当量

分辨率是指两个相邻的分散细节之间可以分辨的最小间隙。对测量系统而言，分辨率是可以测量的最小增量；对控制系统而言，分辨率是可以控制的最小位移量。数控装置每发出一个脉冲信号，反映到机床移动部件上的移动量，称为脉冲当量。脉冲当量是设计数控机床的原始数据之一，其数值的大小决定数控机床的加工精度和表面质量。脉冲当量越小，数控机床的加工精度越高，加工表面质量越好。简易数控机床的脉冲当量为0.01 mm，普通数控机床的脉冲当量为1 μm，最精密的数控机床的分辨率已达0.001 μm。

2) 定位精度与重复定位精度

定位精度是指数控机床工作台等移动部件在确定的终点所达到的实际位置精度，因此移动部件实际位置与理想位置之间的误差，称为定位误差。定位误差包括伺服系统、检测系统、进给系统等误差，还包括移动部件导轨的几何误差等。定位误差将直接影响零件加工的位置精度。

重复定位精度是指在同一台数控机床上，应用相同程序代码加工一批零件，所得到连续结果的一致程度。重复定位精度受伺服系统特性、进给系统的间隙与刚性以及摩擦特性等因素的影响。一般情况下，重复定位精度是成正态分布的偶然性误差，它影响一批零件加工的一致性，是一项非常重要的性能指标。

2. 加工性能指标

1) 最高主轴转速和最大加速度

最高主轴转速是指主轴所能达到的最高转速，它是影响零件表面加工质量、生产效率以及刀具寿命的主要因素之一。最大加速度是反映主轴速度提高能力的性能指标，也是影响加工效率的重要指标。

2) 最快位移速度和最高进给速度

最快位移速度是指进给轴在非加工状态下的最高移动速度。最高进给速度是指进给轴在加工状态下的最高移动速度。这两个物理量在很大程度上会对零件的加工质量造成影响，也是影响刀具寿命的主要因素。这两个性能指标受数控装置的运算速度、机床动态特征及工艺系统刚度等因素控制。

3. 可控轴数与联动轴数

数控机床的可控轴数是指机床数控装置能够控制的坐标轴数目。一般数控机床的可控轴数和数控装置的运算处理能力、运算速度及内存容量等有关。世界上最高级的数控装置的可控轴数已达到了 24 轴，我国目前最高级的数控装置的可控轴数为 6 轴。

数控机床的联动轴数是指机床数控装置控制的坐标轴同时达到空间某一点的坐标数目。目前有两轴联动、三轴联动、四轴联动和五轴联动等。其中，三轴联动的数控机床通常是 X 、Y 、Z 这 3 个直线坐标轴联动，可以加工空间复杂曲面，多用于数控铣床；四轴或五轴联动是指控制 X 、Y 、Z 这 3 个直线坐标轴以及与一个或者两个围绕这些直线坐标轴旋转的坐标轴，可以加工宇航叶轮、螺旋桨等零件；而二轴半联动是特指可控轴数为三轴，而联动轴数为二轴的数控机床。

4. 可靠性指标

1) 平均故障时间 MTBF

平均故障时间是指一台数控机床在使用中平均两次故障间隔的时间，即数控机床在寿命范围内，总工作时间和总故障次数之比。平均故障时间的计算公式为

$$\text{MTBF}=\text{总工作时间}/\text{总故障次数} \tag{10-1}$$

显然，平均故障时间越长越好。

2) 平均修复时间 MTTR

平均修复时间是指一台数控机床从开始出现故障直到能正常工作所用的平均修复时间，其计算公式为

$$\text{MTTR}=\text{总故障停机时间}/\text{总故障次数} \tag{10-2}$$

考虑到实际系统出现故障总是难免的，故对于可维修的系统，总希望一旦出现故障，修复的时间越短越好，即平均修复时间越短越好。

3) 平均速度 a

如果把 MTBF 看作设备正常工作的时间，把 MTTR 看作设备不能正常工作的时间，那么正常工作时间与工作总时间之比称为设备的平均速度 a，即

$$a = \frac{\text{MTBF}}{(\text{MTBF} + \text{MTTR})} \tag{10-3}$$

平均速度反映了设备提供正确使用的能力，是衡量设备可靠性的一项重要指标。

5. 运动性能指标

数控机床的运动性能指标主要包括主轴转速、进给速度、坐标行程、摆角范围以及刀库容量和换刀时间等。

1) 主轴转速

数控机床的主轴一般采用直流或交流调速主轴电动机驱动，选用高速精密轴承支承。主轴一般具有较宽的调速范围和足够的回转精度、刚度及抗振性。目前，数控机床的主轴转速已普遍达到 5000～10 000 r/min，甚至更高，这对加工各种小孔以及提高零件加工质量和表面质量都极为有利。

2) 进给速度

数控机床的进给速度是影响零件加工质量、生产效率以及刀具寿命的重要因素，它受数控装置的运算速度、机床动特性及工艺系统的刚度等因素的限制。

3) 坐标行程

数控机床坐标轴 X 、Y 、Z 的行程大小构成数控机床的空间加工范围，决定了加工零件的大小。坐标行程是直接体现机床加工能力的指标参数。

4) 摆角范围

具有摆角坐标的数控机床，其转角大小也直接影响到加工零件空间部位的能力。但转角太大又造成机床的刚度下降，会给机床设计带来困难。

5) 刀库容量和换刀时间

刀库容量和换刀时间对数控机床的生产率有直接影响。刀库容量是指刀库能存放加工刀具的数量。目前，常见的中、小型加工中心多为 16～60 把，大型加工中心达100 把以上。

换刀时间是指将主轴上使用的刀具与装在刀库上的下一工序需用的刀具进行交换所需要的时间。目前，国内一般为 10～20 s，国外不少数控机床仅为 4～5 s。

10.2 数 控 车 床

10.2.1 数控车床的用途与布局

1. 数控车床的用途

车削加工是机械加工中应用最广泛的方法之一，主要用于回转体零件的加工。数控车床的加工工艺类型主要包括车外圆、车端面、车锥面、车成形面、钻孔、镗孔、铰孔、切槽、车螺纹、滚花、攻螺纹等。如果借助于标准夹具(如四爪单动卡盘)或专用夹具，那么在车床上还可以完成非回转零件上的回转表面加工。

根据被加工零件的类型及尺寸不同，车削加工所用的车床有卧式、立式、仿形等多种

类型。按工件被加工表面不同，所用的车刀也有外圆车刀、内圆车刀、端面车刀、镗孔刀、螺纹车刀、切断刀等不同类型。恰当地选择和使用夹具，不仅可以可靠地保证加工质量，提高生产率，还能够有效地拓展车削加工的工艺范围。

2. 数控车床的布局

数控车床与普通车床相比，其结构仍然是由床身、主轴箱、刀架、进给传动系统、液压、冷却、润滑等部分组成。通过数字控制系统，伺服电动机能够驱动刀具做纵向和横向的连续进给运动。因此，数控车床的进给运动系统与普通车床的进给运动系统在结构上存在着一定的差别。普通车床的主轴运动经过挂轮架、进给箱、溜板箱传到刀架，实现了纵向和横向的进给运动，而数控车床则是采用伺服电动机经滚珠丝杠传到滑板和刀架，实现纵向与横向的进给运动。应该说，数控车床在进给传动系统方面的结构是大大简化了。

数控车床的主轴、尾座等部件相对床身的布局形式与普通车床基本一致，而在刀架和导轨的布局形式上发生了根本性的变化。这种变化直接影响了它的使用性能以及结构与外观。

1)　床身和导轨的布局

数控车床的床身和导轨有 4 种布局形式，床身和导轨与水平面的相对位置如图 10-10 所示。其中，图 10-10(a)所示为平床身，图 10-10(b)所示为斜床身，图 10-10(c)所示为平床身斜滑板，图 10-10(d)所示为立床身。

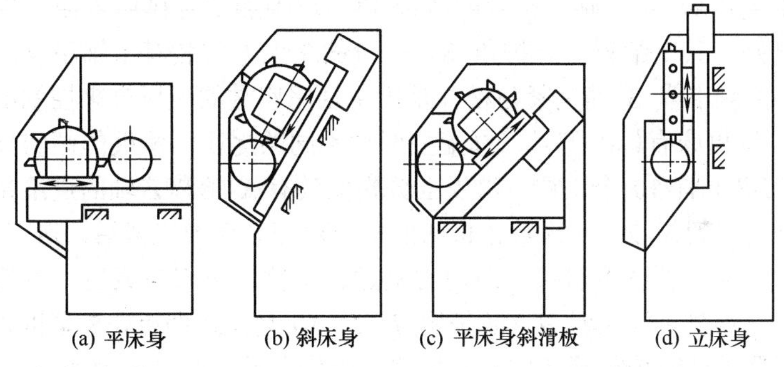

图 10-10　数控车床的布局形式

平床身机床的工艺性好，便于导轨面的加工。平床身配上水平放置的刀架能够提高刀架的运动精度，一般可用于大型数控车床或小型精密数控车床的布局。不过平床身下部空间小，造成了排屑的困难。从结构尺寸上看，刀架的水平放置也使得滑板横向尺寸较长，从而加大了机床宽度方向的结构尺寸，机床占地面积较大。如果在平床身上配置倾斜放置的滑板以及倾斜式的导轨防护罩，那么一方面得以保留平床身工艺性好的特点，另一方面机床宽度方向的尺寸也较水平配置滑板布局形式的尺寸有所减小，排屑也变得更为方便。

斜床身配置斜滑板的布局形式与平床身配置斜滑板的布局形式一样，常常被中、小型数控车床所采用。这是由于这两种布局形式具有以下优点：排屑容易，热铁屑不会堆积在导轨上，也便于安装自动排屑器；操作方便，易于安装机械手，可实现单机自动；占地面积小，外形简洁美观，容易实现半封闭式防护。

斜床身配置滑板机床的斜床身导轨倾斜角度一般有 4 种，分别为 30°、45°、60°和 75°。床身倾斜角度小则排屑不便；倾斜角度大则导轨导向性差，受力情况也差。导轨倾斜角度的大小还会影响机床外形尺寸高度与宽度的比例。综合考虑以上因素，中、小规格数控机床床身的倾斜角度以60°为宜。

2) 刀架的布局

刀架作为数控车床的重要部件之一，对机床的整体布局及工作性能有着很大的影响。两轴联动的数控车床一般采用12工位的回转刀架，也有部分机床采用6工位、8工位、10工位的回转刀架。回转刀架在机床上的布局有两种形式：一种是适用于加工轴和盘类零件的回转刀架，其回转轴与主轴平行；另一种是适用于加工盘类零件的回转刀架，其回转轴与主轴垂直。

四轴控制数控机床的床身上安装有两个独立滑板和回转刀架，被称为双刀架四坐标数控机床。数控系统对每个刀架的切削进给分别进行控制，两刀架可同时切削同一工件的不同部位。这样不仅扩大了机床的加工范围，还能极大地提高加工效率。四坐标数控车床能够加工曲轴、飞机零件等形状复杂且批量较大的工件。

3. MJ-50 型数控车床的用途、布局与技术参数

MJ-50 型数控车床配有 FANUC 或 SIEMENS 等数控系统，可以完成轴类零件内外圆柱面、圆锥面、螺纹表面、成形回转体表面等的加工，对于盘类零件能进行钻孔、扩孔、镗孔等加工操作。

MJ-50 型数控车床为两坐标连续控制的卧式车床，如图 10-11 所示。床身 14 为平床身，其导轨面上支承着 30° 倾斜布置的滑板 13，切削加工时排屑方便。导轨的横截面为矩形，支承刚度好，其上配置有防护罩 8。床身的左上方安装有主轴箱 4，主轴由交流伺服电动机驱动。主轴卡盘 3 的夹紧与松开是由主轴尾座端的液压缸来控制的。床身右上方安装有尾座 12，该机床有标准型号、择配型两种不同的尾座。滑板的倾斜导轨上安装有回转刀架 11，其刀盘上有 10 个工位。滑板上分别安装有 X 轴和 Z 轴的进给传动装置。主轴箱前端面上可安装对刀仪 2，实现数控机床的机内对刀。对刀完成后，对刀仪的转臂 9 摆出，利用上端的接触式传感器测头对所用刀具进行检测。对刀完成后，对刀仪的转臂摆回图中所示位置，并将测头锁在对刀仪防护罩 7 中。10 是操作面板，5 是机床防护门。根据需要，可选择配置手动防护门或者气动防护门。操作人员可通过压力表 6 的显示了解液压系统的压力。1 是主轴卡盘夹紧与松开的脚踏开关。

MJ-50 型数控车床的主要技术参数如下。

1) 机床主参数

(1) 允许最大工件回转直径：50 mm。

(2) 最大切削直径：310 mm。

(3) 最大切削长度：650 mm。

(4) 主轴转速范围：35～3500 r/min。

(5) 恒扭矩范围：35～437 r/min。

(6) 恒功率范围：437～3500 r/min。

(7) 主轴通孔直径：80 mm。

(8) 拉管通孔直径：65 mm。

(9) 刀架有效行程：X 轴为182 mm；Z 轴为675 mm。

(10) 快速移动最快速度：X 轴为 10 m/min；Z 轴为 15 m/min。

(11) 可装刀具数：10把。

(12) 刀具规格：车刀 25 mm×25 mm。
(13) 选刀方式：刀盘就近转位。
(14) 分度时间：单步 0.8 s；180° 2.2 s。
(15) 尾座套筒直径：90 mm。
(16) 尾座套筒行程：130 mm。
(17) 主轴可调电动机：连续 30 min；超载 11/15 kW。
(18) 进给伺服电动机：*X* 轴交流 0.9 kW；*Z* 轴交流 1.8 kW。
(19) 机床外形尺寸(长×宽×高)：2995 mm×1667 mm×1796 mm。

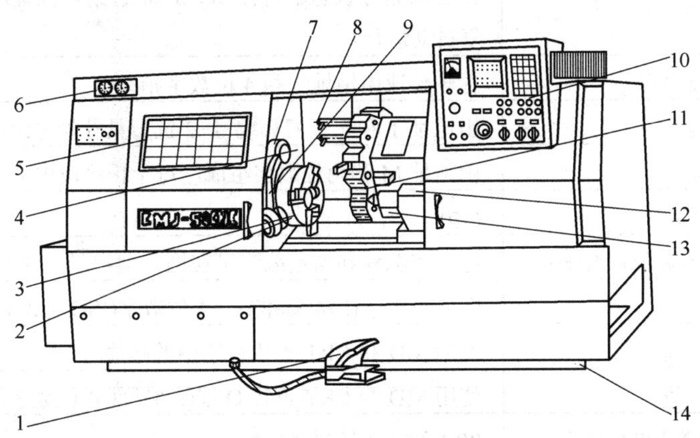

图 10-11　MJ-50 型数控车床

1—脚踏开关；2—对刀仪；3—主轴卡盘；4—主轴箱；5—防护门；6—压力表；7，8—防护罩；9—转臂；10—操作面板；11—回转刀架；12—尾座；13—滑板；14—床身

2)　数控系统的主要技术规格

机床配置的 FANUC-OTE 系统的主要技术规格如表 10-2 所示。

表 10-2　FANUC-OTE 系统的主要技术规格

序号	名　称	规　格	
1	控制轴数	*X* 轴、*Y* 轴、手动方式同时仅一轴	
2	最小设定单位	*X* 轴、*Z* 轴 0.001 mm	0.0001 in
3	最小移动单位	*X* 轴 0.0005 mm	0.00005 in
		Z 轴 0.001 mm	0.0001 in
4	最大编程尺寸	±9999.999 mm	
		±999.9999 mm	
5	定位	执行 G00 指令时，机床快速运动并减速停止在终点	
6	直线插补	G01	
7	全象限圆弧插补	G02(顺圆)　G03(逆圆)	
8	快速倍率	LOW，25%，50%，100%	
9	手摇轮连续进给	每次仅一轴	

续表

序号	名 称	规 格
10	切削进给率	G98(mm/min)指令每分钟进给量；G99(mm/r)指令每转进给量
11	进给倍率	在0～150%范围内以10%递增
12	自动加/减速	快速移动时依比例加/减速，切削时依指数加/减速
13	停顿	G04(0～9999.999 s)
14	空运行	空运行时为连续进给
15	进给保持	在自动运行状态下暂停 *X*、*Y* 轴进给，按程序启动按钮可以恢复自动运行
16	主轴速度命令	主轴转速由地址3和4位数字指令
17	刀具功能	由地址T和2位刀具编号+2位刀具补偿号组成
18	辅助功能	由地址M和两位数字组成，每个程序段中只能指令一个M码
19	坐标系设定	G50
20	绝对值/增量值混合编程	绝对值编程和增量编程可在同一编程段中使用
21	程序号	O+4位数字(EIA标准)，+4位数字(ISO标准)
22	序列号查找	使用MD和CRT查找程序中的顺序号
23	程序号查找	使用MD和CRT查找O或(:)后面4位数字的程序号
24	读出器/穿孔机接口	PPR便携式纸带读出器
25	纸带读出器	250字符/s(50 Hz)、300字符/s(60 Hz)
26	纸带代码	ELA(RS-244A)、ISO(R-40)
27	程序段跳	将机床上该功能开关置于“NO”位置上时，跳过程序中带“/”字符的程序段
28	单步程序执行	使程序一段一段地执行
29	程序保护	存储器内的程序不能修改
30	工作程序的存储和编辑	80 m/264 f_t
31	可寄存程序	63个
32	紧急停止	按下紧急停止按钮所有指令停止，机床也立即停止运动
33	机床锁定	仅滑板不能移动
34	可编程序控制器	PMC-L型
35	显示语言	英文
36	环境条件	环境温度：运行时0～45℃；运输和保管时-20～60℃ 相对湿度低于75%

10.2.2 数控车床的传动与结构

1. 主传动系统及主轴箱结构

1) 主运动传动系统

MJ-50型数控车床的传动系统如图10-12所示。其中，主运动传动系统由功率为

11/15 kW 的可调电动机驱动，经一级 1∶1 的带传动带动主轴旋转，使主轴在 35～3500 r/min 的转速范围内实现无级调速，主轴箱内不再有齿轮传动变速机构，因此减少了原齿轮传动对主轴精度的影响，且具有维修方便的特点。

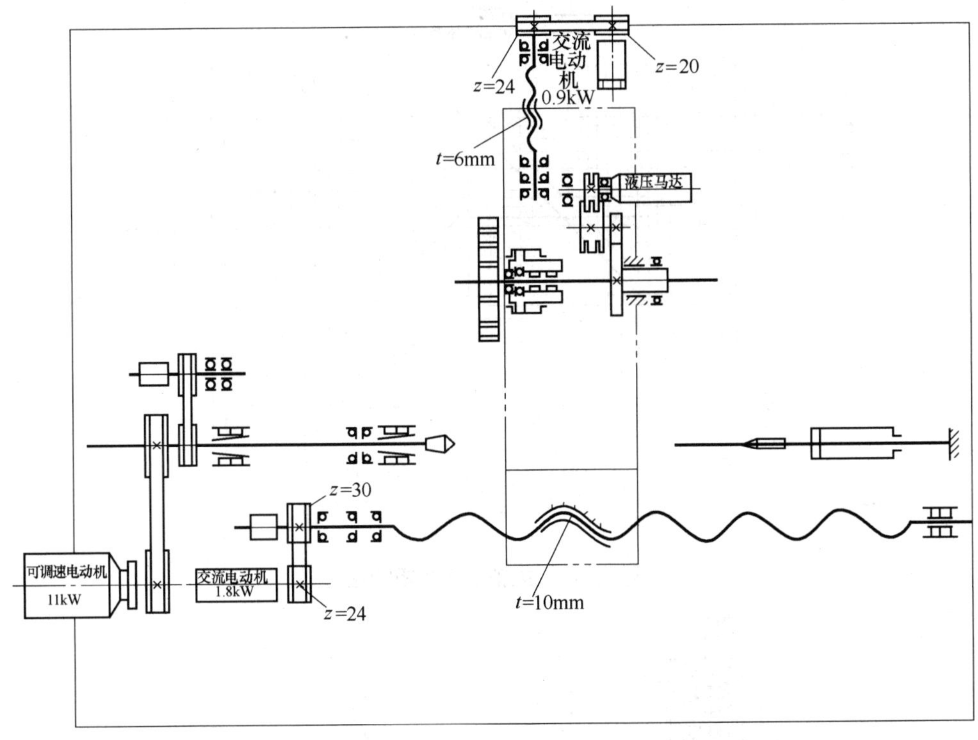

图 10-12　MJ-50 型数控车床传动系统图

主轴传递的功率或扭矩与转速之间的关系如图 10-13 所示。当机床处在连续运转的状态，主轴处于恒功率区域Ⅱ(实线)内时，转速为 437～3500 r/min，主轴能够传递电动机的全部功率 11 kW。在这个区域内，主轴的最大输出扭矩(245 N·m)随着主轴转速的增大而变小。主轴处于恒功率区域Ⅰ(实线)时，其转速在 35～437 r/min 范围内的某级转速，主轴虽然不需要传递全部功率，但主轴的输出扭矩不变。在这个区域内，主轴所能传递的功率随着主轴转速的降低而降低。图中虚线所示为电动机超载(允许超载 30 min)时恒功率区域和恒扭矩区域的情况，电动机的超载功率为 15 kW，超载的最大输出扭矩为 334 N·m。

2)　主轴箱结构

MJ-50 型数控车床的主轴箱结构如图 10-14 所示。交流主轴电动机通过带轮 15 把运动传给主轴 7。主轴有前、后两个支承。前支承由一个圆锥孔双列圆柱滚子轴承 11 和一对角接触球轴承 10 组成，轴承 11 用来承受径向载荷，两个角接触球轴承一个大口向外(朝向主轴前端)，另一个大口向里(朝向主轴后端)，用来承受双向的轴向载荷和径向载荷。前支承轴承的间隙用螺母 8 来调整。螺钉 12 用来防止螺母 8 回松。主轴的后支承为圆锥孔双列圆柱滚子轴承 14，轴承间隙由螺母 1 和 6 来调整。螺钉 17 和 13 是防止螺母 1 和 6 回松用的。主轴的支承形式为前端定位，主轴受热膨胀后伸长。前、后支承所用圆锥孔双列圆柱滚子轴承的支承刚性好，允许的极限转速高。前支承中的角接触球轴承能承受较大的轴向载荷，且允许的极限转速高，主轴所采用的支承结构适宜低速大载荷的需要。主轴的运动经过同步带轮 16 和 3 以及同步带 2 带动脉冲编码器 4，使其与主轴同速运转。脉冲编码器用螺钉 5 固定在主轴箱体 9 上。

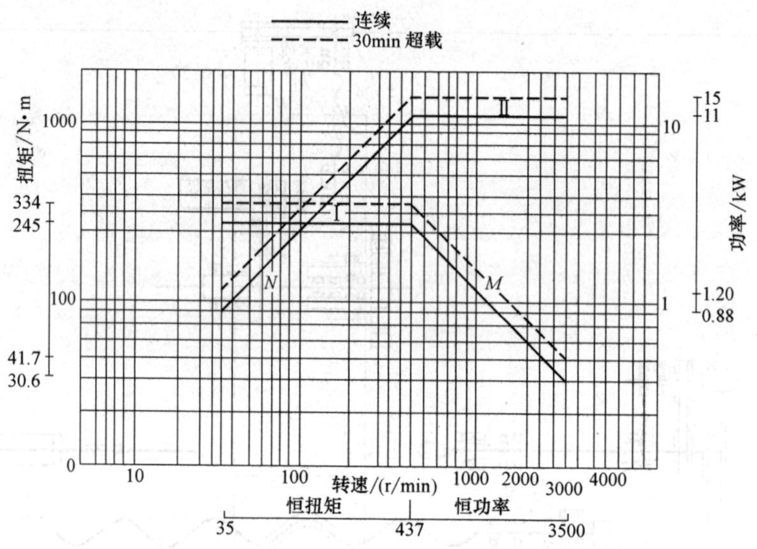

图 10-13　主轴功率扭矩特性

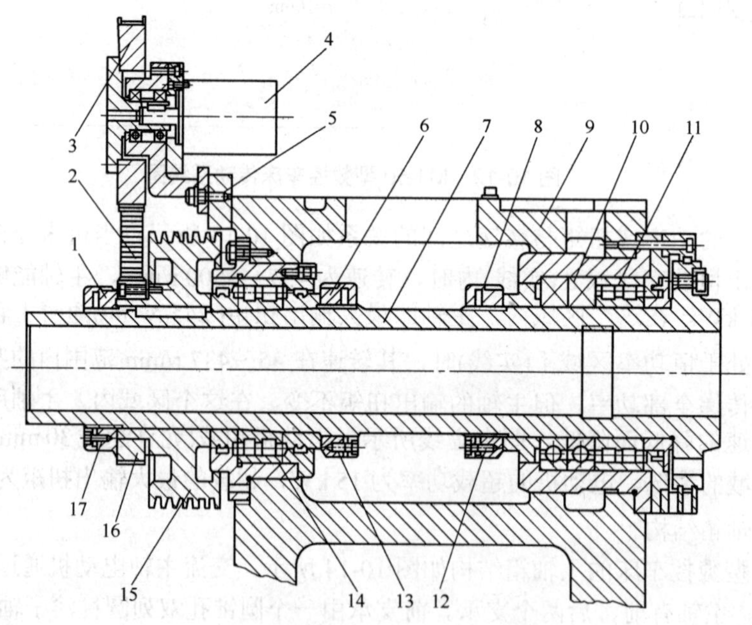

图 10-14　MJ-50 型数控车床主轴箱结构简图

1，6，8—螺母；2—同步带；3，16—同步带轮；4—脉冲编码器；5，12，13，17—螺钉；7—主轴；9—主轴箱体；10—球轴承；11，14—滚子轴承；15—带轮

3)　液压卡盘结构

如图 10-15(a)所示，液压卡盘固定安装在主轴前端，回转液压缸 1 与接套 5 用螺钉 7

连接，接套通过螺钉与主轴后端面连接，使回转液压缸随主轴一起转动。卡盘的夹紧与松开，由回转液压缸通过一根空心拉杆 2 来驱动。拉杆后端与液压缸内的活塞 6 用螺纹连接，连接套 3 两端的螺纹分别与拉杆 2 和滑套 4 连接。图 10-15(b)所示为卡盘内楔形机构示意图，当液压缸内的压力油推动活塞和拉杆向卡盘方向移动时，滑套 4 向右移动，由于滑套上楔形槽的作用，使得卡爪座 11 带着卡爪 12 沿径向向外移动，则卡盘松开。反之，液压缸内的压力油推动活塞和拉杆向主轴后端移动时，通过楔形机构使卡盘夹紧工件。卡盘体 9 用螺钉 10 固定安装在主轴前端。8 为回转液压缸的箱体。

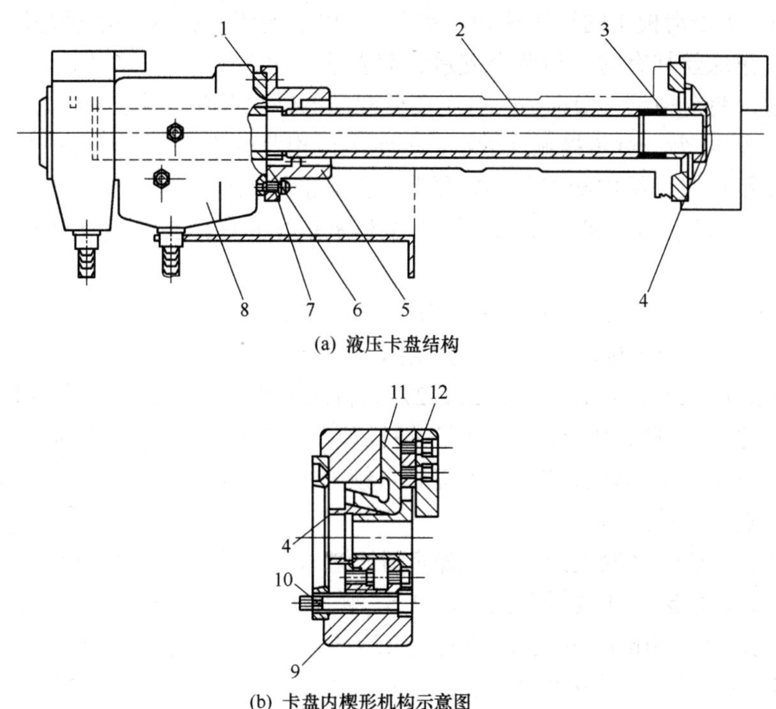

(a) 液压卡盘结构

(b) 卡盘内楔形机构示意图

图 10-15　液压卡盘结构简图

1—回转液压缸；2—拉杆；3—连接套；4—滑套；5—接套；6—活塞；7，10—螺钉
8—箱体；9—卡盘体；11—卡爪座；12—卡爪

2. 进给传动系统及传动装置

1)　进给传动系统的特点

数控车床的进给传动系统是控制 *X*、*Z* 两个坐标轴伺服系统的主要组成部分。进给传动系统能够将伺服电动机的旋转运动转化为刀架的直线运动。*X* 轴的最小移动量为 0.0005 mm，*Z* 轴的最小移动量一般为 0.001 mm。数控车床的进给系统采用滚珠丝杠螺母传动副，通过其带动刀架移动。这样，刀架的快速移动和进给运动均为同一传动路线，可以有效地提高进给系统的灵敏度、定位精度并防止爬行，同时可消除丝杠螺母的配合间隙和丝杠两端的轴承间隙，也有利于提高传动精度。

2)　进给传动系统

如图 10-12 所示，MJ-50 型数控车床的进给传动系统分为 *X* 轴进给传动和 *Z* 轴进给传动。X 轴进给由功率为 0.9 kW 的交流伺服电动机驱动，经 20/24 的同步带轮传动到滚珠丝杠，滚珠丝杠上的螺母带动回转刀架移动。滚珠丝杠螺距为 6 mm。

Z 轴进给也是由交流伺服电动机驱动，经 24/30 的同步带轮传动到滚珠丝杠，滚珠丝杠上的螺母带动滑板移动。滚珠丝杠螺距为 10 mm，电动机功率为 1.8 kW。

3) 进给系统传动装置

图 10-16 所示是 MJ-50 型数控车床 X 轴进给传动装置的结构简图。如图 10-16(a)所示，交流伺服电动机 15 经同步带轮 14 和 10 以及同步带 12 带动滚珠丝杠 6 回转，其上螺母 7 带动刀架 21 沿滑板 1 的导轨移动，实现 X 轴的进给运动。电动机轴与同步带轮 14 用键 13 连接。滚珠丝杠有前、后两个支承。前支承 3 由 3 个角接触球轴承组成，其中一个轴承大口向前，两个轴承大口向后，分别承受双向的轴向载荷。前支承的轴承由螺母 2 进行预紧。后支承 9 为一对角接触球轴承，轴承大口相背放置，由螺母 11 预紧。这种丝杠两端固定的支承形式，结构和工艺都较复杂，但是能够保证和提高丝杠的轴向刚度。脉冲编码器 16 安装在伺服电动机的尾部。图中 5 和 8 是缓冲块，在出现意外碰撞时起到保护作用。

A—A 剖视图表示滚珠丝杠前支承的轴承座 4 用螺钉 20 固定在滑板上。滑板导轨如 B—B 剖视图所示为矩形导轨，镶条 17～19 用来调整刀架与滑板导轨的间隙。

图 10-16(b)中 22 为导轨护板，26、27 为机床参考点的限位开关和撞块。镶条 23～25 用于调整滑板与床身导轨的间隙。因为滑板顶面导轨与水平面倾斜 30°，回转刀架的自身重力使其下滑，滚珠丝杠和螺母不能以自锁阻止其下滑，故机床依靠交流伺服电动机的电磁制动来实现自锁。

MJ-50 型数控车床 Z 轴进给传动装置简图如图 10-17 所示。交流伺服电动机 14 经同步带轮 12 和 2 以及同步带 11 传动到滚珠丝杠 5，由螺母 4 带动滑板连同刀架沿床身 13 的矩形导轨移动(见图 10-17(b))，实现 Z 轴的进给运动。电动机轴与同步带轮 12 之间用锥环无键连接，局部放大视图中 19 和 20 是锥面相配合的内、外锥环，当拧紧螺钉 17 时，法兰 18 的端面压迫外锥环 20，使其向外膨胀，内锥环 19 受力后向电动机轴收缩，从而使电动机轴与同步带轮连接在一起。这种连接方式无须在被连接件上开键槽，而且两锥环的内、外圆锥面压紧后，使连接配合面无间隙，对中性较好。选用锥环对数的多少，取决于所传递扭矩的大小。

滚珠丝杠的左支承由 3 个角接触球轴承 15 组成。其中，右边两个轴承与左边一个轴承的大口相对布置，由螺母 16 进行预紧。如图 10-17(a)所示，滚珠丝杠的右支承 7 为一个圆柱滚子轴承，只用于承受径向载荷，轴承间隙用螺母 8 来调整。滚珠丝杠的支承形式为左端固定，右端浮动，留有丝杠受热膨胀后轴向伸长的余地。3 和 6 为缓冲挡块，起超程保护作用。B 向视图中的螺钉 10 将滚珠丝杠的右支承轴承座 9 固定在床身 13 上。图 10-17(b)所示为 Z 轴进给装置的脉冲编码器 1 与滚珠丝杠 5 相连接的情况，可以直接检验丝杠的回转角度，从而提高系统对 Z 轴进给的精度控制。

3. 自动回转刀架

数控车床自动回转刀架的转位换刀过程如下。

(1) 当接收到数控系统的换刀指令后，刀盘松开。

(2) 刀盘旋转到指令要求的刀位。

(3) 刀盘夹紧并发出转位结束即到位确认信号。

图 10-18 所示为 MJ-50 型数控车床的回转刀架结构简图。回转刀架的固紧与松开以及刀盘的转位均由液压系统驱动、PC 顺序控制来实现。11 是安装刀具的刀盘，它与刀架主轴 6 固定连接。当刀架主轴 6 带动刀盘旋转时，其上的鼠牙盘 13 和固定在刀架上的鼠牙盘 10 脱开，旋转到指定刀位后，刀盘的定位由鼠牙盘的啮合来完成。

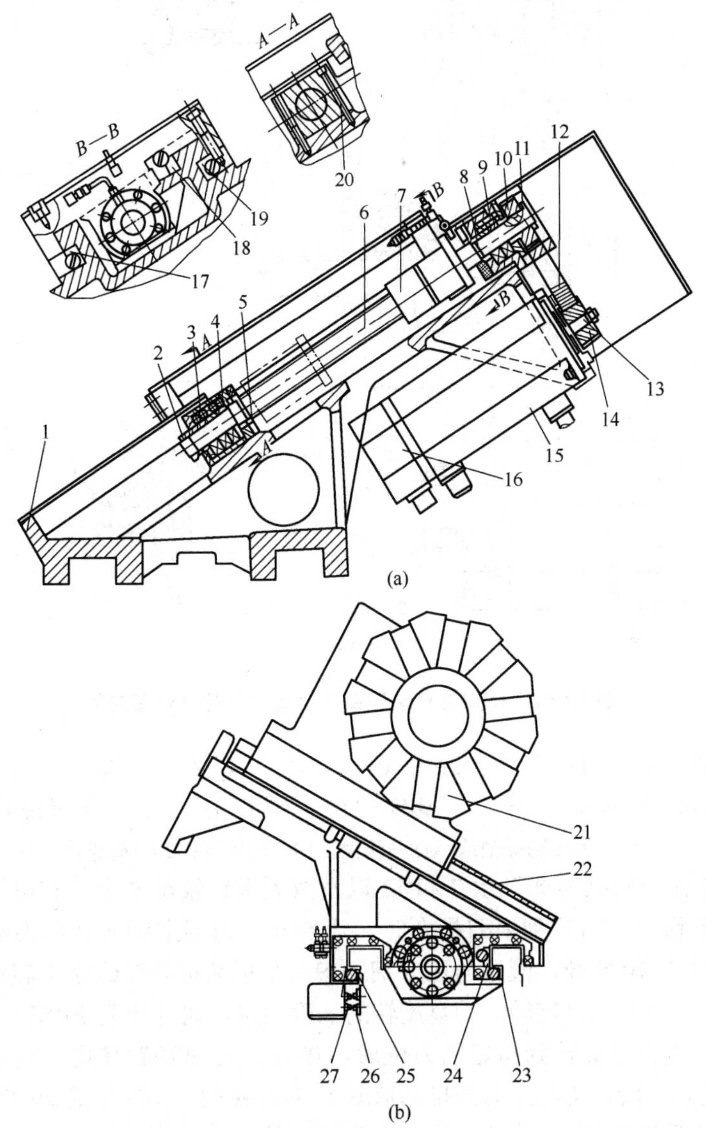

图 10-16　MJ-50 型数控车床 X 轴进给传动装置简图

1—滑板；2，7，11—螺母；3—前支承；4—轴承座；5，8—缓冲块；6—滚珠丝杠；9—后支承；10，14—同步带轮；12—同步带；13—键；15—伺服电动机；16—脉冲编码器；17～19，23～25—镶条；20—螺钉；21—刀架；22—导轨护板；26—限位开关；27—撞块

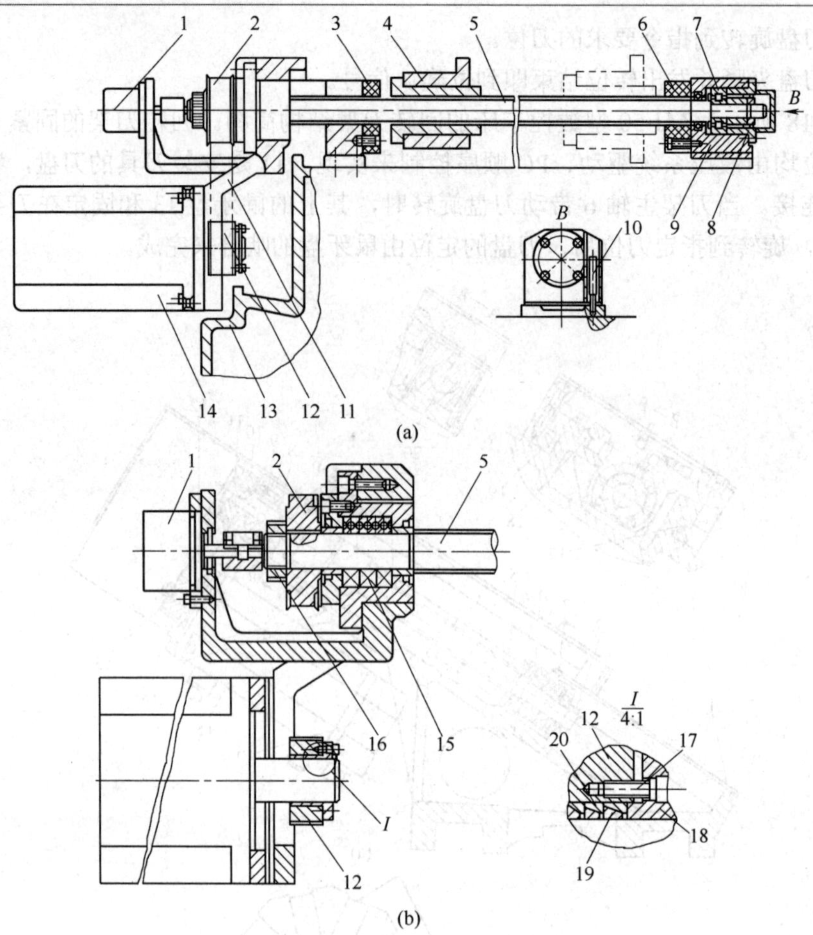

图 10-17　MJ-50 型数控车床 Z 轴进给传动装置简图

1—脉冲编码器；2，12—同步带轮；3，6—缓冲挡块；4，8，16—螺母；5—滚珠丝杠；
7—右支承；9—轴承座；10，17—螺钉；11—同步带；13—床身；14—伺服电动机；
15—角接触球轴承；18—法兰；19—内锥环；20—外锥环

活塞 9 支承在一对推力球轴承 7 和 12 以及双列滚针轴承 8 上，它可以通过推力球轴承带动刀架主轴移动。当接到换刀指令时，活塞 9 及刀架主轴 6 在压力油推动下向左移动，使鼠牙盘 13 与 10 脱开，液压马达 2 启动带动平板共轭分度凸轮 1 转动，经齿轮 5 和齿轮 4 带动刀架主轴及刀盘旋转。刀盘旋转的准确位置，通过开关 PRS1～PRS4 的通断组合来检测确认。当刀盘旋转到指定的刀位后，接近开关 PRS7 通电，向数控系统发出信号，指令液压马达停转，这时压力油推动活塞 9 向右移动，使鼠牙盘 10 和 13 啮合，刀盘被定位夹紧。接近开关 PRS6 确认夹紧并向数控系统发出信号，提示刀架的转位换刀循环完成。

4. 机床尾座

MJ-50 型数控车床出厂时一般配置尾座，图 10-19 所示为尾座结构简图。尾座体的移动由滑板带动移动。尾座体发生移动后，由手动控制的液压缸将其锁紧在床身上。

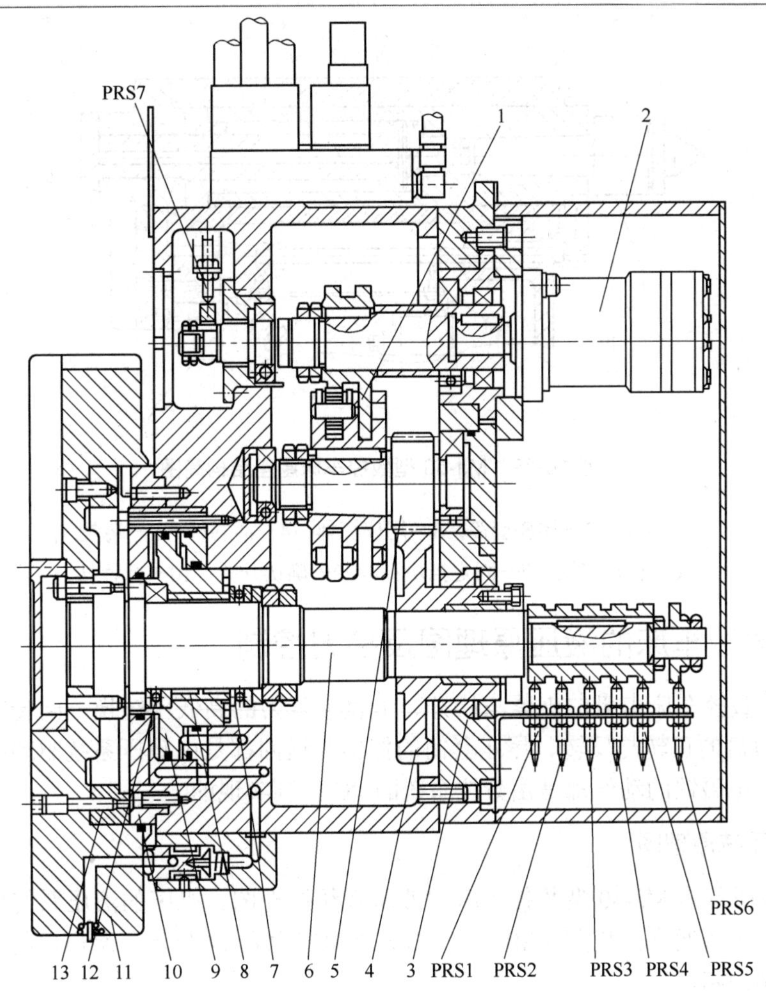

图 10-18　MJ-50 型数控车床的回转刀架结构简图

1—分度凸轮；2—液压马达；3—衬套；4，5—齿轮；6—刀架主轴；7，12—推力球轴承
8—双列滚针轴承；9—活塞；10，13—鼠牙盘；11—刀盘

在调整机床时，可用手动控制尾座套筒移动。顶尖 1 与尾座套筒 2 用锥孔连接，尾座套筒可带动顶尖一起移动。在机床自动工作循环时，可通过加工程序由数控系统控制尾座的移动。当数控系统发出尾座套筒伸长指令后，液压电磁阀动作，压力油通过活塞杆 4 的内孔进入尾座套筒 2 液压缸的左腔，推动尾座套筒伸出。当数控系统指令其退回时，压力油进入套筒液压缸的右腔，从而使尾座套筒退回。这种尾座也称为可编程序尾座。

尾座套筒移动的行程，靠调整套筒外部连接的行程杆 10 上面的移动挡块 6 来控制。图中所示移动挡块的位置在右端极限位置时套筒的行程最长。

当套筒伸出到位时，行程杆上的移动挡块 6 压下确认开关 9，向数控系统发出尾座套筒到位信号。反之，行程杆上的固定挡块 7 压下确认开关 8，向数控系统发出套筒退回的确认信号。

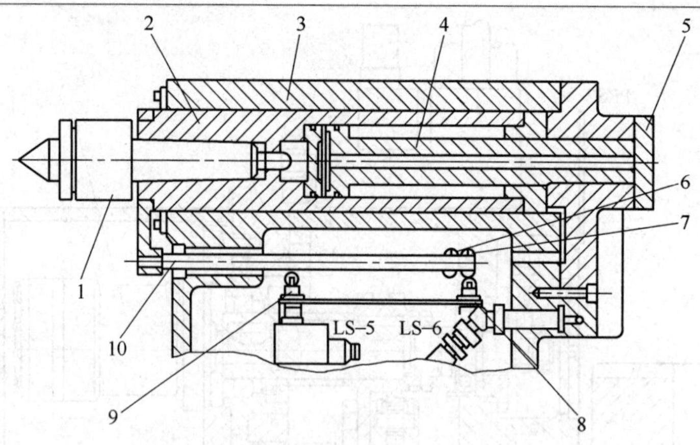

图 10-19　MJ-50 型数控车床尾座结构简图

1—顶尖；2—尾座套筒；3—尾座壳体；4—活塞杆；5—端盖；
6—移动挡块；7—固定挡块；8，9—确认开关；10—行程杆

10.2.3　数控车床的液压原理图及换刀控制

MJ-50 型数控车床卡盘的夹紧与松开、卡盘夹紧力的高低压转换、回转刀架的松开与固紧、刀架刀盘的正转与反转、尾座套筒的伸出与退回都是由液压系统驱动的，液压系统中各电磁阀、电磁铁的动作都是由数控系统的 PC 控制实现的。

1. 液压系统原理图

图 10-20 所示是 MJ-50 型数控车床的液压系统原理图。机床的液压系统采用单向变量液压泵，系统压力通常调整到 4 MPa，压力大小由压力表 14 显示。泵出口的压力油经过单向阀进入控制油路。

1)　卡盘动作的控制

主轴卡盘的夹紧与松开，由一个二位四通电磁阀 1 控制。卡盘的高压夹紧与低压夹紧的转换，由电磁阀 2 控制。当卡盘处于正卡(也称外卡)且在高压夹紧状态下时，夹紧力的大小由减压阀 6 来调整，由压力表 12 来显示卡盘压力。系统压力油依次流经减压阀 6—电磁阀 2(左位)—电磁阀 1(左位)—液压缸右腔，致使活塞杆左移，卡盘夹紧。这时液压缸左腔的油液经电磁阀 1(左位)直接回油箱。反之，系统压力油依次流经减压阀 6—电磁阀 2(左位)—电磁阀 1(右位)—液压缸左腔，致使活塞杆右移，卡盘松开。这时液压缸右腔的油液经电磁阀 1(右位)直接回油箱。当卡盘处于正卡且在低压夹紧状态下时，夹紧力的大小由减压阀 7 来调整。系统压力油流经减压阀 7—电磁阀 2(右位)—电磁阀 1(左位)—液压缸右腔，卡盘夹紧。反之，系统压力油经减压阀 7—电磁阀 2(右位)—电磁阀 1(右位)—液压缸左腔，卡盘松开。

2)　回转刀架动作的控制

回转刀架换刀时，首先是刀盘松开，接着刀盘就近转位到达指定的刀位，最后刀盘复位固紧。刀盘的固紧与松开，由一个二位四通电磁阀 4 控制。刀盘的旋转有正转和反转两个方向，它由三位四通电磁阀 3 控制，其旋转速度分别由调速阀 9 和 10 控制。电磁阀 4 在右

位时，刀盘松开，系统压力油经电磁阀 3(左位)经调速阀 9 到液压马达，刀架正转。若系统压力油经电磁阀 3(右位)经调速阀 10 到液压马达，则刀架反转。电磁阀 4 在左位时，刀盘固紧。

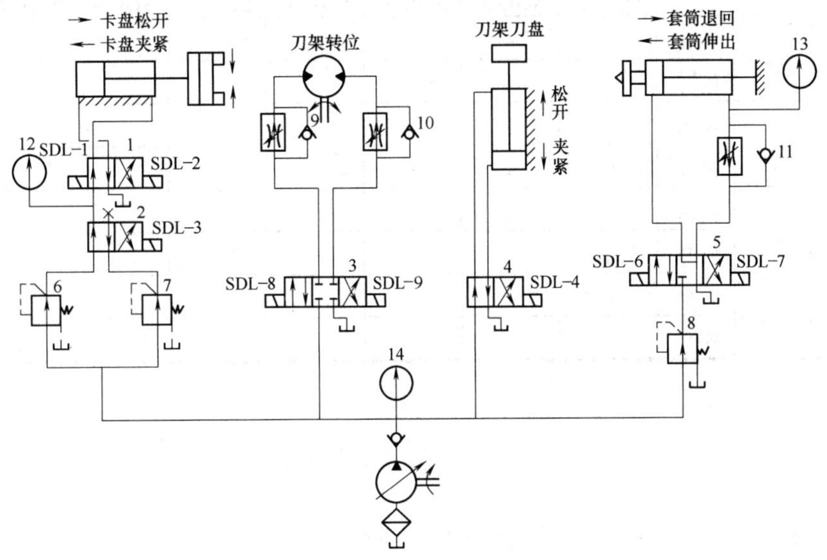

图 10-20　MJ-50 型数控车床液压系统原理图

1～5—电磁阀；6～8—减压阀；9～11—调速阀；12～14—压力表；SPL—电磁铁线圈

3)　尾座套筒动作的控制

尾座套筒的伸出与退回由三位四通电磁阀 5 控制，套筒伸出时的预紧力大小通过减压阀 8 来调整，并由压力表 13 显示。系统压力油经减压阀 8 经电磁阀 5(左位)到液压缸左腔，套筒伸出。这时液压缸右腔油液经调速阀 11 和电磁阀 5(左位)回油箱。反之，系统压力油经减压阀 8、电磁阀 5(右位)、调速阀 11 到液压缸右腔，套筒退回。这时液压缸左腔的油液经电磁阀 5(右位)直接回油箱。

各电磁阀的电磁铁动作顺序如表 10-3 所示。

2. 回转刀架转位换刀的控制

回转刀架转位换刀的流程如图 10-21 所示。回转刀架的自动转位换刀是由 PC 顺序控制实现的。在机床自动加工过程中，当需要换刀时，加工程序中的 T 代码指令回转刀架转位换刀。这时由 PC 输出执行信号，首先使电磁线圈 SDL-4 得电动作，刀盘松开，同时刀盘的夹紧确认开关 PRS6 断电并延时 200 ms。随后根据 T 代码指令的刀具号，由液压马达驱动刀盘就近转位换刀。若 SDL-8 得电则刀架正转，若 SDL-9 得电则刀架反转。刀架转位后是否到达 T 代号指定的刀具位置，由一组刀号确认开关 PRS1～PRS4 与奇偶校验开关 PRS5 来确认。如果指令的刀具已到位，则开关 PRS7 通电，发出液压马达停转信号，使电磁铁线圈 SDL-8 或 SDL-9 失电，液压马达停转。同时，SDL-4 失电，刀盘固紧，即完成了回转刀架的一次转位换刀动作。这时，开关 PRS6 通电，确认刀盘已固紧，机床可以进行下一个动作。

表 10-3 电磁铁动作顺序表

			SDL-1	SDL-2	SDL-3	SDL-4	SDL-8	SDL-9	SDL-6	SDL-7
卡盘正卡	高压	夹紧	+	−	−					
		松开	−	+	−					
	低压	夹紧	+	−	+					
		松开	−	+	+					
卡盘反卡	高压	夹紧	−	+	−					
		松开	+	−	−					
	低压	夹紧	−	+	+					
		松开	+	−	+					

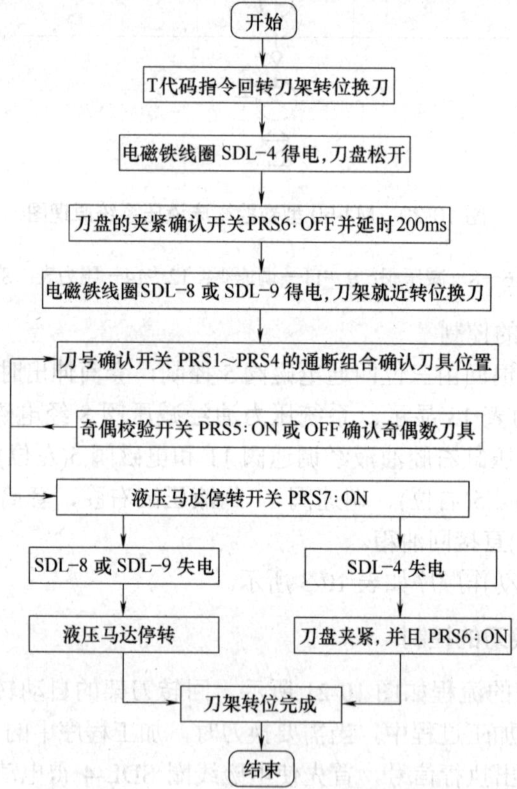

图 10-21 回转刀架转位换刀流程图

10.3 数控铣床

10.3.1 数控铣床的用途和分类

1. 数控铣床的用途

数控铣床作为一种用途广泛的机床，可以加工平面(水平面、垂直面)、沟槽(键槽、T

形槽、燕尾槽等)、分齿零件(齿轮、花键轴、螺旋形表面)及各种曲面。此外，数控铣床还可用于对回转体表面、内孔的加工，并能作切断加工。数控铣床工作时，工件装在工作台上或分度头等附件上，铣刀旋转为主运动，辅以工作台或铣头的进给运动，使工件获得所需要的加工表面。由于是多刀断续切削，因而铣床的生产率较高。数控铣床可分为立式和卧式两种。一般数控铣床是指规格较小的升降台式数控铣床，其工作台面宽度多在 400 mm 以下。规格较大的数控铣床，如工作台宽度在 500 mm 以上的数控铣床的功能已向加工中心靠近。数控铣床多为三坐标两轴联动，也称两轴半控制，即在 *X*、*Y*、*Z* 这 3 个坐标轴中任意两轴可以联动。

一般情况下，数控铣床只能用来加工平面曲线的轮廓。对于有特殊要求的数控铣床，还可以加进一个回转的 *A* 坐标或 *C* 坐标，即增加一个数控分度头或数控回转工作台，这时机床的数控系统为四轴的数控系统，可用来加工螺旋槽、叶片等立体曲面零件。

2. 数控铣床的分类

数控铣床从主轴部件的角度可分为数控立式铣床、数控卧式铣床和数控立卧转换铣床。按照数控系统控制的坐标轴数量，又可将数控铣床分为两轴半联动铣床、三轴联动铣床、四轴联动铣床及五轴联动铣床等。

1)　数控立式铣床

主轴垂直的数控立式铣床是数控铣床中数量最多的一种，应用范围也最广。小型数控铣床的结构一般情况下与普通立式升降台铣床相似，都采用工作台移动而升降台及主轴不动的方式；中型数控立式铣床往往采用纵向与横向工作台移动方式，且主轴呈铅垂状态；大型数控立式机床，因需要考虑到扩大行程、缩小占地面积及刚度等技术问题，大多采用龙门架移动式，其主轴可以在龙门架的横向与垂直溜板上运动，而龙门架则沿床身做纵向运动。

从机床数控系统控制的坐标数量来看，目前三坐标数控立式铣床仍占大多数，一般能够进行三坐标联动加工。但也有部分机床只能进行三坐标中的任意两个坐标联动加工，这种运用三轴可控两轴联动数控机床进行的数控加工称为两轴半加工。有些数控铣床的主轴能够绕 *X*、*Y*、*Z* 坐标轴中其中的一个或两个轴做数控摆角运动，这些基本都是四轴和五轴数控立式铣床。一般情况下，机床控制的坐标轴越多，特别是要求联动的轴越多，机床的功能、加工范围及可选择的加工对象也就越多。但随之而来的是机床的结构更加复杂，对数控系统的要求也更高，编程的难度也更大，设备的价格也更高。

数控立式铣床还可以通过附加数控回转工作台、增加靠模装置等来扩展机床自身的功能、加工范围和加工对象，进一步提高生产效率。

2)　数控卧式铣床

与通用卧式铣床相同，数控卧式铣床的主轴轴线平行于水平面。为了扩大加工范围和扩充功能，数控卧式铣床通常采用增加数控转盘或万能数控转盘来实现四轴或五轴的加工。这种数控铣床不但可以加工工件侧面上的连续回转轮廓，而且还能够实现在工件一次安装中，通过转盘不断改变工位，从而执行“四面加工”。尤其是万能数控转盘可以把工件上各种不同空间角度的加工面摆成水平来加工，可以省去许多专用夹具或专用角度成形铣刀。选择带数控转盘的卧式铣床对箱体类零件或需要在一次安装中改变工位的工件进行加工是非常合适的。

3) 立、卧式两用数控铣床

立、卧式两用数控铣床的主轴方向可以更换，可达到在一台机床上既能进行立式加工，又能进行卧式加工。立、卧两用数控铣床的使用范围更广，功能更全，选择加工的对象和余地更大，能给用户带来很多方便。特别是当生产批量较少，品种较多，又需要立、卧两种方式加工时，用户可以通过购买一台这样的立、卧两用数控铣床解决很多实际问题。

立、卧两用数控铣床主轴方向的更换有手动与自动两种。采用数控万能主轴头的立、卧两用数控铣床，其主轴头可以任意转换方向，可以加工出与水平面呈各种不同角度的工件表面。如果给立、卧两用数控铣床增加数控转盘，就可以实现对工件的“五面加工”。即除了工件与转盘贴合的定位面外，其他表面都可以在一次安装中进行加工。

3. 数控铣床的结构特征

(1) 数控铣床的主轴开启与停止、主轴正/反转与主轴变速等都可以按程序载体上编入的程序自动执行。主轴套筒内一般都设有自动拉、退刀装置，能在数秒内完成装刀与卸刀，换刀比较方便。此外，多坐标数控铣床的主轴可以绕 X、Y 或 Z 轴做数控摆动，扩大了主轴自身的运动范围，但是这样会使得主轴的结构更加复杂。

(2) 为了把工件上各种复杂的形状轮廓连续加工出来，必须控制刀具沿设定的直线、圆弧或空间的直线、圆弧轨迹运动，因此要求数控铣床的伺服系统能够在多坐标方向同时协调动作，并保持预定的相互关系。这就要求机床能够实现多坐标联动。

4. XK5040A 型数控铣床的用途、布局与参数

图 10-22 所示为 XK5040A 型数控铣床的布局。床身 6 固定在底座 1 上，用于安装与支承机床各部件。操纵台 10 上有 CRT 显示器、机床操作按钮和各种开关及指示灯。纵向工作台 16、横向溜板 12 安装在升降台 15 上，通过纵向进给伺服电动机 13、横向进给伺服电动机 14 和垂直升降进给伺服电动机 4 的驱动，完成 X、Y、Z 坐标的进给。强电柜 2 中装有机床电气部分的接触器、继电器等。变压器箱 3 安装在床身立柱的后面。数控柜 7 内装有机床数控系统。保护开关 8、11 可控制纵向行程硬限位。挡铁 9 为纵向参考点设定挡铁。主轴变速手柄和按钮板 5 用于手动调整主轴的正/反转、停止及切削液开/停等。

XK5040A 型数控铣床的主要参数如下。

(1) 工作台工作面积(长×宽)：1600 mm×400 mm。

(2) 工作台最大纵向行程：900 mm。

(3) 工作台最大横向行程：375 mm。

(4) 工作台最大垂直行程：400 mm。

(5) 工作台 T 形槽数：3 个。

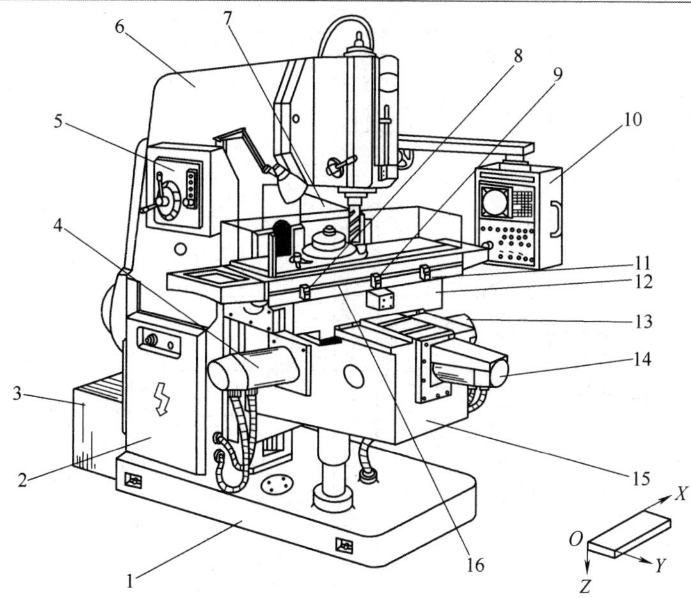

图 10-22　XK5040A 型数控铣床

1—底座；2—强电柜；3—变压器箱；4—垂直升降进给伺服电动机；5—按钮板；
6—床身；7—数控柜；8，11—保护开关；9—挡铁；10—操纵台；12—横向溜板；
13—纵向进给伺服电动机；14—横向进给伺服电动机；15—升降台；16—纵向工作台

(6) 工作台 T 形槽宽：18 mm。

(7) 工作台 T 形槽间距：100 mm。

(8) 主轴孔锥度：7∶24；莫氏 50″。

(9) 主轴孔直径：27 mm。

(10) 主轴套筒移动距离：70 mm。

(11) 主轴端面到工作台面距离：50～450 mm。

(12) 主轴中心线至床身垂直导轨距离：430 mm。

(13) 工作台侧面至床身垂直导轨距离：30～405 mm。

(14) 主轴转速范围：30～1500 r/min。

(15) 主轴转速级数：18。

(16) 工作台进给量：纵向为 10～1500 mm/min；横向为 10～1500 mm/min；垂直为 10～60 mm/min。

(17) 主电动机功率：7.5 kW。

(18) 伺服电动机额定转矩：X 向为$18\ \mathrm{N\cdot m}$；Y 向为$18\ \mathrm{N\cdot m}$；Z 向为$35\ \mathrm{N\cdot m}$。

(19) 机床外形尺寸(长×宽×高)：2495 mm × 2100 mm × 2170 mm。

XK5040A 型数控铣床是由 FANUC-3MA 数控系统所配置，属于半闭环控制。检测器为脉冲编码器，各轴的最小设定单位为 0.001 mm。图 10-23 所示为 XK5040A 型数控铣床的 FANUC-3MA 数控系统框图，其传动系统如图 10-24 所示。

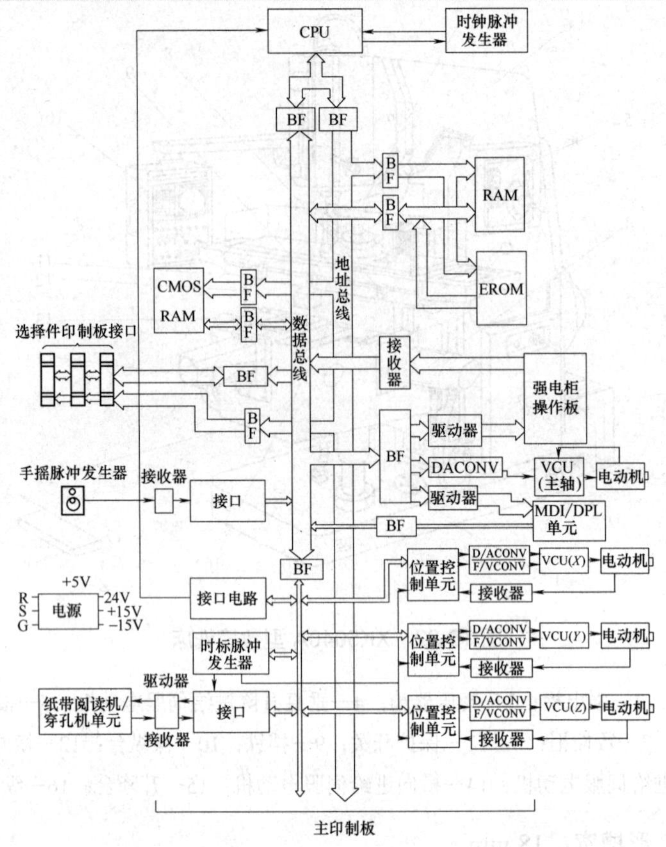

图 10-23 XK5040A 型数控铣床的系统框图

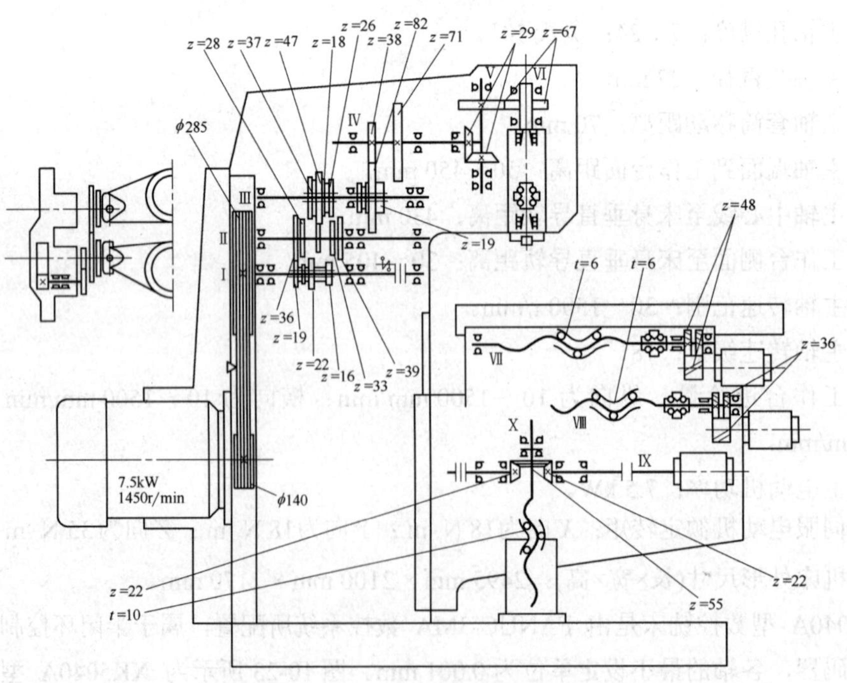

图 2-24 XK5040A 型数控铣床传动系统

10.3.2　数控铣床传动系统

下面以 XK5040A 型数控铣床为例，来说明数控铣床的传动情况。XK5040A 型数控铣床的主体运动是主轴的旋转运动。由 7.5 kW、1450 r/min 的主电动机驱动(见图 10-24)，经 $\phi140|\phi285$ mm 三角带传动，再经Ⅰ—Ⅱ轴间的三联滑移齿轮变速组、Ⅱ—Ⅲ轴间的三联滑移齿轮变速组、Ⅲ—Ⅳ轴间的双联滑移齿轮变速组和Ⅳ—Ⅴ轴间的圆锥齿轮副 29/29 及Ⅴ—Ⅵ轴间的齿轮副 67/67 传至主轴，使其获得 18 级转速，转速范围为 30～1500 r/min。

进给运动有工作台纵向、横向和垂直 3 个方向。纵向、横向进给运动由 FB-15 型直流伺服电动机驱动，经过圆柱斜齿轮副带动滚珠丝杠转动。垂直方向进给运动由 FB-25 型带制动器的直流伺服电动机驱动，经圆锥齿轮副带动滚珠丝杠转动。进给系统传动齿轮副间隙的消除，采用双片斜齿轮间隙消除机构，如图 10-25 所示。调整螺母 1，即能靠弹簧 2 自动消除间隙。

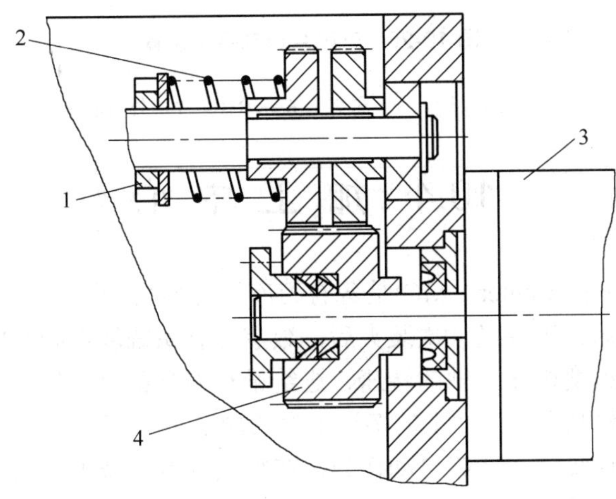

图 10-25　齿侧间隙消除机构

1—螺母；2—弹簧；3—电动机；4—齿轮

10.3.3　升降台自动平衡装置的工作原理及调整

XK5040A 型数控铣床升降台自动平衡装置如图 10-26 所示。伺服电动机 1 经过锥环连接带动十字联轴器以及圆锥齿轮 2、3，使升降丝杠转动，工作台上升或下降。同时圆锥齿轮 3 带动圆锥齿轮 4，经超越离合器和摩擦离合器相连，这一部分称为升降台自动平衡装置。

当圆锥齿轮 4 转动时，通过锥销带动单向超越离合器的星轮 5。工作台上升时，星轮的转向是使滚子 6 和外壳 7 脱开方向，外壳不转摩擦片不起作用；而工作台下降时，星轮的转向是使滚子 6 楔在星轮 5 与外壳 7 之间，外壳 7 随圆锥齿轮 4 一起转动。经过花键与外壳连在一起的内摩擦片与固定的外摩擦片之间产生相对运动，由于内、外摩擦片之间由弹簧压紧，有一定摩擦阻力，所以起到阻尼作用，上升与下降的力量得以平衡。

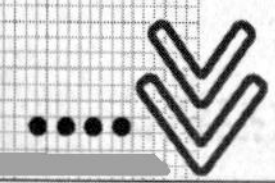

因为滚珠丝杠无自锁作用，在一般情况下，垂直放置的滚珠丝杠会因部件的质量作用而自动下落，所以必须有阻尼或锁紧机构。XK5040A 型数控铣床选用了带制动器的伺服电动机。阻尼力量的大小，可以通过螺母 8 来调整，调整前应先松开螺母 8 的锁紧螺钉 9，调整后应将锁紧螺钉锁紧。

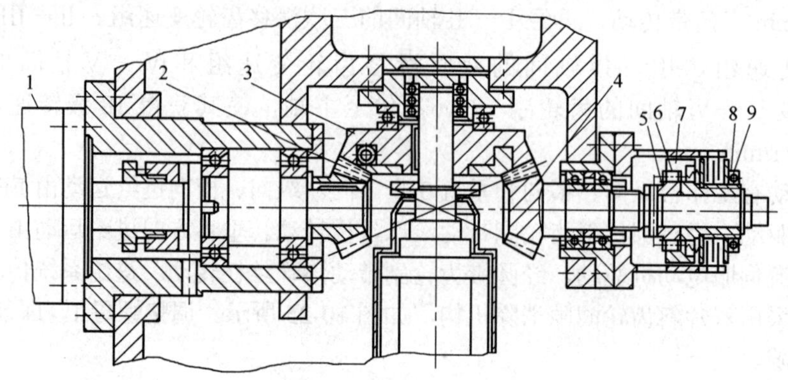

图 10-26 升降台自动平衡装置

1—伺服电动机；2～4—圆锥齿轮；5—星轮；6—滚子；7—外壳；8—螺母；9—锁紧螺钉

10.4 加工中心

加工中心(Machining Center，MC)是备有刀库，并能自动更换刀具，对工件进行多工序加工的数字控制机床。工件经一次装夹后，数字控制系统能控制机床按不同工序自动选择和更换刀具，自动改变机床主轴的转速、进给量和刀具相对工件的运动轨迹及其他辅助机能，依次能完成工件几个加工面上的多道工序的加工。

加工中心由于工序集中和能够自动换刀，在很大程度上减少了工件的装夹、测量和机床的调整等时间，从而可以使机床进行实际切削加工的时间达到机床开动总时间的80%左右(普通机床仅为15%～20%)；同时也减少了工序之间的工件周转、搬运和存放时间，缩短了生产周期，具有明显的经济效果。加工中心适用于零件形状比较复杂、精度要求较高、产品更换频繁的中、小批量生产。

自 20 世纪 70 年代以来，加工中心得到了迅速的发展，出现了可换主轴箱的加工中心，这种加工中心备有多个能够自动更换的且装有刀具的多轴主轴箱，能对工件同时进行多孔加工。这种多工序集中的加工形式后来也渐渐扩展到了其他类型的数控机床，如车削中心。

加工中心按主轴的布置方式分为立式和卧式两类。卧式加工中心一般具有分度转台或数控转台，可加工工件的各个侧面，也可做多个坐标的联合运动，以便加工复杂的空间曲面。立式加工中心一般不带转台，仅能完成顶面加工。还有带立、卧两个主轴的复合式加工中心，和主轴能调整成立、卧可调式加工中心，能对工件进行多达 5 个面的加工。

加工中心的自动换刀装置由存放刀具的刀库和换刀机构组成。刀库种类很多，常见的有盘式和链式两种。链式刀库存放刀具的容量较大。换刀机构在机床主轴与刀库之间交换刀具。常见的换刀机构是机械手；也有不带机械手而由主轴直接与刀库交换刀具的，称无臂式换刀装置。为了进一步缩短非切削时间，有的加工中心配有两个自动交换工件的托板。当装有工件的工作台在实施加工操作的同时，操作人员则可以在工作台外的另一个托板装卸工件。机床完成加工循环后自动交换托板，使装卸工件与切削加工的时间相重合。

10.4.1 加工中心的用途

加工中心综合了数控铣床、数控镗床、数控钻床的功能，在将这些功能统一聚焦在一台加工设备上予以实现的同时，增设了自动换刀装置和刀库。所以在一次装夹工件后，数控系统控制机床能够按不同工序自动选择和更换刀具，自动改变与调整机床主轴转速、进给量以及刀具相对工件的运动轨迹，辅之以其他一些辅助功能，完成包括端平面、孔系、内外倒角、环形槽及攻螺纹等在内的多面与多工序加工。

由于加工中心能集中完成多种工序，使得工件装夹、测量和调整的时间大大减少，缩短了工件周转、搬运存放的时间，大大增强了机床的切削利用率，有效地提高了工件的加工精度。一般来说，数控加工中心的切削利用率能够达到通用机床的 4～5 倍，是数控机床中生产率和自动化程度最高的综合型机床。

现代加工中心一般包括以下功能。

(1) 加工中心是在数控镗床、数控钻床和数控铣床的基础上增加了自动换刀装置，工件在一次装夹之后，可以连续完成对工件表面进行钻孔、扩孔、铰孔、镗孔、攻螺纹、铣削等多工步的加工，使得加工工序高度集中。

(2) 一般带有自动分度回转工作台或自动转角的主轴箱，加工中心在完成工件一次装夹后，自动完成多平面、多角度的多工序加工。

(3) 加工中心能够自动改变机床主轴转速、进给量以及刀具相对工件的运动轨迹，并实现其他一些辅助功能。

(4) 一些带有交换工作台的加工中心，当工件在工作位置上进行加工的同时，其他的工件能够在装卸位置的工作台上进行装卸，不会对工件的正常加工造成影响，从而提高了生产效率。

10.4.2 加工中心的分类

加工中心按照不同的划分标准，有着不同的分类方法。

1. 按主轴加工时空间位置的不同划分

按主轴加工时空间位置的不同，加工中心可以分为卧式加工中心、立式加工中心、龙门式加工中心和万能加工中心。

1) 卧式加工中心

主轴轴线为水平设置的加工中心称为卧式加工中心，而卧式加工中心有多种形式，如固定立柱式或固定工作台等。固定立柱式的卧式加工中心的立柱不动，其主轴箱在立柱上做上下移动，而工作台可在两个水平方向移动；固定工作台式的卧式加工中心的 3 个坐标方向的运动由立柱和主轴箱的移动来定位，安装工件的工作台是固定不动的(指直线运动)。

卧式加工中心往往具有3～5个运动坐标轴，其中最常见的是 3 个直线运动坐标轴和一个回转运动坐标轴(回转工作台)。这使得加工中心能在工件一次装夹后就完成除安装面和顶面以外的其余 4 个面的加工。因此，卧式加工中心最适合加工箱体类工件。

2) 立式加工中心

主轴轴线为垂直设置的加工中心称为立式加工中心，这种加工中心的结构有很多共性，多为固定立柱式，工作台为十字滑台。与卧式加工中心相比，立式加工中心的结构相对比较简单，具有设备占地面积小、质量小、价格便宜等特点，比较适合加工盘盖类工件。

3) 龙门式加工中心

龙门式加工中心的形状与龙门铣床相似，其主轴多为垂直设置的，与其他加工中心一样，它也带有自动换刀装置。龙门式加工中心带有可换的主轴头附件，数控装置的软件功能的齐全程度也相当突出，从而能实现一机多用的目的，尤其适用于大型或形状复杂工件的制造生产。例如，航空航天工业及大型汽轮机上的某些零件的加工，都需要使用这类多坐标龙门式加工中心。

4) 万能加工中心

万能加工中心具有立式加工中心和卧式加工中心的功能。在工件一次装夹后，能完成除安装面外的所有 5 个面的加工。从而可以省去工件加工过程中的二次装夹，不但缩短了生产时间，更重要的是大大提高了生产效率，积极有效地降低了加工成本。所以，万能加工中心也常常被称为五面加工中心。

常见的五面加工中心有两种形式。一种是主轴可做 90° 旋转，使得万能加工中心既可像卧式加工中心那样切削，也可像立式加工中心那样切削。另一种是使工作台能够携带装夹的工件做 90° 旋转，使得主轴在不改变方向的前提下更好、更有效地完成五面加工。不过，无论哪种形式的五面加工中心，都存在结构复杂、造价高的缺点。

2. 按工艺用途不同划分

按工艺用途不同，加工中心可分为镗铣加工中心和复合加工中心。镗铣加工中心分立式镗铣加工中心、卧式镗铣加工中心和龙门镗铣加工中心。这种类型加工中心的加工工艺以镗铣为主。可用于箱体、壳体以及各种复杂零件特殊曲线和曲面轮廓的多工序加工，比较适合于多品种小批量生产。而复合加工中心主要指万能加工中心，其主轴头可自动回转，可进行立、卧加工，尤其是在主轴自动回转后，能够在水平和垂直方向实现刀具自动变换。

3. 按换刀形式不同划分

按换刀形式的不同，可分为 3 种不同的加工中心：一种是由刀库和机械手组成换刀装置的加工中心；一种是通过刀库和主轴箱相互配合完成换刀，根本就不存在机械手的加工中心；还有一种是以孔加工为主，采用转塔刀库形式的加工中心。

4. 按工作台数量不同划分

按工作台数量的不同，加工中心可分为单工作台、双工作台和多工作台 3 种不同的加工中心。

10.4.3　加工中心的结构

自加工中心问世以来，在其发展过程中出现过多种类型的加工中心。这些不同的类型可能在结构上存在着一定的差异，但总体而言可以将组成结构分为以下几个组成部分。

1. 基础部件

基础部件由床身、立柱和工作台等几大部分组成，是加工中心的基础结构。基础部件一般是铸铁件，也可以是焊接钢结构件，主要承受着加工中心的静载荷以及在加工时的切削载荷。因此，作为加工中心质量和体积最大的部件，基础部件必须具有很高的刚度。

2. 主轴组件

主轴组件由主轴箱、主轴电机、主轴以及主轴轴承等零件组成。主轴的启动、停止和转动等动作均由数控系统控制，通过装在主轴上的刀具参与完成切削运动，是切削加工的功率输出部件。主轴是加工中心的关键部件，其结构的优劣对切削加工有着密切的关系，对加工中心的性能有着很大影响。

3. 控制系统

任何一台加工中心的数控部分都是由 CNC 装置、可编程序控制器、伺服驱动装置及电机等组成。控制系统是加工中心执行顺序控制动作和完成加工过程的控制中心。CNC 系统一般由中央处理器、存储器和 I/O 接口组成，中央处理器由存储器、运算器、控制器和总线组成。CNC 系统的主要作用是输入、存储和处理相关数据，完成插补运算以及实现机床各种控制功能。

4. 伺服系统

伺服系统的主要功能是将来自数控装置的信号转换为机床移动部件的运动。伺服系统的性能是直接决定机床的加工精度、表面质量和生产效率的主要因素之一。加工中心普遍采用半闭环、闭环和混合环 3 种控制方式，反馈环节的加入使得伺服系统的性能得到了进一步提高。

5. 自动换刀装置

自动换刀装置由刀库、机械手和驱动机构等部件组成。刀库是加工中心在加工过程中可能使用的全部刀具的存储地。刀库的容量从几把到几百把不等，分为盘式、鼓式和链式等多种形式。需换刀时，根据数控系统指令，由机械手(或通过别的方式)将刀具从刀库中取出装入或者换装入主轴中。机械手的结构根据刀库与主轴的相对位置结构的不同也有多种不同形式，如单臂式、双臂式、回转式和轨道式等。不过也有一些加工中心并不需要机械手，而是利用主轴箱或刀库的移动来实现换刀。各种加工中心在换刀过程、选刀方式、刀库结构、机械手类型等方面各不相同，但均需在数控装置即可编程序控制器控制下，由电动机和液压或气动机构驱动刀库和机械手实现刀具的选择与交换。

6. 辅助系统

加工中心的辅助系统包括润滑、冷却、排屑、防护、液压和随机检测系统等部分。尽管辅助系统并不直接参与切削运动，但对加工中心的加工效率、加工精度及可靠性起到保障作用，因此也是加工中心不可缺少的组成部分。

10.4.4 车削加工中心和镗铣加工中心介绍

车削加工中心主要指带动刀架和 C 轴功能的全功能数控车床(有的车削中心为五轴两动，即具有 Y 轴)。车削加工中心一次装夹可实现车削和铣削加工，有很强的加工能力。车削加工中心的结构特点和普通数控车床相比较，除 C 轴功能和动力刀架这一特点外没有大的区别。

一般如无特别说明，所提到的加工中心都指的是数控镗铣加工中心。数控镗铣加工中心常按主轴在空间所处的状态，分为立式加工中心和卧式加工中心。加工中心的主轴在空间处于垂直状态的，称为立式加工中心；主轴在空间处于水平状态的，称为卧式加工中心。主轴可做垂直和水平转换的称为立、卧式加工中心或复合加工中心。

加工中心的主机部分包括床身、主轴箱、工作台、底座、立柱、横梁、进给机构、刀库、换刀机构、辅助系统(气液、润滑、冷却)等。加工中心在结构上具有以下特点。

(1) 机床的刚度高、抗振性好。

(2) 机床的传动系统结构简单，传递精度高，速度快。加工中心的传动装置主要有滚珠丝杠副、静压蜗杆—蜗母条、预加载荷双齿轮—齿条。它们由伺服电动机直接驱动，进给速度快，一般速度可达 20 m/min，最高可达 100 m/min。

(3) 主轴系统结构简单，无齿轮箱变速系统(也有保留 2～3 级齿轮传动的)。目前，加工中心基本都采用全数字交流伺服主轴，其转速可达数万转。主轴功率大，调速范围宽，定位精度高。

(4) 加工中心的导轨都采用了耐磨损材料和新结构，能长期保持导轨的精度，在高速重切削下，能保证运动部件不振动，低速进给时能保证不爬行及运动中的高灵敏度。

图 10-27 所示是 JCS-018A 型立式加工中心外观。它采用了软件固定计算机控制的 FANUC 数控系统。把工件一次装夹后可自动连续地完成铣、钻、铰、镗、锪、攻螺纹等多种加工工序。该机床适用于小型板类、盘类、壳具类等复杂零件的多品种小批量加工。此类机床对于中、小批量生产的机械加工部门，可以节省大量工艺设备，缩短生产准备周期，确保工件加工质量，提高生产效率。

从图 10-27 中可以看出，X 轴伺服电动机可完成左、右运动，Z 轴与 Y 轴伺服电动机分别可完成上、下进给运动和前、后进给运动，主轴电动机完成主轴的运动。X 轴、Y 轴和 Z 轴伺服电动机都由数控系统控制，可单独驱动或联动。动力从主轴电动机经两对交换带轮传到主轴。机床主轴无齿轮传动，使主轴转动时噪声低、振动小、热变形小。机床床身上固定有各种器件，其中运动部件有滑座，它可由 Y 轴伺服电动机带动，滑座上有工作台，可由 X 轴伺服电动机带动，主轴箱在立柱上可由 Z 轴伺服电动机带动上、下移动。此机床有刀库，可装各类钻、铣类刀具并自动换刀。

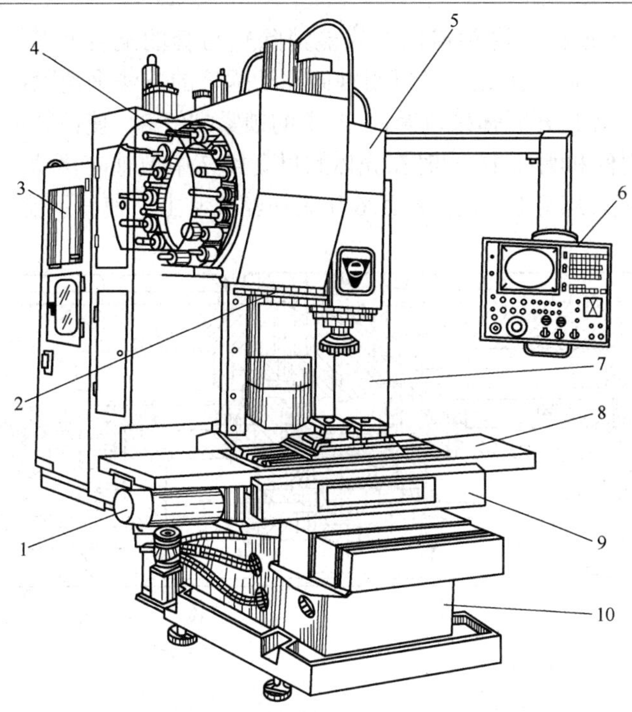

图 10-27 JCS-018A 型立式加工中心

1—X 轴伺服电机；2—换刀机械手；3—数控柜；4—刀库；5—主轴箱；6—操纵台；7—驱动电源柜；8—纵向工作台；9—滑座；10—床身

10.5 数控机床的辅助装置

10.5.1 数控回转工作台

数控回转工作台的功用有两个：一是使工作台进行圆周进给运动；二是使工作台进行分度运动。它按照控制系统的指令，在需要时分别完成上述运动。

数控回转工作台，从外形看来和通用机床的分度工作台没有多大差别，但在结构上其具有一系列的特点。用于开环系统中的数控回转工作台是由传动系统、间隙消除装置及蜗轮夹紧装置等组成。当接到控制系统的回转指令后，首先要把蜗轮松开，然后开动电液脉冲马达，按照指令脉冲来确定工作台回转的方向、速度、角度大小以及回转过程中速度的变化等参数。当工作台回转完毕后，再把蜗轮夹紧。

数控回转工作台的定位精度完全由控制系统决定。因此，对于开环系统的数控回转工作台，要求它的传动系统中没有间隙；否则在反向回转时会产生传动误差，影响定位精度。现以如图 10-28 所示的 JCS-013 型自动换刀数控卧式镗铣床的数控回转台为例进行介绍。

数控回转工作台由电液脉冲电动机 1 驱动，在它的轴上装有主动齿轮 3($z_1 = 22$)，它与从动齿轮 4($z_2 = 66$)相啮合，齿的侧隙靠调整偏心环 2 来消除。从动齿轮 4 与蜗杆 10 用

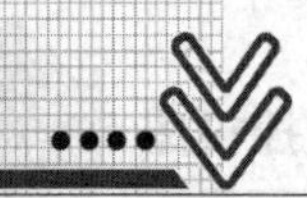

楔形的拉紧销钉 5 来连接，这种连接方式能消除轴与套的配合间隙。蜗杆 10 系双螺距式，即相邻齿的厚度不同。因此，可以用轴向移动蜗杆的方法来消除蜗杆 10 和蜗轮 11 的齿侧间隙。调整时，先松开壳体螺母套筒 7 上的锁紧螺钉 8，使锁紧瓦 6 把丝杠 9 放松，然后转动丝杠 9，它便和蜗杆 10 同时在壳体螺母套筒 7 中做轴向移动，消除齿向间隙。调整完毕后，再拧紧锁紧螺钉 8，把锁紧瓦 6 压紧在丝杠 9 上，使其不能再转动。

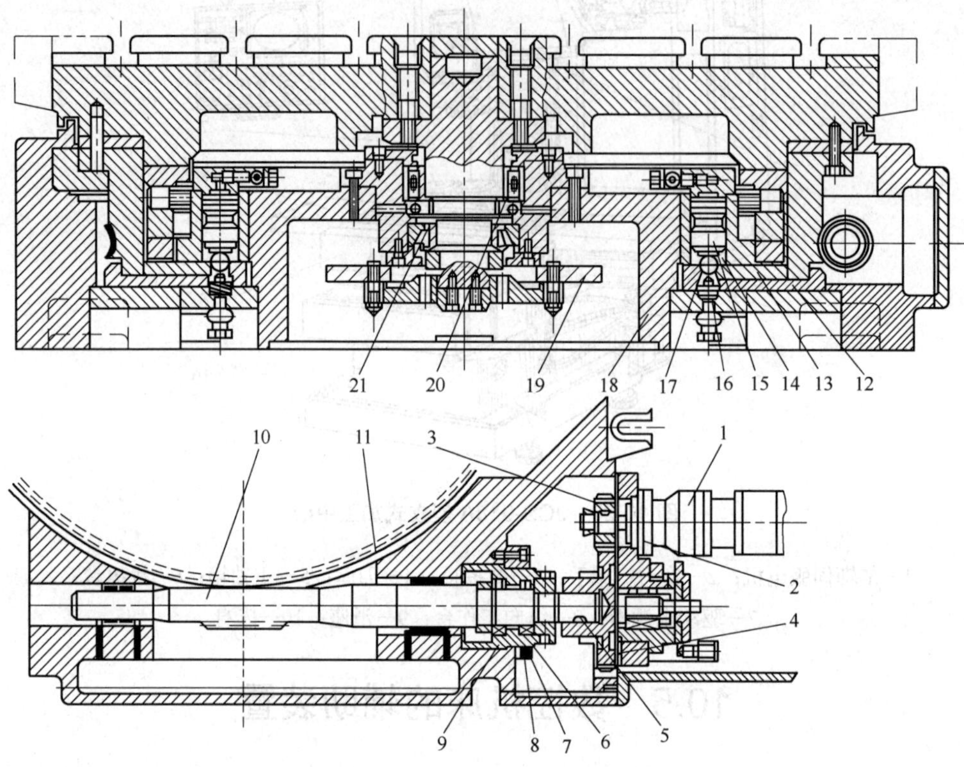

图 10-28　JCS-013 型自动换刀数控卧式镗铣床的数控回转台

1—电液脉冲电动机；2—偏心环；3—主动齿轮；4—从动齿轮；5—销钉；6—锁紧瓦；7—套筒；8—螺钉；9—丝杠；10—蜗杆；11—蜗轮；12，13—夹紧瓦；14—液压缸；15—活塞；16—弹簧；17—钢球；18—底座；19—光栅；20，21—轴承

蜗杆 10 的两端装有双列滚针轴承作径向支承，右端装有两只止推轴承承受轴向力，左端可以自由伸缩，保证运转平稳。蜗轮 11 下部的内、外两面均装有夹紧瓦 12 和 13。当蜗轮 11 不回转时，回转工作台的底座 18 内均布有 8 个液压缸 14，其上腔进压力油时，活塞 15 下行，通过钢球 17，撑开夹紧瓦 12 和 13，把蜗轮 11 夹紧。当回转工作台需要回转时，控制系统发出指令，使液压缸上腔油液流回油箱。由于弹簧 16 恢复力的作用，把钢球 17 抬起，夹紧瓦 12 和 13 就不夹紧蜗轮 11，然后由电液脉冲电动机 1 通过传动装置，使蜗轮 11 和回转工作台一起按照控制指令做回转运动。回转工作台的导轨面由大型滚珠轴承支承，并由圆锥滚子轴承 21 和双列圆柱滚子轴承 20 保持准确的回转中心。

数控回转工作台设有零点，当它作返零控制时，先用挡块碰撞限位开关(图中未示出)，使工作台由快速变为慢速回转，然后在触点开关的作用下，使工作台准确地停在零位。数控回转工作台可作为任意角度的回转或分度，由光栅 19 进行读数控制。光栅 19 沿其圆周上有 21 600 条刻线，通过 6 倍频线路，刻度的分辨能力为 10 s。

这种数控回转工作台的驱动系统采用开环系统，其定位精度主要取决于蜗杆蜗轮副的运动精度，虽然采用高精度的五级蜗杆蜗轮副，并用双螺距蜗杆实现无间隙传动，但还不能满足机床的定位精度(±10 s)要求。因此，需要在实际测量工作台的静态定位误差之后，确定需要补偿的角度位置和补偿脉冲的符号(正向或反向)，然后记忆在补偿回路中，由数控装置进行误差补偿。

10.5.2　分度工作台

数控机床(主要是钻床、镗床和铣床)的分度工作台与数控回转工作台不同，它只能完成分度运动而不能实现圆周进给。由于结构上的原因，通常分度工作台的分度运动只限于某些规定的角度(如 90°、60° 和 45° 等)。机床上的分度传动机构，它本身很难保证工作台分度的高精度要求，因此常常需要定位机构和分度机构结合在一起，并由夹紧装置保证机床工作时的安全可靠。

1. 定位销式分度工作台

这种工作台的定位分度主要靠定位孔来实现。定位销之间的分布角度为 45°，因此工作台只能做二、四、八等分的分度运动。这种分度方式的分度精度主要由定位销和定位孔的尺寸精度及位置精度决定，最高可达±5°。定位销和定位孔衬套的制造精度和装配精度要求都很高，且均需具有很高的硬度，以提高耐磨性，保证足够的使用寿命。

图 10-29 所示为 THK6380 型自动换刀数控卧式铣镗床的分度工作台结构。

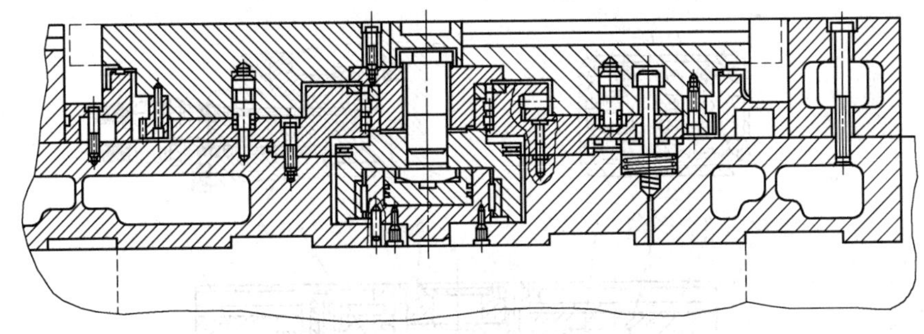

图 10-29　定位销式分度工作台

2. 齿盘式分度工作台

齿盘式分度工作台是数控机床和其他加工设备中应用很广的一种分度装置。它既可以作为机床的标准附件，用 T 形螺钉紧固在机床工作台上使用，也可以和数控机床的工作台设计成一个整体。齿盘分度机构的向心多齿啮合，应用了误差平均原理，因而能够获得较高的分度精度和定心精度(分度精度为±0.5～±3 s)。

现介绍 Z6525 • 8 型转塔式坐标卧式钻床的齿盘分度工作台，图 10-30 所示为分度工作台的液压系统，图 10-31 所示为齿盘式分度工作台的结构。

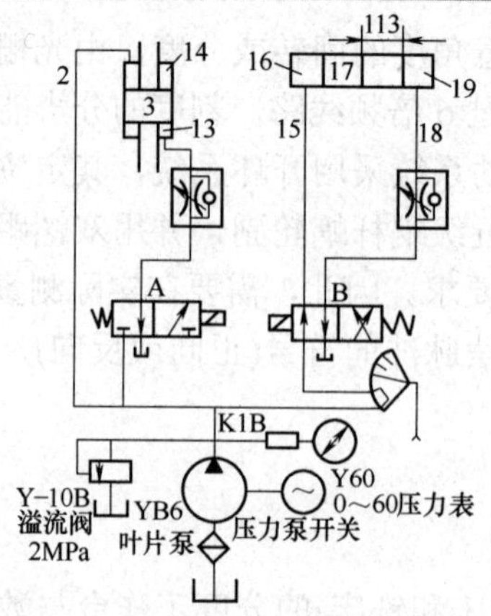

图 10-30　分度工作台的液压系统(图中序号含义与图 10-31 同)

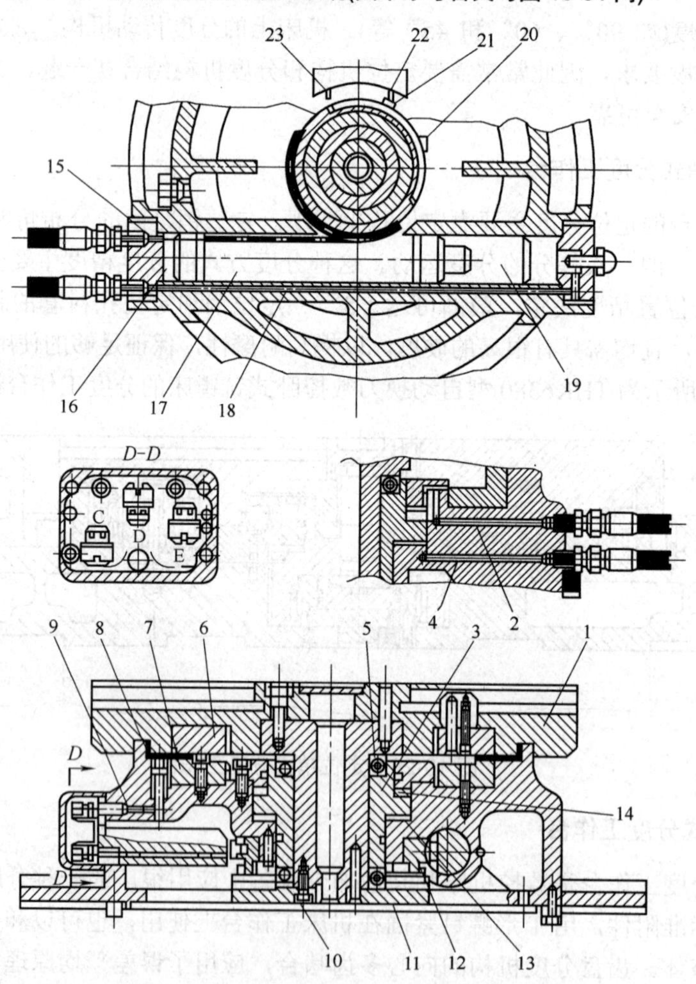

图 10-31　齿盘式分度工作台的结构

1—分度工作台；2，4，15，18—管道；3，17—活塞；5，10—轴承；6，7—上、下齿盘；8，9，22，23—推杆；11—内齿轮；12—外齿轮；13—下腔；14—上腔；16—左腔；19—右腔；20—挡铁；21—挡块；C，D，E—微动开关

齿盘式分度工作台主要由工作台、底座、压紧液压缸、分度液压缸和一对齿盘等零件组成。齿盘是保证分度的关键零件，每个齿盘的端面均加工有数目相同的三角形齿(z=120或180)，两个齿盘啮合时，能自动确定周向和径向的相对位置。

齿盘式分度工作台分度时，其工作过程分为以下 4 个步骤。

1)　分度工作台上升且齿盘脱离啮合

当需要分度时，数控装置发出分度指令(也可用手动按钮进行手动分度)。这时，二位三通电磁换向阀 A 的电磁铁通电，分度工作台 1 中央的差动式压紧液压缸下腔 13 从管道 4 进压力油，于是活塞 3 向上移动，液压缸上腔 14 的油液经管道 2、电磁阀 A 再进入液压缸下腔 13，形成差动。活塞 3 上移，通过推力轴承 5 使分度工作台 1 也向上抬起，齿盘 6 和 7 脱离啮合(上齿盘 6 固定在工作台 1 上，下齿盘 7 固定在底座上)。同时，固定在工作台回转轴下端的推力轴承 10 和内齿轮 11 也向上与外齿轮 12 啮合，完成了分度前的准备工作。

2)　工作台回转分度

当分度工作台 1 向上抬起时，推杆 8 在弹簧作用下也同时抬起，推杆 9 向右移动，于是微动开关 D 的触点松开，使二位四通电磁换向阀的电磁铁通电，压力油从管道 15 进入分度液压缸左腔 16，于是齿条活塞 17 向右移动，右腔 19 中的油液经管道 18、节流阀流回油箱。当齿条活塞 17 向右移动时，与它啮合的外齿轮 12 便做逆时针方向回转，由于外齿轮 12 与内齿轮 11 已经啮合，分度工作台也随着一起回转相应的角度。分度运动的速度可由回油管道 18 中的节流阀控制。当外齿轮 12 开始回转时，其上的挡块 21 就离开推杆 22，微动开关 C 的触点松开，通过互锁电路，使电磁铁的电磁阀不准通电，始终保持工作台处于抬升状态。按设计要求，当齿条活塞 17 移动 113 mm 时，工作台回转 90°，回转角度的近似值由微动开关和挡铁 20 控制。

3)　分度工作台下降并定位压紧

当工作台回转 90° 位置附近，其上的挡铁 20 压推杆 23，微动开关 E 的触点被压紧，使电磁阀 A 的电磁铁断电，压紧液压缸上腔 14 从管道 2 进压力油，下腔 13 中的油液从管道 4 经节流阀流回油箱，活塞 3 带动分度工作台下降，上、下齿盘在新位置重新啮合，并定位夹紧。管道 4 中的节流阀用来限制工作台的下降速度，保护齿面不受冲击。

4)　分度齿条活塞退回

当分度工作台下降时，推杆 8 受压，使推杆 9 左移，于是微动开关 D 的触点被压紧，使电磁铁换向阀 B 的电磁铁断电，压力油从管道 18 进入分度液压缸右腔 19，齿条活塞 17 左移，左腔 16 的油液从管道 15 流回油箱。当齿条活塞左移时，带动外齿轮 12 做顺时针回转，但因工作台下降时，内齿轮 11 也同时下降与外齿轮 12 脱开，故工作台保持静止状态。外齿轮 12 做顺时针回转 90° 时，其上挡块 21 又压推杆 22，微动开关 C 的触点又被压紧，外齿轮 12 就停止转动而回到原始位置。而挡铁 20 离开推杆 23，微动开关 E 的触点又被松开，通过自保电路保证电磁换向阀 A 的电磁铁断电，工作台始终处于压紧状态。

齿盘式分度工作台和其他分度工作台相比，具有重复定位精度高、定位刚性好和结构简单等优点。齿盘接触面积大、磨损小和寿命长，而且随着使用时间的延长，定位精度还有进一步提高的趋势。因此，目前除广泛用于数控机床外，还用在各种加工和测量装置中。

齿盘式分度工作台的缺点是齿盘的制造精度要求很高，需要使用某些专用加工设备，尤其是最后一道两齿盘的齿面对研工序，通常要花费数十小时。此外，它不能进行任意角度的分度运动。

10.5.3 排屑装置

1. 排屑装置在数控机床上的作用

数控机床的出现和发展，使机械加工的效率大大提高，在单位时间内数控机床的金属切削量大大高于普通机床，而工件上的多余金属在变成切屑后所占的空间也成倍加大。这些切屑堆占加工区域，如果不及时排除，必将会覆盖或缠绕在工件和刀具上，使自动加工无法继续进行。此外，灼热的切屑向机床或工件散发的热量，会使机床或工件产生变形，影响加工精度。因此，迅速而有效地排除切屑，对数控机床加工而言是十分重要的，而排屑装置正是完成这项工作的一种数控机床的必备附属装置。排屑装置的主要工作是将切屑从加工区域排出数控机床之外。在数控车床和磨床上的切屑中往往混合着切削液，排屑装置从其中分离出切屑，并将它们送入切屑收集箱(车)内，而切削液则被回收到冷却液箱中。数控铣床、加工中心和数控镗铣床的工件安装在工作台上，切屑不能直接落入排屑装置，故往往需要采用大流量冷却液冲刷，或用压缩空气吹扫等方法使切屑进入排屑槽，然后再回收切削液并排出切屑。

排屑装置是一种具有独立功能的部件，它的工作可靠性和自动化程度，随着数控机床技术的发展而不断提高，并逐步趋向标准化和系列化，由专业工厂生产。数控机床排屑装置的结构和工作形式应根据机床的种类、规格、加工工艺特点、工件的材质和使用的冷却液种类来选择。

2. 典型排屑装置

排屑装置的种类繁多，图 10-32 所示为其中的几种。排屑装置的安装位置一般都尽可能靠近刀具切削区域。例如，车床的排屑装置装在旋转工件下方，铣床和加工中心的排屑装置装在床身的回水槽或工作台边侧位置，以利于简化机床和排屑装置结构，减少机床占地面积，提高排屑效率。排除的切屑一般都落入切屑收集箱或小车中，有的则直接排入车间排屑系统。

下面对几种常见的排屑装置作简要介绍。

1) 平板链式排屑装置

图 10-32(a)所示为平板链式排屑装置。该装置以滚动链轮牵引钢质平板链带在封闭箱中运转，加工中的切屑落到链带上被带出机床。这种装置能排出各种形状的切屑，适应性强，各类机床都能采用。在车床上使用时多与机床冷却液箱合为一体，以简化机床结构。

2) 刮板式排屑装置

图 10-32(b)所示为刮板式排屑装置。该装置的传动原理与平板链式基本相同，只是链板不同，它带有刮板。这种装置常用于输送各种材料的短小切屑，排屑能力较强。因负荷大，故需采取较大功率的驱动电机。

3) 螺旋式排屑装置

图 10-32(c)所示为螺旋式排屑装置。该装置是利用电机经减速装置驱动安装在沟槽中

的一根长螺旋杆进行工作的。螺旋杆转动时，沟槽中的切屑即由螺旋杆推动连续向前运动，最终排入切屑收集箱。螺旋杆有两种结构形式；一种是用扁型钢条卷成螺旋弹簧状；另一种是在轴上焊有螺旋形钢板。这种装置占据空间小，适于安装在机床与立柱间空隙狭小的位置上。螺旋式排屑装置结构简单，排屑性能良好，但只适合沿水平或小角度倾斜的直线方向排运切屑，不能大角度倾斜、提升或转向排屑。

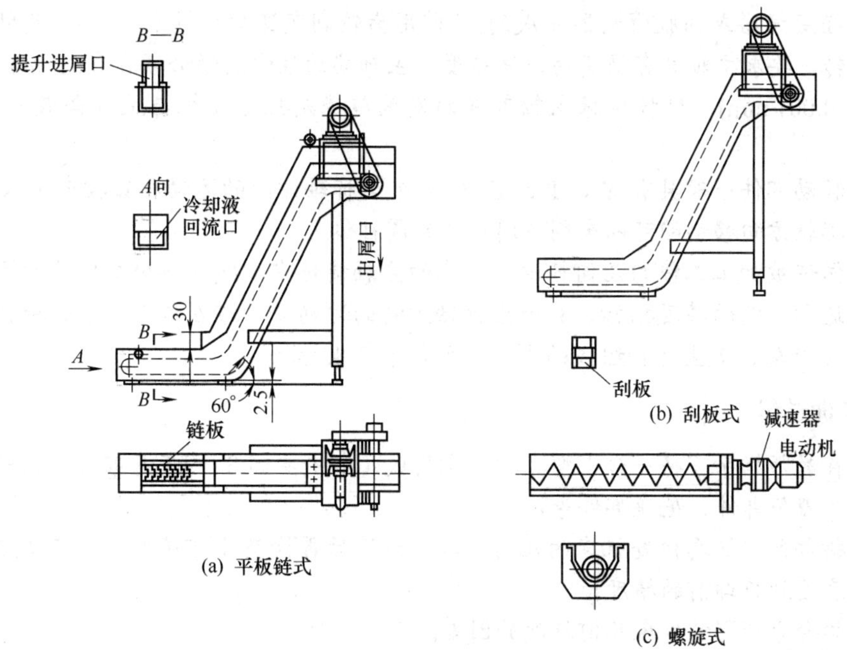

图 10-32　排屑装置

10.6　实训——小型教学数控车床(或铣床)拆装

1. 实训目的

通过对小型教学数控车床(或铣床)的认识(或拆装)，认识数控车床(或铣床)的部件组成和各部件之间相互的几何位置关系，并了解整机的几何精度要求。

2. 实训要点及仪器

(1)　小型教学数控车床(或铣床)一台。

(2)　主轴检验棒一根。

(3)　百分表与磁力表架一套。

(4)　标准直角尺(200 mm×150 mm)一把。

(5)　平尺(250 mm)一把。

(6)　活动扳手两个，木柄起子两个。

(7)　内六角扳手一套。

3. 预习要点

一台数控切削机床总有主运动——完成切削功能，3 个坐标轴方向的进给运动——形成工件的几何形状。因此，数控机床的机械部分是由主轴部件和各坐标方向的进给部件组成的。

数控机床要求主轴部件可以变换不同的转速，传递足够的扭矩。主轴变速通常是由变频电动机经变频器或伺服驱动器完成的(目前用齿轮副变速的已逐渐减少)。变频电动机带动主轴旋转，要求主轴具有很高的旋转精度，主轴端的径向跳动必须在 0.01 mm 以下(国外机床达到 0.001 mm)。数控机床主轴部件的发展趋势是把电动机与主轴合成一体(称为电主轴)。

进给移动部件一般具有 X 、Y 、Z 这 3 个坐标轴方向的运动。数控车床只需要 X 、Z 两个坐标轴方向移动即可以车削不同形状的圆柱体。

为了保证被加工工件的几何精度，机床的主轴旋转中心线及各坐标的运动方向等几何位置必须达到一定的精度指标。3 个坐标轴方向的运动必须相互垂直；主轴旋转轴线必须垂直于 X 坐标轴、Y 坐标轴组成的平面或平行于 Z 坐标轴。

4. 实训过程

(1) 在教师指导下将一台小型数控车床拆成几个主要部分(如床身部件、主轴箱部件、拖板部件、刀架部件、尾座部件等)。

(2) 拆卸前要认真检查机床的几何精度，组装后再检查几何精度，且应使组装后的机床几何精度达到拆卸前的精度值。

(3) 学会分析影响机床几何精度的因素。

(4) 检查径向跳动、主轴回转中心线与 Z 轴方向移动的不平行度。

(5) 检查 X 、Z 轴方向的不垂直度(车床)，检查 X 、Y 方向的不垂直度(铣床)。

(6) 检查主轴回转轴线对 X 轴方向移动的的不垂直度(车床)，检查主轴回转轴线对工作台面的不垂直度(铣床)。

5. 实训小结

通过实训，使学生掌握小型教学数控车床(或铣床)的工作原理、基本组成部分以及各组成部分的作用，熟悉整机的几何精度要求。实训结束后，对学生进行测试，检查和评估实训情况。

思考与练习

10-1 什么叫数控技术？什么叫数控系统？数控系统最基本的组成部分是什么？

10-2 什么叫数控机床？它的基本组成部分是什么？

10-3 试述数控机床有哪些特点。

10-4 数控机床有哪些不同的分类方法？按照不同的分类标准数控机床可以分为哪几类？

10-5 数控机床有哪几类性能指标？各类指标包括哪些具体的内容？

10-6 试述数控车床的用途。

10-7 试以 MJ-50 型数控车床为例，分析数控车床的主轴箱结构。

10-8 试述数控车床进给传动系统具有哪些特点，并以 MJ-50 型数控车床为例分析数控车床进给系统传动装置。

10-9 结合液压原理分析数控车床的换刀控制。

10-10 试述数控铣床的用途。

10-11 数控铣床有哪些类型？

10-12 以 XK5040A 型数控铣床为例，分析数控铣床的传动系统。

10-13 试述数控铣床升降台自动平衡装置的工作原理。

10-14 试述数控加工中心的用途。

10-15 加工中心按照不同的划分标准有哪几种不同的分类方法？

10-16 结合车削加工中心、镗铣加工中心，分析加工中心的结构。

第 11 章　数控机床的典型结构

技能目标

- 掌握数控机床主传动系统的特点、调速方法和主轴部件的结构。
- 熟悉数控机床进给传动系统及装置的组成及工作原理。
- 掌握换刀装置的组成及工作原理。

知识目标

- 熟练掌握数控机床常用的位置检测装置。

11.1　数控机床的主传动系统

数控机床主传动系统是指数控机床的主运动传动系统。主运动是机床实现切削的最基本的运动。在切削过程中，主运动为切除工件毛坯上多余的金属提供所需的切削速度和动力，是切削过程中速度最高、消耗功率最多的运动。主运动也是切削加工获得要求的表面形状所必需的成形运动。

11.1.1　数控机床主传动系统的特点

与普通机床相比，数控机床的主传动系统具有以下特点。

(1) 所选用电动机的区别。目前数控机床的主传动电动机已不再采用普通的交流异步电动机或传统的直流调速电动机，它们已逐渐被新型的交流调速电动机和直流调速电动机所代替。

(2) 转速高、功率大。数控机床和主传动系统能使数控机床进行大功率切削和高速切削，实现高效率加工。

(3) 变速范围大。数控机床的主传动系统要求有较大的调速范围，一般 R_n>100，以保证加工时能选用合理的切削用量，从而获得最佳的生产率、加工精度和表面质量。

(4) 主轴速度的变换迅速、可靠。数控机床的变速是按照控制指令自动进行的，因此变速必须适应自动操作的要求。目前直流和交流主轴电动机的调速系统日趋完善，不仅能方便地实现宽范围的无级变速，而且减少了中间传递环节，提高了变速控制的可靠性。

11.1.2　数控机床的调速方法

由于数控机床采用交流或直流调速电动机作为主轴电机，因此主要由电机来实现主运动的调速。数控机床的主轴变速方法主要有下列 3 种。

1. 通过变速齿轮的调速方法

这是大、中型数控机床采用的调速方法。如图 11-1(a)所示，通过少数几对齿轮降速，扩大了输出转矩，以满足低速时对输出转矩的要求。数控机床在交流或直流电动机无级变速的基础上再配以齿轮变速，可使之成为分段无级变速。滑移齿轮的移位大都采用液压缸和拨叉或直接由液压缸带动齿轮来实现调速。

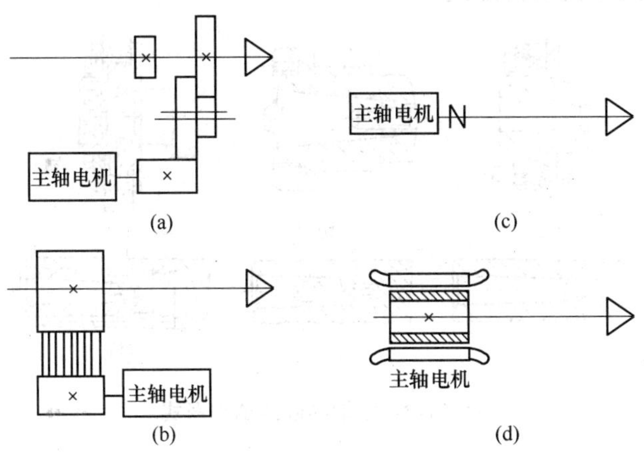

图 11-1　数控机床主轴调速方法

2. 通过带传动的调速方法

这种调速方法主要应用在小型数控机床上，如 XH754 型加工中心主轴，即由交流电机通过 V 带直接带动主轴，如图 11-1(b)所示。这种调速方法传动平稳，结构简单，安装调试方便，但只用于低扭矩特性要求的主轴，且调速范围比(恒功率调速范围与恒扭矩调速范围之比)受电机调速范围比的约束。

3. 由调速电动机直接驱动的调速方法

这种形式又有两种类型。一种如图 11-1(c)所示，主轴电机输出轴通过精密联轴器直接与主轴连接，其优点是结构紧凑、传动效率高，但主轴转速的变化及转矩的输出完全与电机的输出特性一致，因而在使用上受到一定的限制。随着主轴电机性能的提高(特别是低速性能和调速性能)，这种形式越来越多地被采用。另一种如图 11-1(d)所示，主轴与电机转子合为一体，称为内装电机主轴。这种形式的优点是主轴部件结构紧凑、重量轻、惯性小，可提高启动、停止的响应频率和主轴部件的刚度，并有利于控制振动和噪声，但是电机发热对主轴的精度影响较大。因此，温度的控制是使用内装电机主轴的关键问题。

11.1.3　数控机床的主轴部件

主轴部件是主运动的执行部件，它夹持刀具或工件，并带动其旋转。数控机床主轴部件的精度，静、动刚度，热变形对加工质量有直接影响。主轴部件包括主轴、主轴的支承以及安装在主轴上的传动零件，对于自动换刀数控机床，主轴部件中还装有刀具自动夹紧装置、切屑清除装置和主轴准停装置。

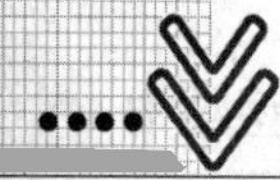

1. 主轴端部结构和主轴的支承

1) 主轴端部的结构

主轴端部用于安装刀具或夹持工件的夹具。在结构上，主轴端部应能保证定位准确、安装可靠、连接牢固、装卸方便，并能传递足够的扭矩。主轴端部的结构都已标准化，图 11-2 所示为几种通用的结构形式。

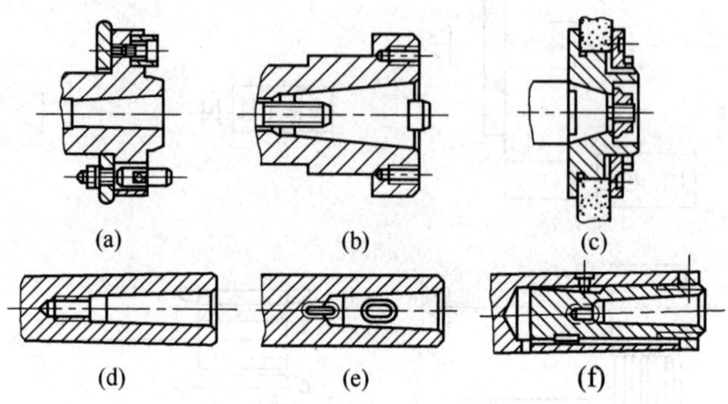

图 11-2 主轴端部的结构形式

图 11-2(a)所示为车床的主轴端部。前端的短圆锥面和凸缘端面为安装卡盘的定位面；拨销用于传递扭矩；安装卡盘时，卡盘上的固定螺栓连同螺母从凸缘孔中穿过。转动快卸卡板同时将几个螺栓卡住，再拧紧螺母将卡盘紧固在主轴端部。前端莫氏锥度孔用于安装顶尖或心轴。

图 11-2(b)所示为铣、镗类机床的主轴端部。铣刀或刀杆由前端 7∶24 的锥孔定位，并用拉杆从主轴后端拉紧，前端端面键用于传递扭矩。

图 11-2(c)所示为外圆磨床砂轮主轴的端部。图 11-2(d)所示为内圆磨床砂轮主轴的端部。图 11-2(e)、(f)所示为钻床主轴的端部，刀具由莫氏锥孔定位，锥孔后端第一个扁孔用于传递扭矩，第二个扁孔用于拆卸刀具。

2) 主轴的支承

数控机床的主轴支承根据主轴部件的性能(转速、承载能力、回转精度等)要求不同而采用不同种类的轴承。一般中、小型数控机床的主轴部件多数采用滚动轴承；重型数控机床的主轴部件采用液体静压轴承；高精度数控机床的主轴部件采用气体静压轴承；转速达 $(2\sim10)\times10^4$ r/min 的主轴部件可采用磁力轴承或陶瓷滚珠轴承。

3) 主轴的润滑

数控机床主轴的转速高，为减少主轴的发热，必须改善轴承的润滑方式。润滑的作用是在摩擦副表面形成一层薄油膜，以减少摩擦发热。在数控机床上的润滑一般采用高级油脂封入方式润滑，每加一次油脂可以使用 7～10 年。也有的用油气润滑，除在轴承中加入少量润滑油外，还引入压缩空气，使滚动体上包有油膜，起到润滑作用，再用空气循环冷却。

2. 几种典型主轴传动系统的主轴部件

下面介绍几种典型主轴传动系统和部件结构。

1)　TND360 型数控车床主轴部件

TND360 型数控车床的主轴箱传动系统如图 11-3 所示。它由带测速发电机的直流电动机驱动，电动机的额定转速为 2000 r/min，最高转速为 4000 r/min，最低转速为 35 r/min。电动机通过同步齿形带使主轴箱 I 轴旋转；主轴箱内有两对传动齿轮，经过 84/60 传动时，使主轴 II 得到 800～3150 r/min 的高速段；经过 29/86 传动时，使主轴获得 7～760 r/min 的低速段，高速段和低速段的变换由液压缸推动滑移齿轮来实现。

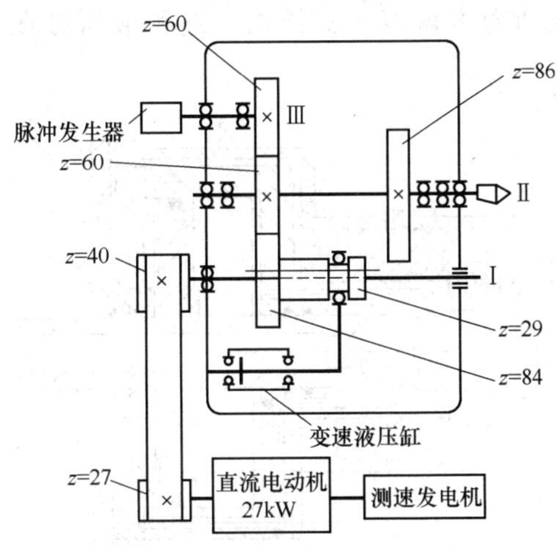

图 11-3　TND360 型数控车床主轴箱传动系统

为了在车床上加工螺纹，车床主轴转速与加工螺纹的刀具进给量之间应保持一定的传动比(当主轴转一转时刀具移动一个螺距)。为此，主传动装置中装有脉冲编码器。主轴通过 60/60 齿轮带动主轴脉冲编码器，与主轴同步旋转，主轴每转一转脉冲编码器可发出 1024 个脉冲。这些脉冲输入 CNC 装置后，根据程序段指令的螺距大小和相关参数，对输入脉冲进行分频。作为刀具进给的脉冲源小主轴部件结构如图 11-4 所示。

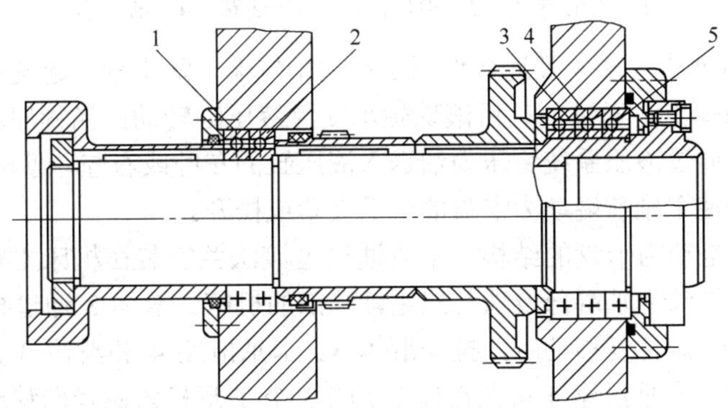

图 11-4　TND360 型数控车床主轴结构

1，2—后轴承；3—轴承；4，5—前轴承

因主轴在切削时承受较大的切削力，所以其轴径较大、刚性好。前轴承为 3 个一组，均为推力角接触球轴承，两个前轴承 4、5 大口朝向主轴前端，接触角为 25°，以承受轴向切削力，后面一个轴承 3 大口朝里，接触角为 14°，主轴前轴承的内、外围轴向由轴肩

和箱体孔的台阶固定，以承受轴向负荷。后轴承 1、2 也由一对背对背的推力角接触球轴承组成，只承受径向载荷，并由后压套进行预紧。主轴为空心主轴，通过棒料的直径可达 60 mm。

为了减少辅助时间和降低劳动强度，并适应自动化和半自动化加工的需要，数控车床多采用动力卡盘装夹工件，目前使用较多的是自动定心液压动力卡盘。该卡盘主要由引油导套、液压缸和卡盘三部分组成。

图 11-5 所示为液压动力卡盘液压缸结构。这种液压缸在 2.5 MPa 压力下可产生 3300 N 的拉力或推力。

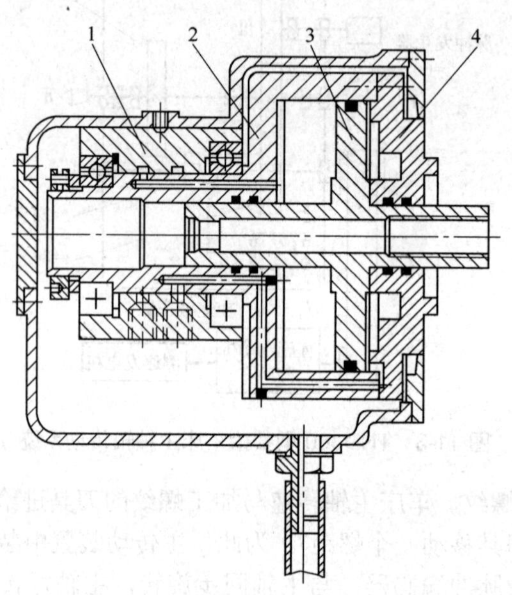

图 11-5　液压动力卡盘液压缸结构

1—引油导套；2—液压缸体；3—活塞；4—法兰盘

液压缸体 2 通过法兰盘 4 及连接件固定在主轴尾端，随主轴一起旋转。引油导套 1 固定在动力卡盘的壳体上，通过前、后滚珠轴承支撑液压缸转动。当程序段指令发出夹紧或松开控制信息后，通过液压系统将压力油送入液压缸的左腔或右腔，使活塞 3 向左或向右移动，再通过拉杆使主轴前端动力卡盘的卡爪夹紧或松开。

图 11-6 所示是动力卡盘的结构。卡盘通过过渡法兰安装在机床主轴上，它有两组螺孔，分别适用于带螺纹主轴端部及法兰式主轴端部的机床。滑体 3 通过拉杆 2 与液压缸活塞杆相连，当液压缸做往复移动时，拉动滑体 3。卡爪滑座 4 和滑体 3 是以斜楔接触，当滑体 3 轴向移动时，卡爪滑座 4 可在盘体 1 上的 3 个 T 形槽内做径向移动。卡爪 6 用螺钉与 T 形滑块 5 紧固在卡爪滑座 4 的齿面上，与卡爪滑座构成一个整体。当卡爪滑座做径向移动时，卡爪 6 将工件夹紧或松开。根据需要夹紧工件的直径大小，改变卡爪 6 在齿面上的位置，即可完成夹紧调整。

这种液压动力卡盘夹紧力较大，性能稳定，适用于强力切削和高速切削，其夹紧力可以通过液压系统进行调整，因此，能够适应包括薄壁零件在内的各类零件的加工。这种卡盘还具有结构紧凑、动作灵敏等特点。

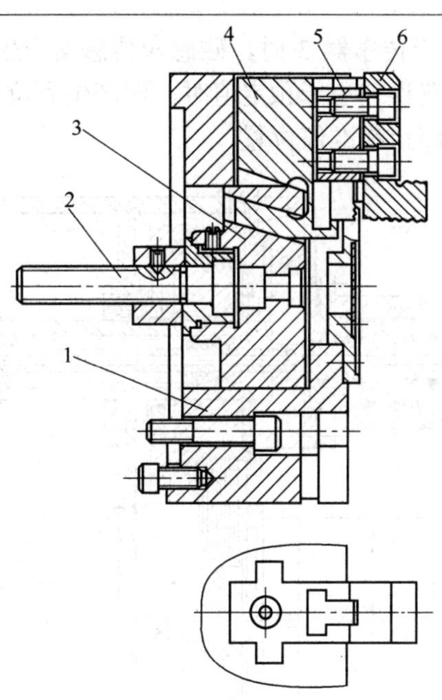

图 11-6　动力卡盘的结构

1—盘体；2—拉杆；3—滑体；4—卡爪滑座；5—T 形滑块；6—卡爪

2)　XH754 型加工中心主轴

XH754 型卧式镗铣加工中心，具有自动换刀、自动分度等功能。该机床能完成的工序较多，一次装夹可完成多面的钻、扩、镗、锪、铰、攻螺纹等多种工序的加工，既有粗加工又有精加工，所以除对主轴部件的精度和刚度有较高的要求外，主轴上还须设计有刀具自动装卸、主轴准停和主轴孔内的切屑清除装置。

图 11-7 所示为其主轴部件结构。主轴前端有 7∶24 锥孔，用于装夹锥柄刀具。端面定向键，既作刀具定位用，又可通过它传递转矩。主轴是双支承结构，前支承与 TND360 型数控车床的主轴相同，后支承是双列向心短圆柱滚子轴承。

为了实现刀具的自动装卸，主轴内设有刀具自动夹紧装置。从图 11-7 中可看出，该机床是由拉紧机构拉紧锥柄刀夹端的轴颈而实现刀具的定位及夹紧。1 是松开刀具用的活塞，2 是螺旋弹簧，其作用是使活塞在左腔无油压时始终退到最左端。在夹紧状态时，活塞处在最左端，活塞右端与拉杆 7 分离，拉杆 7 在碟形弹簧 8 的作用下向左拉紧，使钢球 6 在拉杆 7 前端的作用下向轴心收缩，拉住锥柄刀夹端的轴颈。碟形弹簧产生的拉力可达 1000 N。当液压缸左腔进入压力油时，活塞 1 右移，压缩碟形弹簧 8，并使拉杆 7 右移，钢球 6 进入主轴内孔右面直径较大的部位，即可将刀具取出。行程开关 12、13 由活塞 1 控制，发出刀具夹紧和松开信号。活塞 1 通孔左端为螺孔，可进压缩空气，在刀具取出后，通入压缩空气将主轴内锥孔等处的切屑吹净。

为了保证每次换刀时刀具锥柄处的键槽对准主轴上的端面键，以及在精镗孔完毕退刀时不会划伤已加工表面，要求主轴能准确地停在指定位置。主轴准停装置设置在主轴尾部皮带塔轮处，采用磁性传感器作为主轴到位的检测元件，由电气控制准停。在图 11-7 中，3 是磁感应传感器，4 是永久磁铁，当接到停车指令后，主轴电动机以慢速回转，当带轮 5

左侧的永久磁铁 4 对准磁感应传感器 3 时，磁感应传感器产生电信号并送到定位信号处理电路与基准信号比较。当位置误差小于预定值时，便产生到位信号，并送往 CPU，发出主轴停止指令，主轴便准确地停止在准停位置。

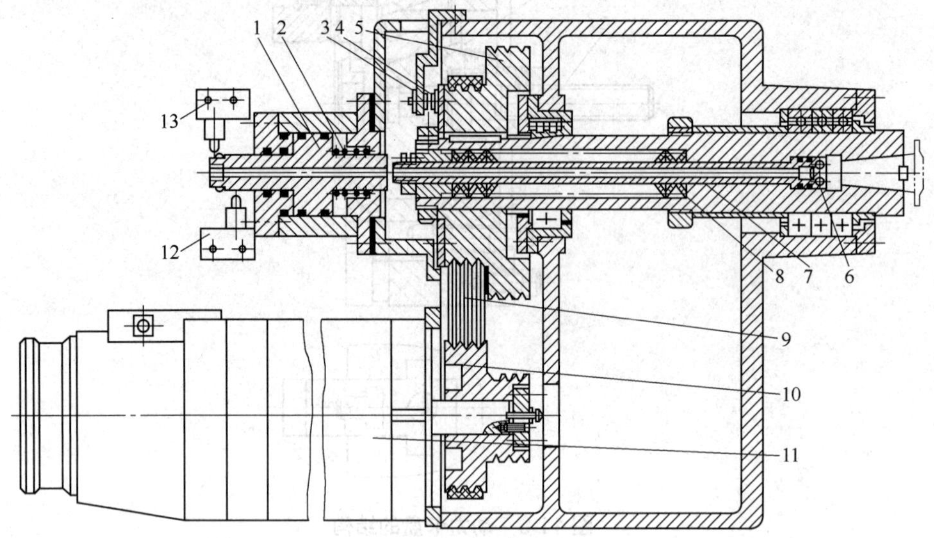

图 11-7　XH754 型卧式加工中心主轴

1—活塞；2—弹簧；3—磁感应传感器；4—永久磁铁；5，10—带轮；6—钢球；7—拉杆；8—碟形弹簧；9—V 带；11—交流调速电动机；12，13—行程开关

3)　高速切削主轴

高速切削是 20 世纪 70 年代后期发展起来的一种新工艺。这种工艺采用的切削速度比常规的要高几倍至十多倍，如高速铣削铝件的最佳切削速度可达 2500～4500 m/min、加工钢件为 400～1600 m/min、加工铸铁为 800～2000 m/min，进给速度也相应提高很多倍。这种加工工艺不仅切削效率高，而且具有加工表面质量好、切削温度低和刀具寿命长等优点。

高速切削机床是实现高速切削的前提，而高速主轴部件又是高速切削机床最重要的部件。因此，高速主轴部件要求有与精密机床相应的精度和刚度。为此，主轴零件应精确制造和动平衡。另外，还应重视主轴驱动、冷却、支承、润滑、刀具夹紧和安全等的精心设计。

高速主轴的驱动多采用内装电动机式主轴，这种主轴结构紧凑、重量轻和惯性小，有利于提高主轴启动或停止时的响应特性。

高速主轴选用的轴承主要是高速球轴承和磁力轴承。磁力轴承是利用电磁力使主轴悬浮在磁场中，使其具有无摩擦、无磨损、无须润滑、发热少、刚度高、工作时无噪声等优点。主轴的位置由非接触传感器测量，信号处理器则根据测量值以每秒 10 000 次的速度计算出校正主轴位置的电流值。图 11-8 所示是瑞士 IBAG 公司开发的内装高频电动机的主轴部件，它采用的是励磁式磁力轴承。

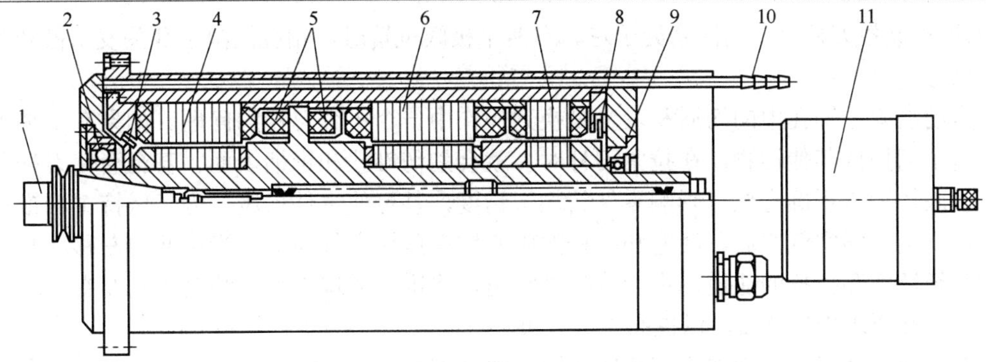

图 11-8　用磁力轴承的高速主轴部件

1—刀具系统；2，9—捕捉轴承；3，8—传感器；4，7—径向轴承；5—轴向推力轴承；
6—高频电动机；10—冷却水管路；11—气、液压力放大器

4)　刀具自动夹紧装置、切屑清除装置和主轴准停装置

在带有刀库的自动换刀数控机床中，为了实现刀具在主轴上的自动装卸，并保证刀具在主轴中正确定位，其主轴必须设计有刀具自动夹紧、切屑清除和主轴准停装置。图 11-9 所示为设计有以上 3 种装置的自动换刀卧式镗铣床的主轴部件。

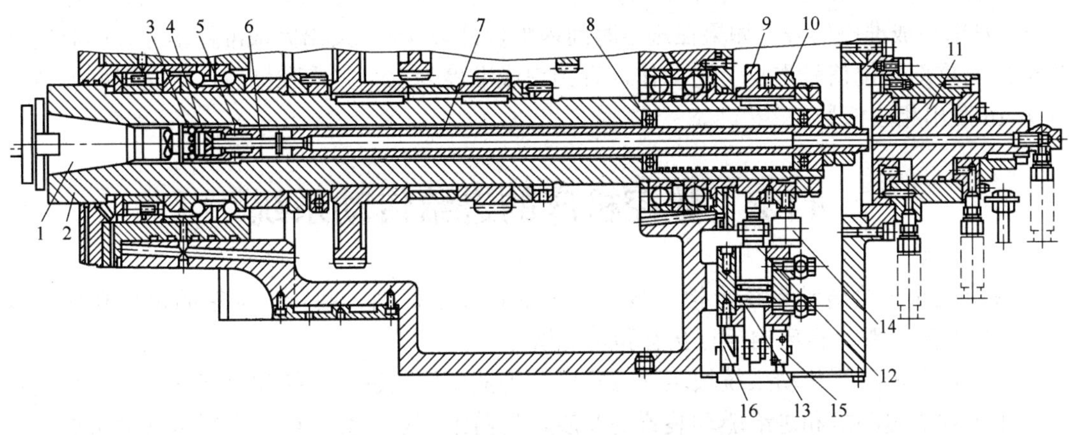

图 11-9　自动换刀卧式镗铣床主轴部件

1—刀杆；2—主轴；3—钢球；4—空气喷嘴；5—套筒；6—支承套；7—拉杆；8—碟形弹簧；
9，10—定位盘；11—油缸；12—滚子；13—定位油缸；14—无触点开关；15—限位开关；16—开关

刀具自动夹紧装置和切屑清除装置由钢球 3、空气喷嘴 4、套筒 5、拉杆 7、碟形弹簧 8 和油缸 11 组成。图 11-9 所示为刀具的夹紧状态，在碟形弹簧 8 的作用下，拉杆 7 始终保持约 10 000 N 的拉力，并通过拉杆 7 左端的钢球 3 将刀杆 1 的尾部轴颈拉紧。刀杆 1 采用 7∶24 的大锥度锥柄，在尾部轴颈拉紧的同时，通过锥面的定心和摩擦作用将刀杆 1 夹紧于主轴 2 的端部。松开刀具时，将压力油通入油缸 11 的右腔，使活塞推动拉杆 7 向左移动，同时压缩碟形弹簧 8。拉杆 7 的左移使左端的钢球 3 位于套筒 5 的喇叭口处，从而解除了刀杆 1 上的拉力。当拉杆 7 继续左移时，空气喷嘴 4 的端部把刀具顶松，机械手便取出刀杆 1。当机械手将新刀装入后，压力油通入油缸 11 左腔，活塞向右退回原位，碟

形弹簧 8 又拉刀杆 1。当活塞处于左、右两个极限位置时，相应的限位开关发出松开和夹紧的信号。

自动清除主轴孔中的切屑和灰尘是换刀操作中一个不容忽视的问题。如果在主轴锥孔中掉进了切屑或其他污物，在拉紧刀杆时，就会划伤锥孔和锥柄表面，甚至会使刀杆发生偏斜，破坏刀具正确定位，影响零件的加工精度，甚至使零件报废。为了保持主轴锥孔的清洁，常用压缩空气吹屑。活塞和拉杆的中心钻有压缩空气通道，当活塞向左移动时，压缩空气经活塞和拉杆的通道，由空气喷嘴喷出，将锥孔清理干净。喷气小孔要有合理的喷射角度，并要求均匀分布，以提高吹屑效果。

对于自动换刀数控镗铣床，切削扭矩是通过刀杆的端面键来传递的。为了保证自动换刀时使刀杆的键槽对准主轴上的端面键，主轴须停在一个固定不变的方位上，这由主轴准停装置来实现。

图 11-9 所示的主轴准停装置由定位盘 9、10，滚子 12，定位油缸 13，无触点开关 14 以及限位开关 15、16 组成。当需要停车换刀时，发出准停信号，主轴转换到最低转速运转。在时间继电器延时数秒后，接触无触点开关 14。当定位盘 10 上的感应片对准无触点开关 14 时，发出信号切断主轴的传动使其做低速惯性空转。再经过时间继电器短暂延时后，接触定位油缸 13 的压力油，使活塞带滚子 12 向上运动，并压紧在定位盘 9 的表面，当定位盘 9 的 V 形缺口对准滚子 12 时，滚子 12 进入槽内使主轴准确停止。同时，限位开关 15 发出完成准停信号，如果在规定时间内限位开关 15 未发出完成准停信号，则时间继电器发出重新定位信号重复上述动作，直到完成准停为止。完成准停后，活塞退回原位，开关 16 发出相应信号。

11.2 数控机床的进给传动系统

数控机床进给传动系统承担了数控机床各直线坐标轴、回转坐标轴的定位和切削进给，直接影响着整个机床的运行状态和精度指标。

数控机床的进给传动系统按驱动方式可分为液压伺服进给系统和电气伺服进给系统两类。由于伺服电动机和进给驱动装置的发展，目前绝大多数数控机床采用电气伺服进给系统。按反馈方式又分为闭环控制、半闭环控制和开环控制 3 类。半闭环控制在装配和调整时都比较方便，而且精度较高，通过对机械零件的选择，必要时再采取螺距误差补偿和反向间隙补偿的电气措施，可以满足一般精度数控机床的精度要求，所以目前大多数数控机床的进给系统采用半闭环方式。

11.2.1 数控机床进给传动的特点

数控机床进给系统，尤其是轮廓控制系统，必须对进给运动的位置和速度两个方面同时实现自动控制，与普通机床相比，要求其进给系统有较高的定位精度和良好的动态响应特性。为确保数控机床进给系统的传动精度、灵敏度和工作稳定性，对机械部分设计总的要求是消除间隙、减少摩擦、减少运动惯量以及提高传动精度和刚度。为达到这些要求，数控机床的进给系统中主要采取以下措施。

(1) 尽量采用低摩擦的传动，如采用静压导轨、滚动导轨和滚珠丝杠等，以减少摩擦力。

(2) 选用最佳的传动比。这样既能提高机床的分辨率，又使工作台能更快地跟踪指令，同时可减小系统折算到驱动轴上的转动惯量。

(3) 缩短传动链，采用预紧的办法提高传动系统的刚度。如采用电动机直接驱动丝杠、应用预加负载的滚动导轨和滚动丝杠副、丝杠支承设计成两端固定、采用预拉伸的结构等办法提高传动系统的刚度。

(4) 尽量消除传动间隙，减少反向死区误差，如采用消除间隙的联轴器、采用消除间隙措施的传动副等。

11.2.2 滚珠丝杠螺母副

滚珠丝杠螺母副是回转运动与直线运动相互转换的传动装置，在数控机床上得到了广泛的应用。它的结构特点是在具有螺旋槽的丝杠螺母间装有滚珠作为中间传动元件，以减少摩擦。滚珠丝杠螺母副的工作原理如图 11-10 所示。图中丝杠和螺母上都加工有圆弧形的螺旋槽，当它们对合起来就形成了螺旋滚道。在滚道内装有滚珠。当丝杠与螺母相对运动时，滚珠沿螺旋槽向前滚动，在丝杠上滚过数圈以后通过回程引导装置，逐个地又滚回到丝杠和螺母之间，构成一个闭合的回路管道。

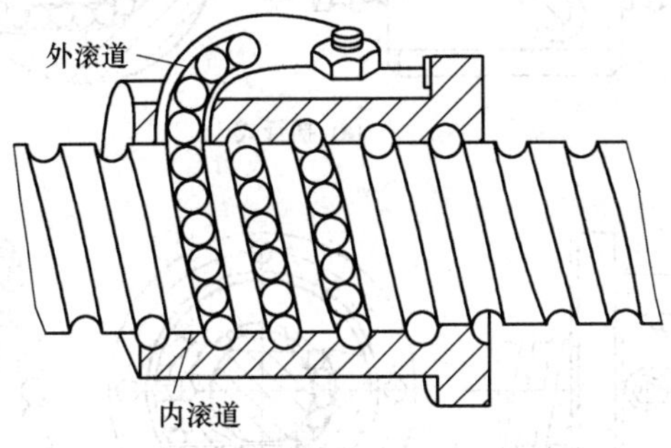

图 11-10　滚珠丝杠螺母副的原理

滚珠丝杠螺母副的优点是摩擦因数小，传动效率高(η)，η 可达 0.92～0.96，所需传动转矩小；灵敏度高，传动平稳，不易产生爬行，随动精度和定位精度高；磨损小，寿命长，精度保持性好；可通过预紧和间隙消除措施提高轴向刚度和反向精度；运动具有可逆性，不仅可以将旋转运动变为直线运动，而且可将直线运动变为旋转运动。缺点是制造工艺复杂，成本高，在垂直安装时不能自锁，因而需附加制动机构。

1. 滚珠丝杠副的结构

滚珠丝杠的螺纹滚道法向截面有单圆弧和双圆弧两种不同的形状，如图 11-11 所示。其中单圆弧加工工艺简单，双圆弧加工工艺较复杂，但性能较好。

滚珠的循环方式有外循环和内循环两种。滚珠在返回过程中与丝杠脱离接触的为外循环；滚珠在循环过程中与丝杠始终接触的为内循环。在内、外循环中，滚珠在同一个螺母上只有一个回路管道的叫作单循环，有两个回路管道的叫作双列循环。循环中的滚珠叫作工作滚珠，工作滚珠所走过的滚道圈数叫作工作圈数。

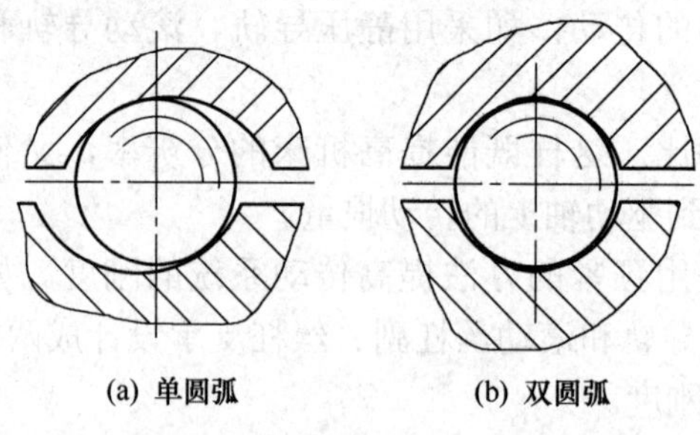

图 11-11 螺纹法向截形

外循环滚珠丝杠副按滚珠循环时的返回方式主要有插管式和螺旋槽式。图 11-12(a)所示为插管式，它用弯管作为返回管道，这种形式结构工艺性好，但由于管道突出于螺母体外，径向尺寸较大。图 11-12(b)所示为螺旋槽式，它是在螺母外圆上铣出螺旋槽，槽的两端钻出通孔并与螺纹滚道相切，形成返回通道，这种形式的结构比插管式结构径向尺寸小，但制造上较为复杂。

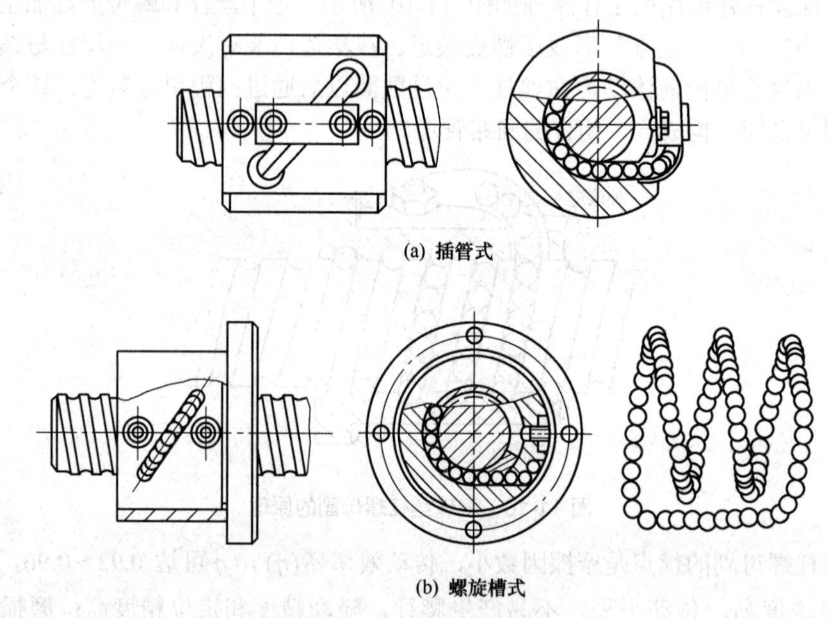

图 11-12 外循环滚珠丝杠副

图 11-13 所示为内循环结构。在螺母的侧孔中装有圆柱凸键式反向器，反向器上铣有 S 形回珠槽，将相邻两螺纹滚道连接起来。滚珠从螺纹滚道进入反向器，借助反向器迫使滚珠越过丝杠牙顶进入相邻滚道，实现循环。一般一个螺母上装有 2～4 个反向器，反向器沿螺母圆周等分分布。其优点是径向尺寸紧凑、刚性好，因其返回滚道较短，故摩擦损失小。缺点是反向器加工困难。

2. 滚珠丝杠副轴向间隙的调整

滚珠丝杠的传动间隙是轴向间隙。为了保证反向传动精度和轴向刚度，必须消除轴向间隙。消除轴向间隙的方法常采用双螺母结构，利用两个螺母的相对轴向位移，使两个滚珠螺母中的滚珠分别贴紧在螺旋滚道的两个相反的侧面上。用这种方法预紧消除轴向间隙时，应注意预紧力不宜过大，预紧力过大会使空载力矩增加，从而降低传动效率，缩短使用寿命。此外，还要消除丝杠安装部分和驱动部分的间隙。

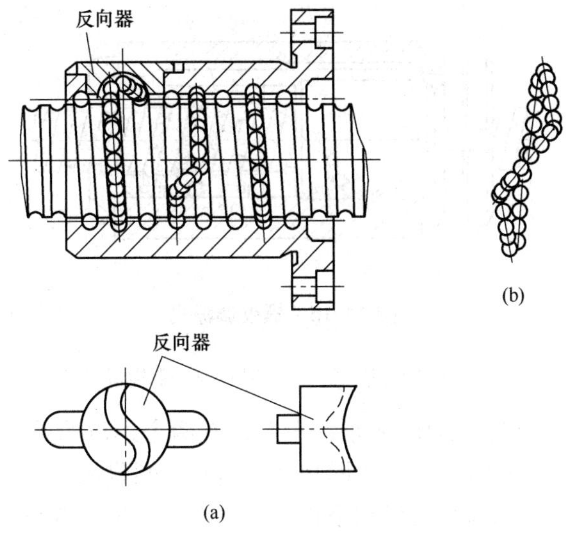

图 11-13　内循环滚珠丝杠副

常用的双螺母丝杠消除间隙方法包括以下几种。

(1) 垫片调隙式。如图 11-14 所示，调整垫片厚度使左、右两个螺母产生方向相反的位移，使两个螺母中的滚珠分别贴紧在螺旋滚道的两个相反的侧面上，即可消除间隙和产生预紧力。这种方法结构简单、刚性好；但调整不便，滚道有磨损时不能随时消除间隙和进行预紧。

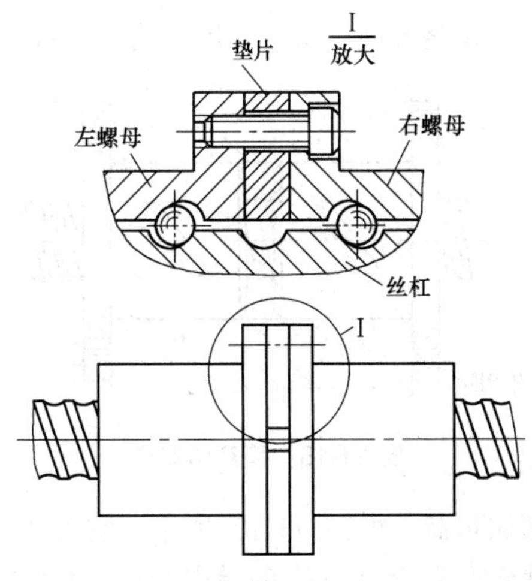

图 11-14　垫片调隙式

(2) 螺纹调隙式。如图 11-15 所示，右螺母 4 外端有凸缘，而左螺母 1 左端是螺纹结构，用两个圆螺母 2、3 把垫片压在螺母座上，左、右螺母和螺母座上加工有键槽，采用平键连接，使螺母在螺母座内可以轴向滑移而不能相对转动。调整时，只要拧紧圆螺母 3

使左螺母 1 向左滑动，就可以改变两螺母的间距，即可消除间隙并产生预紧力。螺母 2 是锁紧螺母，调整完毕后，将螺母 2 和螺母 3 并紧，可以防止在工作中螺母松动。这种调整方法具有结构简单、工作可靠、调整方便的优点，但调整预紧量不能控制。

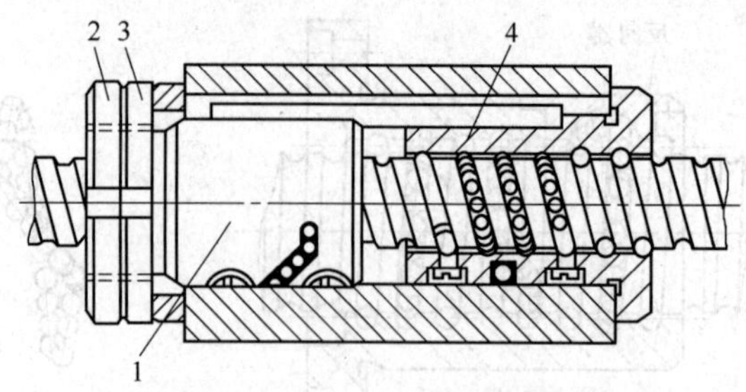

图 11-15　螺纹调隙式

1—左螺母；2，3—螺母；4—右螺母

(3) 齿差调隙式。如图 11-16 所示，在左、右两个螺母的凸缘上各加工有圆柱外齿轮，分别与左、右内齿圈相啮合，内齿圈相啮合紧固在螺母座左、右端面上，所以左、右螺母不能转动。两螺母凸缘齿轮的齿数不相等，相差一个齿。调整时，先取下内齿圈，让两个螺母相对于螺母座同方向都转动一个齿，然后再插入内齿圈并紧固在螺母座上，则两个螺母便产生相对角位移，使两螺母轴向间距发生改变，实现消除间隙和预紧。设两凸缘齿轮的齿数分别为 z_1、z_2，滚珠丝杠的导程为 t，两个螺母相对于螺母座同方向转动一个齿后，其轴向位移量为

$$s=\left(\frac{1}{z_1}-\frac{1}{z_2}\right)t$$

例如，$z_1=81$，$z_2=80$，滚珠丝杠的导程为 $t=6$ mm 时，则 $s=6/6480\approx 0.001$ mm。这种调整方法能精确地调整预紧量，调整方便、可靠，但结构尺寸较大，多用于高精度传动。

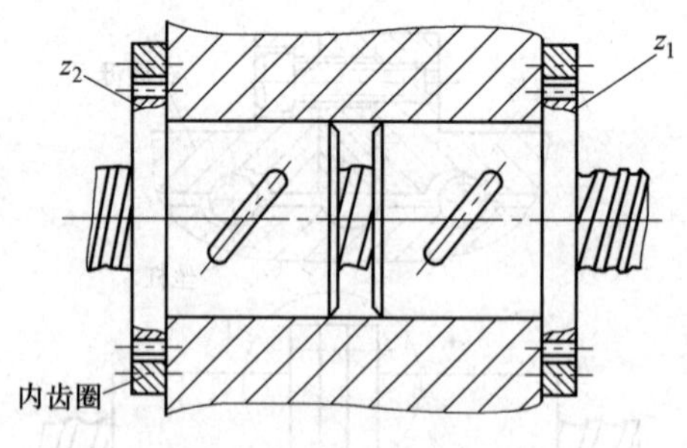

图 11-16　齿差调隙式

(4) 单螺母变位螺距预加负荷。如图 11-17 所示，它是在滚珠螺母体内的两列循环滚珠链之间使内螺纹滚道在轴向产生一个 ΔL_0 的导程变量，从而使两列滚珠在轴向错位实现预紧。这种调隙方法结构简单，但导程变量需预先设定且不能改变。

3. 滚珠丝杠副的安装支承方式

数控机床的进给系统要获得较高的传动刚度，除了加强滚珠丝杠副本身的刚度外，滚

珠丝杠的正确安装及支承结构的刚度也是不可忽视的因素。例如，为减少受力后的变形，螺母座应有加强肋，增大螺母座与机床的接触面积，并且要连接可靠。采用高刚度的推力轴承可以提高滚珠丝杠的轴向承载能力。

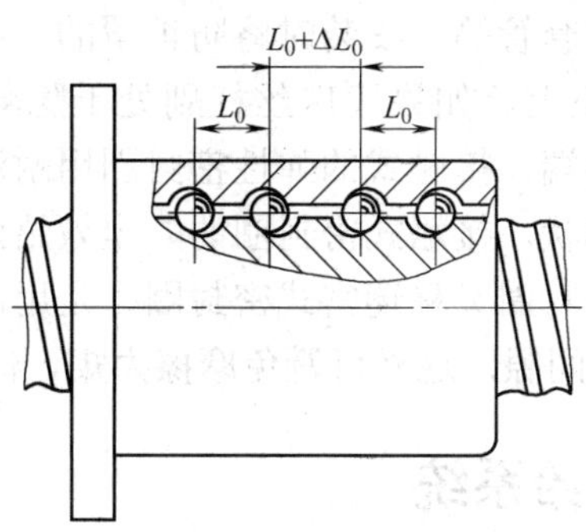

图 11-17　单螺母变位螺距式

滚珠丝杠的支承方式有以下几种，如图 11-18 所示。

图 11-18(a)所示为一端装推力轴承。这种安装方式只适用于行程小的短丝杠，它的承载能力小，轴向刚度低。一般用于数控机床的调节环节或升降台式铣床的垂直坐标进给传动结构。

图 11-18(b)所示为一端装推力轴承，另一端装向心球轴承。此种方式用于丝杠较长的情况，当热变形造成丝杠伸长时，其一端固定，另一端能做微量的轴向浮动。为减少丝杠热变形的影响，安装时应使电机热源和丝杠工作时的常用段远离止推端。

图 11-18(c)所示为两端装推力轴承。把推力轴承装在滚珠丝杠的两端，并施加预紧力，可以提高轴向刚度，但这种安装方式对丝杠的热变形较为敏感。

图 11-18(d)所示为两端装推力轴承及向心球轴承。它的两端均采用双重支承并施加预紧力，使丝杠具有较大的刚度，这种方式还可使丝杠的温度变形转化为推力轴承的预紧力，但设计时要求提高推力轴承的承载能力和支架刚度。

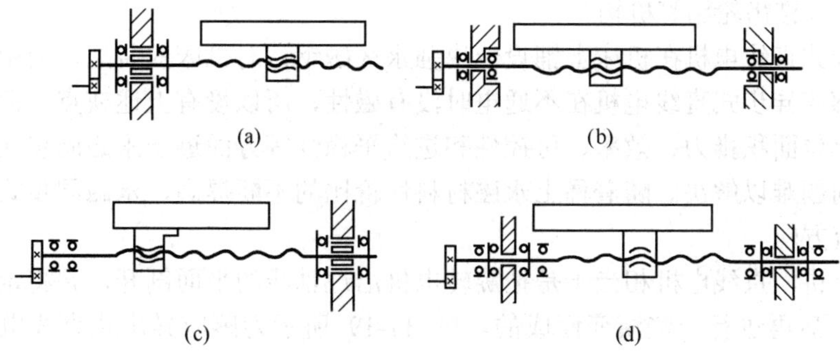

图 11-18　滚珠丝杠副的安装支承方式

4．滚珠丝杠副的防护

滚珠丝杠副也可用润滑剂来提高耐磨性及传动效率。润滑剂可分为润滑油和润滑脂两大类。润滑油一般为机械油或 90～180 号透平油或 140 号主轴油。润滑脂可采用锂基润滑脂。润滑脂一般加在螺纹滚道和安装螺母的壳体空间内，而润滑油则经过壳体上的油孔注入螺母的空间内。

滚珠丝杠副和其他滚动摩擦的传动元件一样，应避免灰尘或切屑污物进入，因此，必须有防护装置。如果滚珠丝杠副在机床上外露，应采取封闭的防护罩，如采用螺旋弹簧钢带套管、伸缩套管以及折叠式套管等。安装时将防护罩的一端连接在滚珠螺母的端面，另一端固定在滚珠丝杠的支承座上。如果滚珠丝杠副处于隐蔽的位置，则可采用密封圈防护。密封圈装在滚珠螺母的两端。接触式的弹性密封圈用耐油橡胶或尼龙制成，其内孔做成与丝杠螺纹滚道相配合的形状。接触式密封圈的防尘效果好，但因有接触压力，使摩擦力矩略有增加。非接触式的密封圈又称迷宫式密封圈，是用硬质塑料制成，其内孔与丝杠螺纹液道的形状相反，并稍有间隙，这样可避免摩擦力矩，但防尘效果差。

11.2.3 直线电动机进给系统

传统的数控机床进给系统主要是“旋转伺服电机+滚珠丝杠”，在这种伺服进给方式中，电机输出的旋转运动要经过联轴器、滚珠丝杠、滚动螺母等一系列中间传动和变换环节以及相应的支承，才变为被控对象刀具的直线运动。由于中间存在着运动形式变换环节，高速运行下，滚珠丝杆的刚度、惯性、加速度等动态性能已远不能满足要求，基于此，人们开始研究新型的进给系统，直线电动机进给系统便应运而生。用直线电动机直接驱动机床工作台，取消了驱动电机和工作台之间的一切中间传动环节，形成了“直接驱动”或“零传动”，从而克服了传统驱动方式的传动环节带来的缺点，显著地提高了机床的动态灵敏度、加工精度和可靠性。

1. 直线电机的类型和结构

直线电机也有交流和直流两种，用于机床进给驱动的一般是交流直线电机，有感应异步式和永磁同步式两种；从其结构形式来讲，直线电机有平板形和圆筒形；从其运动部件来讲，又有动圈式和动铁式等。除了沿直线运动外，还有沿圆周运动的直线电机，叫作“环行扭矩直线电机”，也具有“零传动”特性，可取代目前数控机床领域中最常用的蜗杆蜗轮副和弧齿锥齿轮副等机构。

永磁同步式直线电机在机床上铺设一块强永久磁钢，对机床的装配、使用和维护带来了不便，而感应异步式直线电机在不通电时没有磁性，所以没有上述缺点。但感应异步式直线电机在单位面积推力、效率、可控性和进给平稳性等方面逊于永磁同步式直线电机，特别是散热问题难以解决。随着稀土永磁材料性价比的不断提高，永磁同步式直线电机的发展成为主流方向。

从原理上讲，直线电机相当于是把旋转电机沿过轴线的平面剖开，并将定子、转子圆周展开成平面后再进行一些演变而成的。图 11-19 所示为感应异步式直线电机的演变过程，图 11-20 所示为永磁同步式直线电机的演变过程。经过这种演变就得到了由旋转电机演变而来的最原始的直线电机。其中，由原来旋转电机定子演变而来的一侧称为初级，由转子演变而来的一侧称为次级。

由旋转电机定子与转子演变而来的直线电机的初级与次级长度相等，但由于直线电机的初级和次级都存在边端，在做相对运动时，初级与次级之间互相耦合的部分将不断变化，不能按规律运动。为使其正常运行，需要保证在所需的行程范围内，初级与次级之间的耦合保持不变，因此实际应用时，初级和次级长度不能做成完全相等，而应该做成初、次级长短不等的结构。因而，直线电机有短初级和短次级两种形式，如图 11-21(a)、(b)所示。由于短初级在制造成本、运行费用上均比短次级低得多，因此，除特殊场合外，一般均采用短初级结构，且定件和动件正好和旋转电机相反。此外，直线电机还有单边型和双边型两种结构，图 11-21 所示为单边型直线电机，如果在单边型直线电机的次级两侧均布置对称的初级，就是双边型直线电机。

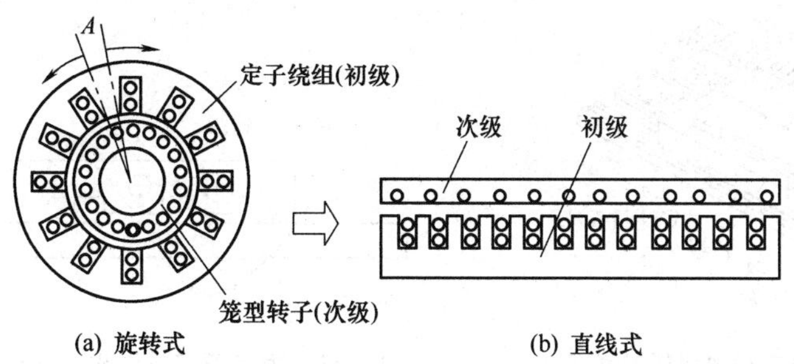

图 11-19　感应异步式直线电机的演变过程

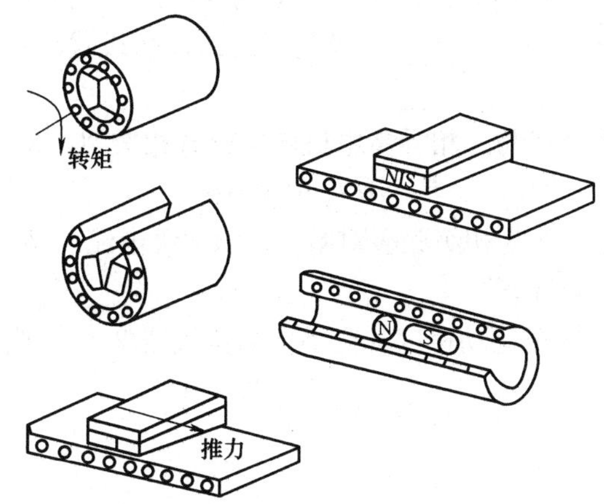

图 11-20　永磁同步式直线电机的演变过程

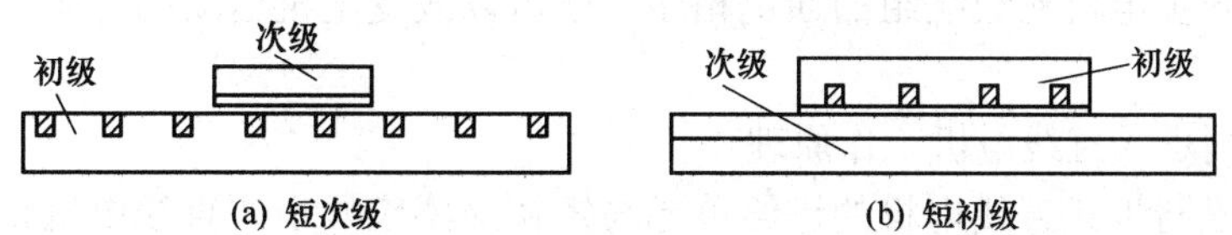

图 11-21　单边型直线电机的形式

2．直线电机的工作原理

直线电机的工作原理和旋转电机类似，也是利用电磁作用将电能转换成为动能。

1)　感应异步式直线电机的结构及工作原理

如图 11-22 所示，含铁芯的多相通电绕组(电机的初级)安装在机床工作台(溜板)的下部，是直线电机的动件；在床身导轨之间安装不通电的绕组，每个绕组中的每一匝都是短路的，相当于交流感应回转电机鼠笼的展开，是直线电机的定件。

当多相交流电通入多相对称绕组时，也会在电机初、次级间的气隙中产生磁场，依靠磁力，推动着动件(机床工作台)做快速直线运动。如果不考虑端部效应，磁场在直线方向呈正弦分布，只是这个磁场的磁感应强度 B 按通电的相序顺序做直线移动，如图 11-23 所示，而不是旋转的，因此称为行波磁场。显然，行波的移动速度与旋转磁场在定子内圆表面的线速度是一样的，这个速度称为同步线速度，用 v_s 表示，则有

$$v_s = 2f\tau \tag{11-1}$$

式中：τ 为极距(cm)；f 为电源频率(Hz)。

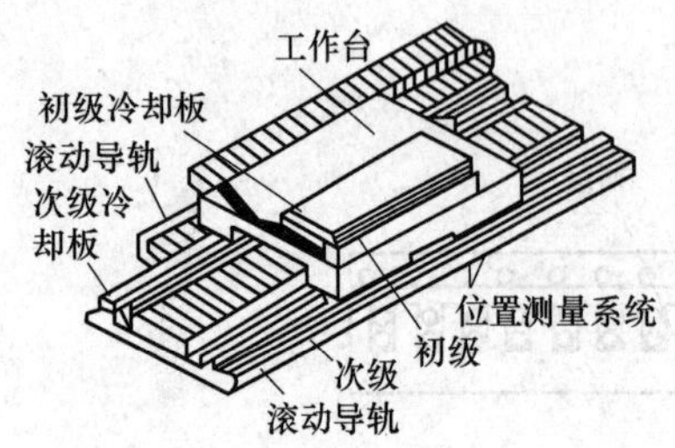

图 11-22　短初级直线电机进给单元

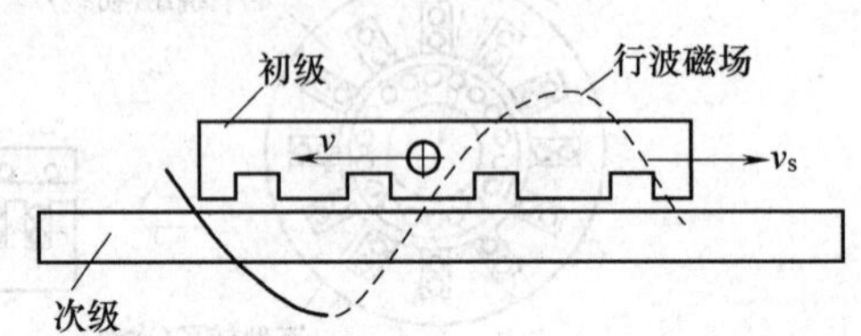

图 11-23　短初级感应异步式直线电机工作原理

在行波磁场的切割下，次级导条产生感应电动势并产生电流，所有导条的电流和气隙磁场相互作用，产生电磁推力 F，由于次级是固定的，初级就沿行波磁场运动的相反方向做直线运动。

直线异步电机的推力公式与三相异步电机转矩公式相类似，即

$$F = KPI_2\,\Phi_m\cos\phi_2 \tag{11-2}$$

式中：K 为电机结构常数；P 为初级磁极对数；I_2 为次级电流；Φ_m 为初级一对磁极的磁通量的幅值；$\cos\phi_2$ 为次级功率因数。

在推力 F 的作用下，次级运动速度 v 应小于同步线速度 v_s，则滑差率 s 为

$$s = \frac{v_s - v}{v_s} \tag{11-3}$$

则次级运动速度为

$$v = v_s(1-s) = 2f\tau(1-s) \tag{11-4}$$

改变直线异步电机初级绕组的通电相序，就可以改变电机运动的方向，从而可使电机做往复运动。

2)　永磁同步式直线电机工作原理

短初级永磁同步式直线电机的进给单元与短初级感应异步式直线电机相似，不同点仅在于其定件不是短路的不通电绕组，而是铺设在机床导轨之间的一块强永久磁钢。多相交流电通入绕组时，产生行波磁场，其速度也称为同步线速度 v_s，行波磁场与定件永久磁钢的磁场相互作用，推动动件做直线运动。

永磁同步式直线电机动件的运行速度 v 和行波磁场速度 v_s 大小相同，但方向相反，即

$$v = v_s = 2f\tau \tag{11-5}$$

3．直线电机的特点

直线电机将机械结构简单化、电气控制复杂化，符合现代机电技术的发展趋势，适用于高速加工、超高速加工、超精密机床。直线电机用于机床进给系统具有以下优点。

(1) 调节速度方便。

(2) 加速度大，响应快。

(3) 定位精度和跟踪精度高。

(4) 行程不受限制。

此外，直线电机还有传动刚度高、推力平稳、组合灵活、易于维护、噪声小、工作安全可靠、寿命长等优点。但是，还应重视并妥善解决下列问题：绝热与散热问题；隔磁与防护问题；负载干扰与系统控制问题；结构轻化问题和垂直进给中的自重问题。

4. 直线电机伺服系统

直线电机驱动伺服系统如图 11-24 所示，主要由 3 个部分组成，即执行器、控制器和位置检测装置。

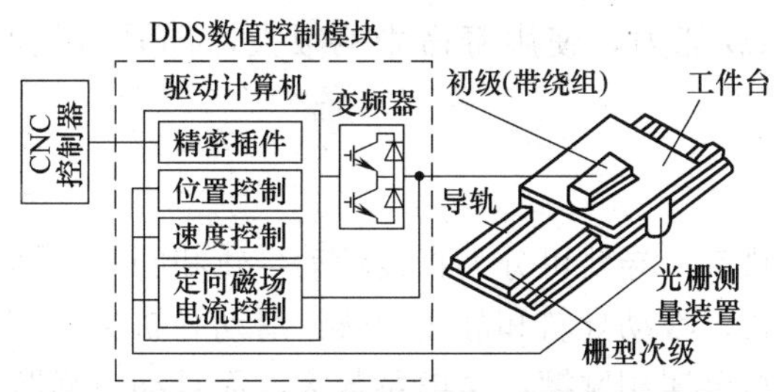

图 11-24　直线电机驱动伺服系统

执行器是直线电机本体。直线电机动件(初级)安装在移动工作台上，次级安装在直线电机底座上，底座再固定在机床床身上，所以直线电机进给系统只能采用闭环控制。控制器由 CNC 控制器和 DDS 数值控制模块构成。由于高速机床进给速度高，轨迹加工所需程序处理时间往往比分配给高速加工该段轨迹所需时间还长，如果在加工完本段时，CNC 还没有处理完下段程序，则刀具就会在转角处停顿，易引起振动，影响工件的表面质量，甚至会烧毁刀具。加工复杂轮廓线时这种情况很容易出现。因此，高速机床要求 CNC 控制系统的内部处理速度相应提高，而且高速下还要有足够的插补精度。另外，为了保证直线电机高速运行时的高精度，数控系统必须具有高速采样插补功能。位置检测装置常用的主要有光栅、感应同步尺等。高速、精密机床一般要求有相当高的定位精度，并且，由于加工时切削力较大，切削力的变化也较大，工作台的负荷变化大，电机的运行状态变化频繁。因此，数控机床的进给系统，不仅要监控工作台的运行速度，还要监测工作台的运行位置。

图 11-25 所示为直线电机进给控制系统框图。这是一个双闭环系统，内环是速度环，外环是位置环。位置环接收来自光栅尺的位置反馈信号及插补信号的比较信号，来控制速度环的指令速度，从而调节执行件的位置始终与指令位置保持一致。速度环根据位置环的指令速度快速而准确地控制电机，使其不受负载转矩大小和方向的影响，并快速跟踪指令速度的变化；速度控制单元由速度调节器、电流调节器及功率驱动放大器等组成，运用变频调速方法可获得满意的控制效果。由于把机床全部进给部分包括在控制环内，机械系统误差可由反馈得以消除，位置控制精度仅取决于光栅分辨率，因而可获得较高的精度。通过接口电路，可把进给控制系统与机床 CNC 控制器连接起来。

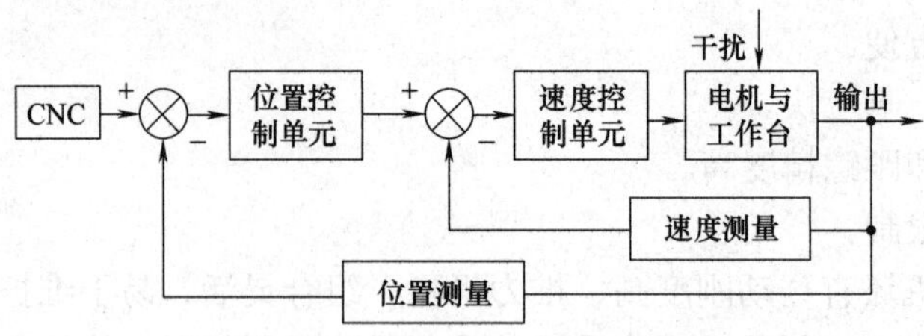

图 11-25　直线电机进给控制系统框图

11.2.4　数控机床的导轨

导轨用来支承和引导运动部件沿直线或圆周方向准确运动。与支承件连成一体固定不动的导轨称为支承导轨，与运动部件连成一体的导轨称为动导轨。导轨的精度和性能对数控机床的加工精度、承载能力、使用寿命影响很大，同时对伺服系统的性能也有很大影响。

1. 导轨的类型

按运动部件的运动轨迹，导轨可分为直线运动导轨和圆周运动导轨。按导轨接合面的摩擦性质可分为滑动导轨、滚动导轨和静压导轨。滑动导轨又可分为普通滑动导轨和塑料滑动导轨。前者是金属与金属相摩擦，摩擦系数大，而且动、静摩擦系数相差大，一般在普通机床上使用。后者简称塑料导轨，是塑料与金属相摩擦，导轨的滑动性能好，在数控机床上广泛采用。而静压导轨根据介质的不同，又可分为液压导轨和气压导轨。

2. 对导轨的基本要求

(1)　导向精度高。保证机床的运动部件沿导轨移动时的直线性和它与有关基面之间相互位置的准确性。

(2)　精度保持性好。导轨在长期使用中保持高的导向精度。

(3)　低速运动平稳性。运动部件在导轨上低速移动时，不应发生“爬行”现象。

(4)　结构简单，工艺性好。

目前数控机床使用的导轨主要有 3 种，即塑料滑动导轨、滚动导轨和静压导轨。

1)　塑料滑动导轨

传统的铸铁-铸铁滑动导轨，除经济型数控机床外，在其他数控机床上已不采用。取而代之的是铸铁-塑料或镶钢塑料滑动导轨。塑料导轨常用在导轨副的运动导轨上，与之相配的金属导轨有铸铁或钢质导轨两种。铸铁牌号为 HT300，表面淬火硬度至 45～50 HRC，表面粗糙度磨削至 *Ra*0.10～0.20 μm；镶钢导轨常用 55 钢或其他合金钢，淬硬至 58～62 HRC。导轨塑料常用聚四氟乙烯导轨软带和环氧耐磨导轨涂层两类。

聚四氟乙烯导轨软带是以聚四氟乙烯为基体，加入青铜粉、二流化钼和石墨等填充剂混合烧结，并做成软带状。聚四氟乙烯导轨软带的特点主要有以下 4 点。

(1)　摩擦特性好。其动、静摩擦因数基本不变，而且摩擦因数很低，能防止低速爬行，使运动平稳和获得高的定位精度。普通导轨副的动、静摩擦因数相差很大，接近一倍。

(2)　耐磨性好。聚四氟乙烯导轨软带材料中含有青铜、二流化铜和石墨，其本身具有自润滑作用，对润滑油的供油量要求不高，只要间歇供油即可。此外，塑料质地较软，即使嵌入金属碎屑、小灰尘等，也不至损坏金属导轨和软带本身。

(3) 减振性好。塑料的阻尼性能好，其减振消声性能对提高摩擦副的相对运动速度有很大的意义。

(4) 工艺性好。可降低对粘贴塑料的金属基体的硬度和表面质量的要求，而且塑料易于加工(铣、刨、磨、刮)，能获得优良的导轨表面质量。

由于聚四氟乙烯导轨软带具有众多优点，所以被广泛地应用于中、小型数控机床的运动导轨。常用的进给移动速度在 15 m/min 以下。

导轨软带使用工艺很简单。首先将导轨粘贴面加工至表面粗糙度 *Ra*3.2 μm。有时为了固定软带，将导轨粘贴面加工成 0.5～1 mm 深的凹槽，如图 11-26 所示。用汽油或金属清洁剂或丙酮清洗黏合面后，用胶黏剂粘合。固化 1～2 h 后再合拢到配对的固定导轨或专用夹具上，施加一定的压力，并在室温固化 24 h，取下清除余胶即可开油槽和进行精加工。由于这类导轨采用粘接方法，习惯上称为“贴塑导轨”。

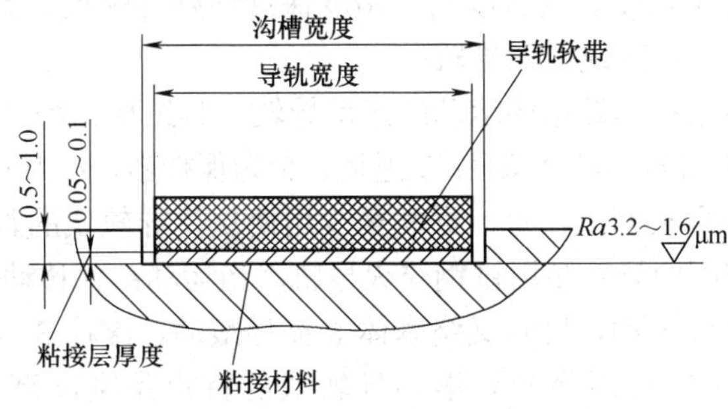

图 11-26　软带导轨的粘接

环氧型耐磨涂层是另一类已成功应用于金属—塑料导轨的材料。它是以环氧树脂和二硫化铂为基体，加入增塑料剂，混合成液状或膏状为一组和固化剂为另一组的双组分塑料涂层。德国 Gieitbelag-Technik 公司的 SKC3 导轨塑料涂层和 Diamant-kitte Sehulz 公司的 Moglice 钻石牌导轨涂层最为有名。

SKC3 导轨塑料涂层具有良好的可加工性，可经车、铣、刨、钻、磨削和刮削加工。其具有良好的摩擦特性和耐磨性，而且其抗压强度比聚四氟乙烯导轨软带要高，固化时体积不收缩、尺寸稳定，特别是可在调整好固定导轨和运动导轨间的相关位置精度后注涂料，可节省许多加工工时，特别适合重型机床和不能用导轨软带的复杂配合型面。

这类耐磨涂层材料使用工艺也很简单。以导轨副为例，首先将导轨涂层面粗刨或粗铣成图 11-27 所示的粗糙表面，以便保证有良好的黏附力。在图 11-27 中，导轨面刀纹的宽度为 1 mm，刀纹深 0.5～0.8 mm，两侧凸台宽 2 mm，凸台高 1.5 mm。与塑料导轨相配的金属导轨面或模具表面用溶剂清洗后涂上一薄层硅油或专用脱模剂，以防与耐磨导轨涂层粘接。按配方加入固化剂调好耐磨涂层材料，涂抹于导轨面，然后叠合在金属导轨面或模具上固化。叠合前可放置形成油槽、油腔的模板。固化 24 h 后，即可将两导轨分离。涂层硬化 2～3 天后进行下一步加工。图 11-27 是注塑后的导轨示意图。从图中可以看出，塑料导轨面宽度与贴塑导轨一样，需小于相配的金属导轨面，空隙处要用密封条堵住。由于这类涂层导轨采用涂注入膏状塑料的方法，习惯上称为“注塑导轨”或“涂塑导轨”。

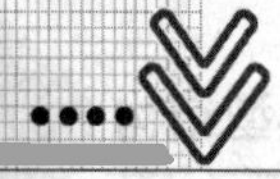

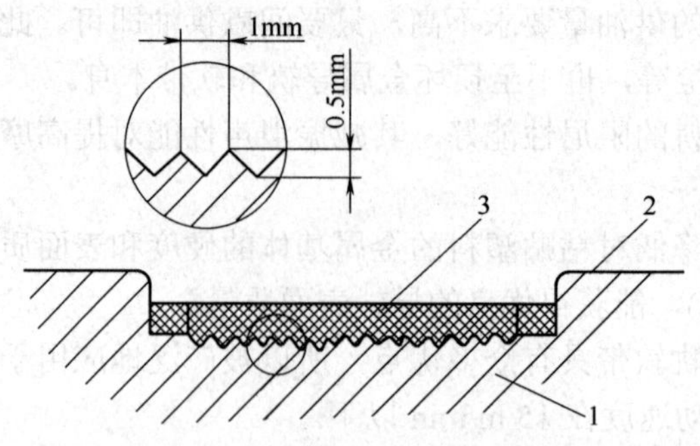

图 11-27　注塑导轨

1—滑座；2—胶条；3—注塑层

2)　滚动导轨

滚动导轨具有摩擦因数低，一般是 0.003 左右，动、静摩擦因数相差小，几乎不受运动速度变化的影响，定位精度和灵敏度高，精度保持性好等优点。数控机床的常用滚动导轨有两种，即滚动导轨块和直线滚动导轨。

滚动导轨块是一种滚动体做循环运动的滚动导轨，其结构如图 11-28 所示。1 为防护板，端盖 2 与导向片 4 引导滚动体(滚柱 3)返回，5 为保持器，6 为本体。使用时，滚动导轨块安装在运动部件的导轨面上，每一导轨至少用两块，导轨块的数目取决于导轨的长度和负载的大小，与之相配的导轨多用镶钢淬火导轨。当运动部件移动时，滚柱 3 在支承部件的导轨面与本体 6 之间滚动，同时又绕本体 6 循环滚动，滚柱 3 与运动部件的导轨面不接触，因而该导轨面不需淬硬磨光。滚动导轨块的特点是刚度高、承载能力大、便于拆装。

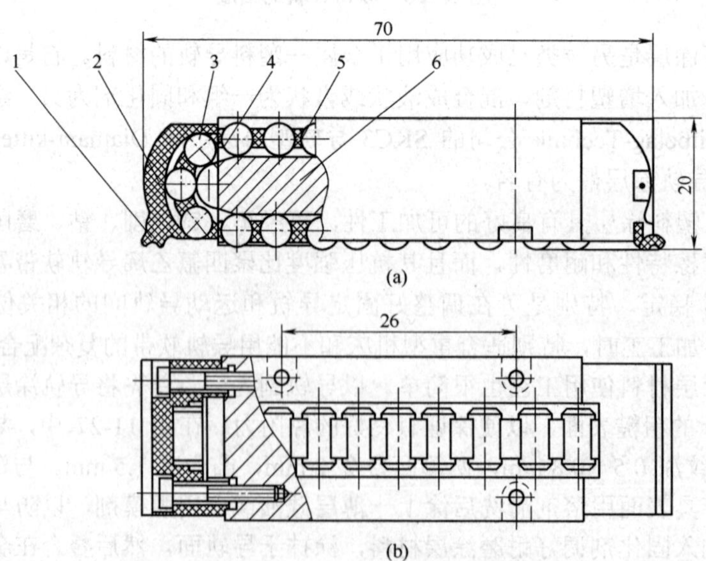

图 11-28　滚动导轨块的结构

1—防护板；2—端盖；3—滚柱；4—导向片；5—保持器；6—本体

滚动导轨块的缺点：由于滚柱的圆柱度一致性很难达到要求，滚动块容易引起轴线歪斜；对钢导轨表面在精度和硬度上也有很高的要求；在装配调整时需要花费大量的人力和时间。因此，目前在加工中心上很少采用滚动导轨块，最常见是直线滚动导轨。

直线滚动导轨是近年来新出现的一种滚动导轨，其结构如图 11-29 所示，主要由导轨体 1、滑块 7、滚珠 4、保持器 3 和端盖 6 等组成。由于它将支承导轨和运动导轨组合在一起，作为独立的标准导轨副部件(单元)由专门生产厂家制造，故又称其为单元式直线滚动导轨。使用时，导轨体固定在床身上，滑块固定在运动部件上。当滑块沿导轨体运动时，滚珠在导轨体和滑块之间的圆弧直槽内滚动，并通过端盖内的滚道从工作负载区滚动到非工作负载区，然后再滚动回工作负载区，不断循环，从而把导轨体和滑块之间的移动变成了滚珠的滚动。

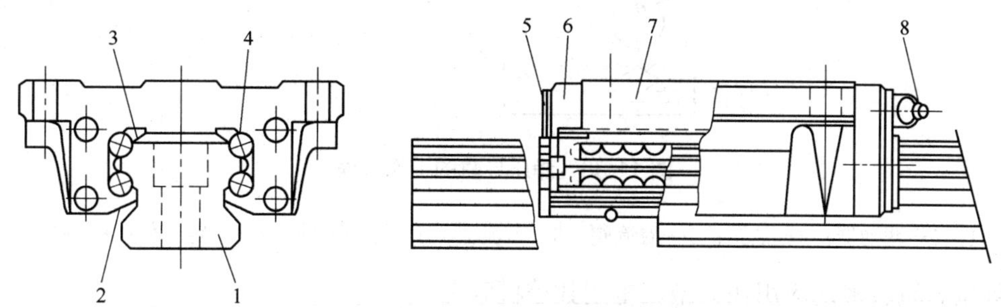

图 11-29　单元式直线滚动导轨结构

1—导轨体；2—侧面密封垫；3—保持器；4—滚珠；
5—端部密封垫；6—端盖；7—滑块；8—滑润油杯

单元式直线滚动导轨除具有一般滚动导轨的共性优点外，还有以下特点。

(1)　具有自调整能力，安装基面许用误差大。

(2)　制造精度高。

(3)　可高速运行。

(4)　能长时间保持高精度。

(5)　可预加负载，提高刚度。

3)　静压导轨

静压导轨是在两个相对运动的导轨面之间通入压力油，使运动件浮起来。在工作过程中，导轨面上的油腔中的油压能随着外加负载的变化自动调节以平衡外加负载，保证导轨面之间始终处于纯液体摩擦状态。根据承载的要求不同，静压导轨可分为开式和闭式两种。

开式静压导轨的工作原理如图 11-30 所示。油泵 2 启动后，油液经滤油器 1 吸入，用溢流阀 3 调节供油压力 p_t，再经滤油器 4，通过节流器 5 降压至 p_r(油腔压力)进入导轨的油腔，并通过导轨间隙向外流出，回到油箱 8。油腔压力形成浮力将运动部件 6 浮起，形成一定的导轨间隙 h_0。当载荷增大时，运动部件下沉，导轨间隙减小，液阻增加，流量减小，从而使油液经过节流器时的压力损失减小，油腔压力 p_r 增大，直至与载荷 W 平衡。

静压导轨的摩擦因数极小，约为 0.0005，功率消耗少。由于导轨工作在液体摩擦状

态，故导轨不会磨损，因而导轨的精度保持性好、寿命长。油膜厚度几乎不受速度的影响，油膜承载能力大、刚性高、吸振性良好，导轨运行平稳，既无爬行也不会产生振动。但静压导轨结构复杂，并且需要一套过滤精度高的液压装置，制造成本较高。

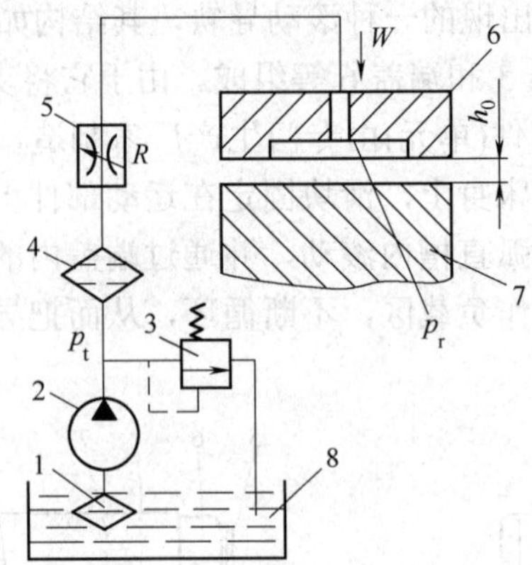

图 11-30　静压导轨的工作原理

1，4—滤油器；2—油泵；3—溢流阀；5—节流器；6—运动部件；7—固定部件；8—油箱

静压导轨较多地应用在大型、重型数控机床上。

11.3　换 刀 装 置

11.3.1　数控车床的自动转位刀架

刀架是数控车床的重要部件，其结构形式很多，主要取决于机床的形式、工艺范围以及刀具的种类和数量等。下面介绍几种典型的刀架结构。

1. 数控车床方刀架

数控车床对刀架动作的要求是刀架抬起、刀架转位、刀架定位和夹紧刀架。为完成上述动作要求，要有相应的机构来实现，下面就以图 11-31 所示的 XZD4 型刀架为例说明其具体结构。

XZD4 型刀架可以安装 4 把不同的刀具，转位信号由加工程序指定。当换刀指令发出后，小型电动机 1 启动正转，通过平键套筒联轴器 2 使蜗杆轴 3 转动，从而带动蜗轮丝杠 4 转动。刀架体 7 内孔加工有螺纹，与丝杠连接，蜗轮与丝杠为整体结构。当蜗轮开始转动时，由于在刀架底座 5 和刀架体 7 上的端面齿处在啮合状态，且蜗轮丝杠轴向固定，这时刀架体 7 抬起。当刀架体抬至一定距离后，端面齿脱开。转位套 9 用销钉与蜗轮丝杠 4 连接，随蜗轮丝杠一起转动，当端面齿完全脱开时，转位套正好转过 1600(如图 11-31(a) *A*—*A* 剖示图所示)，球头销 8 在弹簧力的作用下进入转位套 9 的槽中，带动刀架体转位。刀架体 7 转动时带着电刷座 10 转动，当转到程序指定的刀号时，粗定位销 15 在弹簧的作用下进入粗定位盘 6 的槽中进行粗定位，同时电刷 13 接触导体使电动机 1 反转，由于粗定位槽的限制，刀架体 7 不能转动，使其在该位置垂直落下，刀架体 7 和刀架底座 5 上的端面齿啮合实现精确定位。电动机继续反转，此时蜗轮停止转动，蜗杆轴 3 自身转动，当两端面齿增加到一定夹紧力时，电动机 1 停止转动。

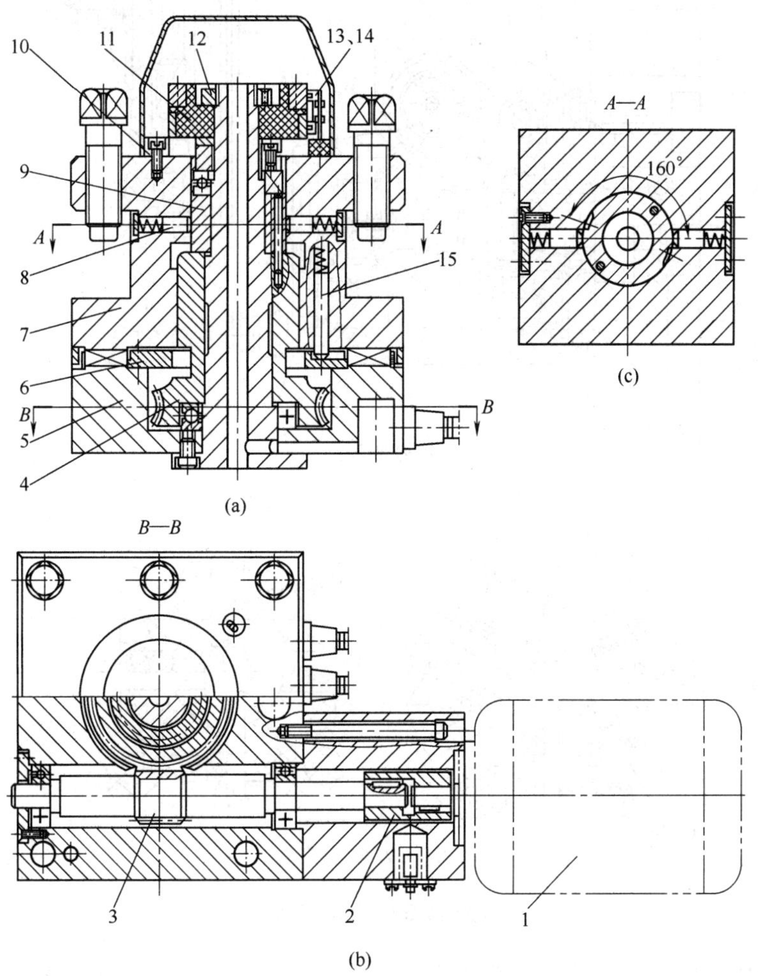

图 11-31　数控车床方刀架结构

1—电动机；2—联轴器；3—蜗杆轴；4—蜗轮丝杠；5—刀架底座；6—粗定位盘；7—刀架体；8—球头销；9—转位套；10—电刷座；11—发信体；12—螺母；13，14—电刷；15—粗定位销

译码装置由发信体 11 和电刷 13、14 组成，电刷 13 负责发信，电刷 14 负责位置判断。当刀架定位出现过定位或不到位时，可松开螺母 12，调好发信体 11 与电刷 14 的相对位置。

2. 盘形自动回转刀架

图 11-32(a)所示为 CK7815 型数控车床采用的 BA200L 刀架结构。该刀架可配置 12 位(A 型或 B 型)、8 位(C 型)刀盘。A、B 型回转刀盘的外切刀可使用 25 mm×150 mm 标准刀具和刀杆截面为 25 mm×25 mm 的可调刀具，C 型回转刀盘可用尺寸为 20 mm×20 mm×125 mm 的标准刀具。镗刀杆直径最大为 32 mm。

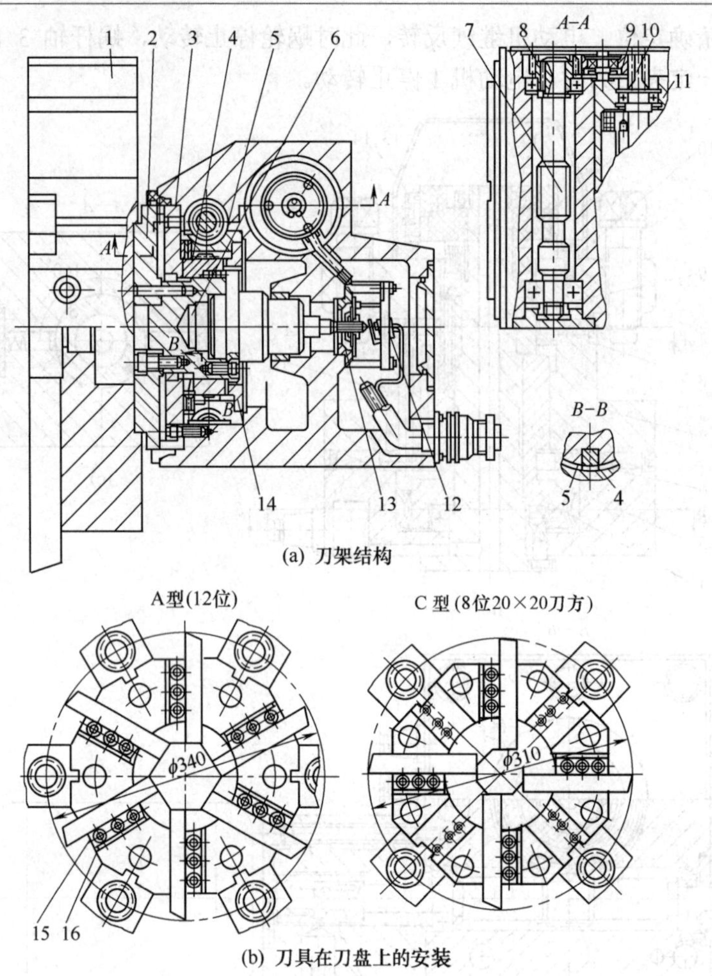

(a) 刀架结构

(b) 刀具在刀盘上的安装

图 11-32　回转刀架

1—刀架；2，3—鼠牙盘；4—滑块；5—蜗轮；6—轴；7—蜗杆；8～10—传动齿轮；11—电动机；12—微动开关；13—小轴；14—圆盘；15—压板；16—楔铁

刀架转位为机械传动，鼠牙盘定位。转位开始时，电磁制动器断电，电动机 11 通电转动，通过传动齿轮 10、9、8 带动蜗杆 7 旋转，并使蜗轮 5 转动。蜗轮内孔带有螺纹与轴 6 上的螺纹配合。这时轴 6 不能回转，当蜗轮转动时，使得轴 6 沿轴向左移动。因刀架 1 与轴 6、活动鼠牙盘 2 固定在一起，故三者同时向左移动，使鼠牙盘 2 与 3 脱开。轴 6 上有两个对称槽，内装滑块 4，在鼠牙盘脱开后，蜗轮转到一定角度时，与蜗轮固定在一起的圆盘 14 上的凸块便碰到滑块 4，蜗轮便通过圆盘 14 上的凸块带动滑块连同轴 6、刀盘一起进行转位。到达要求位置后，电刷选择器发出信号，使电动机 11 反转，这时圆盘 14 上的凸块与滑块 4 脱离，不再带动轴 6 转动。蜗轮与轴 6 上的螺纹使轴 6 右移，鼠牙盘 2、3 结合定位。当齿盘压紧同时，轴 6 右端的小轴 13 压下微动开关 12，发出转位结束信号，电动机断电，电磁制动器通电，维持电动机轴上的反转力矩，以保持鼠牙盘之间有一定的压紧力，刀盘转位结束。

刀具在刀盘上由压板 15 及调节楔铁 16(见图 11-32(b))夹紧，换刀和对刀十分方便。刀架选位由刷形选择器进行，松开、夹紧检测由微动开关 12 控制。整个刀架控制是一个纯电气系统，结构简单。

3. 车削中心用动力刀架

图 11-33(a)所示为意大利 Baruffaldi 公司生产的适用于全功能数控车床及车削中心的动力转塔刀架。刀盘上既可以安装各种非动力辅助刀夹(车刀夹、镗刀夹、弹簧夹头、莫氏锥度刀柄)夹持刀具进行加工，也可以安装动力刀夹进行主动切削，配合主机完成车、铣、钻、镗等各种复杂加工工序，实现加工程序的自动化、高效化。

图 11-33(b)所示为该转塔刀架的传动示意图。刀架采用端齿盘作为分度定位元件，刀架转位由三相异步电动机驱动，电动机内部带有制动机构，刀位由二进制绝对编码器识别，并可双向转位和在任意刀位就近选刀。动力刀具由交流伺服电动机驱动，通过同步齿形带、传动轴、传动齿轮和端齿离合器将动力传递到动力刀夹，再通过刀夹内部的齿轮传动，使刀具回转，实现主动切削。

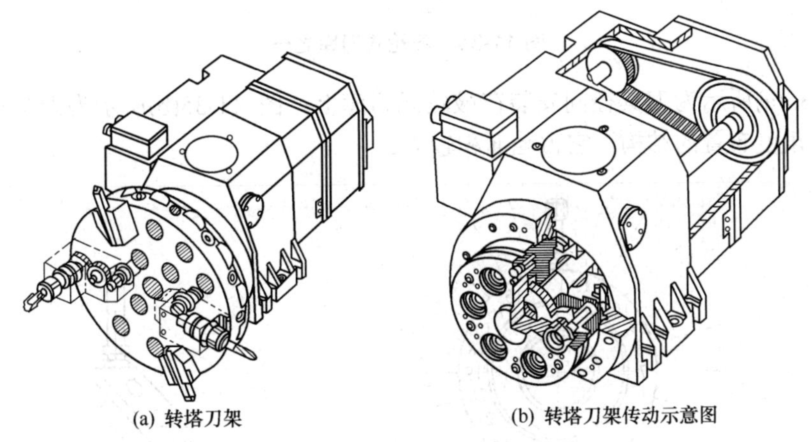

(a) 转塔刀架　　(b) 转塔刀架传动示意图

图 11-33　动力转塔刀架

11.3.2　加工中心自动换刀装置

加工中心是能够完成两个或两个以上加工工序的数控机床，其特点是被加工零件只经过一次安装，就可以连续地对工件各个表面自动地进行钻削、扩孔、铰孔、镗孔、倒角、攻螺纹、铣削等多工步的加工，工序高度集中。这种机床一般具有分度工作台或双工作台、刀库和自动换刀装置。

加工中心有立式、卧式、龙门式等多种，其自动换刀装置的形式是多种多样的，换刀原理及结构的复杂程度也不同，除利用刀库进行换刀外，还有自动更换主轴箱、自动更换刀库等形式。

1. 刀库的形式

刀库的形式很多，结构也各不相同，加工中心最常用的刀库有鼓轮式刀库和链式刀库两种。

(1) 鼓轮式刀库的结构紧凑、简单，在钻削中心上应用较多，一般存放刀具不超过 32 把。图 11-34 所示为刀具轴线与鼓轮轴线平行布置的刀库，图 11-34(a)所示为径向取刀形式，图 11-34(b)所示为轴向取刀形式。

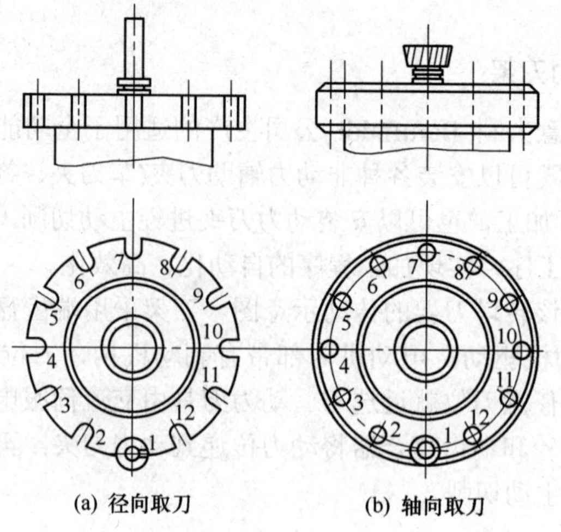

(a) 径向取刀　　(b) 轴向取刀

图 11-34　鼓轮式刀库之一

图 11-35(a)所示为刀具径向安装在鼓轮式刀库上；图 11-35(b)所示为刀具轴线与鼓轮轴线成一定角度布置的结构，它占地面积较大。

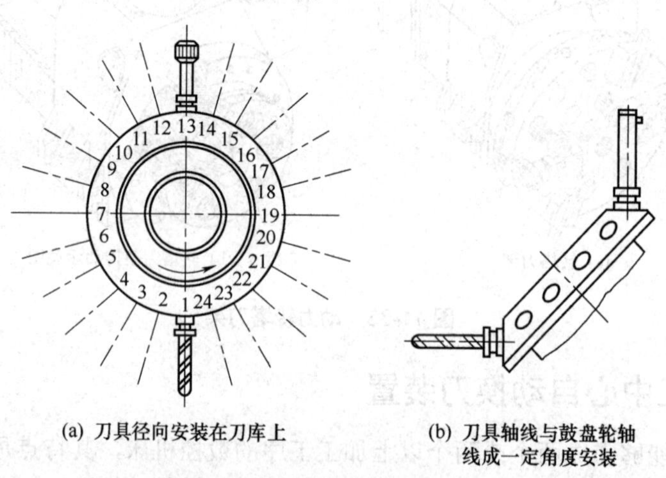

(a) 刀具径向安装在刀库上　　(b) 刀具轴线与鼓盘轮轴线成一定角度安装

图 11-35　鼓轮式刀库之二

(2) 链式刀库是在环形链条上装有许多刀座，刀座的孔中装夹各种刀具，链条由链轮驱动。链式刀库适用于刀库容量较大的场合，且多为轴向取刀。链式刀库有单环链式和多环链式等几种，如图 11-36(a)、(b)所示。当链条较长时，可以增加支承链轮的数目，使链条折叠回绕，提高了空间利用率，如图 11-36(c)所示。

此外，还有格子箱式刀库、直线式刀库和多盘式刀库等。

2. 刀库的选刀方式

根据数控装置的刀具选择指令，从刀库中挑选各工序所需要刀具的操作，称为自动选刀。常用的选刀方式有顺序选刀和任意选刀两种。

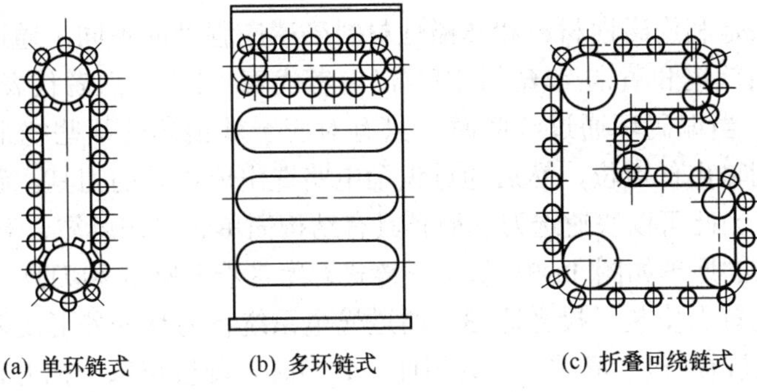

图 11-36　各种链式刀库

刀具的顺序选择方式是将刀具按加工工序的顺序，依次装入刀库的每一个刀座内，顺序不能搞错，更换加工工件时，刀具在刀库上的排列顺序也要改变。这种方式的缺点是同一工件上的相同的刀具不能重复使用，因此刀具的数量增加，降低了刀具和刀库的利用率，但其控制及刀库运动等都比较简单。

任意选刀方式是预先把刀库中每把刀具(或刀座)都编上代码，加工时按照编码选刀，刀具在刀库中不必按工件的加工顺序排列。任意选刀有 4 种方式，即刀具编码方式、刀座编码方式、编码附件方式和计算机记忆方式。

刀具编码选择方式采用了一种特殊的刀柄结构，并对每把刀具进行编码。换刀时通过编码识别装置，根据换刀指令代码，在刀库中寻找出所需要的刀具。由于每一把刀具都有自己的代码，刀具就可以放入刀库的任何一个刀座内，因此不仅刀库中的刀具可以在不同的工序中多次重复使用，而且换下来的刀具也不必放回原来的刀座，这对装刀和选刀都十分有利。刀具编码识别有两种方式：一种为接触式识别；另一种为非接触式识别。接触式识别的编码刀柄如图 11-37 所示。在刀柄尾部的拉紧螺杆 3 上装着一组等间隔的编码环 1，并由锁紧螺母 2 将它们固定。编码环的外径有两种大小不同的规格，每个编码环的大小分别表示二进制数的“1”和“0”。通过对两种圆环的不同排列，可以得到一系列的代码。例如，图 11-37 所示的 7 个编码环，就能够区别出 127 种刀具(2^7-1)。当刀库中带有编码环的刀具依次通过编码识别装置时，编码环的大小就能使相应的触针读出每一把刀具的代码。如果读出的代码与程序中选择刀具的代码一致时，发出信号使刀库停止回转，这时加工所需要的刀具就准确地停留在取刀位置上，然后由换刀装置将刀具从刀库中取出。接触式编码识别装置结构简单，但可靠性较差，寿命较短，而且不能快速选刀。

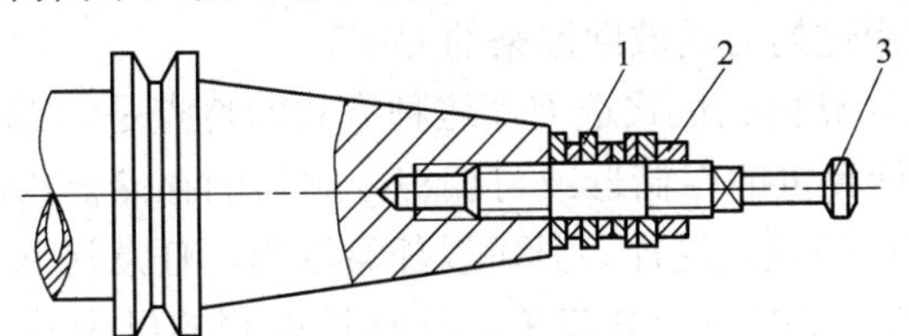

图 11-37　接触式识别的编码刀柄

1—编码环；2—锁紧螺母；3—拉紧螺杆

非接触式刀具识别采用磁性或光电识别方法。

磁性识别方法是利用磁性材料和非磁性材料磁感应强度的不同，通过感应线圈读取代码。编码环分别由软钢和黄铜(或塑料)制成，前者代表“1”，后者代表“0”，将它们按规定的编码排列。当编码环通过线圈时，只有对应于软钢环的那些绕组才能感应出高电位，而其余绕组则输出低电位，然后通过识别电路选出所需要的刀具。磁性识别装置没有机械接触和磨损，因此可以快速选刀，而且具有结构简单、工作可靠、寿命长等优点。

光电识别方法的原理如图 11-38 所示。链式刀库带着刀座 5 和刀具 4 依次经过刀具识别位置Ⅰ，在此位置上安装了投光器 3，通过光电系统将刀具的外形及编码环投影到由无数光敏元件组成的屏板 1 上形成了刀具图样。装刀时，屏板将每一把刀具的图样转换成对应的脉冲信息，经过处理将代表每一把刀具的“信息图形”记入存储器。选刀时，当某一把刀具在识别位置出现的“信息图形”与存储器内指定刀具的“信息图形”相一致时，便发出信号，使该刀具停在换刀位置Ⅱ，由机械手 2 将刀具取出。这种识别系统不但能识别编码，还能识别图样，因此给刀具的管理带来了方便。

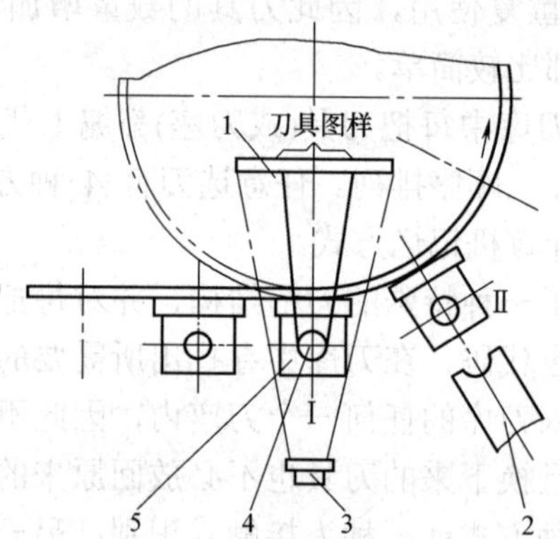

图 11-38　光电识别方法原理

1—屏板；2—机械手；3—投光器；4—刀具；5—刀座

刀座编码是对刀库中的各刀座预先编码，每把刀具放入相应刀座之后，就冠以相应刀座的编码，即刀具在刀库中的位置是固定的。在编程时，要指出哪一把刀具放在哪个刀座上。必须注意的是，在这种编码方式中必须将用过的刀具放回原来的刀座内，否则会造成事故。由于这种编码方式取消了刀柄中的编码环，使刀柄结构大大简化，刀具识别装置的结构就不受刀柄尺寸的限制，可放置在较为合理的位置；并且刀具在加工过程中可重复多次使用。缺点是必须把用过的刀具放回原来的刀座。

目前应用最多的是计算机记忆式选刀。这种方式的特点是，刀具号和存刀位置或刀座号(地址)对应地记忆在计算机的存储器或可编程控制器的存储器内。不论刀具存放在哪个地址，都始终记忆着它的踪迹，这样刀具可以任意取出，任意送回。刀具本身不必设置编码元件，结构大为简化，控制也十分简单。计算机控制的机床几乎全部采用这种方式选刀。在刀库上设有零点，每次选刀运动正/反向都不会超过半周循环。

3. 刀具交换装置

数控机床的自动换刀装置中，实现刀库与机床主轴之间传递和装卸刀具的装置称为刀具交换装置。刀具的交换方式通常分为无机械手换刀和有机械手换刀两大类。

(1) 无机械手换刀。无机械手换刀的方式是利用刀库与机床主轴的相对运动来实现刀具交换。XH754 型卧式加工中心就是采用这类刀具交换装置的实例，如图 11-7 所示。

该机床主轴在立柱上可以沿 *Y* 方向上下移动，工作台横向运动为 *Z* 轴，纵向移动为 *X* 轴。鼓轮式刀库位于机床顶部，有 30 个装刀位置，可装 29 把刀具，换刀过程如图 11-39 所示。

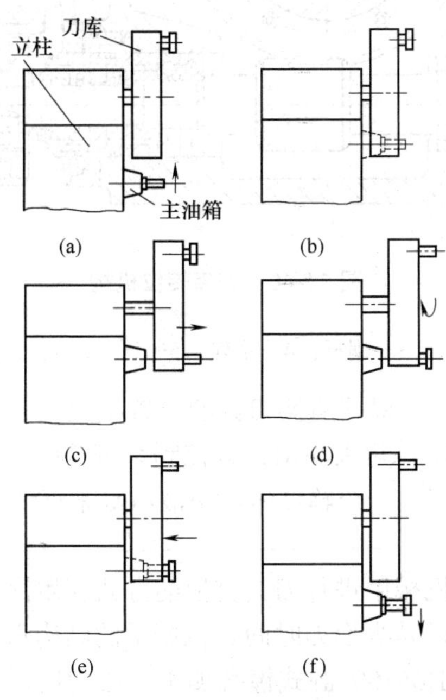

图 11-39　换刀过程

如图 11-39(a)所示，当本工步工作结束后执行换刀指令，主轴准停，主轴箱沿 *Y* 轴上升。这时刀库上刀位的空档位置正好处在交换位置，装夹刀具的卡爪打开。如图 11-39(b)所示，主轴箱上升到极限位置，被更换的刀具刀杆进入刀库空刀位，即被刀具定位卡爪钳住，与此同时，主轴内刀杆自动夹紧装置放松刀具。如图 11-39(c)所示，刀库伸出，从主轴锥孔中将刀拔出。如图 11-39(d)所示，刀库转位，按照程序指令要求将选好的刀具转到最下面的位置，同时压缩空气将主轴锥孔吹净。如图 11-39(e)所示，刀库退回，同时将新刀插入主轴锥孔，主轴内刀具夹紧装置将刀杆拉紧。如图 11-39(f)所示，主轴下降到加工位置后启动，开始下一工步的加工。

这种换刀机构不需要机械手，结构简单、紧凑。由于交换刀具时机床不工作，所以不会影响加工精度，但会影响机床的生产率。其次因受刀库尺寸的限制，装刀数量不能太多。这种换刀方式常用于小型加工中心。

刀库转位机构由伺服电动机通过调隙齿轮 1、2 带动蜗杆 3，通过蜗轮 4 使刀库转动，如图 11-40 所示。蜗杆为右旋双导程蜗杆，可以用轴向移动的方法来调整蜗杆副的间隙。压盖 5 内孔螺纹与套 6 相配合，转动套即可调整蜗杆的轴向位置，也就调整了蜗杆副的间隙。调整好后用螺母 7 锁紧。

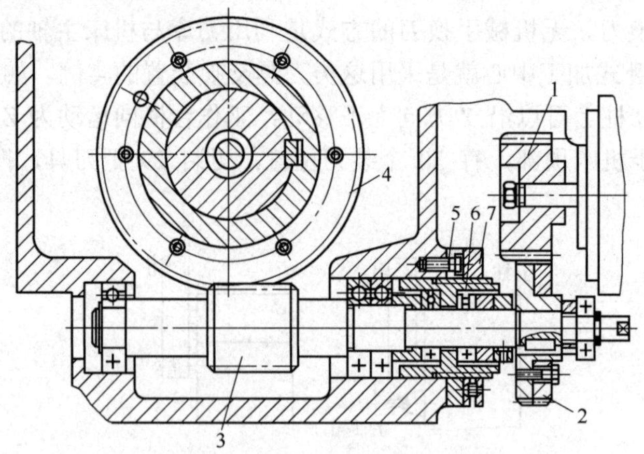

图 11-40　刀库转位机构

1、2—齿轮；3—蜗杆；4—蜗轮；5—压盖；6—套；7—螺母

刀库的最大转角为 180°，根据所换刀具的位置决定正转或反转，由控制系统自动判别，以使选刀路径最短。每次转角大小由位置控制系统控制，进行粗定位，最后由定位销精确定位。刀库及转位机构在同一个箱体内，由液压缸来移动，图 11-41 所示为刀库液压缸结构。

(2) 机械手换刀。采用机械手进行刀具交换的方式应用最为广泛，这是因为机械手换刀有很大的灵活性，而且可以减少换刀时间。机械手的结构形式是多种多样的，因此换刀运动也有所不同。下面以 TH65100 卧式镗铣加工中心为例，说明采用机械手换刀的工作原理。

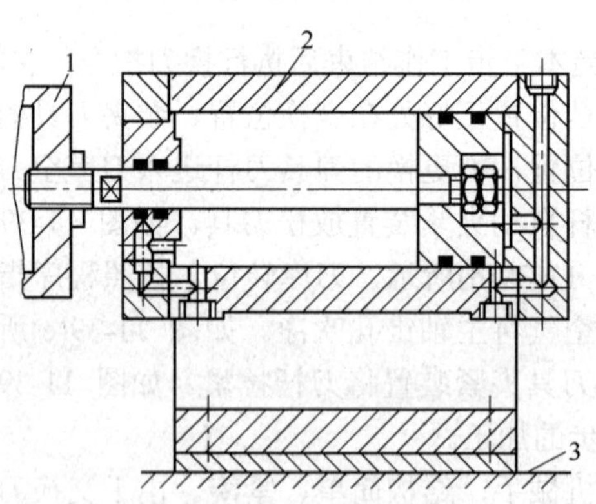

图 11-41　刀库液压缸结构

1—刀库和转位机构；2—液压缸；3—立柱顶面

该机床采用的是链式刀库，位于机床立柱左侧。由于刀库中存放刀具的轴线与主轴的轴线垂直，因而机械手需要有 3 个自由度。机械手沿主轴轴线的插拔刀动作由液压缸来实现；绕垂直轴 90°的摆动进行刀库与主轴间刀具的传送和绕水平轴旋转 180°完成刀库与主轴上刀具的交换动作分别由液压电动机来实现。其换刀分解动作如图 11-42(a)～(f)所示。

如图 11-42(a)所示，手爪伸出，抓住刀库上的待换刀具，刀库刀座上的锁板拉开。如图 11-42(b)所示，机械手带着待换刀具绕垂直轴逆时针方向转 90°，与主轴线平行，另一个手爪抓住主轴上的刀具，主轴将刀杆松开。如图 11-42(c)所示，机械手前移，将刀具从主轴锥孔内拔出。如图 11-42(d)所示，机械手绕自身水平轴转 180°，将两把刀具交换位置。如图 11-42(e)所示，机械手后退，将新刀具装入主轴，主轴将刀具锁住。如图 11-42(f)所示，抓刀爪缩回，松开主轴上的刀具。机械手绕垂直轴顺时针转 90°，将刀具放回刀库的相应刀座上，刀库上的锁板合上。

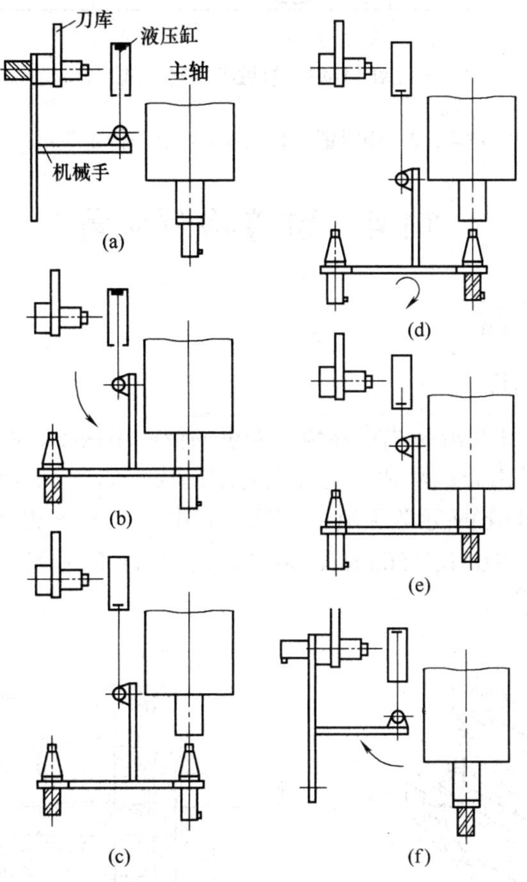

图 11-42　换刀分解动作图

为防止刀具掉落，各机械手的手爪都必须带有自锁机构。图 11-43 所示为机械手臂和手爪部分的构造，它有两个固定手爪 5，每个手爪上的活动销 4，依靠弹簧 1 在抓刀后顶住刀具。为了保证机械手在运动时刀具不被甩出，当活动销 4 顶住刀具时，锁紧销 2 就被弹簧 3 弹起，将活动销 4 锁住，不能后退。当机械手处在上升位置要完成插拔刀动作时，销 6 被挡块压下使锁紧销 2 也退下，故手爪可以自由地抓放刀具。

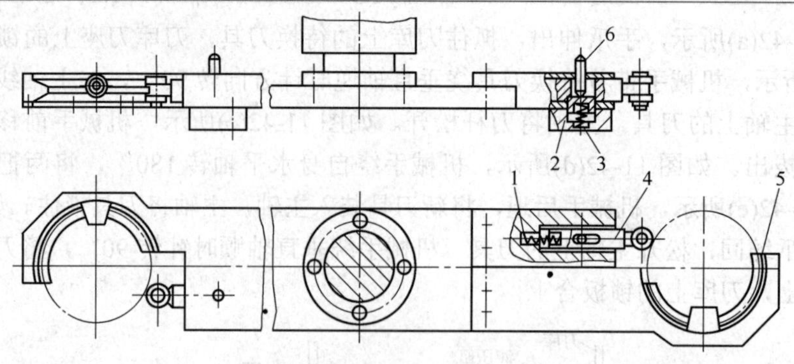

图 11-43 机械手臂和手爪

1，3—弹簧；2—锁紧销；4—活动销；5—固定手爪；6—销

11.4 位置检测装置

11.4.1 旋转变压器

1. 旋转变压器的结构

旋转变压器的结构和交流绕线式异步电动机相似，由铁芯、两个定子线圈和两个转子线圈组成，定子和转子由硅钢片和坡莫合金叠层制成，如图 11-44 所示。图 11-44(a)所示为有刷变压器，图 11-44(b)所示为无刷变压器。其中，定子绕组为变压器原边，接受励磁电压，励磁频率通常为 400 Hz、500 Hz、3000 Hz 和 5000 Hz；转子绕组为变压器副边，通过电磁耦合得到感应电压。

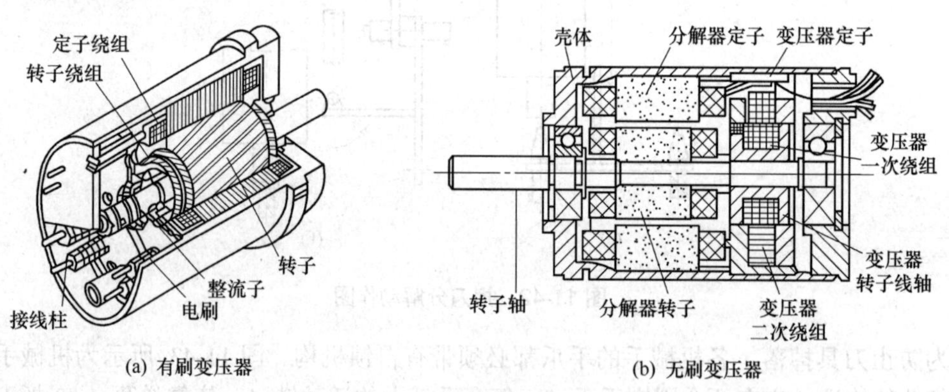

图 11-44 旋转变压器结构

由于旋转变压器的副边绕组装在转子上，因此随着转子旋转，其副边绕组输出的电压就和转子转角成一定的函数关系，而普通变压器的原边、副边相对固定，所以输入电压与输出电压之比是常数。旋转变压器有单极和多极两种形式。下面以单极方式为例，分析其工作情况。

如图 11-45 所示，单极式旋转变压器的定子和转子各有一对磁极，加到定子绕组的励磁电压为 $u_1=U_m\sin\omega t$，则转子通过电磁耦合产生感应电压 u_2。当转子转到使它的绕组两磁轴互相垂直时，绕组感应电压为 $u_2=0$；当绕组的两磁轴从垂直位置转过一定角度 θ 时，转子绕组中产生的感应电压为

$$u_2=ku_1\sin\theta=kU_m\sin\omega t\sin\theta \tag{11-6}$$

式中：$k=\omega_1/\omega_2$，为旋转变压器的电磁耦合系数；ω_1、ω_2 为定子、转子绕组匝数；U_m 为最大瞬时电压；θ 为两绕组轴线之间的夹角。

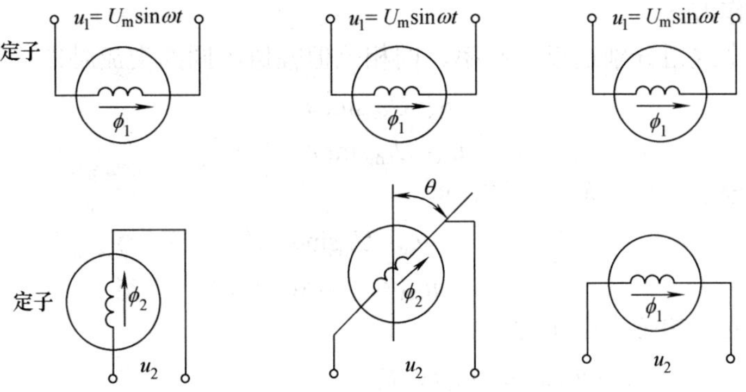

图 11-45　单极式旋转变压器工作原理

当转子转过 90° 时，两磁轴平行，此时转子绕组中感应电压最大，即

$$u_2=kU_m\sin\omega t \tag{11-7}$$

通常应用的旋转变压器为二极旋转变压器，其定子和转子绕组中各有相互垂直的两个绕组。若将定子中的一个绕组短接，另一个绕组通以单相交流电压 $u_1=U_m\sin\omega t$，则在转子的两个绕组中得到的输出感应电压分别为

$$u_{2s}=ku_1\sin\theta=kU_m\sin\omega t\sin\theta \tag{11-8a}$$

$$u_{2c}=ku_1\cos\theta=kU_m\sin\omega t\cos\theta \tag{11-8b}$$

由于两个绕组中的感应电压是关于转子转角 θ 的正弦和余弦函数，因此该变压器称为正弦余弦旋转变压器。

在实际应用中，把一个极对数少的和一个极对数多的两种旋转变压器做在一个磁路中，装在一个机壳内，构成“粗测”和“精测”电气变速双通道检测装置，用于高精度检测系统和同步系统。

2. 旋转变压器的工作方式

1)　鉴相工作方式

给定子的两个绕组分别通以同幅、同频但相位相差π/2 的交流励磁电压，即

$$u_{1s}=U_m\sin\omega t \tag{11-9a}$$

$$u_{1c}=U_m\cos\omega t=U_m\sin\left(\omega t+\frac{\pi}{2}\right) \tag{11-9b}$$

这两个励磁电压在转子绕组中产生了感应电压，并叠加一起，因而转子中的感应电压应为这两个电压的叠加，即

$$\begin{aligned}u_2&=ku_{1s}\sin\theta+ku_{1c}\cos\theta\\&=kU_m\sin\omega t\sin\theta+kU_m\cos\omega t\cos\theta\\&=kU_m\cos(\omega t-\theta)\end{aligned} \tag{11-10}$$

同理，假如转子逆向转动，可得

$$u_2=kU_m\cos(\omega t+\theta) \tag{11-11}$$

由上述公式可看出，转子输出电压的相位角和转子的偏转角之间有严格的对应关系，这样，只要检测出转子输出电压的相位角，就可以知道转子的转角，也即得到被测轴的转角。

2) 鉴幅工作方式

给定子的两个绕组分别通以同频率、同相位但幅值不同的交流励磁电压，即

$$u_{1s}=U_{sm}\sin\omega t \tag{11-12a}$$

$$u_{1c}=U_{cm}\sin\omega t \tag{11-12b}$$

其中，幅值分别为正、余弦函数，即

$$u_{sm}=U_m\sin\alpha \tag{11-13a}$$

$$u_{cm}=U_m\cos\alpha \tag{11-13b}$$

则在定子上的叠加感应电压为

$$\begin{aligned}u_2&=u_{1s}\sin\theta+u_{1c}\cos\theta\\&=kU_m\sin\alpha\sin\omega t\sin\theta+kU_m\cos\alpha\sin\omega t\cos\theta\\&=kU_m\cos(\alpha-\theta)\sin\omega t\end{aligned} \tag{11-14}$$

同理，如果转子逆向转动，可得

$$u_2=kU_m\cos(\alpha+\theta)\sin\omega t \tag{11-15}$$

由上述公式可以看出，转子感应电压的幅值随转子的偏转角θ而变化，测量出幅值即可求得转角θ。

在实际应用中，应根据转子误差电压的大小，不断修改励磁信号中的α角，使其跟随θ的变化。

11.4.2 感应同步器

1. 感应同步器的结构

感应同步器的结构如图 11-46 所示，其定尺和滑尺的基板采用与机床热膨胀系数相近的钢板制成，钢板上用绝缘黏结剂贴有铜箔，并利用腐蚀的办法做成图示矩形绕组。长尺叫定尺，短尺叫滑尺。标准感应同步器定尺长度为 250 mm，滑尺长度为 100 mm。使用时定尺安装在固定部件上(如机床床身)，滑尺安装在运动部件上。

2. 感应同步器的工作原理

由图 11-46 可以看出，当滑尺的两个绕组中的任意一相通以励磁电流时，由于电磁感应作用，在定尺绕组中必然产生感应电势。定尺绕组中感应的总电势是滑尺上正弦绕组和余弦绕组所产生的感应电势的相量和。

图 11-47 表示滑尺绕组相对定尺绕组移动时定尺绕组感应电势的变化情况。若向滑尺上的正弦绕组通以交流励磁电压，则在绕组中产生励磁电流，因而绕组周围产生了旋转磁场。A 点表示滑尺绕组与定尺绕组重合，这时定尺绕组中感应电势最大，当滑尺从 A 点向右平移时，感应电势相应逐渐减小，到两绕组刚好错开 1/4 节距位置，即图中 B 点时，感应电势为零。再继续移动到 1/2 节距的位置 C 点时，得到的感应电势与 A 点大小相同，但

极性相反，再移动到 3/4 节距即图中 D 点时，感应电势又变为零。当移动一个节距，到达 E 点时，情况与 A 点相同。可见，滑尺在移动一个节距的过程中，定子绕组中的感应电势按余弦波形变化一个周期。

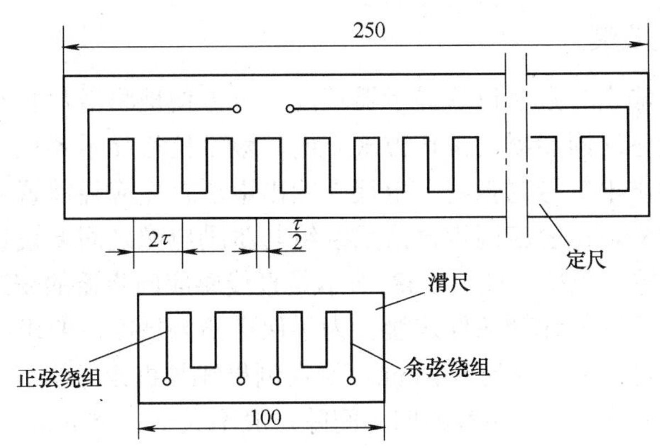

图 11-46　感应同步器结构

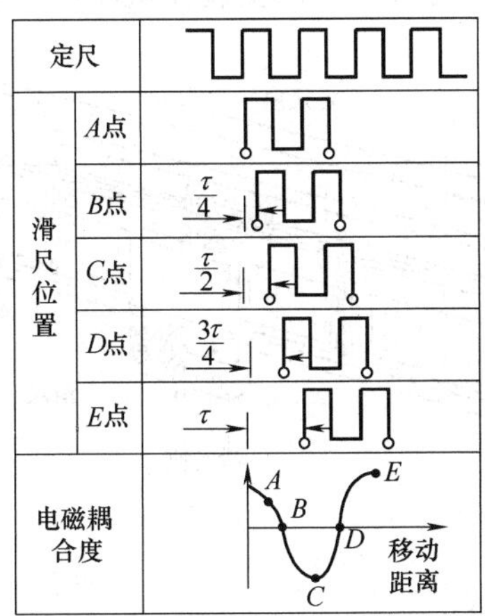

图 11-47　感应同步器工作原理

设定尺绕组节距为 2τ，它对应的感应电势的余弦函数变化了 2π，当滑尺移动距离为 x 时，则对应感应电势的余弦函数变化相位角 θ。由比例关系

$$\frac{\theta}{2\pi}=\frac{x}{2\tau} \tag{11-16}$$

可得

$$\theta=\frac{2\pi x}{2\tau}=\frac{\pi x}{\tau} \tag{11-17}$$

则定尺绕组上的感应电势为

$$E_s=KU_s\cos\theta \tag{11-18}$$

式中：E_s 为定尺绕组感应电势；U_s 为滑尺正弦绕组励磁电压；K 为定尺与滑尺上的绕组的电磁耦合系数；θ 为滑尺相对定尺位移的相位角。

同理，若只对余弦绕组励磁，定尺绕组中感应电势 E_c 则按下述数学式变化，即

$$E_c=-KU_c\sin\theta \tag{11-19}$$

当同时给滑尺上以两绕组励磁(U_s、U_c)时，则根据叠加原理，定尺绕组中产生的感应电势应是两组激活分别产生的感应电势的代数和($E=E_s+E_c$)。据此就可以求出滑尺的位移。

3. 感应同步器的安装

将感应同步器的输出与数字位移显示器相连，可方便地将滑尺相对定尺的机械位移准确地显示出来。根据感应同步器的工作方式不同，数字位移显示器也有相位型和幅值型两种。为了提高定尺输出电信号的强度，定尺上输出电压首先应经前置放大器放大后再进入到数字显示器中。此外，在感应同步器滑尺绕组与激励电源之间要设置匹配变压器，以保证滑尺绕组有较低的输入阻抗。图 11-48 所示是直线感应同步器的安装图。通常将定尺座与固定导轨连接，滑尺座与移动部件连接。为了保证检测精度，要求定尺侧母线与机床导轨基准面的平行度允差在全长内为 0.1 mm，滑尺侧母线与机床导轨基准面的平行度允差在全长内为 0.02 mm，定尺与滑尺接触的四角间隙一般不大于 0.05 mm。当量程超过 250 mm 时，需将多个定尺连接起来，此时应使接长后的定尺组件在全长上的累积误差控制在允差范围内。接长后的定尺组件和滑尺组件分别安装在机床两个做相对位移的部件上。

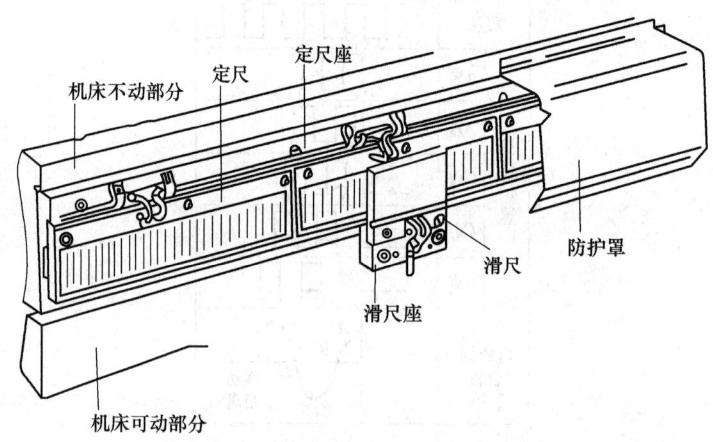

图 11-48　直线感应同步器安装总图

11.4.3　脉冲编码器

脉冲编码器又称码盘，是一种回转式数字测量元件，通常安装在被检测轴上，随被检测轴一起转动，可将被检测轴的角位移转换为增量脉冲形式或绝对式的代码形式。

根据内部结构和检测方式码盘可分为接触式、光电式和电磁式 3 种。其中，光电码盘在数控机床上应用较多，而由霍尔效应构成的电磁码盘则可用作速度检测元件。

光电脉冲编码器又称增量式光电编码器，它是采用圆光栅通过光电转换将轴转角位移转换成电脉冲信号的器件。光电脉冲编码器按每转发出的脉冲数目的多少，可分为多种型号，如表 11-1 和表 11-2 所示。数控机床是根据滚珠丝杠螺距来选用相应的脉冲编码器的。

表 11-1　光电脉冲发生器

脉冲编码器	每转脉冲移动量/mm	每转脉冲移动量/英寸
2000(P/r)	2，3，4，6，8	0.1，0.15，0.2，0.3，0.4
2500(P/r)	5，10	0.25，0.5
3000(P/r)	3，6，12	0.15，0.3，0.6

表 11-2　高分辨率脉冲编码器

脉冲编码器	每转脉冲移动量/mm	每转脉冲移动量/英寸
20000(P/r)	2，3，4，6，8	0.1，0.15，0.2，0.3，0.4
25000(P/r)	5，10	0.25，0.5
30000(P/r)	3，6，12	0.15，0.3，0.6

1. 光电脉冲编码器的结构

光电脉冲编码器与伺服电机连接，它的法兰盘固定在电动机端面上，罩上防护罩后构成完整的驱动部件，如图 11-49 所示。

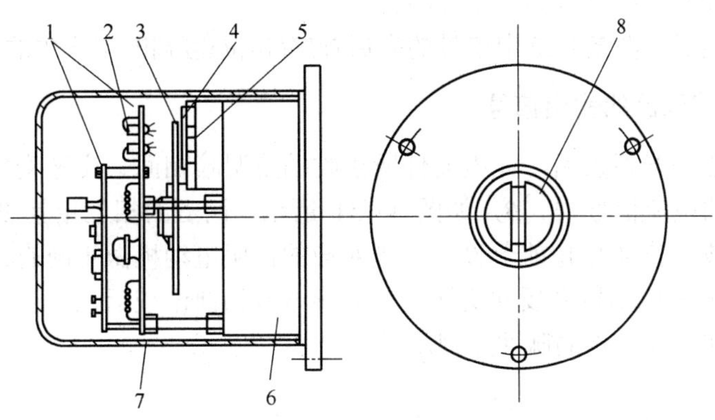

图 11-49　光电脉冲编码器结构示意图

1—印制电路板；2—光源；3—圆光栅；4—指示光栅；
5—光电池组；6—底座；7—防护罩；8—轴

光电脉冲编码器由光源、聚光透镜、光电码盘、光栏板、光敏元件和光电整形放大电路组成。光电码盘用玻璃材料制成，表面镀有一层不透光的金属薄膜，再涂上一层均匀的感光材料，然后用照相腐蚀法制成沿圆周等距的透光与不透光部分相间的辐射状线纹，即一组圆光栅。在圆盘的里圈不透光圆环上还刻有一条透光条纹，用来产生一转脉冲信号。光栏板上有两个透光条纹，每组透光条纹都装有一个光敏元件，间距为 $m+\tau/4$(τ 为码盘上圆光栅的节距，m 为任意整数)。光源发出的光线经聚光镜聚光后，发出平行光。当主轴带动光电盘一起转动时，光敏元件就收到光线亮、暗变化的信号，引起光敏元件所通过的电流发生变化，输出两路相位相差 90° 的近似正弦波信号，它们经放大、整形、变换后变成脉冲信号，再通过鉴相倍频、计数、译码计量脉冲的数目和频率即可测出工作轴的转角和转速，如图 11-50 所示。

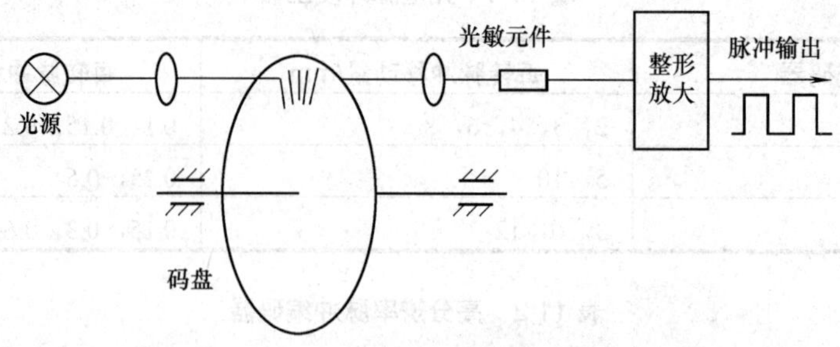

图 11-50　光电脉冲编码器工作原理

脉冲编码器的分辨率取决于圆光栅的线纹数和测量线路的细分倍数，其分辨角为

$$\alpha = \frac{2}{\text{线纹数} \times n}\pi \tag{11-20}$$

式中：n 为细分倍数。

由于光电脉冲编码器每转过一个分辨角就发出一个脉冲信号，因此其具有以下特性。

(1) 根据脉冲的数目可得出工作轴的回转角度，然后由传动比换算为直线位移距离。

(2) 根据脉冲的频率可得到工作轴的转速。

(3) 根据光栏板上两条狭缝中信号的先后顺序(相位)可判断工作轴的正/反转。

2. 光电脉冲编码器的输出信号

光线透过码盘和光栏板后，光电元件所接收的是明暗相间、交替变化的条纹，产生两组近似于正弦波的电流信号 A、B，如图 11-51 所示，两者的相位相差 90°，经放大、整形电路变化为方波。若 A 相超前于 B 相，则对应的伺服电动机做正向旋转；若 B 相超前于 A 相，则对应的伺服电动机做反向旋转。若以该方波的前沿或后沿产生计数脉冲，可以形成代表正向位移和反向位移的脉冲序列。

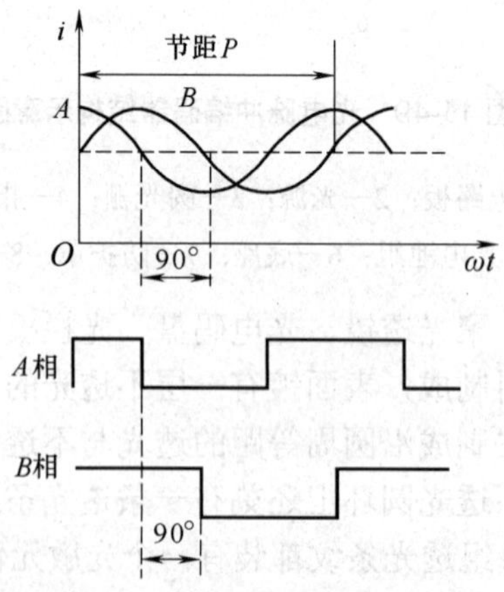

图 11-51　脉冲编码器的输出波形

Z 相是一转脉冲，它是用来产生机床的基准点的。通常，数控机床的机械零点与各轴向的脉冲编码器 Z 相脉冲的位置一致。在应用时，从脉冲编码器输出的 A 相、B 相 4 个方

波被引入位置控制回路，经鉴相和倍频后，变成代表位移的测量脉冲。经频率—电压变换器变换成正比于频率的电压，作为速度反馈信号，供速度控制单元进行速度调节之用。

11.4.4　绝对式编码器

绝对式编码器是一种旋转式检测装置，可直接把被测转角用数字代码表示出来，且每一个角度位置均有其对应的测量代码，它能表示绝对位置，没有累积误差，切断电源后，位置信息不丢失，仍能读出转动角度。

增量式编码器的缺点是，有可能发生由于噪声或其他外界干扰产生的计数错误，因停电、刀具破损而停机，事故排除后不能找到事故前执行部件所在的正确位置。采用绝对式编码器可以克服这些缺点。绝对式编码器为每一个轴的位置提供一个独一无二的编码数字值。特别是在定位控制应用中，绝对式编码器减轻了电子接收设备的计算任务，从而省去了复杂、昂贵的输入装置。而且，当机器上的电源被切断或电源故障后再接通电源，不需要回到位置参考点，就可利用当前的位置值。

在功能上，单圈绝对式编码器把轴细分成规定数量的测量步，最大的分辨率为 13 位，这就意味着最多可区分 8192 个位置。多圈的圈数为 12 位，也就是说最大 4096 圈可以被识别。总的分辨率可达到 25 位或者 33、554、432 个测量步数。并行绝对值式旋转编码器传输位置值到估算电子装置通过几根电缆并行传送。

1. 工作原理

绝对式脉冲编码器是通过读取编码盘上的图案来表示数值的。图 11-52(a)所示为四码道接触式二进制编码盘结构原理，图中黑色部分为导电部分，表示为“1”，白色部分为绝缘部分，表示为“0”，4 个码道都装有电刷，最里面一圈是公共极，由于 4 个码道产生 4 位二进制数，码盘每转一周产生 0000～1111 共 16 个二进制数，因此可将码盘圆周分成 16 等分。当码盘旋转时，4 个电刷依次输出了 16 个二进制码 0000～1111，编码代表实际角位移，码盘分辨率与码道多少有关，位码道角盘分辨率为 $\theta=360^\circ/2n$。

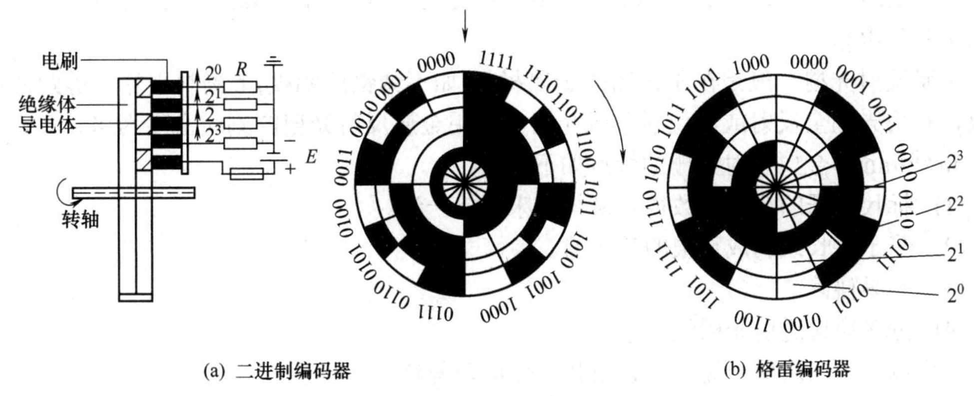

(a) 二进制编码器　　(b) 格雷编码器

图 11-52　绝对式脉冲编码器

二进制编码盘的主要缺点是码盘上的图案变化较大，在使用中容易产生较多的误读。经改进后的结构如图 11-52(b)所示(格雷编码盘)，它的特点是相邻的十进制数之间只有一位二进制码不同。因此，图案的切换只用一位数(二进制的位)进行。所以能把误读控制在一个数单位之内，提高了可靠性。

2. 绝对式脉冲编码器的特点

(1) 角度坐标值可从绝对码盘中直接读出。

(2) 不会有累积进程中的误计数。

(3) 允许的最高旋转速度较高。

(4) 编码器本身具有机械式存储功能，即使因停电或其他原因造成坐标值消除，通电后，仍可找到原来的绝对坐标位置。

(5) 其缺点是为提高精度和分辨率，必须增加码道数，而且当进给转数大于一转时，需作特别处理。组成多级检测装置必须用减速齿轮将以上的编码器连接起来，从而使其结构复杂、成本增加。

11.4.5 光栅

在高精度的数控机床上，目前大量使用光栅作为反馈检测元件。光栅与前面讲的旋转变压器和感应同步器不同，它不是依靠电磁学原理进行工作的，不需要励磁电压，而是利用光学原理进行工作，因而不需要复杂的电子系统。

1. 光栅的种类

光栅尺是一种直线位移传感器，有物理光栅与计量光栅之分。在数控机床上使用的光栅属于计量光栅，用于直接测量工作台的移动。采用光栅尺构成的全闭环位置控制系统可以补偿传动链的误差。它分为玻璃透射光栅与金属反射光栅两类。

玻璃透射光栅是在透明的光学玻璃板上，刻制或腐蚀出平行且等距的密集线纹，利用光的透射现象形成光栅。透射光栅的特点如下。

(1) 光源可以垂直入射，光电元件可直接接收光信号，因此信号的幅度大，读数头结构比较简单。

(2) 刻线密度较大，常用 100 线/mm，栅距为 0.01 mm，再经过电路细分，可以达到微米级的分辨率。

金属反射光栅一般是在不透明的金属材料(如不锈钢或铝板)上刻制平行、等距的密集线纹，利用光的全反射或漫反射形成光栅。常用金属反射光栅的刻线密度为 4、10、25、40、50 线/mm。金属反射光栅的特点如下。

(1) 标尺光栅的线胀系数很容易与机床材料一致。

(2) 易于接长或制成整根的长光栅。

(3) 不易碰碎。

(4) 分辨率比透射光栅低。

下面以常用的透射光栅为例介绍其工作原理与特点。

2. 透射式光栅工作原理

透射式光栅位置检测装置的原理如图 11-53 所示，它由光栅尺、光学元件及数显装置组成。

当标尺光栅和指示光栅的线纹方向不平行，相互倾斜一个很小的交角 θ 时，中间保持

0.01～0.1 mm 的间隙，在平行光照射下，光线就会透过两个光栅尺，由于光的投射和衍射效应，在与线纹垂直的方向上，会出现明暗交替、间隔相等的粗条纹，这就称为莫尔条纹。莫尔条纹是光的衍射和干涉作用的总效果，其方向与光栅刻线相垂直，如图 11-54 所示。两条明带或两条暗带之间的距离称为莫尔条纹间距 B。若光栅尺的栅距为 W，光栅尺相对位移一个栅距 W，莫尔条纹也上下移动一个条纹间距 B，则光电元件输出信号也就变化一个周期，最后由数字显示仪显示出光栅尺(运动件)的准确位移。

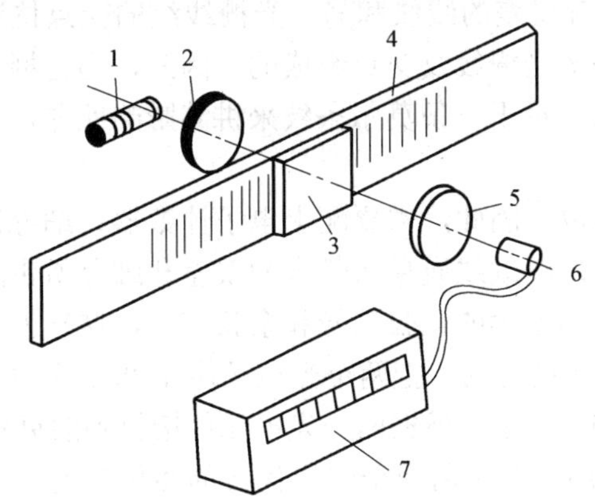

图 11-53　透射光栅原理

1—光源；2—透镜；3—指示光栅；4—标尺光栅；5—光敏元件；6—光电元件；7—显示装置

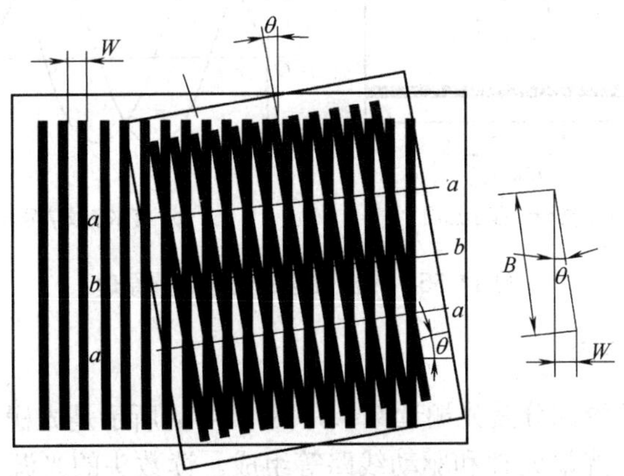

图 11-54　莫尔条纹形成

莫尔条纹的作用如下。

1)　起放大作用

测量莫尔条纹的宽度比测量光栅线纹宽度要容易得多。当两光栅栅距均为 W，栅线夹角较小的情况下，莫尔条纹宽度 B 和光栅栅距 W、栅线夹角 θ 之间有下列关系，即

$$B=\frac{W}{2\sin\frac{\theta}{2}} \tag{11-21}$$

式中：θ 的单位为 rad，B 的单位为 mm。当 θ 角很小时，$\sin\theta\approx\theta$，则式(11-21)可近似为

$$B \approx \frac{W}{\theta} \tag{11-22}$$

若 W=0.01 mm，θ=0.01 rad，则可得出 B=1 mm，即将光栅栅距转换成为放大 100 倍的莫尔条纹。

2) 起平均误差作用

由于每条莫尔条纹都是由许多光栅线纹的交点组成的，当线纹中有一条线纹有误差时(间距不等或倾斜)，这条有误差的线纹和另一光栅线纹的交点位置就将产生变化。但是，由于一条莫尔条纹是由许多光栅线纹交点组成的，因此，当光栅栅距不均匀或断裂导致一个线纹交点位置的变化时，对于一条莫尔条纹来讲其影响就非常小了，所以莫尔条纹可以起到均化误差的作用。

由于光栅不能直接读数，因此，需要配上电子计数器、细分装置和读数头。光栅尺的误差来源主要是尺子本身，即刻线质量所带来的误差和细分所带来的误差。随着光栅的移动，使之分别产生一个周期连续的正弦信号和余弦信号，这样就可以用来判别光栅尺的移动方向。为了辨别主光栅运动方向，把两个光电元件 1 和 2 分别放在间隔为 1/4 个莫尔条纹间距的地方，如图 11-55 所示。根据两个光电元件接收到的莫尔条纹信号的不同(正弦波电信号相应位差 1/4 周期)，即利用两个输出信号的相位超前或滞后就可辨明主光栅运动方向。

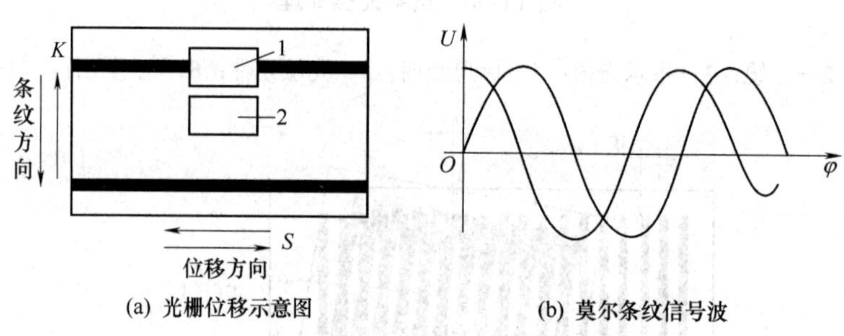

(a) 光栅位移示意图　　(b) 莫尔条纹信号波

图 11-55　光栅位移的光电测量原理

3. 光栅检测装置结构

光栅检测装置的关键部分是光栅读数头，图 11-56 所示是光栅读数头的构成，它由光源、透镜、指示光栅、光敏元件和驱动线路等组成。读数头的光源一般采用白炽灯泡。白炽灯泡发出的辐射光线，经过透镜后变成平行光束，照射在光栅尺上。光敏元件是一种将光强信号转换为电信号的光电转换元件，它接收透过光栅尺的光强信号，并将其转换成与之成比例的电压信号。由于光敏元件产生的电压信号一般比较微弱，在长距离传递时很容易被各种干扰信号所淹没、覆盖，造成传送失真。为了保证光敏元件产生的电压信号在传送中不失真，应首先将该电压信号进行功率和电压放大，然后再进行传送。驱动电路就是实现对光敏元件产生的电压信号进行功率和电压放大的线路。

根据不同的要求，读数头内常安装 2 个或 4 个光敏元件。

光栅读数头的结构形式，除图 11-56 所示的垂直入射式之外，按光路分，常见的还有分光读数头、反射读数头和镜像读数头等。图 11-57(a)、(b)、(c)分别给出了它们的结构原理，图中 Q 表示光源，L 表示透镜，G 表示光栅尺，P 表示光敏元件，P_r 表示棱镜。

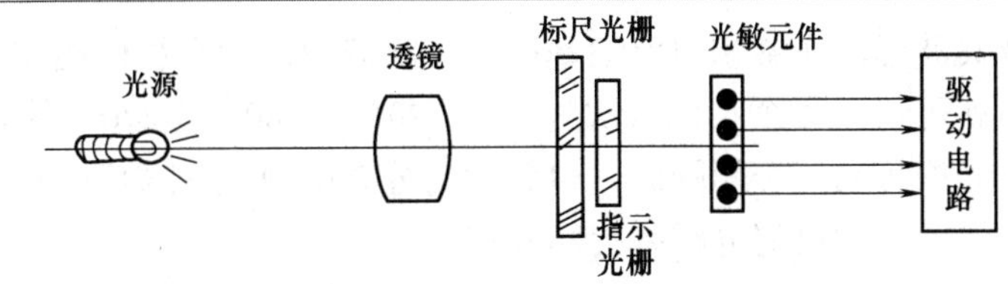

图 11-56　光栅读数头

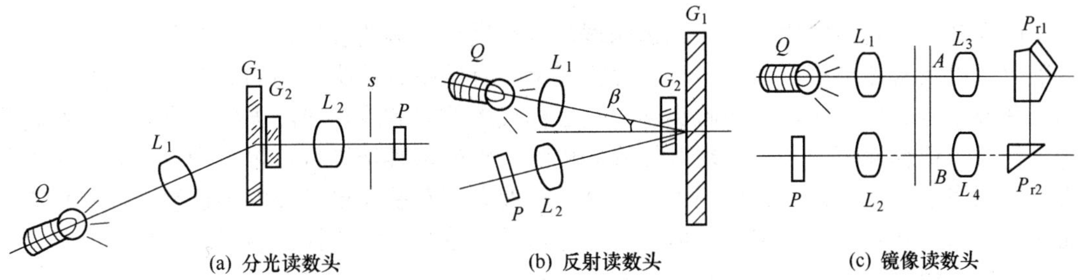

图 11-57　光栅读数头结构原理

4. 光栅位移数字变换电路

在光栅测量系统中，光栅测量位移的实质是将光栅栅距作为一把标准尺子对位移量进行测量。为了提高光栅装置的分辨率，需要对莫尔条纹进行细分，细分技术有光学细分、机械细分和电子细分等方法，数控机床位移检测常采用电子细分方法，使光栅每移动一个栅距时输出均匀分布的 n 个脉冲，从而得到比栅距更小的分度值，使分辨率提高到 W/n。

电子细分的方法有直接细分、电桥细分、锁相细分、调制信号细分、软件细分等，下面介绍常见的直接细分方法。

直接细分又称位置细分，常用细分数为 4，因此也称其为四倍频细分。图 11-58 所示为

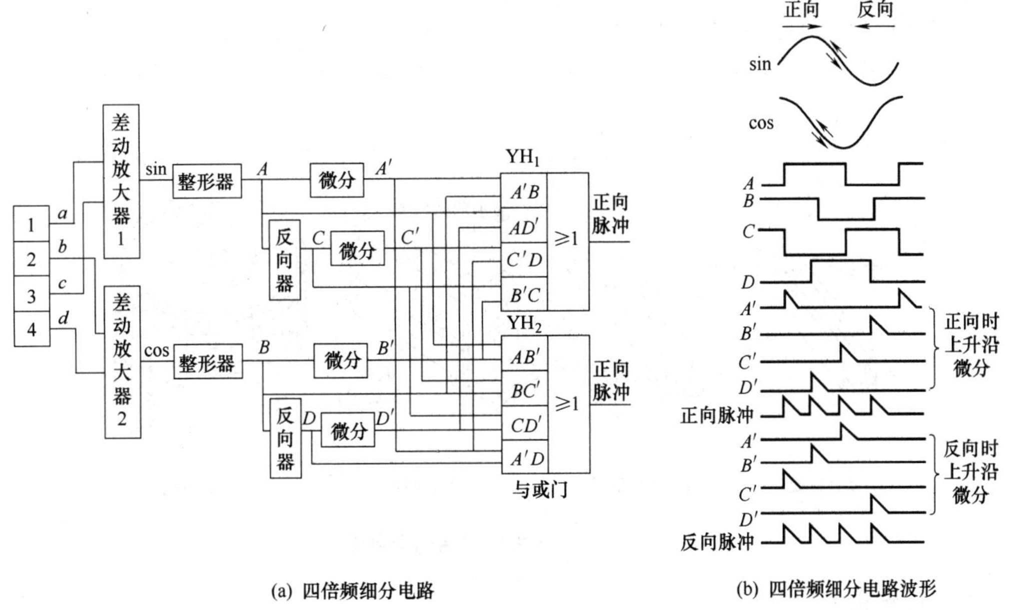

图 11-58　鉴相与四倍频电路

四倍频细分电路及其波形。在鉴相电路的基础上，将获得的两个相位相差 90° 的正弦信号分别整形和反相，就可得到 4 个相位依次为 0° 、90° 、180° 、270° 的方波信号，经 RC 微分电路后就可在光栅移动一个栅距时，得到均匀分布的 4 个计数脉冲，再送到可逆计数器进行加法或减法计数，就可将分辨率提高 4 倍。

11.4.6 磁栅

磁栅是一种利用电磁特性和录磁原理对位移进行检测的装置。它一般分为磁性标尺、拾磁磁头以及检测电路三部分。在磁性标尺上，有用录磁磁头录制的具有一定波长的方波或正弦波信号。检测时，拾磁磁头读取磁性标尺上的方波或正弦波电磁信号，并将其转化为电信号，根据此电信号，实现对位移的检测。磁栅按其结构特点可分为直线式和角位移式，分别用于长度和角度的检测。磁栅具有精度高、复制简单以及安装调整方便等优点，而且在油污、灰尘较多的工作环境使用时，仍具有较高的稳定性。磁栅作为检测元件可用在数控机床和其他测量机上。

1. 磁尺结构与工作原理

1) 磁性标尺

一般是由非导磁材料和硬磁材料两部分组成，即磁性标尺基体和磁性膜。磁性标尺的基体料由玻璃、铜、铝或其他合金材料制成。磁性膜是化学涂敷、化学沉积或电镀在磁性标尺基体上的一层厚 10～20 μm 的磁性材料，该磁性材料均匀分布在磁性标尺的基体上，且呈膜状，故称磁性膜。磁性膜上有用录磁方法录制的波长为λ的磁波。对于长磁性标尺来说，其磁性膜上的磁波波长一般取 0.005、0.01、0.20、1.00 mm 等几种；对于圆磁性标尺，为了等分圆周，录制的磁波波长不一定是整数值。

在实际应用中，为防止磁头对磁性膜的磨损，一般在磁性膜上均匀地涂上一层厚 1～2 μm 的耐磨塑料保护层，以提高磁性标尺的使用寿命。

按磁性标尺基体的形状，磁栅可分为实体式磁栅、带状磁栅、线状磁栅和回转磁栅。前 3 种磁栅用于直线位移测量，后一种用于角位移测量。各种磁尺的结构形状如图 11-59 所示。

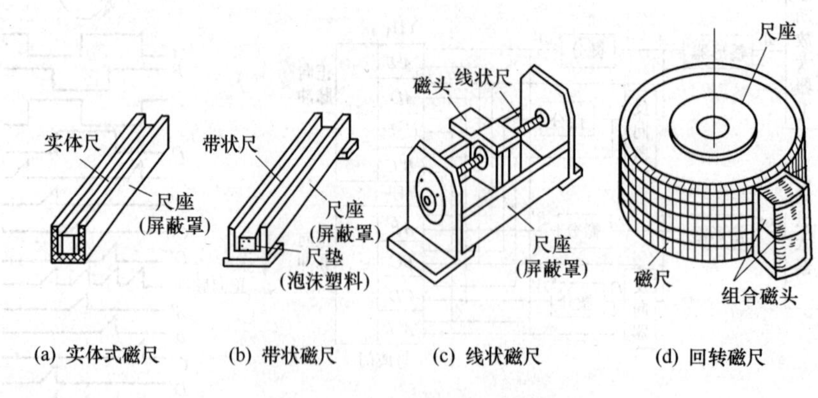

图 11-59 各种磁尺结构示意图

2) 拾磁磁头

(1) 动态磁头，也称为速度响应式磁头，如图 11-60 所示，磁头上仅有一组绕组，当磁头与磁尺相对运动，并有一定的相对速度时，读取磁化信号，并将磁化信号转换成电压信号输出。录音机、磁带机磁头就是使用动态磁头，而数控设备需要在两相对运动部件相对速度很低或处于静止时才能测量位移或位置，因此不能使用。图中，动态磁头输出电压在 N 极处为正的最大值，在 S 极处为负的最大值。

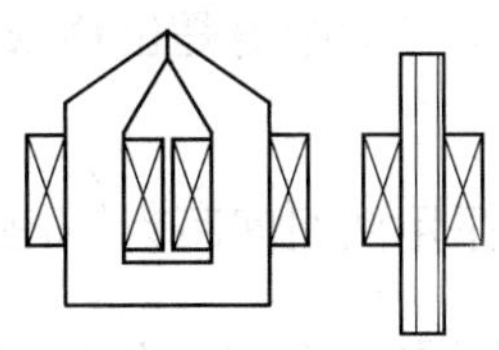

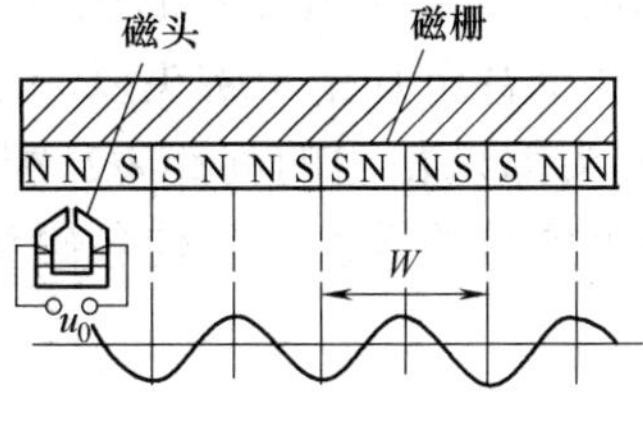

图 11-60　动态磁头

(2)　静态磁头，又称为磁通响应式磁头，是在普通动态磁头上加有带励磁线圈的可饱和铁芯，从而形成磁性调制器。它在磁头和磁尺之间没有相对运动情况下也能进行检测。静态磁头读出信号的原理如图 11-61 所示。

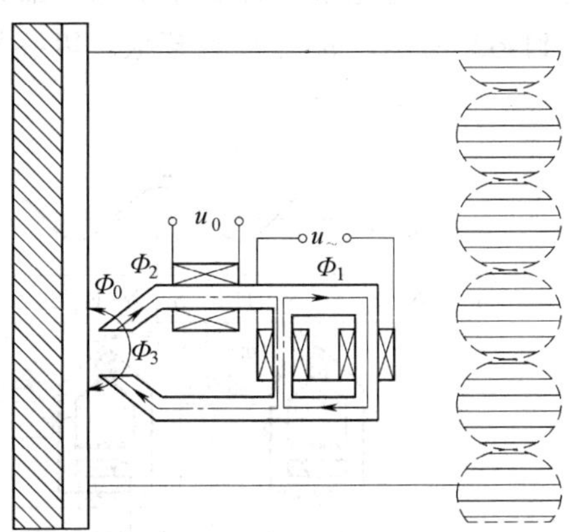

图 11-61　静态磁头

静态磁头有两组绕组，一组为励磁绕组($u_\sim$)，绕在磁路截面尺寸较小的横臂上；另一组为拾磁绕组(u_0)，绕在磁路截面尺寸较大的竖杆上。当对励磁绕组加以一高频的交变励磁信号电流时，铁芯上就会产生周期性正反向饱和磁化，使磁心的可饱和部分在一个周期内两次被电流产生的磁场饱和。当磁头靠近磁尺时，交变磁通 Φ_0 的一部分 Φ_2 通过磁头铁芯，另一部分 Φ_3 通过气隙。静态磁头就是利用磁栅漏磁通 Φ_0 的一部分 Φ_2 通过磁头铁芯而拾取信号的。

若磁头与磁栅相对位移一个节距λ，则 Φ_0 也交替变化一个周期。又因励磁线圈电压 $u_\sim$ 变化一个周期时，铁芯磁阻变化两个周期。所以拾磁绕组输出电压为

$$U = U_m \cos\left(\frac{2\pi x}{\lambda}\right)\sin \omega t \tag{11-23}$$

式中：U_m 为输出电压峰值；λ为磁性标尺节距；x 为磁头与磁栅间的相对位移；ω 为励磁电压角频率。

由式(11-23)可知，拾磁磁头输出信号的幅值是位移 x 的函数，只要测出 U 过零的次数，就可得出位移的大小。

为了识别磁尺的运动方向，通常采用两组间距为$\left(m \pm \frac{1}{4}\right)\lambda$的磁头，并使两组磁头的励磁电流相位相差π/4，这样，使两组磁头输出信号相位相差π/2。

由于使用单个磁头读取磁化信号时，输出信号的电压很小(几毫伏到几十毫伏)，抗干扰能力差，因此，实际使用时将几个甚至几十个磁头以一定的方式连接起来，组成多间隙磁头。多间隙磁头中的每一个磁头都以相同的间距$\lambda/2$ 配置，相邻两磁头的绕组反向串接，因此，输出信号为各磁头输出信号的叠加，且使各磁头间误差平均化，具有高精度、高分辨率和输出电压大等优点。

2. 磁尺的工作原理

在实际应用时，为了提高拾磁绕组中感应电势的幅值，常将空间上相距λ的几个磁头的线圈串联起来，作为一组拾磁磁头。

磁栅作为测量元件，根据对磁头上拾磁绕组中感应电势的不同处理方法，可做成鉴相式工作状态和振幅式工作状态两种。无论哪一种工作状态，都必须设置两个或两组间距为$(m\pm1/4)\lambda$的拾磁磁头，如图 11-62 所示，m 是任意整数。以鉴相式检测应用较多，现以双磁头为例进行说明。

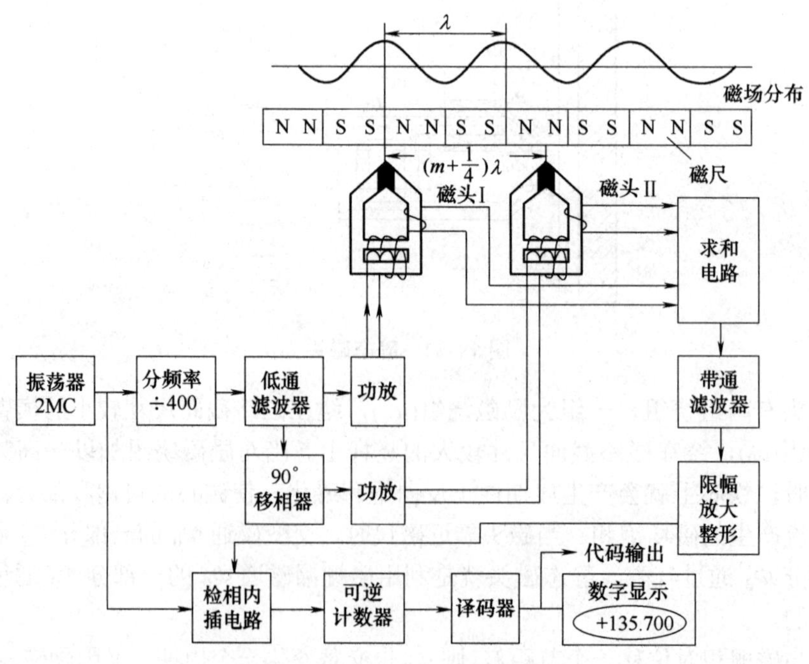

图 11-62　双磁头工作原理框图

给两磁头通以频率相同、相位相差π/2 的励磁电压，在两个磁头的拾磁绕组中分别输出感应电压 U_1 和 U_2，U 为两输出电压信号的叠加，即

$$U_1 = k\Phi_m \sin\left(\frac{2\pi x}{\lambda}\right)\cos\omega t \tag{11-24a}$$

$$U_2 = k\Phi_m \cos\left(\frac{2\pi x}{\lambda}\right)\sin\omega t \tag{11-24b}$$

$$U = k\Phi_m \sin\left(\omega t + \frac{2\pi x}{\lambda}\right) \tag{11-24c}$$

相位检测系统如图 11-62 所示，由振荡器发出的脉冲信号，经分频器分频后得到励磁信号，再经滤波器转换为正弦信号，分成两路，一路经功率放大器送到第一组磁头励磁线圈，另一路经π/2 移相后送入第二组磁头励磁线圈。两磁头获得的信号输出 U_1、U_2 送求和电路相加，即得到相位按位移量变化的合成信号，该信号经带通滤波器滤放，再经限幅和放大整形得到与位移量相关的信号，送入检相内插电路中进行内插细分后，得到预定分辨率的计数脉冲信号。计数信号送入数控系统，即可进行数字控制和数字显示。

11.5　实训一——数控机床进给传动系统的拆装

1. 实训目的

(1) 掌握数控机床进给传动系统(如滚珠丝杠螺母副和滚动导轨副)的工作原理。

(2) 掌握数控机床进给传动系统(如滚珠丝杠螺母副和滚动导轨副)的结构特点。

(3) 掌握数控机床进给传动系统(如滚珠丝杠螺母副和滚动导轨副)的精度要求。

2. 实训要点

(1) 滚珠丝杠螺母副中滚珠的循环方式。

(2) 滚珠丝杠螺母副中轴向间隙的调整方法。

(3) 滚珠丝杠螺母副的支承方式。

(4) 滚动导轨块的预紧。

3. 预习要点

(1) 预习滚珠丝杠螺母副的相关结构。

(2) 预习滚动导轨块的相关结构。

4. 实训过程

(1) 拆装滚珠丝杠螺母副。

(2) 拆装滚动导轨块。

5. 实训小结

通过实训，使学生掌握滚珠丝杠螺母副的工作原理和拆装方法；掌握数控机床进给传动系统(如滚珠丝杠螺母副和滚动导轨副)的结构特点。了解数控机床进给传动系统(如滚珠

丝杠螺母副和滚动导轨副)的精度要求。实训结束后，对学生进行测试，检查和评估实训情况。

11.6 实训二——数控机床换刀装置的拆装

1. 实训目的

(1) 掌握数控车床的自动转位刀架的工作原理和结构特点。

(2) 掌握加工中心自动换刀装置的工作原理和结构特点。

2. 实训要点

(1) 数控车床的自动转位刀架的刀具位置与分度定位机构之间的关系。

(2) 圆盘刀库或链式刀库的转位定位机构的工作原理，以及刀具在刀库中的安装基准或固定方法。

(3) 换刀机械手的工作原理和工作过程。

3. 预习要求

(1) 预习数控车床的四工位或六工位的自动转位刀架的相关结构。

(2) 预习圆盘刀库或链式刀库的相关结构。

(3) 预习换刀机械手的相关结构。

4. 实训过程

(1) 拆装一个四工位或六工位的转位刀架。

(2) 拆装一个圆盘刀库或链式刀库。

(3) 拆装任意一种换刀机械手。

5. 实训小结

通过实训，使学生熟悉一个四工位或六工位的转位刀架的工作原理和结构特点，描述刀具位置与分度定位机构之间的关系；掌握圆盘刀库或链式刀库的转位定位机构的工作原理，以及刀具在刀库中的安装基准或固定方法；描述换刀机械手的工作过程。实训结束后，对学生进行测试，检查和评估实训情况。

思考与练习

11-1 数控机床的主轴调速方法有哪些？

11-2 简述滚珠丝杠螺母副轴向间隙调整和预紧的基本原理，常用方法有哪些？

11-3 滚珠丝杠螺母副与普通丝杠螺母副相比有哪些特点？

11-4 数控机床的常用导轨有哪些？各有什么特点？

11-5 作为直线位移传感器的感应同步器有什么优点？感应同步器的工作原理是什么？

11-6 什么是细分？什么是鉴相？它们各有什么用途？

11-7　光电编码器是如何对它的输出信号进行鉴相和细分的？

11-8　光电编码器输出的信号有哪几种？各有什么作用？

11-9　简述旋转变压器的工作原理及应用。

11-10　在光栅测量中，若指示光栅相对于标尺光栅逆时针偏转一个角度，当标尺光栅左右移动时，产生的莫尔条纹将如何移动？

11-11　在编码器测量中，如果实现辨向的电路中有一路光电元件损坏，将会出现什么现象？

11-12　绝对式和相对式编码器各自的优、缺点有哪些？

11-13　透射式光栅的检测原理是什么？

第 12 章　数控机床的安装调试及保养维修

技能目标

- 了解数控机床的安装调试步骤。
- 熟悉日常维护和故障处置的一般方法。

知识目标

- 熟悉数控机床的基本使用条件。
- 掌握数控机床安装调试的内容。
- 了解数控机床的保养内容。

一台数控机床在设计和制造的过程中采用了各种措施来保证运行的可靠性和稳定性。尽管如此，数控机床与其他产品一样，还是具有其特定的使用条件。在数控机床的使用现场，如果不能提供机床要求的运行条件，就难以保证数控机床运行的可靠性，同时也很难达到数控机床的设计指标。数控机床的使用和维修在数控机床的生命周期中起着至关重要的作用，对数控机床指定的技术指标、可靠性，甚至使用寿命都会产生重要的影响。

12.1　数控机床的基本使用条件

在机床制造厂提供的数控机床安装使用指南中，对数控机床的使用提出了明确的要求，如数控机床运行的环境温度、湿度、海拔高度、供电指标、接地要求和振动等。数控机床属于高精度的加工设备，其控制精度一般都能够达到 0.01 mm 以内，有些数控机床的控制精度更高，甚至达到纳米级的精度等级。机床制造厂在生产数控机床以及进行精度调整时，都是基于数控机床标准的检测条件进行的，如生产车间必须保证一定的温度和湿度。金属材料对温度变化的反应将影响数控机床的定位精度。数控机床的用户要想达到数控机床的标定精度指标，就必须满足数控机床安装调试手册中定义的基本工作条件；否则数控机床的设计精度指标在生产现场是难以达到的。

12.1.1　环境温度

数控机床工作的环境温度是有一定限制的，一般环境温度不得超出 0～40℃的范围。当数控机床工作的生产现场的温度超过数控机床规定的运行范围时，一方面无法达到数控机床的精度指标，另一方面可能导致数控机床的电气故障，造成电气部件损坏。为了保证数控机床在环境温度较高的生产现场可以稳定可靠地运行，机床制造厂采取了相应的措施。许多数控机床的电气柜配备了工业空调，对电气柜中的驱动器等发热部件产生的热量进行冷却。由于采用空调冷却，使得电气柜的内部和外部的温差很大，因此在湿度较高的环境中也可能导致数控机床的故障，甚至电气部件的损坏。如果数控机床电气柜的密封性能不好，那么在数控机床断电后，空气中的水分子将在数控系统部件的元器件上产生凝结。当数控机床再次上电时，由于水的导电性，数控机床中各种电气部件上的露水可能会导致电气柜中元器件的短路损坏，特别是高电压部件。因此，在高温高湿地区使用数控机床的用户要特别注意环境可能对数控机床造成的影响，避免或减少数控机床停机导致的经济损失。所以，为数控机床的工作现场提供一个良好的环境是必要的，如将数控机床安放在恒温车间中进行加工生产。

12.1.2　环境湿度

当数控机床工作在高湿环境中时，应尽可能减少机床断电的次数。数控机床断电的主要目的有两个：一是安全；二是节能。数控机床耗能最高的部件是伺服驱动器，其他部件，如数控系统的显示屏、输入/输出模块等，需要的功率都非常小，只要断开驱动器的职能信号，整个数控机床的能源消耗并不高。因此，在高湿度环境中工作的数控机床可以只断掉伺服系统的电源，机床制造厂对于销往高湿度地区的数控机床还可以选配电气柜的加热器，用于排除电气部件上凝结的露水。在消除凝结的露水后，才能接通数控系统和驱动系统的电源。

12.1.3　地基要求

与数控机床使用的环境温度指标相同，数控机床对工作现场的地基以及数控机床在工作现场的安装调试也会影响数控机床的动态特性和加工精度。假如数控机床的工作现场地基不坚固，或者导轨的水平度没有达到要求，数控机床的动态性将会受到影响。数控机床在高加速度或高伺服增益设定情况下可能出现振动，从而不能保证加工的高精度。另外，对于高精度的数控机床，如果工作现场的地基与车间外的地面环境之间没有任何隔振措施，车间外面的振源也会影响机床的精度，如车间外道路上重型运输车辆产生的振动将直接影响加工的精度。

12.1.4　对海拔高度的要求

数控机床工作地允许的海拔高度一般低于 1000 m，当超过这个指标时，伺服驱动系统的输出功率将有所下降，因而会影响加工的效果。如果一台数控机床准备在高原地区使用，那么在做电气系统配置时一定要考虑到高原环境的特点，选择伺服电机时功率指标要适当增大，以保证在高海拔的生产现场数控机床的驱动系统可以提供足够的功率。

12.1.5　对电源的要求

电源是数控机床正常工作的最重要指标之一。没有一个稳定可靠的三相电源，数控机床稳定可靠的运行是得不到保证的。数控机床的动力来自伺服驱动器，然而伺服驱动器又是很强的干扰源，其装置不仅可能会对电气柜中的电气部件产生干扰，而且其在工作中会同时对三相电源产生高次谐波干扰。当用户的生产现场有多台数控机床工作时，数控机床

对供电电源产生的干扰可能会影响其他数控机床的正常运行，特别是对于采用大功率伺服驱动装置的数控机床，如大功率伺服电机或大功率伺服主轴，在工作中会产生非常强的电源干扰。防止伺服系统电源干扰的措施是在数控机床的电气柜中，在三相主开关与伺服驱动器的电源进线之间配置电源滤波器。用户在订购数控机床时，可根据生产现场的情况向机床制造厂提出配置电源滤波器的要求。生产车间现场电网品质的好坏不仅取决于生产现场的供电设备，更重要的是取决于生产现场的用电设备。只有减小或消除每台数控机床对电网产生的高次谐波干扰，才能保证整个生产现场所有的数控机床正常稳定运行，避免由于不必要的停机而造成的经济损失。越来越多的用户已经逐渐认识到生产现场供电电源的品质对生产的影响。

12.1.6　保护接地的要求

数控机床在生产现场的保护接地也是一个普遍存在的问题。很多数控机床的用户对三相动力电源的中线和保护接地的区别认识模糊。数控机床在生产现场的保护接地是影响数控机床可靠性的重要因素之一。我国的动力电源为三相交流 380 V，采用三相四线制的供电方式。数控机床属于敏感电气设备，在通用电气安装标准中规定，数控机床必须连接保护接地。如果在数控机床内需要使用中线连接单相的用电设备，如 24 V 直流稳压电源或空调等，必须得到机床用户的认可。在数控机床的电气柜中，中性线与保护接地必须分开。绝对不能将中性线用作数控机床的保护接地。如果在数控机床电气系统的设计时使用三相电源的中性线，则必须在数控机床的技术文件中有明确的描述，如数控机床的安装调试说明书或数控机床的电气图。在数控机床的电源端子上对中性线提供带有字母 N 的标志，保护接地端子应提供带有“PE”字母的标志。在电气柜内部中性线和保护接地电路之间是不相连的，也不应将保护接地与中性线在数控机床的外部连接后作为 PEN 与 PE 端子连接。

中性线是供电电网中消除电网不平衡的回路。虽然中性线在变电站一端已经做了接地处理，但是中性线绝对不能作为保护接地使用。许多用户错误地认为由于三相四线制供电系统中没有保护接地，所以只能使用中性线作为保护接地。其实保护接地不是来自三相四线制的供电系统，而是来自生产现场。首先，电气设备的保护接地的目的是保护操作人员的人身安全；其次，是保护数控机床中各个电气部件的安全可靠。尽管中性线在变电站一端已经做了接地处理，但是从数控机床的工作现场或变电厂或变电站的接地之间可能相距很远，而车间内使用三相动力电源的各种设备产生的不平衡电流都要通过中性线流向变电站的接地点，由于导线电阻与导线的长度有关，因此中性线内的不平衡电流就会产生一个较强的电势而使整个机床带电，危害各电敏元器件，甚至可能导致数控机床操作人员的人身伤害。所以，绝对不能将车间三相电源的中性线作为保护接地与数控机床 PE 端子的连接。

车间现场的保护接地是各种设备稳定可靠运行的基本保证。在建设新的数控加工车间时，必须考虑到车间内接地的设计，使每个工位的配电箱都配备独立的保护接地。对于旧厂房中的数控设备，应对供电系统进行改造，使每个工位的保护接地满足国家标准的要求。数控设备生产现场基础的建设或改造是保证设备稳定运行的基础，它可以减少设备的停机时间，为企业产生更高的经济效益。

12.2　数控机床的安装调试

12.2.1　安装调试的各项工作

首先要看新的数控机床是属于小型机床还是大型机床。通常小型数控机床安装比较简单，而大型数控机床必须考虑运输和包装等问题，因此不得不将整体机床分解成几大部分，到达工作现场后必须重新组装与仔细调整，工作量较大而且也比较复杂。相比较而言，小型数控机床免去了分解后重组的工作量，但是，小型数控机床开箱验收及开机调试也必须认真、仔细地对待，以免出错造成损失。

通常，数控机床的安装调试必须经过以下各个工作步骤。

(1)　初就位工作。机床到达之前应按机床厂提供的基础图打好机床安装基础，并预留地脚螺栓预置孔；按装箱清单清点备品、配件、资料及附件；对随机文件要有专人专项保管(特别是数控机床参数设置明细表等文件)；按说明书将机床各大部件在现场的地基上就位，各紧固件必须对号入座。

(2)　机床的连接工作。机床各部件组装前，先去除安装连接面、导轨及各运动部件面上的防锈涂料，做好各部件外表的清洁工作。然后把机床各部件组装成整机，如将立柱、数控柜、电气柜装在床身上，刀库机械手装到立柱上，在床身上装上接长身等。组装时要使用原来的定位销、定位块和定位元件，使安装位置恢复到机床拆卸前的状态，以利于下一步的精度调试。部件组装完成后就进行电缆、油管和气管的连接。机床说明书中有电气接线图和气、液压管路图，应据此把有关电缆和管道按标记一一对号接好。连接时，特别要注意清洁工作和可靠的接触及密封，并检查有无松动和损坏。电缆插上后一定要拧紧螺钉，保证接触可靠。油管、气管连接中要特别防止异物从接口中进入管路，以免造成整个液压系统故障。管路连接时每个接头都要拧紧，否则在试车时，尤其在一些大的分油器上，如果有一根管子渗漏油，往往需要拆下一批管子，返修工作量很大。电缆、油管连接完毕后，要做好各管线的就位固定，防护罩壳的安装，并且保证整齐的外观。

(3)　数控系统的连接与调整包括开箱检查，外部电缆连接，电源连接，设定的确认，输入电流、电压、频率及相序的确认，机床参数的确认等。

(4)　通电试车。

(5)　机床精度及功能调试。

(6)　试运行。

(7)　组织机床验收工作。

12.2.2　新机床数控系统的连接

对新机床数控系统的连接与调整应进行以下各项内容并注意有关问题。

1. 数控系统的开箱检查

对于数控系统，无论是单个购入还是随机床配套购入，均应在到货后进行开箱检查。检查包括系统本体以及与之配套的进给速度控制单元和伺服电机，主轴控制单元，主轴电机。检查它们的包装是否完整无损，实物和订单是否相符。此外，还应检查数控柜内各插接件有无松动，接触是否良好。

2. 外部电缆的连接

外部电缆的连接是指数控装置与外部 MDI/CRT 单元、强电柜、机床操作面板、进给伺服电机动力线与反馈线、主轴电机动力线与反馈信号线的连接以及与手摇脉冲发生器等的连接。应使这些连接符合随机提供的连接手册的规定。最后，还应进行地线连接。地线要采用一点接地法(即辐射式接地法)，如图 12-1 所示。

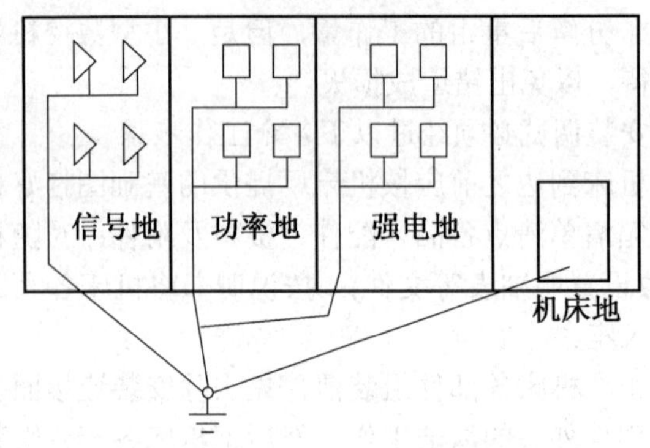

图 12-1 一点接地法示意图

这种接地法要求将数控柜中的信号地、强电地、机床地等连接到公共接地点上，而且数控柜与强电柜之间应有足够粗的保护接地电缆，如截面积为 5.5～14 mm^2 的接地电缆。另外，总的公共接地点必须与大地接触良好，一般要求接地电阻小于4～7 Ω。

3. 数控系统电源线的连接

应在先切断控制柜电源开关的情况下连接数控柜电源变压器原边的输入电缆。检查电源变压器与伺服变压器绕组抽头连接是否正确，尤其是引进的国外数控系统或数控机床更需要如此，因为有些国家的电源电压等级与我国不同。

4. 设定的确认

数控系统内的印制电路板(也称印刷线路板)上有许多用短路棒作为短路的设定点，需要对其进行适当设定以适应各种型号机床的不同要求。一般来说，用户购入的整台数控机床的该项设定已由机床制造厂完成，用户只需确认即可。但是，对于单体购入的 CNC 系统，用户则需要自行设定。确认工作应按随机维修说明书要求进行。一般有以下 3 点。

(1) 确认控制部分印制电路板上的设定。确认主板、ROM 板、连接单元、附加轴控制板和旋转变压器或感应同步器控制板上的设定。它们与机床返回基准点的方法、速度反馈用检测元件、检测增益调节及分度精度调节有关。

(2) 确认速度控制单元印制电路板上的设定。无论是直流还是交流速度控制单元上都有一些设定点，用于选择检测元件种类、回路增益以及各种报警等。

(3) 确认主轴控制单元印制电路板上的设定。上面有用于选择主轴电机电流极限与主轴转速等的设定点(由于数字式交流主轴控制单元上已用数字设定代替短路棒设定，所以只有通电时才能进行设定与确认，其他交、直流主轴控制单元上均有)。

5. 输入电源电压、频率及相序的确认

输入电源电压、频率及相序的确认需要按以下 3 点进行。

(1) 检查确认变压器的容量是否能满足控制单元与伺服系统的电耗。

(2) 检查电压波动是否在允许范围之内。

(3) 对采用晶体管控制元件的速度控制单元与主轴控制单元的供电电流，一定要严格检查相序；否则会使熔丝熔断。

6. 确认直流电源的电压输出端是否对地短路

各种数控系统内部都有直流稳压电源单元，为系统提供所需要的+5 V、±15 V、+24 V 直流电压。因此，在系统通电之前，应检查这些电源的负载是否有对地短路现象，可用万用表来确认。

7. 数控柜通电，检查各输出电压

在接通电源之前，为了确保安全，可先将电机动力线断开，这样在系统工作时不会引起机床运动。但是，应根据维修说明书的介绍对速度控制单元作一些必要的设定，以免因断开电机动力线而造成报警。

接通电源之后，首先检查数控柜中各个风扇是否旋转，借此也可确认电源是否已接通。然后，检查各印制电路板上的电压是否正常，各种直流电压是否在允许的波动范围之内。一般来说，对+5V 的电源要求较高，波动范围在±5%内，因为它是供给逻辑电路用的。

8. 确认数控系统各种参数的设定系统(包括 PLC)

参数设定目的是使数控装置与机床连接时，能够使机床处于最佳工作状态，具备最好的工作性能。即使数控装置属于同一类型、同一型号，其参数设置也随机床而异。显示参数的方法有多种，但大多数可通过 MDI/CRT 单元上的“PARAM”键来显示已存入系统存储器的参数。机床安装调试完毕时，其参数显示应与随机附带的参数明细表一致。

如果所用的进给和主轴控制单元是数字式的，那么它的设定也都是用数字设定参数，而不是用短路棒。此时，需根据随机所带的说明书一一予以确认。

9. 确认数控系统与机床侧的接口

现代数控机床的数控系统都具有自诊断功能，在 CRT 显示器画面上可以显示出数控系统与机床可编程序控制器(Programmable Logic Controller，PLC)，可以反映出从 NC 到 PLC、从 PLC 到机床(MT 侧)以及从 MT 侧到 PLC 侧、从 PLC 到 NC 侧的各种信号状态。至于各信号的含义及相互逻辑关系随每个 PLC 的梯形图而异。用户可根据机床厂提供的顺序程序单(即梯形图)说明书(内含诊断地址表)，通过自诊断画面确认数控机床与数控系统之间的接口信号是否正确。

10. 纸带阅读机光电放大器的调整

当发现读带信息有错误时，则需要对放大器输出波形进行检查调整。调整时可用黑色环形 40 m 长的纸带试验(其上有孔、无孔交错排列)，使开关置于手动方式，用示波器测量

光电放大器印制线路板上的同步孔，使“ON”和“OFF”时间比为 6∶4，再用示波器测量 8 个信号孔检测端子上的波形，使其符合要求即可。

12.2.3 精度调试与功能调试

新购进的数控机床在安装中，首先要对机床主床身的水平度进行精确调整。利用固定床身的地脚螺栓与垫铁找好水平，水平找好后再移动机床身上的主立柱、溜板、工作台等运动部件，并仔细观察各运动部件在各坐标全行程内的水平状况，调整到允差范围之内。

完成上述工作后，下一步可以使机床使用 G28 Y0 或 G30 Y0 Z0 等程序自动移动到刀具交换位置。以手动方式调整装刀机械手与卸刀机械手相对于机床主轴的位置。此时，可用校对心棒进行检测。有误差时，就调整机械手行程，或修改换刀位置点的设定值，即改变数控系统内的参数设定。调整好以后，必须紧固各调整螺钉及刀具库存的地脚螺栓。这时，才可以装几把刀柄(注意，重量应在允许值范围以内)，进行多次从刀库到主轴的往复运动并交换刀具。交换动作必须准确无误，不产生冲击，并保证不会掉刀。

对带有 APC 装置的机床应将工作台移动至交换位置，调整好托盘站与工作台的相对位置，使工作台自动交换时平稳、可靠、动作无误、准确到位。然后再在工作台上加额定负载的 70%～80%工作物进行重复，多次交换，当反复试验无误后，再紧固调整螺钉与地脚螺栓。

在数控系统与机床联机通电试车时，虽然数控系统已经确认，工作正常无任何报警，但为了预防万一，应在接通电源的同时，做好按急停按钮的准备，以备随时切断电源。例如，伺服电机的反馈信号线接反或断线，均会出现机床“飞车”现象，这时就需要立即切断电源，检查接线是否正确。在正常情况下，电机首先通电的瞬时可能会有微小转动，但系统的自动漂移补偿功能会使电机轴立即返回。此后，即使电源再次断开或接通，电机轴也不会转动。可以通过多次通、断电或按急停按钮的操作，观察电机是否转动，从而也确认系统是否具有自动漂移补偿功能。

在检查机床各轴的运转情况时，应用手动连续进给移动各轴，通过 CRT 或 DPL(数字显示器)的显示值检验机床部件移动方向是否正确。如果方向相反，则应将电机动力线及检测信号线反接。然后，检查各轴移动距离是否与移动指令相符，如果不符，则应检查有关指令、反馈参数和位置控制环增益等参数设定是否正确。随后，再用手动进给，以低速移动各轴，并使它们碰到超程开关，用以检查超程限位是否有效，数控系统是否在超程时发出报警。最后，还应进行一次返回基准点动作。机床的基准点是以后机床进行加工的程序基准位置，新数控机床进行验收时，要对机床的几何精度进行检查，包括工作台的平面度、各坐标方向移动时工作台的平行度及相互垂直度。

必须仔细检测主轴孔的径向跳动及主轴的轴向窜动量是否在允差范围内，主轴在 Z 坐标方向移动的直线度以及主轴回转轴心线对工作台面的垂直度是否符合要求。

12.2.4 数控机床的开机调试

新购买的数控机床在安装好以后能否正确、安全地开机，调试是很关键的一步。这一步的正确与否在很大程度上决定了这台数控机床能否发挥正常的经济效率以及它本身的使用寿命，这对数控机床的生产厂和用户来说都是事关重大的问题。

数控机床开机调试步骤的宗旨是安全、快速；目的是节省开机调试的时间，少走弯路，减少故障，防止意外事故的发生，正常发挥数控机床的经济效益，使数控技术得到更广泛的普及。开机调试的顺序如下。

1. 通电前的外观检查

(1) 机床电器检查。打开机床电控箱，检查继电器、接触器、熔断器、伺服电机速度控制单元插座以及主轴电机速度控制单元插座等有无松动，若有松动应恢复正常状态。有锁紧机构的接插件一定要锁紧，有转接盒的机床一定要检查转接盒上的插座、接线有无松动，有锁紧机构的一定要锁紧。

(2) 数控机床电箱检查。打开数控机床(Computer Numerical Control，CNC)电箱门，检查各类插座，包括各类接口插座、伺服电机反馈线插座、主轴脉冲发生器插座、手摇脉冲发生器插座和 CRT 插座等，若有松动要重新插好，有锁紧机构的一定要锁紧。按照说明书检查各个印制电路板上的短路端子的设置情况，一定要符合机床生产厂所设定的状态，确实有误的应重新设置。一般情况下，须重新设置，但用户一定要对短路端子的设置状态做好原始记录。

(3) 接线质量检查。检查所有的接线端子，包括强、弱电部分在装配时机床生产厂自行接线的端子及各电机电源线的接线端子。每个端子都要用旋具紧固一次，直到旋具拧不动为止(弹簧垫片要压平)。各电机插座一定要拧紧。

(4) 电磁阀检查。所有电磁阀都要用手推动数次，以防止长时间不通电造成的动作不良。如果发现异常，则应做好记录，以备通电后确认修理或更换。

(5) 限位开关检查。检查所有限位开关动作的灵活性及是否牢固，发现动作不良或固定不牢的应立即处理。

(6) 操作面板上的按钮及开关检查。检查操作面板上所有的按钮、开关和指示灯，发现有误应立即处理；检查 CRT 单元上的插座及接线。

(7) 地线检查。要求有良好的地线，测量机床地线、CNC 装置的地线，接地电阻不能大于1Ω。

(8) 电源相序检查。用相序表检查输入电源的相序，确认输入电源的相序与机床上各处标定的电源相序绝对一致。有二次接线的设备，如电源变压器等，必须确认二次接线相序的一致性，要保证各处相序的绝对正确。此时应测量电源电压并做好记录。

2. 机床总电压的接通

(1) 接通机床总电源。检查 CNC 电箱、主轴电机冷却风扇、机床电器箱冷却风扇的转向是否正确；润滑、液压等处的油标指示以及机床照明灯是否正常；各熔断器有无损坏，若有异常应立即停电检修，无异常可以继续进行。

(2) 测量强电各部分的电压。特别是供 CNC 及伺服单元用的电源变压器的初、次级电压，并做好记录。

(3) 观察有无漏油。特别是供转塔转位、卡紧，主轴换挡以及卡盘卡紧等处的液压缸和电磁阀，如有漏油应立即停电修理或更换。

3. CNC 电箱通电

(1) 按 CNC 电源通电按钮，接通 CNC 电源，观察 CRT 显示，直到出现正常画面为止。如果出现 ALARM 显示，应该寻找故障并排除，此时应重新送电检查。

(2) 打开 CNC 电源，根据有关资料给出的测试端子的位置测量各级电压，有偏差的应调整到给定值，并做好记录。

(3) 将状态开关置于适当的位置，如日本 FANUC 系统应放置在 MDI 状态，选择到参数页面，逐条逐位地核对参数，这些参数应与随机所带参数表符合。如果发现有不一致的参数，应弄清楚各个参数的意义后再决定是否修改。如果间隙补偿的数值与参数表不一致，在进行实际加工后可随时进行修改。

(4) 将状态选择开关放置在 JOG 位置，将点动速度放在最低挡，分别进行各坐标正、反方向的点动操作，同时用手按与点动方向相对应的超程保护开关，验证其保护作用的可靠性。然后，再进行慢速的超程试验，验证超程撞块安装的正确性。

(5) 将状态开关置于 ZRN(零)位置，完成回零操作，无特殊说明时，一般数控机床的回零方向是在坐标的正方向，观察回零动作的正确性。

(6) 将状态开关置于 JOG 位置或 MDI 位置，进行手动变挡(变速)试验。验证后，主轴调速开关放在最低位置，进行各挡的主轴正、反转试验，观察主轴运转情况和速度显示的正确性，然后再逐渐升速到最高转速，观察主轴运转的稳定性。

(7) 进行手动导轨润滑试验，使导轨有良好的润滑。

(8) 逐渐变化快移超调开关和进给倍率开关，随意点动刀架，观察速度变化的正确性。

4. 手动数据输入(MDI)试验

(1) 将机床锁住开关放在接通位置，用手动数据输入指令进行主轴任意变挡、变速试验，测量主轴实际转速，并观察主轴速度显示值，调整其误差应限定在±5%之内。注意，此时对主轴调速系统应进行相应的调整。

(2) 进行转塔或刀座的选刀试验。

输入指令：

```
T0100 1NPUT START
T0300 1NPUT START
```

进行转塔或刀座的选刀试验的目的是检查刀座或正转、反转和定位精度的正确性。

(3) 功能试验。用手动数据输入方式输入指令 G01、G02、G03 并调整适当的主轴转速、F 码和移动尺寸等，同时调整进给倍率开关，观察功能执行情况及进给率变化情况。

(4) 给定螺纹切削指令 G32，而不给主轴转速指令，观察执行情况，如果不能执行则为正确，因为螺纹切削要靠主轴脉冲发生器的同步脉冲。然后，增加主轴转动指令，观察螺纹切削的执行情况。注意，除车床外，其他机床不进行该项试验。

(5) 订货的情况不同，循环功能也不同，可根据具体情况对各个循环功能进行试验。为防止意外情况发生，最好先将机床锁住进行试验，然后再放开机床进行试验。

5. 编辑(EDIT)功能试验

将状态选择开关置 DEIT 位置，自行编制一个简单程序，尽可能多地包括各种功能指令和辅助指令，移动尺寸以机床最大行程为限，同时进行程序的增加、删除和修改。

6. 自动(AUTO)状态试验

将机床锁住，用编制的程序进行空运转试验，验证程序的正确性。然后放开机床，分别将进给倍率开关、快移超调开关、主轴速度超调开关进行多种变化，使机床在上述各开关的多种变化的情况下进行充分运行后，再将各超调开关置于 100%处，使机床充分运行，观察整体的工作情况是否正常。

7. 外围设备试验

(1) 用 PPR 或 FACIT4070 将参数和程序穿制成纸带，参数纸带要妥善保存，以备后用。

(2) 将程序纸带用光电读入机送入 CNC，确认后再用程序运行一次，验证光电读入机工作的正确性。

至此，一台数控机床开机调试完毕。

12.3　数控机床的保养维修

12.3.1　数控机床保养的概念

1. 系统的可靠性

衡量系统可靠性的两个基本参数是故障频次和相关运行时间。因此，通常用“平均无故障工作时间”(Mean Time Between Failures，MTBF)和“平均故障率”(Average Failure Rate，AFR)来作为衡量的标准。平均无故障工作时间是指系统在可修复的相邻两次故障之间能正常工作的时间的平均值。我国“机床数字控制系统通用技术条件”规定：数控系统产品可靠性验证用 MTBF 作为衡量的指标，具体数值应在产品标准中给出，但数控系统的最低可接受 MTBF 不低于 3000 h。有关资料显示，世界上有些 CNC 系统的 MTBF 已可达 22 000 h。而 FANUC 公司的 CNC 系统采用平均月故障率作为可靠性的主要衡量指标，如表 12-1 所示。

表 12-1　可靠性的主要衡量指标

产品年代	平均故障率/(次/月)	平均无故障时间/月
20 世纪 70 年代末	0.1	10
20 世纪 80 年代中	0.03	33
20 世纪 80 年代末	0.02	50
20 世纪 90 年代初	0.01	100

2. 数控机床的利用率

数控机床的利用率低是我国机械加工行业的一个大问题，经常发现许多数控机床被闲置，开动率很低。为了提高数控机床的利用率，应该合理安排加工工序，充分做好准备工作，尽量减少数控机床的空等时间(如等待刀具、工装夹具及加工程序等)，凡是由在数控机床上加工的，都应当在其上加工，使数控机床的开动率达到 60%～70%。

此外，还应加强对有关技术人员的培训。CNC 系统具有技术密集和知识密集的特点，在一开始使用数控机床时，多是由于操作技术不熟练而发生机床故障。例如，某厂引进了一台加工中心，在使用的第一年中共发生了 16 次停机较长的故障。究其原因，其中有 7 次故障是由于操作、保养不当引起的；3 次是电源、机床电气部分的故障；两次是由于机床调整不当引起的；1 次是 CNC 系统显示出错。由此可见，因操作、保养、调整不当引起的故障占总故障次数的 56.3%，而 CNC 系统的故障只占 25%。因此，有必要对有关人员，包括对机床维修人员、加工零件编程人员、工艺编制人员以及生产调度、定额制定、生产准备、管理人员进行各种技术培训。对一般人员而言，只要普及数控技术知识、了解数控机床特点、掌握数控机床加工过程的要领即可；而对数控系统操作人员、维修人员及编程人员则要进行专业技术培训，既可以在厂内现场培训，也可以到有关数控技术培训中心进行培训。要求这类专业人员必须具备熟练的操作技巧和快速理解加工程序的能力，能对机床加工中出现的各种情况进行综合判断，分析影响加工质量的因素并提出处理的对策；具备及时判断小故障的起因及排除故障的能力；还应具有较强的责任心和良好的职业道德。

当然，为了保证数控系统的开动率，还应加强数控系统的维护工作，这包括两个方面的内容：一是日常维护，即预防性维修；二是一旦发生故障，应及时修理，尽量缩短修理时间，尽快使数控系统投入使用。

3. 数控系统日常维护

数控机床的日常维护也是数控机床运行的稳定性、可靠性保证，是延长数控机床使用寿命的手段。数控机床的日常保养和维护的项目在机床制造厂提供的机床使用说明书中有明确的描述。尽管数控机床在其设计生产中采取了很多手段和措施来保证其运行的可靠性和稳定性，但是，在数控机床的使用过程中如果不能满足规定的运行条件，或不按照规定进行维护，都有可能造成数控机床的停机。一旦机床由于机械故障或者电气故障而停机，导致生产中断，由此造成的经济损失是非常巨大的，其中包括恢复机床正常运行所需要的费用，如维修、采购配件和服务等。因此，在数控机床使用过程中的维护和保养也是使数控机床创造更多价值的重要手段。

总而言之，在数控系统日常维护的过程中需要注意以下几个方面。

(1) 制定数控系统日常维护的规章制度。根据各种部件的特点，确定各自保养条例。例如，明文规定哪些地方需要每天清理(如清洁 CNC 系统的输入/输出单元——光电阅读机，检查机械结构部分是否润滑良好等)，哪些部件要定期检查或更换(如直流伺服电动机电刷和换向器应每月检查一次)。

(2) 应尽量少开数控柜和强电柜的门。因为在机加工车间的空气中一般都含有油雾、灰尘甚至金属粉末，一旦它们落在数控系统内的印制线路板或电器件上，极易引起元器件间绝缘电阻下降，甚至导致元器件及印制线路板的损坏。有的用户在夏天为了使数控系统能超负荷长期工作，打开数控柜的门进行散热，这是一种绝不可取的方法，最终将会导致数控系统的加速损坏。正确的方法是降低数控系统的外部环境温度。因此，对此应该有严格的规定，除非进行必要的调整和维修，否则不允许随便开启门，更不允许在使用时敞开柜门。

(3) 定时清扫数控柜的散热通风系统。应每天检查数控系统柜上各个冷却风扇工作是否正常。应视工作环境状况，每半年或每季度检查一次风道过滤器是否有堵塞现象。如果滤网上灰尘积聚过多，应及时清理，否则将会引起数控系统柜内温度过高(一般不允许超过55℃)，造成过热报警或数控系统工作不可靠。

(4) 数控系统的输入/输出设备的定期维护。FANUC 公司在 20 世纪 80 年代生产的产品绝大部分都带有光电式纸带阅读机，如果读带部分被污染，将导致读入信息出错。为此，应做到以下几点。

① 每天必须对纸带阅读机的表面(包括发光体和受光体)、纸带压板以及纸带通道用含有酒精的纱布擦拭。

② 每周定时擦拭纸带阅读机的主动轮滚轴、压紧滚轴以及导向滚轴等运动部件。

③ 每半年对导向滚轴、张紧臂滚轴等加注润滑油一次。

④ 在使用纸带阅读机时，一旦使用完毕，就应将装有纸带阅读机的小门关上，防止尘土落入。

(5) 定期检查和更换直流电机电刷。20 世纪 80 年代生产的数控机床大多使用直流伺服系统，电动机电刷的过度磨损将会影响电动机的性能，甚至造成电动机损坏。为此，应对电动机电刷进行定期检查和更换，检查周期随机床使用频繁度而定，一般为每半年或一年定期检查一次。

(6) 经常监视数控系统使用的电网电压。FANUC 公司生产的数控系统允许电网电压在额定值的 85%～110%范围内波动，如果超出此范围，就会造成系统不能正常工作，甚至会引起数控系统内部电子部件的损坏。

(7) 定期更换存储器用电池。FANUC 公司所生产的数控系统内的存储有两种，分别如下。

① 不需电池保持的磁泡存储器。

② 需要用电池保持的 CMOS RAM 器件。为了在数控系统不通电期间能保持存储的内容，内部设有可充电电池来维持电路。在数控系统通电时，由+5 V 电源经一个二极管向 CMOS RAM 供电，并对可充电电池进行充电；当被控系统切断电源时，则改为由电池供电来维持 CMOS RAM 内的信息。一般情况下，即使电池尚未失效，也应每年更换一次，以确保系统能正常工作。另外，一定要注意，电池的更换应在数控供电状态下进行。

(8) 数控系统长期不用时的维护。为提高数控系统的利用率和减少数控系统的故障，数控机床应满负荷使用，而不要长期闲置不用。由于某种原因，造成数控系统长期闲置不用时，为了避免数控系统损坏，需注意以下两点。

① 要经常给数控系统通电，特别是在环境湿度较大的梅雨季节更应如此。在机床锁住不动的情况下(即伺服电动机不转时)，应让数控系统空运行，利用电气元件本身的发热来驱散数控系统内的潮气，保证电子器件性能稳定可靠。实践证明，在空气湿度较大的地

区，经常通电是降低故障率的一个有效措施。

② 数控机床如果采用直流进给伺服驱动和直流主轴伺服驱动，应将电刷从直流电动机中取出，以免由于化学腐蚀作用，使换向器表面腐蚀，造成换向性能变差，甚至使整台电动机损坏。

(9) 备板的维护。印制线路板长期不用容易出故障，因此对所购的备板应定期放到数控系统中通电运行一段时间，以防损坏。

(10) 做好维修前的准备工作。为了能够及时排除故障，应在平时做好维修前的准备，这主要有以下 3 个方面。

① 技术准备。维修人员应在平时充分了解系统的性能。为此，应熟读有关系统的操作说明书和维修说明书，掌握数控系统的框图、结构布置以及了解印制线路板上可供检测的测试点上正常的电平值或波形。维修人员应妥善保存好数控系统现场调试之后的系统参数文件和 PLC 参数文件，它们可以是参数或参数纸带。另外，随机提供的 PLC 用户程序、系统文件、用户宏程序参数和刀具文件参数以及典型的零件程序、数控系统功能测试纸带等都与机床的性能和使用有关，都应妥善保存。

② 工具准备。维修工具只需要准备一些常用的仪器设备即可。例如，交流电压表、直流电压表，其测量误差在±2%范围内即可；万用表应准备一块机械式的，可用它测量晶体管；各种规格的旋具也应必备；如果有纸带阅读机，则还应准备清洁纸带、阅读机用的清洁液和润滑油等；如果有条件，用户最好备有一台带存储功能的双线示波器。另外，在进行维修时，应注意不要因仪器测头造成元器件短路而引起系统更大的故障。

③ 备件准备。为了能及时排除故障，用户应准备一些常用的备件，如各种熔断器、晶体管模块以及直流电动机用电刷。至于备板，则视用户经济条件而定。一般来说，可不必准备，一是花钱多，二是长期不用反而易损坏。

定期维护表如表 12-2 所示。

表 12-2 定期维护表

序号	检查周期	检查部位	检查要求
1	每天	导轨	检查润滑油的油面、油量，及时添加润滑油，润滑油泵能否定时启动、打油及停止。导轨各润滑点在打油时是否有润滑油流出
2	每天	*X*、*Y*、*Z* 及回转轴的导轨	清除导轨面上的切屑、脏物、冷却水汽；检查导轨润滑油是否充分，导轨面上有无划伤损坏及锈斑，导轨防尘刮板上有无夹带铁屑；如果是安装滚动滑块的导轨，当导轨上出现划伤时应检查滚动滑块
3	每天	压缩空气起源	检查气源供气压力是否正常，含水量是否过大
4	每天	机床进气口的油水自动分离器和自动空气干燥器	及时清理油水自动分离器中滤出的水分，加入足够润滑油；空气干燥器是否能自动切换工作，干燥剂是否饱和
5	每天	气液转换器和增压器	检查存油面高度并及时补油

续表

序号	检查周期	检查部位	检查要求
6	每天	主轴箱润滑恒温油箱	恒温油箱正常工作，由主轴箱上油标确定是否有油润滑，调节油箱制冷温度能否正常启动，制冷温度不要低于室温太多(2～5℃)；否则主轴容易“出汗”(空气水分凝结)
7	每天	机床液压系统	油箱、油泵无异常噪声，压力表指示正常工作压力，油箱工作油面在允许范围内，回油路上背压不得过高，各管路接头无泄漏和明显振动
8	每天	主轴箱液压平衡系统	平衡油路无泄漏，平衡压力表指示正常，主轴箱在上下快速移动时压力表波动不大，油路补油机构动作正常
9	每天	数控系统及输入/输出系统	光电阅读机的清洁，机械结构润滑良好，外接快速穿孔机或程序服务器连接正常
10	每天	各种电气装置及散热通风装置	数控柜、机床电气柜、排风扇工作正常，风道过滤网无堵塞，主轴伺服电机、冷却风道正常，恒温油箱、液压油箱的冷却散热片通风正常
11	每天	各种防护装置	导轨、机床防护罩应动作灵活而无漏水，刀库防护栏杆机床工作区防护栏检查门开关动作正常，在机床四周各防护装置上的操作按钮、开关、急停按钮位置正常
12	每周		清洗各电柜进气过滤网
13	半年	滚珠丝杠螺母副	清洗丝杠上旧的润滑脂，涂上新的润油脂，清洗螺母两端的防尘圈
14	半年	液压油路	清洗溢流阀、减压阀、滤油器、油箱箱底，更换或过滤液压油，注意加入油箱的新油必须经过过滤和去水分
15	半年	主轴箱润滑恒温油箱	清洗过滤器，更换润滑油，检查主轴箱各润滑点是否正常供油
16	每年	检查并更换直流伺服电机碳刷	从碳刷窝内取出碳刷，用酒精棉清洗碳刷窝内和整流子上的碳粉；当发现整流子表面有被电弧烧伤的现象时，应抛光表面、去毛刷；检查碳刷表面和弹簧有无失去弹性，更换长度过短的电刷，跑合后才能正常使用

12.3.2　数控机床的故障诊断

任何一种数控系统即使采用了最好的设计方法、最新的电子器件，应用最新的科研成果，也还是有可能发生系统初期失效故障、长期运行过程偶发故障以及各个部件老化以至损坏等一系列故障。故障诊断的目的一方面是预防故障发生，另一方面是一旦发生故障也能及早发现故障的起因，迅速采取修复措施。近年来，开发出的自诊断系统大致可分为以下几种。

(1) 动作诊断。监视机床各个动作部分，判定动作不良的部位。一般的诊断部位多是

ATC、APC 和机床主轴等。

(2) 状态诊断。当机床电动机带动负载时，观察它们的运动状态。诊断部位是进给轴和主轴。

(3) 操作诊断。监视操作错误和程序错误。

(4) 点检诊断。定期点检液压、气动等部件以及对强电柜的检查。

(5) 数控系统故障自诊断。这是故障诊断的核心，目前的自诊断能力已发展得很完善，故障的排除主要依赖自诊断功能。

CNC 系统的诊断技术就是指在系统运行中或基本不拆卸的情况下，即可掌握系统现在运行状态的信息，查明产生故障的部位和原因，甚至预知系统的异常和劣化的动向，采取必要对策的技术。

由于数控系统是技术密集型的高科技产品，要想迅速而准确地查明故障原因并明确故障部位，不借助诊断技术是非常困难的，甚至有时是不可能的。可以说，诊断技术在现代数控系统的生产、调试、使用和维护中起着极为重要的作用。随着微电子技术和软件技术的不断发展，诊断技术也由简单的诊断功能向着多功能的高级诊断，甚至是智能化的方向发展。目前，诊断能力的强弱已是评价当今 CNC 装置性能的一项重要指标。

FANUC 公司在生产的各种数控系统中已应用的自诊断方法归纳起来大致可分为三大类，具体如下所述。

1. 启动诊断

启动诊断是指数控系统每次从通电开始直至进入正常的运行准备状态为止的一段时间内，系统内部诊断程序自动执行的诊断，也即类似于微机的开机诊断。诊断的内容是对系统中最关键的硬件(如 CPU、存储器、I/O 单元等模块、CRT/MDI 单元、纸带阅读机、软盘单元等装置、外设等硬件以及系统控制软件)进行诊断。有的数控系统启动诊断程序还能对配置进行检查，用以确定所有指定的设备、模块是否都已正常连接，甚至还能对某些重要的芯片(如 RAM、ROM、专业 LSI)是否插装到位以及选择的规格型号是否正确进行诊断。只有当全部项目都确认无误后，整个系统才能进入正常运行的准备状态，否则数控系统将通过 CRT 画面或用发光二极管报警，指出故障信息。此时，启动诊断过程不能正常结束，系统不能投入运行，而是处于报警状态。上述启动诊断往往只需数秒钟，不会超过 1 min。

例如，FANUC 公司的 FII 系统在启动诊断程序的执行过程中会在系统主板上的七段显示器上反映出诊断情况。七段显示器按 8—9—8—7—6—5—4—3—2—1 的顺序变化，当启动诊断正常结束时，显示器将停在“1”的位置，而在每次数字变化过程中将反映出不同的检查内容。其中各个数字表示的含义如下。

9—对 CPU 进行复位，并开始执行诊断指令。

8—进行 ROM 试验检查，如果此时显示器变为 b，则表示 RAM 检查出错。

7—对 RAM 清零，即将 RAM 中的试验内容清除为零，以便为正常运行做好准备。

6—对 BAC(总线随机控制)芯片进行初始化，如果显示 A，则说明主板与 CRT 之间的传输出现差错；如果显示 C，则表示某些附加板连接错误；如果显示 F，则表示 I/O 板或其连接用电缆出错；如果显示 H，则表示所用的连接单元识别号有错；如果显示小写字母 c，则表示光缆传输出错；如果显示 J，则表示 PLC 或其接口转换电路未输出信号。

5—对 MDI 单元进行检查。

4—对 CRT 单元进行初始化。

3—显示出 CRT 单元的初始画面，如软件版本号、系列号等，此时如果显示变成 L，则表示 PLC 未能通过检查，说明 PLC 的控制软件有问题；如果显示 D，则表示系统未能通过初始化方式，表示系统的控制软件存在问题。

2—已完成系统的初始化工作。

1—系统已可以正常运转，如果此时显示 E，则表示系统出错，即系统的主板或 ROM 板上硬件有故障，甚至是 CNC 控制软件有故障。

一般情况下，如果 CRT 单元已通过初始化，在有故障时，CRT 单元会显示出报警信息；但是当故障与显示功能有关时，CRT 单元将不能显示报警信息，只能依靠七段显示器的显示进行判断。

2. 在线诊断

在线诊断是指通过 CNC 系统的内装程序，在系统处于正常运动状态时，对 CNC 系统本身以及与 CNC 装置相连的各个伺服单元、伺服电动机、主轴伺服单元和主轴电动机以及外部设备等始终进行自动诊断、检查和监视。只要系统不停电，在线诊断就不会停止。

FANUC 公司数控系统的在线诊断内容很丰富，包括自诊断功能的状态显示和故障信息显示两部分。其中，自诊断功能的状态显示内容有上千条，常以二进制的 0 或 1 来显示状态。借助形形色色的状态显示可以诊断出故障发生的部位。常见的有以下几种。

(1) 接口显示。为了区分出故障是发生在数控系统内部，还是发生在 PLC 或机床侧，就必须深入了解 CNC 和 PLC 或 CNC 和机床之间的接口状态以及 CNC 内部状态，通过这个诊断功能就能显示出各种接口信号是接通还是断开。

(2) 内部状态。FANUC 公司的数控系统利用内部状态显示，可以反映出以下几个方面的状态。

① 由于外部原因造成不执行指令的状态显示。例如，能显示出 CNC 系统是否处于“到位检查”中；是否处于“机床锁住”状态；是否处于“等待速度到达”信号接通；在主轴每转进给编程时是否等待“位置编码器”的测量信号；在螺纹切削时，是否处于等待“主轴 *i* 转信号”；进给速度指令倍率是否设定为 0 等。

② 复位状态显示，指示系统是处于“急停”状态还是“外部复位”信号接通状态。

③ TH 报警状态显示，即通过纸带的水平和垂直校验，可显示出报警时的纸带错误孔的位置。

(3) 存储器内容显示以及磁泡存储器异常状态的显示。

(4) 位置偏差量的显示。

(5) 伺服控制信息显示。

(6) 旋转变压器或感应同步器的频率检测结果显示。它可用于频率的调整。

在线诊断的故障信息显示的内容有上百条，甚至有的系统有 600 条之多。这些信息大都以报警号以及适当注释的形式出现，它们可以分成 7 类。

①过热报警；②系统报警；③储存器报警；④设定或编程报警；⑤伺服报警，即与伺服单元和伺服电动机有关的故障报警；⑥行程开关报警；⑦印制线路板间的连接故障类的报警。其中，故障①～④均为操作、编程错误引起的软故障。

上述在线诊断的大量状态信息和报警信息对维修人员分析系统故障原因、确定故障部位是有很大帮助的。

3. 离线诊断

离线诊断或称脱线诊断是指当 CNC 系统出现故障或要判定系统是否真有故障时，将数控系统与机床脱离作检查，以便对故障作进一步定位，力求把故障定位在尽可能小的范围内。例如，定位到某块印制线路板、某部分电路甚至某个芯片或器件，这对彻底修复故障系统是十分必要的。

早期的 FANUC 数控系统是采用专用诊断纸带对 CNC 进行脱机诊断的。诊断时，将诊断纸带内容读入系统的 RAM 中，系统中的微处理器根据相应的输出数据进行分析，以判断是否有故障并确定故障的位置。诊断纸带可作下述测试。

(1) 纸带阅读机读入测试。用以判定阅读机是否正常，是否有误读或重读现象。

(2) CPU 测试。对 CPU 指令数据格式进行测试，并检查控制程序是否正常工作。

(3) 存储器 RAM 测试。用来检查读入程序是否遭到破坏。

(4) 位置控制测试。用以发现坐标位置偏离，机床无法启动等故障。

(5) I/O 接口测试。用来测试输入、输出接口是否正常。后来的 FANUC 系统，如 F-6 等系统，又采用“工程师面板”以及专用测试装置进行测试。

随着 IC 和微处理器的性价比的提高以及新的概念和方法在诊断领域中的应用，使得诊断技术进入到一个更高的阶段，而且现代 CNC 系统的离线诊断用软件已与 CNC 系统控制软件一起存在 CNC 系统中，使维修诊断更为方便。

另外，FANUC 公司 F-15 系统已将专家系统引入到故障诊断中。专家系统是指这样的一种系统：在处理实际问题时，本来需要由具有某个领域的专门知识的专家来解决，通过专家分析和解释数据并作出决定，基于此，以计算机为基础的专家系统就是力求去收集这样的、足够的专家知识；专家系统利用专家推理方法的计算机模型来解决问题，并得到和专家相同的结论。

由此可见，专家系统不同于一般的资料库系统和知识库系统，在专家系统中不是简单地储存答案，而是具有推理的能力和知识。F-15 系统的专家故障系统是由知识库、推理机和人机控制器三部分组成。其中，知识库存储在 F-15 系统的存储器中，它存储着专家们已掌握的有关数控系统的各种故障原因及其处理方法；而推理机具有推理的能力，能根据知识推导出结论，不是简单地搜索现成的答案，因此，它所具有的推理软件，以知识库为根据，能进行分析，查找出故障的原因。F-15 系统的推理机是一种采用“后向推理”策略的高级诊断系统。后向推理是指先假设结论，再回头检查支持这个结论的条件是否具备。如果条件具备，则结论成立。这种方法较之先有条件后有结果的“前向推理”具有更快获得结论的优点。在使用时，用户只要通过 CRT/MDI 操作，仅做一些简单的会话式问答，即可诊断出 CNC 系统或机床的故障。

12.3.3 数控机床的故障处理

一旦数控系统发生故障，操作人员首先要采取急停措施，停止系统运行，保护好现场，并对故障进行尽可能详细的记录，及时通知维修人员。故障的记录是关键，它为维修人员排除故障提供了第一手材料。记录的内容有以下几个方面。

1. 故障的种类

(1) 系统当时处于何种方式，如 TAPE(纸带方式)、MDI(手动数据输入方式)、MEMORY(储存器方式)，还是 EDIT(编辑)、HANDLE(手轮)、JOG(点动)方式。

(2) 在发生故障时，如果系统没有显示报警，这时需要通过诊断画面检查系统处于何种状态。例如，系统是在自动运转还是正在执行 M、S、T 等辅助功能。又如，系统是处于暂停状态还是急停状态，或是系统处于互锁状态还是处于倍率为 0 状态等。

(3) CRT 显示器上是否有报警，报警号是什么。

(4) 定位误差超差情况。

(5) 如果故障是刀具轨迹非常差，那么此时的机床速度是多少等。

2. 故障发生的频繁程度

(1) 故障发生的时间。一天发生几次，一共发生几次，是否频繁发生，是否在用电高峰发生。数控机床旁边其他机械设备工作是否正常。

(2) 加工同类工件时，发生故障的概率如何。

(3) 出现故障的程序段是在何处，有无规律，是否总是在执行该段程序时产生。

(4) 故障是否与进给速度、换刀方式或螺纹切削有关。

3. 故障的重复性

(1) 在不危及人身安全和设备安全的前提下，最好能重演故障现象，对其重复性等进行考察。

(2) 检查重复出现的故障是否与外界因素有关。

(3) 如果发现执行某程序段时就出现故障，应检查程序，并将该程序段的编程值与系统内的实际数值进行比较，观察其差异。

4. 外界状况的记录

(1) 环境温度。系统周围环境温度是否超过允许温度，是否有局部的急剧温度变化源存在。

(2) 周围是否有强烈的振动源存在。

(3) 检查数控系统的安装位置，出现故障时是否受到阳光的直射。

(4) 系统柜里是否溅入切削液，润滑油是否受到水(如暖气温水)的侵蚀。

(5) 输入电压的检查。输入电压是否波动，其值如何，是否超过允许的波动范围。

(6) 车间内或供电线路上是否有使用大电流的设备装置。

(7) 数控机床附近是否存在吊车、高频机械、焊接或电加工机床等干扰源。

(8) 附近是否正在安装或修理、调试机床，是否正在修理或调试强电柜和数控装置。

(9) 本系统以前是否发生过同样故障，附近的数控系统是否也曾发生过同样的故障。

5. 机床情况

(1) 机床调整状况。

(2) 所用刀具的刀尖是否正常。

(3) 换刀时是否设置了偏移量。

(4) 刀具补偿量设定是否正确。

(5) 间隙补偿量是否合适。

(6) 工件测量是否正确。

(7) 机械零件是否随温度变化而变化。

6. 机床运转情况

(1) 在机床运转过程中是否改变或调整运转方式。

(2) 机床侧是否处于报警状态，是否已做运转准备。

(3) 机床是否处于锁住状态，操作面板上的倍率开关是否设定为“0”。

(4) 数控系统是否处于急停，熔丝是否熔断。

(5) 机床操作面板上的方式选择开关设定是否正确，进给保持按钮是否被按下处于进给保持状态。

7. 机床和系统之间连接情况的检查

机床和系统之间连接情况的检查主要是检查电缆是否完整无损，特别是电缆拐弯处是否有破裂、损伤；电源线和信号线是否分开走线；信号屏蔽线的接地是否正确；继电器、电磁铁和电动机等电磁部件是否装有噪声和抑制器等。

8. CNC 装置的外观检查

CNC 装置的外观检查内容主要有以下 7 项。

(1) 机柜。检查机柜的门是否在打开状态下运行数控系统，有无切削液或切削粉末进入柜内，空气过滤器清洁状况是否良好。

(2) 机柜内部。风扇电动机工作是否正常，印制线路板是否很脏。

(3) 纸带阅读机。纸带阅读机是否有污物，制动电磁铁动作是否正常。

(4) 电源单元。单元上的熔丝是否熔断，端子板上接线是否牢固。

(5) 电缆。电缆连接器插头是否完全插入，拧开系统内部和外部电线是否有伤痕、扭歪等现象，地线是否连接牢固，屏蔽地连接是否正常。

(6) 印制线路板。印制线路板有无缺损，印制线路板安装是否牢固，有无歪斜状况。

(7) MDI/CRT 单元。单元上的按钮有无破损，扁平电缆连接是否正常。

9. 有关穿孔纸带的检查

F-6 系统及其更早的系统，其加工程序一般是用纸带读入的。如果发现是由于穿孔纸带读入的信息不对而引起故障时，需要检查并记录下述内容。

(1) 纸带阅读机开关是否正常。

(2) 有关纸带操作的设定是否正确，操作是否有误。

(3) 纸带是否折皱或太脏。

(4) 纸带上的孔是否有破损。

(5) 两条纸带的接头处连接是否平整。

(6) 该纸带以前是否用过。

(7) 使用的是黑色纸带还是其他颜色纸带。

总而言之，需要记录的原始数据是很多的，用户可以根据本厂的实际情况编制一份情况调查记录表，在上面列出常用的、必需的内容。这样，一旦系统出现故障，操作者可以根据表的要求及时填入各种原始材料，供维修人员维修时参考。

12.3.4　故障排除的一般方法

当数控系统出现报警、发生故障时，维修人员不要急于动手处理，而应多进行观察。此时应遵循两条原则。一是充分调查故障现场，这是维修人员取得第一手材料的一个重要手段。一方面，要查看故障记录单，向操作者调查、询问出现故障的全过程，彻底了解曾发生过什么现象、采取过什么措施等；另一方面，要对现场亲自作细致的勘查，从系统的外观到系统内部的各个印制线路板都应细心地检查是否有异常之处。在确认数控系统通电无危险的情况下方可通电，观察系统有何异常，CRT 显示哪些内容。二是认真分析故障的起因。FANUC 公司的各种数控系统虽有各种报警指示灯或自诊断程序，但智能化的程度还不是很高，不可能自动诊断出发生故障的确切部位，往往是同一报警号可以有多种起因。因此，在分析故障的起因时，一定要开阔思路。往往存在这种情况；当系统自诊断出某一部分有故障时，究其起源，却不在数控系统本身，而是在机械部分。所以，分析故障时，无论是 CNC 系统、机床强电还是机械、液压、油气路等，只要有可能是引起该故障的原因，都要尽可能全面地列出来，进行综合判断和筛选，然后通过必要的试验，达到确诊和最终排除故障的目的。对于 FANUC 公司的数控系统，常采用下述几种方法来诊断，当然这些原则也适用于其他厂家的数控系统。

1. 直观法

直观法是一种最基本的也是一种最简单的方法。维修人员通过对故障发生时产生的各种光、声、味等异常现象的观察，以及认真检查系统的每一处，往往可将故障范围缩小到一个模块，甚至一块印制线路板。但是，这要求维修人员具有丰富的实践经验以及综合判断的能力。

2. 自诊断功能法

充分利用 FANUC 数控的自诊断功能，根据 CRT 显示器上显示的报警信息及发光二极管指示，可判断出故障的大致起因。利用自诊断功能，还能显示出系统与主机之间接口信号的状态，从而判断出故障起因是在数控系统部分还是机械部分，并能指示出故障的大致部位。因此，这个方法是当前维修中最常用也是最有效的一种方法。

3. 参数检查法

众所周知，在 FANUC 公司的数控系统中有许多参数，它们直接影响着数控机床的性能。参数通常是存放在存储器中(如磁泡存储器或由电池保持的 CMOS RAM 中)，一旦电池不足或由于外界的某种干扰等因素，会使个别参数丢失或变化，这就会使系统发生混乱，机床无法正常工作。此时，通过核对、修正参数，就能将故障排除。因此，当机床长期闲置之后启动系统时无缘无故地出现不正常现象或有故障而无报警的现象时，就应根据故障特征，检查和校对有关参数。

另外，数控机床经过长期运行之后，由于机械运动部件磨损、电气元件性能变化等原因，也需对其有关参数进行修正。有些机床故障往往就是由于未及时修正某些不适应的参数所致。当然，这些故障都属于软故障的范畴。

4. 功能程序测试法

功能程序测试法就是将数控系统的常用功能和重要的特殊功能，如直线定位、圆弧插补、螺纹切削、固定循环、用户宏程序等用手工编程或自动编程方法编制成一个功能程序测试纸带，通过纸带阅读机将其信息送入数控系统中，然后启动被控系统使之运行。用它来检查机床执行这些功能的准确性和可靠性，进而判断出故障发生的可能起因。对于长期闲置的数控机床第一次开机时的检查，以及机床加工造成废品但又无报警的情况(一时难以确定是编程或操作的软错误)，本方法是判断机床故障的一种较好的方法。

5. 交换法

交换法是一种简单易行的方法，也是现场判断时最常用的方法之一。交换法就是在分析出故障大致起因的情况下，维修人员可以利用备用的印制线路板、主板、集成电路芯片或元器件替换有疑点的部分，甚至用系统中已有的相同类型的部件来替换，从而把故障范围缩小到印制线路板或芯片一级。这实际上也是在验证分析的正确性。但是，在备板交换之前，应仔细检查备板(或交换板)是否完好，备板和原板的各种状态是否一致。这包括印制线路板上的开关、短路棒的设定是否一致，以及电位器调整位置是否一样。在置换 CNC 装置的存储板时，往往还需要对系统进行存储器初始化的操作(如 F-6 系统使用磁泡存储器，就需要进行这项工作)，重新设定各种参数；否则系统是不能正常工作的。又如，在更换 F-7 系统的存储器板之后，不但需要重新输入系统参数，还需要对存储器区进行分配操作。如果缺少了后一步操作，一旦输入零件程序，将产生 60 号报警(存储器容量不够)。有的 FANUC 系统在更换了主板之后，还需要进行一些特定的操作。如 F-10 系统，必须先输入 9000～9031 号选择参数，然后才能输入 0000～8010 号的系统参数和 PC 参数。总之，一定要严格按照有关的系统操作说明书和维修说明书的要求步骤进行操作。

6. 转移法

转移法就是将数控系统中具有相同功能的两块模板、印制线路板、集成电路芯片或元器件互相交换，然后观察故障现象是否随之转移，从而可迅速确定系统的故障部分。这个方法从实质上来说是交换法的一种。

7. 测量比较法

FANUC 公司在设计数控系统用的印制线路板时，为了调整和维修的便利，在印制线路板上设计了多个检测用端子。用户也可利用这些检测端子检测出正常的印制线路板和有故障的印制线路板之间的电压或波形的差异，从而可分析出故障起因及故障的所在位置。甚至，有时还可对正常的印制线路板人为地制造“故障”，如断开连线或短路、拔去组件等，以便判断真实故障的起因。为此，维修人员应在平时测量印制线路板上关键部位或易出故障部位的电压值和波形，并做记录，作为一种资料积累，因为 FANUC 公司很少提供这方面的资料。

8. 敲击法

如果数控系统的故障若有若无，这时可用敲击法检查出故障的部位所在。因为这种若有若无的故障大多是由于虚焊或接触不良引起的，因此当用绝缘物轻轻敲打有虚焊或接触不良的疑点处，故障肯定会重复再现。

9. 局部升温法

数控系统经过长期运行后元器件均会老化，性能变差。当它们尚未完全损坏时，出现的故障会变得时隐时现。这时可用热吹风机或电烙铁等对被怀疑的元器件进行局部升温，加速其老化，以便彻底暴露故障部件。当然，采用此法时，一定要注意各种元器件的温度参数等，不要将原来是好的器件烤坏。

10. 原理分析法

根据数控系统的组成原理，可从逻辑上分析出各点的逻辑电平和特征参数(如电压值或波形等)，然后用万用表、逻辑笔、示波器或逻辑分析仪对其进行测量、分析和比较，从而对故障进行定位。运用这种方法，要求维修人员有较高的水平，最好有数控系统逻辑图，能对整个数控系统或每部分电路的原理有清楚的、较深的了解。

除了以上介绍的 10 种故障检测方法以外，还有插拔法、电压拉偏法等。总之，这些检查方法各有特点，根据不同的故障现象，可以同时选择几种方法灵活应用，对故障进行综合分析，才能逐步缩小故障范围，较快地排除故障。

造成数控系统故障而又不易发现的另一个重要根源是干扰。排除干扰可从下述几个方面着手。

(1) 检查各种地线的连接。数控机床一定要采用一点接地法，不可为了省事到处就近接地，结果造成多点接地，形成地环流；一定要按规定，采用屏蔽线，而且屏蔽地只许接在系统侧，而不能接在机床侧；否则会引起干扰。

(2) 防止强电干扰。数控机床的强电柜中的接触器和继电器等电磁部件都是 CNC 系统的干扰源。交流接触器和交流电动机的频繁启动、停止所产生的电磁感应现象会使 CNC 系统控制电路中产生尖峰和浪涌等噪声，干扰系统的正常工作。因此，一定要对这些电磁干扰采取措施，予以消除。

具体的措施是：在交流接触器线圈的两端或交流电动机的三相输入端并联 RC 网络；而对于直流接触器或直流电磁阀的线圈，则在它们的两端反相并入一个续流二极管。这些办法均可抑制这些电器产生的干扰。但要注意，这些吸收网络的连线不应大于 20 cm，否则效果不会太好。另外，在 CNC 系统的控制电路的输入电源部分，也要采取措施。一般是在三相电源线间并联浪涌吸收器，从而可有效地吸收电网中的尖峰电压，起到一定的保护作用。

(3) 抑制或减小供电线路上的干扰。在有些地区由于电力不足或供电频率不稳，造成超压、欠压、频率和相位漂移、谐波失真、共模噪声及常模噪声等。应该尽量减小供电线路上出现这些现象所引起的干扰。具体措施如下。

① 对于电网电压变化较大的地区，应在数控系统的输入电源前增加一台电子稳压器，用以减小电网电压波动。但要注意，不可用串入一台自耦变压器的方法来调节输入电压，因为自耦变压器的电感量太大。

② 供电线路的容量应能满足整个机床电器容量的要求；否则要限制部分电器的开动。

③ 应避免数控机床与电火花设备以及大功率的启动和停止频繁的设备共用同一干线，有条件时可为数控机床单独提供一条动力干线，以免这些设备的干扰通过电源线串入到数控系统中。

④ 安置数控机床时应远离中频炉、高频感应炉等变频设备。

12.4 实训——数控车床的日常维护

1. 实训目的

(1) 保持设备处于良好技术状态，延长使用寿命。

(2) 减少停工损失和维修费用。

(3) 降低生产成本，保证生产质量，提高生产效率。

2. 实训要点

(1) 数控车床电气部分维护。

(2) 数控车床机械部分维护。

3. 预习要点

数控车床主要部件的名称和作用；数控车床各控制部分的作用。

4. 实训过程

1) 数控车床电气部分维护

(1) 选择合适的使用环境。

(2) 给人定机使用。

(3) 制定日常维护规章制度。

(4) 定时清理数控装置的散热通风系统。

(5) 定期检查和更换直流电动机电刷。

(6) 经常监视 CNC 装置用的电网电压。

(7) 存储器用电池的定期更换。

(8) 备用印制电路的维护。

2) 数控机床机械部分的维护

每天检查导轨润滑油箱、压缩空气气源压力、气源转换器和增压器油面、主轴润滑恒温油箱、车床液压系统、各种防护装置；每半年检查滚珠丝杠；不定期检查各轴导轨上镶条、压紧滚轮松紧状态、冷却水箱、排屑器、清理废油池、调整主轴驱动带松紧。

5. 实训小结

通过实训，使学生掌握数控车床维护的内容，了解数控车床维护的基本要求，掌握数控车床日常维护的方法和要点。实训结束后，对学生进行测试，检查和评估实训情况。

思考与练习

12-1　数控机床安装调试包括哪几方面工作？

12-2　数控机床开机调试应注意哪些步骤？

12-3　说明数控机床故障诊断方式。

12-4　数控机床日常维护要注意哪几方面？

12-5　说明数控机床操作人员在故障发生时该如何处置。

12-6　数控机床故障排除的一般方法有哪些？

附录　常用机床组、系代号及主参数

类	组	系	机床名称	主参数的折算系数	主参数	第二主参数
车床	1	1	单轴纵切自动车床	1	最大棒料直径	
	1	2	单轴横切自动车床	1	最大棒料直径	
	1	3	单轴转塔自动车床	1	最大棒料直径	
	2	1	单轴棒料自动车床	1	最大棒料直径	轴数
	2	2	多轴卡盘自动车床	1/10	卡盘直径	轴数
	2	6	立式多轴半自动车床	1/10	最大车削直径	轴数
	3	0	回轮车床	1	最大棒料直径	
	3	1	滑鞍转塔车床	1/10	最大车削直径	
	3	3	滑枕转塔车床	1/10	最大车削直径	
	4	1	万能曲轴车床	1/10	最大工件回转直径	最大工件长度
	4	6	万能凸轮轴车床	1/10	最大工件回转直径	最大工件长度
	5	1	单柱立式车床	1/100	最大工件回转直径	最大工件高度
	5	2	双柱立式车床	1/100	最大工件回转直径	最大工件高度
	6	0	落地车床	1/100	最大工件回转直径	最大工件长度
	6	1	卧式车床	1/10	床身上最大回转直径	最大工件长度
	6	2	马鞍车床	1/10	床身上最大回转直径	最大工件长度
	6	4	卡盘车床	1/10	床身上最大回转直径	最大工件长度
	6	5	球面车床	1/10	刀架上最大回转直径	最大工件长度
	7	1	仿形车床	1/10	刀架上最大车削直径	最大工件长度
	7	5	多刀车床	1/10	刀架上最大车削直径	最大车削长度
	7	6	卡盘多刀车床	1/10	刀架上最大车削直径	最大车削长度
	8	4	轧辊车床	1/10	最大工件直径	最大工件长度
	8	9	铲齿车床	1/10	最大工件回转直径	最大模数
	9	1	多用车床	1/10	床身上最大回转直径	最大工件长度
钻床	1	3	立式坐标镗钻床	1/10	工作台面宽度	工作台面长度
	2	1	深孔钻床	1/10	最大钻孔直径	最大钻孔深度
	3	0	摇臂钻床	1	最大钻孔直径	最大跨距
	3	1	万能摇臂钻床	1	最大钻孔直径	最大跨距
	4	0	台式钻床	1	最大钻孔直径	
	5	0	圆柱立式钻床	1	最大钻孔直径	
	5	1	方柱立式钻床	1	最大钻孔直径	
	5	2	可调多轴立式钻床	1	最大钻孔直径	轴数

续表

类	组	系	机床名称	主参数的折算系数	主参数	第二主参数
钻床	8	1	中心孔钻床	1/10	最大工件直径	最大工件长度
	8	2	平端面中心孔钻床	1/10	最大工件直径	最大工件长度
镗床	4	1	单柱坐标镗床	1/10	工作台面宽度	工作台面长度
	4	2	双柱坐标镗床	1/10	工作台面宽度	工作台面长度
	4	5	卧式坐标镗床	1/10	工作台面宽度	工作台面长度
	6	1	卧式铣镗床	1/10	镗轴直径	
	6	2	落地镗床	1/101/10	镗轴直径	
	6	9	落地铣镗床	1/10	镗轴直径	铣轴直径
	7	0	单面卧式精镗床	1/10	工作台面宽度	工作台面长度
	7	1	双面卧式精镗床	1/10	工作台面宽度	工作台面长度
	7	2	立式精镗床	1/10	最大镗孔直径	
磨床	0	4	抛光机		—	
	0	6	刀具磨床		—	
	1	0	无心外圆磨床	1	最大磨削直径	
	1	3	外圆磨床	1/10	最大磨削直径	最大磨削长度
	1	4	万能外圆磨床	1/10	最大磨削直径	最大磨削长度
	1	5	宽砂轮外圆磨床	1/10	最大磨削直径	最大磨削长度
	1	6	端面外圆磨床	1/10	最大回转直径	最大工件长度
	2	1	内圆磨床	1/10	最大磨削孔径	最大磨削深度
	2	5	立式行星内圆磨床	1/10	最大磨削孔径	最大磨削深度
	2	9	坐标磨床	1/10	工作台面宽度	工作台面长度
	3	0	落地砂轮机	1/10	最大砂轮直径	
	5	0	落地导轨磨床	1/100	最大磨削宽度	最大磨削长度
	5	2	龙门导轨磨床	1/100	最大磨削宽度	最大磨削长度
	6	0	万能工具磨床	1/10	最大回转直径	最大工件长度
	6	2	钻头刃具磨床	1	最大刃磨钻头直径	
	7	1	卧轴矩台平面磨床	1/10	工作台面宽度	工作台面长度
	7	3	卧轴圆台平面磨床	1/10	工作台面直径	
	7	4	立轴圆台平面磨床	1/10	工作台面直径	
	8	2	曲轴磨床	1/10	最大回转直径	最大工件长度
	8	3	凸轮轴磨床	1/10	最大回转直径	最大工件长度
	8	6	花键轴磨床	1/10	最大磨削直径	最大磨削长度
	9	0	工具曲线磨床	1/10	最大磨削长度	

续表

类	组	系	机床名称	主参数的折算系数	主参数	第二主参数
齿轮加工机床	2	0	弧齿锥齿轮磨齿机	1/10	最大工件直径	最大模数
	2	2	弧齿锥齿轮铣齿机	1/10	最大工件直径	最大模数
	2	3	直齿锥齿轮刨齿机	1/10	最大工件直径	最大模数
	3	1	滚齿机	1/10	最大工件直径	最大模数
	3	6	卧式滚齿机	1/10	最大工件直径	最大模数或最大工件长度
	4	2	剃齿机	1/10	最大工件直径	最大模数
	4	6	珩齿机	1/10	最大工件直径	最大模数
	5	1	插齿机	1/10	最大工件直径	最大模数
	6	0	花键轴铣床	1/10	最大工件直径	最大铣削长度
	7	0	碟形砂轮磨齿机	1/10	最大工件直径	最大模数
	7	1	锥形砂轮磨齿机	1/10	最大工件直径	最大模数
	7	2	蜗杆砂轮磨齿机	1/10	最大工件直径	最大模数
	8	0	车齿机	1/10	最大工件直径	最大模数
	9	3	齿轮倒角机	1/10	最大工件直径	最大模数
	9	9	齿轮噪声检查机	1/10	最大工件直径	
螺纹加工机床	3	0	套螺纹机	1	最大套螺纹直径	
	4	8	卧式攻螺纹机	1/10	最大攻丝直径	轴数
	6	0	丝杠铣床	1/10	最大铣削直径	最大铣削长度
	6	2	短螺纹铣床	1/10	最大铣削直径	最大铣削长度
	7	4	丝杠磨床	1/10	最大工件直径	最大工件长度
	7	5	万能螺纹磨床	1/10	最大工件直径	最大工件长度
	8	6	丝杠车床	1/10	最大工件直径	最大工件长度
	8	9	短螺纹车床	1/10	最大工件直径	最大车削长度
铣床	2	0	龙门铣床	1/10	工作台面宽度	工作台面长度
	3	0	圆台铣床	1/10	工作台面宽度	
	4	3	平面仿形铣床	1/10	最大铣削宽度	最大铣削长度
	4	4	立体仿形铣床	1/10	最大铣削宽度	最大铣削长度
	5	0	立式升降台铣床	1/10	工作台面宽度	工作台面长度
	6	0	卧式升降台铣床	1/10	工作台面宽度	工作台面长度
	6	1	万能升降台铣床	1/10	工作台面宽度	工作台面长度
	7	1	床身铣床	1/100	工作台面宽度	工作台面长度
	8	1	万能工具铣床	1/10	工作台面宽度	工作台面长度
	9	2	键槽铣床	1	最大键槽宽度	

续表

类	组	系	机床名称	主参数的折算系数	主参数	第二主参数
刨插床	1	0	悬臂刨床	1/100	最大刨削宽度	最大刨削长度
	2	0	龙门刨床	1/100	最大刨削宽度	最大刨削长度
	2	2	龙门铣磨刨床	1/100	最大刨削宽度	最大刨削长度
	5	0	插床	1/10	最大刨削长度	
	6	0	牛头刨床	1/10	最大刨削长度	
	8	8	模具刨床	1/10	最大刨削长度	最大刨削宽度
拉床	3	1	卧式外拉床	1/10	额定拉力	最大行程
	4	3	连续拉床	1/10	额定拉力	
	5	1	立式内拉床	1/10	额定拉力	最大行程
	6	1	卧式内拉床	1/10	额定拉力	最大行程
	7	1	立式外拉床	1/10	额定拉力	最大行程
	9	1	汽缸体平面磨床	1/10	额定拉力	最大行程
特种加工机床	1	1	超声波穿孔机	1/10	最大功率	
	2	5	电解车刀刃磨床	1	最大车刀宽度	最大车刀厚度
	7	1	电火花成形机	1/10	工作台面宽度	工作台面长度
	7	7	电火花线切割机	1/10	工作台横向行程	工作台纵向行程
锯床	5	1	立式带锯床	1/10	最大工件高度	
	6	0	卧式圆锯床	1/100	最大圆锯片直径	
	7	1	卧式弓锯床	1/10	最大锯削直径	
其他机床	1	6	管接头车螺纹加工机	1/10	最大加工直径	
	2	1	木螺钉螺纹加工机	1	最大工件直径	最大工件长度
	4	0	圆刻线机	1/100	最大加工直径	
	4	1	长刻线机	1/100	最大工件长度	

参考文献

[1] 顾维帮. 金属切削机床概论[M]. 北京：机械工业出版社，1992.
[2] 张俊生. 金属切削机床与数控机床[M]. 北京：机械工业出版社，2001.
[3] 夏凤芳. 数控机床[M]. 北京：高等教育出版社，2005.
[4] 李铁尧. 金属切削机床[M]. 北京：机械工业出版社，1990.
[5] 单姗姗. 金属切削机床概论[M]. 北京：机械工业出版社，2001.
[6] 宴初宏. 金属切削机床[M]. 北京：机械工业出版社，2007.
[7] 赵世华. 金属切削机床[M]. 北京：机械工业出版社，1996.
[8] 吴国华. 金属切削机床[M]. 北京：机械工业出版社，2002.
[9] 贾亚洲. 金属切削机床概论[M]. 北京：机械工业出版社，2000.
[10] 朱晓春. 数控技术[M]. 北京：机械工业出版社，2003.
[11] 龚中华. 数控技术[M]. 北京：机械工业出版社，2005.
[12] 牛小铁. 数控机床编程操作与加工[M]. 北京：煤炭工业出版社，2004.
[13] 严巧枝，李钦唐. 金属切削机床与数控机床[M]. 北京：北京理工大学出版社，2007.
[14] 李金寿. 机床基础与机床安装[M]. 北京：机械工业出版社，1989.
[15] 张群生. 液压与气压传动[M]. 北京：机械工业出版社，2006.
[16] 戴曙. 金属切削机床[M]. 北京：机械工业出版社，2013.
[17] 贾亚洲. 金属切削机床概论[M]. 北京：机械工业出版社，2010.
[18] 恽达明. 金属切削机床[M]. 北京：机械工业出版社，2007.